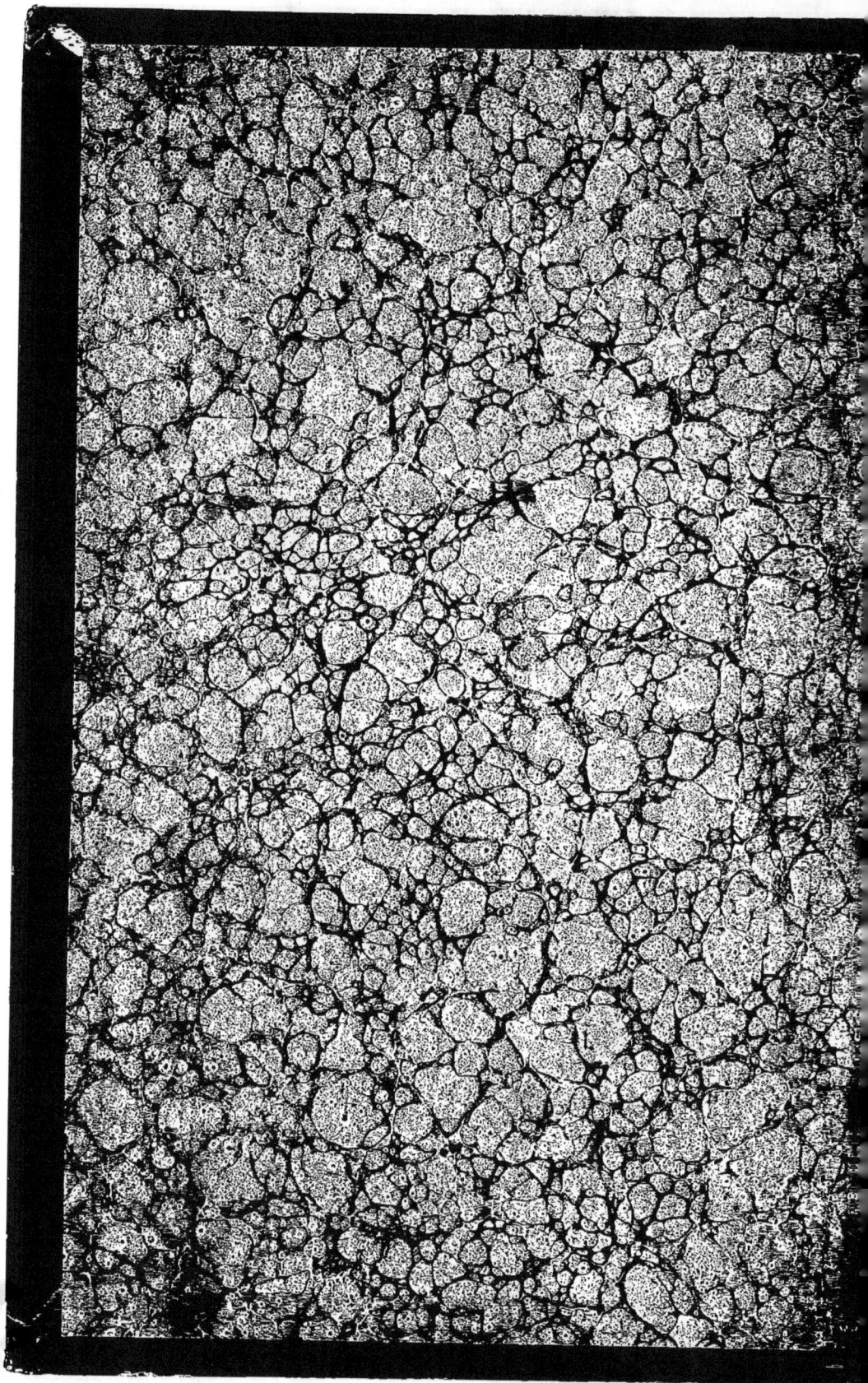

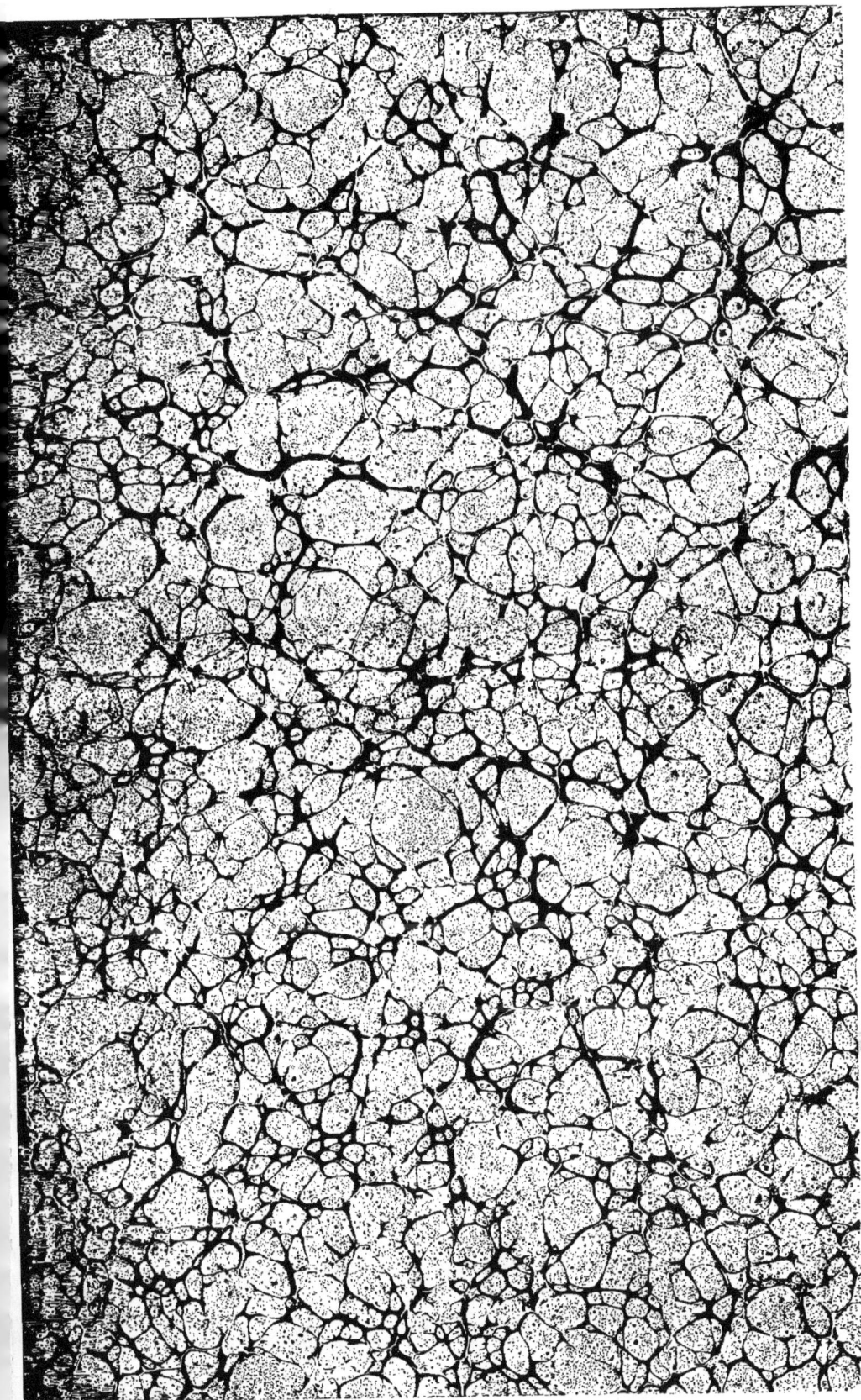

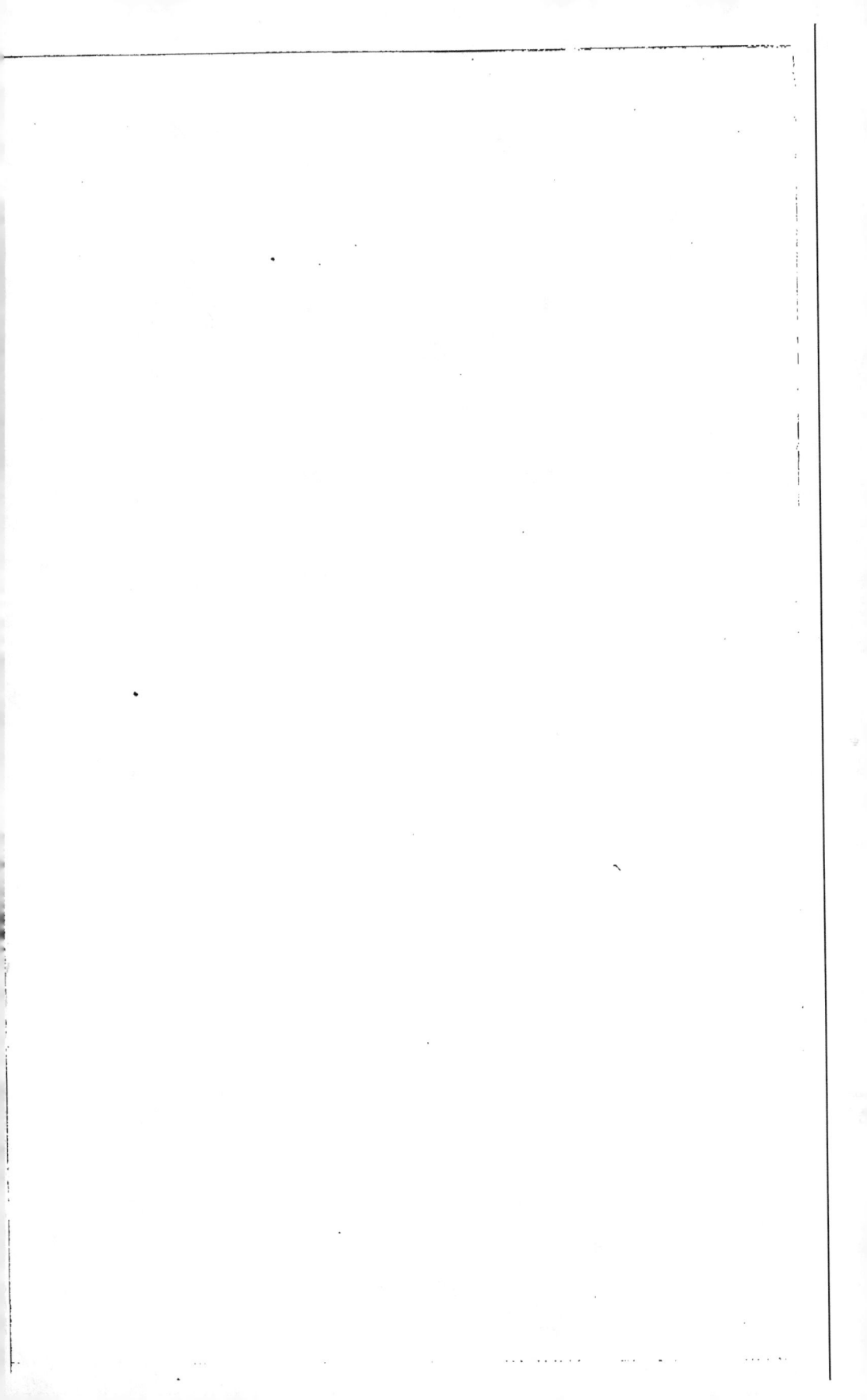

V

TRAITÉ

DE L'EXPLOITATION

DES MINES DE HOUILLE.

1

V

LIÈGE. — IMPRIMERIE DE J. DESOER.

TRAITÉ

DE L'EXPLOITATION

DES

MINES DE HOUILLE

OU EXPOSITION COMPARATIVE

DES

MÉTHODES EMPLOYÉES EN BELGIQUE, EN FRANCE, EN ALLEMAGNE
ET EN ANGLETERRE, POUR L'ARRACHEMENT ET L'EXTRACTION
DES MINÉRAUX COMBUSTIBLES;

PAR

A. T. PONSON,

INGÉNIEUR CIVIL DES MINES.

TOME QUATRIÈME.

LIÉGE
E. NOBLET, ÉDITEUR, PLACE DERRIÈRE-St.-PAUL.

—

1854

CHAPITRE VII.

ÉCONOMIE DES MINES DE HOUILLE.

———

754. *Classification des matières relatives à l'économie domestique.*

Les dépenses relatives à l'établissement et à l'exploitation des mines de houille peuvent être divisées en quatre classes générales :

1°. *Les matières premières,* telles que les briques, la chaux, les bois, les fers, l'huile, la poudre, etc., déposées en magasin, en attendant leur emploi.

2°. *Le matériel,* comprenant tous les objets qui, ayant reçu leur forme définitive, peuvent être immédiatement mis en œuvre ; ce sont les outils propres à l'entaillement de la houille et des roches encaissantes, les organes des voies perfectionnées, les vases de transport et d'extraction, les câbles de diverses espèces, les appareils destinés à l'aérage, au transport, à l'épuisement, et les divers bâtiments nécessaires à l'exploitation de la mine.

Le matériel, dérivant d'une combinaison des matières premières et de la main d'œuvre des ouvriers travaillant au jour ou à l'intérieur, est quelquefois désigné sous le nom de *fournitures des ateliers*.

3°. *La main d'œuvre*, affectée aux travaux de recherche, au creusement des puits et des galeries, à la construction des revêtements et à l'endiguement des eaux; à l'abattage, au transport et à l'extraction de la houille; à l'arrachement des roches encaissantes, etc. Quelques articles de cette section sont accompagnés de la désignation et de la valeur des matériaux mis en œuvre, de manière à offrir un prix total pour chacun de ces objets.

4°. Enfin, *les frais généraux*, comprenant les frais d'administration, de bureau et de surveillance; les redevances, les procès et les indemnités dues pour dommages causés à la surface du sol; les escomptes, les mauvais débiteurs, etc. Dans cette division sont exposés les principes relatifs à la surveillance, à la direction des travaux et à l'administration générale.

Le but de l'auteur, en donnant dans ce chapitre d'assez nombreux exemples de la valeur des constructions, des percements et du transport, a été de mettre le lecteur à même d'apprécier en détail et d'une manière distincte la série des travaux exécutés dans les mines en différentes localités et sous l'influence de circonstances variables; de comparer, non les prix de la main d'œuvre, mais l'effet utile ou la quotité de travail produit en un temps donné; de rechercher le mode le plus convenable pour déterminer les salaires et de fournir les éléments nécessaires à la formation du devis d'un ouvrage projeté. La valeur de la main d'œuvre et des matériaux variant suivant les temps et les lieux, ces indications pourraient être regardées comme n'étant d'aucune utilité après un certain laps de temps, ou par suite d'un simple changement de localité ; cependant, comme l'application du prix du salaire à l'effet produit est indépendant de son accroissement ou de sa diminution, puisque le poids ou le volume des matériaux nécessaires à l'exécution d'un travail donné reste le même malgré les variations de valeur , il suffit de substituer aux prix indiqués ceux de l'époque et du lieu où s'effectue l'opération pour pouvoir comparer divers travaux ou établir des devis estimatifs.

Les quatre divisions établies ci-dessus semblent les plus convenables lorsqu'il s'agit de considérer l'économie des mines de houille sous un point de vue général ; plus tard, lorsqu'il s'agira de réunir les éléments de la dépense occasionnée par l'extraction d'un hectolitre ou d'un tonneau de houille , ces divisions devront subir certaines modifications et être envisagées d'une manière différente.

PREMIÈRE SECTION.

MATIÈRES PREMIÈRES.

735. *Fabrication des briques en Belgique* (1).

Dimensions des briques.

	LONGUEUR.	LARGEUR.	ÉPAISSEUR.
Forme rectangulaire . . .	Mètre 0.255	0.1175	0.0587
Idem trapézoïdale. . . .	» 0.2056	$\left\{\begin{matrix}0.1468\\0.1175\end{matrix}\right\}$	0.0587

Main d'œuvre.

La façon se paie par mille briques ; le prix varie suivant les localités, et dans chaque localité suivant l'abondance plus ou moins grande d'ouvriers.

La main d'œuvre comprend :

1°. Le béchage ou l'extraction de la terre glaise, travail exécuté ordinairement avant l'hiver et dont le prix est quelquefois distinct de celui des opérations suivantes.

2°. Le battage ou le délayage.

3°. La conduite des terres sur la table.

4°. La préparation et le séchage du sable.

5°. Le moulage.

6°. Le transport au séchage et l'empilage.

7°. Le transport sur l'emplacement du four et la construction de ce dernier.

(1) Les matériaux de construction, quoique souvent fabriqués ou préparés par les soins de l'exploitant, n'en doivent pas moins être considérés comme matières premières sous le rapport de l'art du mineur.

8°. La mise à feu et le revêtement en terre glaise des parois extérieures du four.

Dans le Hainaut, mille briques exigent 1.5 mètre cube de terre; un ouvrier terrassier, gagnant 2 fr. par jour, en peut extraire 15 mètres cubes. Le mètre revient à fr. 0.200

Toutes les opérations qui se succèdent du battage (2) à l'empilage (6) se font par quatre ouvriers, formant ce qu'on nomme *une table*; ces ouvriers sont :

Un batteur, dont le salaire doit s'élever à fr. 2 »
Un mouleur . . . . » 2 »
Un jeune homme pour porter au séchage . » 1.10
Un plus jeune encore pour placer la terre sur
la table et préparer le sable . . . . . » 0.80
fr. 5.90

Une table peut fabriquer 4 à 5,000 briques par jour suivant l'état atmosphérique, soit en moyenne 4,500; le mille revient à . . . fr. 1.311

Le transport de 100,000 briques sur l'emplacement destiné à former le four et la construction de ce dernier exigent, outre les manœuvres que fournit ordinairement le propriétaire de la mine :

16 journées de briquetiers à fr. 2 . fr. 52 »
8 id. id. » 1.10 » 8.80
8 id. id. » 0.80 » 6.40
fr. 47.20

Soit, par mille . . . . fr. 0.472

Reste la fabrication des paillassons destinés à abriter les briques contre les intempéries de l'air.

Total pour mille briques (1) . . fr. 1.983

(1) Il est facile de déduire de ce qui précède la valeur des briques en d'autres localités, en prenant pour base la journée d'un bon terrassier.

Tel devrait être le prix accordé aux briquetiers s'il leur était possible de travailler sans interruption ; mais les jours pluvieux ne le permettant pas, le salaire doit être majoré d'un quart ou d'un tiers, et il leur est alloué par mille briques fr. 2.25 à 2.75, soit en moyenne fr. 2.50.

Si actuellement deux tables de briquetiers étant installées, produisent un million de briques, la dépense sera de . . . . fr. 2,500

L'établissement leur adjoint pour la construction des fours trois manœuvres à fr. 1.50 pendant les huit jours que dure l'enfournement de 100,000 briques. Pour un million . . . fr.   360

Dans ce cas, l'eau est supposée couler naturellement jusqu'au lieu où doit se faire le délayage ; si elle devait être transportée à distance ou extraite d'une certaine profondeur, cette manœuvre coûterait de fr. 0.10 à 0.50 par mille briques ; choisissant fr. 0.20, il faut ajouter. . . . . fr.   200

Total de la main d'œuvre,   fr. 3.060

Matériaux.

Terre consommée. 1,500 mètres cubes suffisent à la fabrication d'un million de briques. Si le terrain d'où elle est extraite contient un banc de 1.20 de puissance moyenne, il en résultera l'absorption de 1/8° d'hectare ; la valeur de ce dernier pouvant être évaluée à 8,000 fr. et la dépréciation qu'il subit lui ôtant la moitié de sa valeur, la dépense de ce chef sera de (1) . . . fr.   500 »

---

(1) Les exploitants sont souvent obligés d'acquérir les terrains qui avoisinent les mines de houille à leur double valeur.

Report. . . fr. 500 »

Sable.

Mille briques en consomment 0.125 mètre
cube, et un million 125 mètres à 1.30
le mètre cube . . . . » 162.50

Paillassons.

La main-d'œuvre de ces abris est au compte
des briquetiers. Chaque paillasson contient :

5 bottes de paille de seigle pesant 5 kilog. à 20 fr.
le cent . . . . fr. 1.00
4 verges ou branches d'arbres de 3 mètres de
longueur sur 9 à 10 centimètres de circonférence, à 5 fr. le cent . . . . fr. 0.20

Un million de briques exige 200 paillassons, fr. 240 »

Combustibles.

Houille menue ; 150 tonnes métriques à fr. 6, fr. 900 »
Deux mètres cubes de menus bois à fr. 5 . . » 10 » } 912.90
Chargement et transport . . . . . . » 2.90

Total des matériaux . . fr. 1.815.40

Matériel.

Outils.

Les briquetiers se fournissent de bêches, pelles,
pioches, etc.

L'établissement livre pour deux tables :

2 tables, à . . . . fr. 4.75   fr. 9.50
3 seaux . . . . . » 5.77   » 17.30
2 bacs . . . . . » 4.15   » 8.30
4 brouettes . . . » 12.15   » 48.60   } 118.00
50 mètres de chenaux en bois . . » 25 »
2 rables . . . . . » 0.45   » 0.90
4 moules . . . . » 2.10   » 8.40

La durée de cette partie du matériel pouvant être évaluée à deux ans, la dépense, sans compter l'amortissement,
sera de . . . . fr. 59 »

Barraque.

9 pieux de 2.90 mètres de longueur à fr. 0.80 . . . fr.	7.20
3 perches de 4 mètres à fr. 0.70 . . . . »	2.80
2 baliveaux à fr. 1.50 . . . . »	3 »
56 chevrons à fr. 0.25 . . . . »	9 »
105 bottes de paille de seigle à 20 fr. le cent. . . . »	21 »
80 verges à 5 fr. le cent . . . . »	4 »
Porte et ferrures . . . . »	8.50
Main-d'œuvre . . . . »	5 »
	Fr. 60.50

La durée d'une barraque est d'environ 4 ans. fr. 15.12

Les briques de la chemise et de la partie inférieure du four sont d'une valeur faible et souvent nulle. Cette perte, variable suivant les dimensions du four, l'état de l'atmosphère pendant la fabrication, etc., doit être l'objet d'une appréciation spéciale. Enfin, il convient de tenir compte des dégâts, quelquefois fort graves, que les fours à briques causent aux récoltes avoisinantes et dont le propriétaire doit être nécessairement indemnisé; en sorte que les mille briques qui, suivant le détail exposé ci-dessus, reviennent à fr. 4-95 environ, doivent être portées de 5-50 à 6 fr.

756. *Prix de vente des briques en diverses localités.*

Dans la province de Hainaut, 8 à 9 fr. rendues à pied-d'œuvre.

Dans la province de Liége, elles sont l'objet de deux choix : celles qui sont trop cuites ou pas assez coûtent, prises à la briqueterie, de 7 à 8 fr.; celles dont la fabrication ne laisse rien à désirer se vendent à raison de 9 à 10 fr. Les mines qui se trouvent au-dedans du rayon de l'octroi paient, en outre, fr. 1-20 par mille (1).

(1) Les mines de houille comprises dans le rayon de l'octroi sont astreintes à payer les taxes municipales sur toutes les matières premières qu'elles emploient, et les houilles, objet de leur produc-

Dans les districts de la Ruhr, les briques dures, choisies pour l'exécution des cuvelages, coûtent de 16 à 18 fr. le mille. Leurs dimensions sont : longueur, de 0.26 à 0.312 ; largeur, de 0.13 à 0.136 ; épaisseur, de 0.03 à 0.065.

En France, à Decaseville, elles sont vendues à raison de 8 à 10 fr. le mille.

A Colombelle, en Auvergne, 10 fr.

Au Creuzot, 10 à 11 fr.

A St.-Étienne, où elles sont cuites dans des fours fermés, leur prix est de 20 à 22 fr.

Enfin, en Angleterre, leur valeur est plus grande encore, parce qu'en outre elles sont soumises à un impôt qui les grève considérablement. Ainsi à Worsley, près de Manchester, elles coûtent 24.375 fr., somme sur laquelle 7.29 entrent dans les caisses de l'État.

737. *De la chaux.*

Les mineurs emploient diverses espèces de chaux :

La grasse dans les constructions de la surface du sol ; la maigre pour le revêtement des puits et les autres travaux souterrains, et la chaux hydraulique dans les maçonneries qui doivent se trouver en contact avec les eaux.

Les matériaux de cette espèce proviennent généralement des terrains dévoniens sur lesquels reposent les bassins carbonifères. Leur valeur varie suivant les qualités et la distance des mines aux lieux de fabrication.

Le prix de l'hectolitre de chaux, pris au pied du four, coûte, au Couchant de Mons, de 0.45 à 0.50 fr. Au Levant ou au Centre du Hainaut, 0.35 fr. et 0.45, y compris

---

tion, sont en outre soumises, à leur entrée dans la ville, à un droit fort élevé. Il semble que cette circonstance constitue un double impôt sur le même objet.

le transport sur une distance de 4 kilomètres, en partie sur des chemins vicinaux. Dans quelques bassins français, sa valeur est de 0.90 fr. En Westphalie, ce prix varie de 1.25 à 1.75 fr. pour les localités les plus rapprochées des fours ; il s'élève à fr. 2.08 pour les plus éloignées.

La chaux grasse est coulée dans un bassin avec excès d'eau. La chaux maigre est traitée de la même manière ; mais souvent elle est fusée, c'est-à-dire disposée en tas, puis arrosée, par aspersion d'eau avec la main jusqu'à ce qu'elle soit réduite en poussière, et, enfin, étouffée en la recouvrant d'une couche de sable qui y retient la chaleur et la vapeur dégagées par l'extinction.

Le volume des diverses espèces de chaux est beaucoup plus grand après la coulée qu'à l'état de pierre. Ainsi un hectolitre de chaux d'Arquennes, provenant du four, produit 210 litres de chaux coulée. Celles de Sénonches, en France, rendent jusqu'à 2.6 hectolitres.

Le foisonnement est moins considérable dans les qualités maigres ; un hectolitre de chaux en pierre, telle que celle dont on se sert à l'intérieur des travaux des mines du Hainaut, produit 1.70 hectolitre après la coulée. Lorsqu'elle est fusée, le produit est de 1.96 hectolitre, c'est-à-dire que son volume a presque doublé.

Deux manœuvres recevant chacun un salaire de fr. 1.50, ayant à leur portée l'eau nécessaire, peuvent couler 60 hectolitres de chaux en une journée de 10 heures, ce qui fait 0.05 fr. de main-d'œuvre par hectolitre. Si l'eau était située à une notable distance, ou qu'il fallût l'extraire d'une certaine profondeur, le prix de la main-d'œuvre s'accroîtrait nécessairement.

Dans les mêmes conditions que ci-dessus, un ouvrier étouffe ou fuse 50 hectolitres de chaux maigre ; la main-d'œuvre de l'hectolitre revient donc à 0.03 fr.

758. *Sable, cendres de machines et briques pulvérisées.*

Le prix du sable dépend de la profondeur d'où il est extrait, de l'épaisseur de la stratification, de la puissance des bancs qui le recouvrent, de la possibilité d'employer cette substance sans la cribler, ou de la nécessité de lui faire subir cette opération afin d'en extraire les corps étrangers, de la distance qu'il doit parcourir pour arriver à destination, etc.

Voici les éléments du prix de revient d'un hectolitre de sable :

Un ouvrier terrassier pouvant, dans les circonstances ordinaires, extraire et charger 6 mètres cubes de sable dans une journée pour laquelle il reçoit deux francs, la valeur de la main-d'œuvre sera de . . . . fr. 0.33

Un cheval et son conducteur coûtant 4 fr., transportent 8 mètres cubes à un ou deux kilomètres de distance . . . . » 0.50

La détérioration du terrain calculée sur la base indiquée ci-dessus à l'occasion des briques. » 0.33

Valeur du mètre cube, fr. 1.16
soit 0.11 à 0.12 fr. l'hectolitre.

Si, outre la terre végétale, le sable était recouvert de stratifications étrangères, le terrassier n'en extrairait plus que 2.50 mètres cubes et le prix de l'hectolitre s'élèverait à 0.163 fr. Le criblage en porterait le prix à 0.20 ou 0.25 fr.

Les scories ou résidus provenant des grilles des machines à vapeur, criblées de telle manière qu'elles ne contiennent pas de grains dont le diamètre excède 0.002 à 0.003 mètre, sont appelées *cendres de machines.*

Les *poussières de briqueteries* sont également le résultat du criblage des briques tendres pulvérisées spontanément ou artificiellement.

Cendres de machines.

Un manœuvre, dans une journée, peut en cribler 20 hectol., fr. **1.50**
Transport à la brouette à 100 mètres de distance (1 heure
et 20 minutes). . . . . » 0.20
Usage du crible, des pelles, etc. . . . . » 0.10

Fr. **1.80**

ou, par hectolitre, fr. 0.09.

Cette valeur est une moyenne qui augmente ou diminue suivant la quotité relative de cendres fines que contiennent les scories des foyers, circonstance dépendante, d'ailleurs, de la nature du charbon brûlé sur les grilles.

Les briques réduites spontanément en poussière ont la même valeur ; mais si l'exploitant doit pourvoir à leur pulvérisation, l'expérience enseigne que la main-d'œuvre exigée par la manipulation des 20 hectolitres doit être majorée de la valeur d'un travail de 10 heures, soit fr. 1.80.

L'hectolitre revient alors à fr. 0.18.

759. *Mortiers ordinaires et mortiers hydrauliques.*

Les expériences suivantes ont eu lieu, dans la province du Hainaut, avec de la chaux maigre également applicable aux travaux de la surface et à ceux de l'intérieur.

Un manœuvre employant de la chaux coulée produit 40 hectolitres de mortier en une journée de 10 heures (fr. 1.50), les matériaux étant disposés à une distance de 10 à 20 mètres du point destiné à la fabrication. Prix de l'hectolitre. . . . . fr. 0.0375

La chaux fusée exige un temps plus considérable, les éléments offrant plus de résistance à leur mélange intime. Un ouvrier n'en peut fabriquer que 25 hectolitres dans le même espace de temps; la valeur de la main-d'œuvre est alors de . . . . fr. 0.06

Dans chacune des expériences suivantes, la chaux coulée avait un degré de consistance tel que toute addition d'eau devenait inutile pour la confection du mortier. En outre, 1,70 litres de chaux coulée ont été considérés comme l'équivalent de 1,96 litres de chaux fusée, puisque l'un et l'autre volume représente un hectolitre de chaux en pierre.

Mortier de sable pour les travaux extérieurs.

Chaux coulée.

1°.	1.7 hectol. de chaux. . .	fr.	0.55
	1.5 idem de sable. . .	»	0.1875
	Main-d'œuvre	»	0.0956

Hectolitres 5.20, volume total.　　Fr. 0.855

Le produit est : 2.55 hectolitres d'un mortier gras, propre à la construction des murs peu épais, et dont l'hectolitre revient à . . . . fr. 0.3264

2°.	1.7 hectol. de chaux. . .	fr.	0.55
	2.0 idem de sable . . .	»	0.25
	Main-d'œuvre.	»	0.1098

Hectolitres 5.70 cube total.　　Fr. 0.9068

Produisent 2.85 d'un mortier propre à tout usage.
Valeur de l'hectolitre, environ . . . . . fr. 0.318

5°.	1.7 hectol. de chaux. . .	fr.	0.55
	2.5 idem de sable . . .	»	0.5325
	Main-d'œuvre.	»	0.1218

Hectolitres 4.2 .　　Fr. 0.9845

Produit : 3.25 hectol. de mortier fort maigre, applicable seulement aux fondations, et dont le prix est de fr. 0.3028

Chaux fusée.

4°.	1.96 hectol. de chaux . . . fr. 0.53
	1.50 idem de sable . . . » 0.1875
	0.77 litres d'eau. »
	Main-d'œuvre. . . . » 0.1276
Hectolitres 4.23 volume total.	Fr. 0.8451

Produit : 2.12 hectolitres , mortier semblable à celui du n°. 2.

Coût de l'hectolitre. . . . . fr. 0.3986

5°.	1.96 hectol. de chaux . . . fr. 0.53
	2.00 idem de sable . . . » 0.25
	0.90 idem d'eau. »
	Main-d'œuvre. . . . » 0.1584
Hectolitres 4.86	Fr. 0.9384

Produit : 2.64 hectolitres. L'hectolitre . . fr. 0.3554
Mortier trop maigre, semblable à celui du n°. 3.

Mortiers composés de cendres de houille ou de briques pilées, propres aux travaux intérieurs.

Chaux coulée.

6°.	1.7 hectol. de chaux coulée, fr. 0.55
	2.0 idem de cendres . . » 0.18
	Main-d'œuvre. . . . » 0.0948
Hectolitres 3.7	Fr. 0.8248

donnent 2.55 hectolites d'un mélange trop gras, dont l'hectolitre revient à . . . . fr. 0.326

7°.	1.7 hectol. de chaux . . . fr. 0.55
	2.5 idem de cendres . . » 0.225
	Main-d'œuvre. . . . » 0.103
Hectolitres 4.2	Fr. 0.878

Produit : 2.75 hect., excellent mortier, coûtant fr. 0.312

Chaux fusée.

8°.	1.96 hectol. de chaux . . . fr. 0.53
	2.00 idem de cendres . . » 0.18
	0.95 idem d'eau. »
	Main-d'œuvre. . . . » 0.132
Hectolitres 4.91	Fr. 0.842

Le produit de ce mélange est 2.17 hectolitres d'un mortier semblable à celui du n°. 6, mais doué de propriétés hydrauliques.

La valeur de l'hectolitre est de . . . fr. 0.388.

Il résulte de ces expériences, que les avantages pécuniaires obtenus par l'augmentation des proportions de sable, sont fort peu sensibles, quoique la qualité du mortier s'en ressente beaucoup. En outre, l'emploi de la chaux fusée est désavantageux, mais il est indispensable pour obtenir des ciments hydrauliques par la combinaison de celle-ci avec les cendres ou avec les briques pilées.

Les bétons hydrauliques, destinés à combler l'espace compris entre les parois des puits et les cuvelages, se font avec des cendres de houille et des briques pilées en grains plus grossiers que ci-dessus, mais dont le diamètre n'excède pas 0.004 mètre.

Ils sont composés ordinairement de
1/3 hectolitre de chaux plus ou moins hydraulique, fusée;
1/3 » cendres de houille;
1/3 » de briques pilées.

Ces bétons rentrent dans la catégorie des mortiers n°. 8.

760. *Bois bruts et bois en grume.*

Province de Liége.

1°. Les *vernes* sont de petits chênes de 7 à 10 mètres de longueur, grossièrement équarris; leur objet essentiel est le revêtement des puits; ils se vendent au mètre linéaire et coûtent:

Pour un équarissage moyen de 0.25 mètre, fr. 2.80
Id.   id.   0.15 »   » 1.50

2°. Les *hesses*, étais en chêne ou en bois blanc coupés

à longueur déterminée, ont des prix en rapport avec leur
longueur et leur diamètre.

LONGUEUR.	DIAMÈTRE AU PETIT BOUT.	PRIX DE LA PIÈCE.
Mètres 2.00	Mètre 0.12	Fr. 0.55
» 1.80	» 0.12	» 0.58
» 1.50	» 0.09 à 0.10	» 0.55
» 1.20	» id.	» 0.28
» 1.00	» id.	» 0.15
» 0.88	» id.	» 0.12
» 0.60 à 0.75	» 0.07 à 0.09	» 0.08

3°. *Perches de sapin*, provenant du Limbourg hollandais :

LONGUEURS.	DIAMÈTRES.	PRIX DU MÈTRE COURANT.
5	0.12 Mètre,	de 0.38 à 0.40 fr.
Id.	0.09 »	0 24 »
Id.	0.06 »	0.17 »

4°. *Chevrons* ou *perches* (1) venant des Ardennes
françaises.

La longeur est de 5 mètres à 5.30 ; la circonférence
mesurée à 1.80 mètre au-dessus de *la culée* ou gros bout,
donne de 0.24 à 0.59 mètre. Le prix de la pièce est
de franc 0.75.

5°. *Balivaux.*

Chêne, longueur : mètres 4.50 à 5.00 ; diamètre 0.12 :
à 55 francs les cent mètres.

Bois blanc ; mêmes dimensions : à 46 francs les cent
mètres.

Les balivaux de bois blanc du pays, désignés sous le
nom d'*étançons*, servent entre autres à fabriquer les coins
intercalés entre les étais et les roches encaissantes. Les
prix en sont fixés comme suit :

---

(1) Les jeunes arbres provenant de semences portent le nom de
balivaux ; les *perches* sont des rejetons poussés par les vieilles souches
coupées à ras du sol. On ne permet jamais aux perches d'acquérir
la grosseur de certains balivaux.

LONGUEURS.	CIRCONFÉRENCES MESURÉES. à 1.80 mètre de la culée.	PRIX DE LA PIÈCE.
Mètres 6 à 7.	Mètre 0.36 à 0.43	Fr. 1.10
» »	» 0.30 à 0.36	» 0.70
» »	» 0.24 à 0.30	» 0.45
» »	» 0.21 à 0.24	» 0.35

6°. *Wates* et *veloutes*.

Les Wates sont de petites pièces de facinages de mèt. 1.50 de longueur et 0.09 mètre de circonférence au petit bout ; elles sont installées au-dessus des chapeaux et préviennent ainsi les éboulements partiels. Une facine ou faisceau composé de 14 branches est un *fât* ou botte dont la valeur est de 55 francs le cent.

Les veloutes, bois fort menus, provenant des ramées de bouleaux, de charmilles ou de trembles, sont placées en arrières des wates, où elles s'opposent à la chute des fragments de schistes. Une botte de veloutes qui se vend 0.05 à 0.06 francs doit avoir 0.15 mètre de diamètre.

District du Centre du Hainaut.

1°. *Perches* de différentes essences, telles que, aulne, charme, bouleau, chêne, frêne, etc., dont la longueur est de 6 mètres.

Diamètre 0.06 à 0.08. Prix 36 à 40 fr. le cent.
» 0.08 à 0.10 » 70 à 80 »

2°. *Baliveaux*. Longueur, 7 mètres.

DIAMÈTRE.	PRIX PAR PIÈCES.	
	CHÊNE.	BOIS BLANC.
De 0.15 à 0 20	Fr. 3-50 à 4	2-70 à 3-00 fr.
De 0.10 à 0.15	» 2-75 à 3	1-30 à 1-50 »

3°. *Étançons*, étais à longueurs déterminées provenant de gros hêtres refendus.

Longueurs	mètre	1.20	Épaisseur	0.12	Prix :	25	fr. le cent.
»	»	1.55	»	0.13	»	28	»
»	»	1.50	»	0.14	»	31	»
»	»	1.65	»	0.15	»	33	»
»	»	1.80	»	0.16	»	55	»

4°. *Beiles*, ou chapeaux destinés à soutenir le faîte des galeries, provenant de bois de hêtre refendus.

Longueur 2 mètres. Épaisseur 0.12 Prix : 35 fr. le cent.

5°. Les petits bois dont le mineur se sert pour prévenir les éboulements proviennent de branches d'arbres de 3 mètres de longueur et de 0.09 à 0.10 mètre de circonférence au milieu de leur longueur ; le prix en est de 5 fr. le cent.

6°. Les cadres appliqués au revêtement des puits sont formés de pièces sciées dans des hêtres de dimensions assez considérables.

Couchant de Mons.

1°. *Baliveaux*.

Première classe, petits chênes propres à faire des étais pour soutenir le toit des galeries dans les circonstances fort difficiles. Leur diamètre se mesure à une hauteur de 1.50 mètre au-dessus du pied.

Longueur de 8.80 à 10.75 mètres.
Diamètre de 0.20 à 0.58

Le prix moyen de ces pièces, rendues à l'établissement, est de fr. 11-75.

La deuxième classe, composée en majeure partie de bois blancs, est destinée au boisage ordinaire des galeries.

Même longueur que ci-dessus ; diamètre, 0.16 à 0.24 mètre ; prix moyen, 4 fr. Les étais reviennent à 0.55 fr. le mètre courant.

2°. *Perches*.

Elles sont appliquées au boisage des tailles et sont divisées en quatre classes.

La première classe est employée comme bois d'étais dans les couches puissantes et dans le voisinage des dé-rangements., etc.

Longueur, mètres 9 à 10. Diamètre, 0.12 à 0.15 mètre.

Les étais qui en proviennent coûtent de 0.20 à 0.25 fr. le mètre courant.

2ᵉ. cl. Longueur, 7 mètr. Diam., 0.10 à 0.11. Prix : 80 à 100 fr. le cent.
3ᵉ. » » 5.80 à 6.30 » 0.08 à 0.09 » 60 »
4ᵉ. » » 5.20 » 0.04 à 0.06 » 16 à 20 fr. »

La partie inférieure de ces dernières sert à confectionner les étais employés dans les couches minces ; le reste se débite en fausse belles destinées à renforcer les cadres au-dessous des chapeaux lorsque la pression latérale se fait sentir.

France.

Creusot. Un cadre complet, composé de deux montants de 1.80 mètre de hauteur, d'une semelle et d'un chapeau de 2.30 mètres, coûte fr. 1.80, y compris les petits bois de garniture. Un boiseur pose par poste (coûtant 2 fr.) 4 1/2 cadres, ce qui fait environ fr. 0.44 par cadre. Il en est de même à Montchanin.

A Saint-Étienne, un cadre de pin ou de sapin, pro-venant des montagnes voisines, coûte fr. 1.70.

A Colombelle, en Auvergne, fr. 1.73. Les montants ont 2 mètres et le chapeau 1.95 mètre.

Angleterre.

Dans les districts du Nord on emploie généralement pour le boisage des galeries le pin d'Écosse ou le mélèze. Un étai de 1.85 mètre de longueur et de 0.12 à 0.16 mètre de diamètre revient à fr. 2.08.

Dans le pays de Galles, les cadres sont formés de sapin tiré de la Suède ou de la Norwège. Deux étais de 1.85 mètre et un chapeau de 2.13 mètres valent fr. 7.50.

761. *Prix moyens des bois de mine employés dans les districts de la Ruhr.*

La fourniture des bois aux mines de la Ruhr est l'objet d'adjudications au rabais à des entrepreneurs solvables. La durée de l'entreprise est d'une année. Les matériaux, rendus à pied-d'œuvre, sont livrés à des ouvriers qui les recoupent, les refendent et les ajustent aux prix indiqués dans la dernière colonne des tableaux.

	DÉSIGNATION DES PIÈCES.	BOIS DE CHÊNE.		PRIX DES CENT PIÈCES.	
		LONGUEUR.	DIAMÈTRE OU ÉQUARRISSAGE.	BOIS.	MAIN-D'ŒUVRE
		Mèt.		Fr.	
BOIS EN GRUME.	Montants de portes (*Thürstocke*) . . .	2.51 / 2.20	0.16 sur 0.18	187.50 / 172.50	11.52 / id.
	Chapeaux de portes (*Kappen*)	1.51 / 1.49	0.16 » 0.18	83.12 / 90.00	10.62
	Beiles (*Schalholzen*).	2.51 / 2.82	0.15 » 0.10 / 0.16 » 0.13	92.50 / 168.75	id. / id.
		2.51 / 2.20	0.16 » 0.18	150.00 / 141.25	5 / 4.37
		1.88 / 1.57	0.16 » 0.13	107.50 / 78.75	3.75
	Étais (*Stempel*) . . .	1.41 / 1.25 / 1.10	0.13 » 0.13	59.57 / 55.87 / 45.00	3.12
		0.94	0.15 » 0.10	37.50	2.31
		0.63 / 0.57	0.10 » 0.10	22.50 / 18.75	1.87 / 1.62
BOIS SCIÉS.	Lattes latérales (*Pfœhle*).	1.25	0.10 »0.025	9.57	1.37
	Coins de serrage (*Anpfœhle*)	0.46	0.08 » 0.05	4.57	5.50
	Planches en chêne .	5.76 / id. / id.	0.31 » 0.04 / 0.31 » 0.04 / 0.26 »0.025	22.50 / 20.62 / 20.62	» / » / »

DÉSIGNATION DES PIÈCES.	BOIS DE HÊTRE.		PRIX DES CENT PIÈCES.	
	LONGUEUR.	DIAMÈTRE OU ÉQUARRISSAGE.	BOIS.	MAIN-D'OEUVRE
	Mèt.		Fr.	
Montans	1.57	0.18 sur 0.16	93.50	7.77
	2.05	0.16 » 0.16	67.50	4 »
	1.40	0.16 » 0.13	45.00	2.81
Étais	1.25	0.13 » 0.13	37.50	2.81
	1.10	id.	30.00	2.70
	0.94	0.13 » 0.10	26.25	2.62
	0.65	0.10 » 0.10	18.75	1.87
Coins ou serrage . .	0.46	0.08 » 0.05	3.75	0.88
Madriers de roulage.	3.76	0.14 » 0.05	9.97	2.37
(Laüfbretter) . . .	id.	0.065» 0.05	9.37	1.87
Lattes (Lauflatten) .	id.	0.05 » 0 05	5 »	1.12
Longrine (Strassbœnme).	id.	0.10 » 0.08	15 »	2.50
Billes (Bollen) . .	de2.80	0.51 » 0.05	22.50	3.75
Id.	à 3.76	0.18 » 0.05	22.50	3.25

(Colonne de gauche : BOIS EN GRUME. — BOIS SCIÉS OU REFENDUS.)

762. Évaluation des bois propres au sciage.

Le tableau suivant, déduit de l'expérience, se rapporte à des arbres de différentes dimensions et aux trois essences de bois les plus en usage pour le service des mines, où ils sont débités à la scie.

La seconde colonne indique les circonférences des arbres recouverts de leur écorce et mesurés au milieu de leur longueur, ou plutôt la moyenne de cette dimension et des circonférences prises aux deux extrémités. Dans la troisième, se trouve la surface en mètres de la section circulaire correspondante à la moyenne des trois circonférences. La cinquième colonne comprend les surfaces d'équarrissage, c'est-à-dire les surfaces moyennes de la section de l'arbre après en avoir soustrait l'écorce et l'au-

bier, si c'est du chêne, et l'avoir, dans tous les cas,
suffisamment équarri pour procéder au sciage. Les pertes
provenant de l'écorce et de l'équarrissage sont plus grandes
dans le hêtre que dans le bois blanc, et plus considérables encore dans le chêne que dans le hêtre. Elles sont
évaluées à 0.09, 0.11 et 0.13 pour les pièces comprises
respectivement dans les numéros 1 à 3, 4 à 6 et 7 à 9
du tableau.

Les colonnes 4, 6, 9 et 11, intitulées différences, sont
le résultat des soustractions de tous les chiffres, pris successivement deux à deux dans les colonnes qui précèdent.
Le lecteur en verra tout-à-l'heure l'usage.

TABLEAU DE L'ÉQUARRISSAGE ET DE LA VALEUR DES ARBRES.

	NUMÉROS D'ORDRE.	CIRCON-FÉRENCE.	SURFACE CIRCULAIRE.	DIFFÉ-RENCES.	SURFACE D'ÉQUAR-RISSAGE.	DIFFÉ-RENCES.	LONGUEUR DES ARBRES.	CUBES.	DIFFÉ-RENCES.	PRIX DU MÈTRE CUBE.	DIFFÉ-RENCES.	VALEUR DE L'ARBRE.
							Mètres.			Francs.		
CHÊNE.	1	1.17	0.10902	0.06048	0.06974	0.04591	7.50	0.5091	0.5774	100	2.50	50.91
	2	1.45	0.16950	0.07718	0.11565	0.05910	7.80	0.8865	0.4972	102.50	4.50	90.68
	3	1.76	0.24668	0.08734	0.16573	0.07508	8.20	1.3837	0.7562	107.80	5.90	149.46
	4	2.05	0.35422	0.10186	0.23885	0.08855	8.60	2.1399	0.8574	111.70	5.70	239.02
	5	2.54	0.45608	0.11460	0.32718	0.10349	9.10	2.9775	1.1616	117.40	5.50	549.55
	6	2.65	0.55068	0.13208	0.43067	0.12598	9.30	4.1589	1.4016	122.90	5.50	508.67
	7	2.95	0.68276	0.14248	0.55665	0.13948	9.90	5.5405	1.7504	128.40	4.20	711.40
	8	5.22	0.82524	0.15516	0.69915	0.15498	10.40	7.2709	1.9655	152.60	4.20	964.12
	9	5.51	0.98040		0.85441		10.80	9.2244		155.80		4261.89
BOIS BLANC.	1	1.17	0.10902	0.06048	0.07749	0.04649	7.50	0.5637	0.4655	40	2.50	22.65
	2	1.46	0.16950	0.07718	0.12598	0.05685	8.50	1.0290	0.6164	42.50	2.20	45.52
	3	1.76	0.24668	0.08734	0.18081	0.09127	9.40	1.6634	1.2659	44.50	2.70	75.22
	4	2.05	0.55422	0.10186	0.27208	0.08954	10.70	2.9115	1.3197	47.20	2.40	157.41
	5	2.54	0.45608		0.56162		11.70	4.2510		49.60		209.85
HÊTRE.	1	1.17	0.10902	0.06048	0.08640	0.04822	7.50	0.6285	0.4729	29.80	2.40	18.75
	2	1.46	0.16950	0.07718	0.15452	0.05940	8.20	1.1014	0.6055	52.20	2.40	53.46
	3	1.76	0.24668	0.08734	0.19572	0.09299	8.80	1.7047	1.0764	54.60	2.40	58.98
	4	2.05	0.55422	0.10186	0.28671	0.09299	9.70	2.7811	1.0918	57.00	2.80	102.90
	5	2.34	0.45608		0.57970		10.20	3.8729		59.80		154.14

L'évaluation approximative du cube et du prix d'un arbre ou d'un tronçon d'arbre quelconque faite à l'aide du tableau se réduit à une opération arithmétique fort simple. En effet, soit un chêne de 1.90 mètre de circonférence moyenne et de 3.50 de longueur.

Cette pièce étant comprise entre les numéros 3 et 4, les données de l'un ou de l'autre de ces numéros peuvent être prises indifféremment pour base du calcul. Si l'opérateur choisit le numéro 3, il cherchera d'abord la surface circulaire du diamètre donné 0.28726 mètre. dont il soustraira la surface circulaire du numéro 3, puis prenant dans les colonnes des différences les nombres compris entre les numéros 3 et 4, il établira la proportion

$$0.08754 : 0.07508 = 0.04058 : x$$

d'où $x = 0.03480$; de l'addition de ce nombre avec l'aire d'équarrissage du numéro 3, il résulte 0.19855 pour la surface cherchée. Celle-ci, multipliée par la longueur 8.50 mètres, produit un cube égal à 1.6876 mètre de bois propre au sciage.

La valeur du mètre cube dérive des considérations suivantes :

La différence entre les deux prix successifs des numéros 3 et 4 est de 3.90 fr.; celle des cubes qui y correspondent, 0.5762 ; la différence entre le cube de l'arbre, objet du calcul, et celui du numéro 3, est de 0.2371. La proportion :

$$0.7562 : 3.90 = 0.2371 : x$$

donnant $x = $ fr. 1.22,

le prix du mètre cube est égal à 107.80 + 1.22 = 109.02 fr., et celui de l'arbre à 176.99 fr.

Les bois achetés sur pied doivent être abattus et transportés à la mine. Les frais d'abattage sont habituellement compensés par le produit des branches. Quant aux transports, s'ils n'offrent pas des difficultés extraordinaires, leur valeur, à une distance moyenne de 1.5 myriamètres, est respectivement de 10, 35 et 50 francs environ pour les numéros 1 à 2, 3 à 5 et 6 à 9.

763. *Sciage des bois.*

Main-d'œuvre.

Deux ouvriers scieurs de long, dont le salaire doit s'élever de 2.50 à 2.60 fr., peuvent, en une journée, exécuter les travaux suivants :

1°. *Lattes de bois blanc* ou *latteaux* de 0.030 mètre à 0.038 sur 0.022 mètre.

225 mètres linéaires ou 75 pièces de 3 mètres de longueur. Prix du mètre courant : centimes 2.22 à 2.50.

2°. *Feuillets* de 0.018 mètre d'épaisseur sur 0.24 de largeur.

Chêne, 75 mètres ; valeur du mètre, 6.84 à 7.12 centimes.
Bois blanc, 88 » » 5.68 à 5.90 »

3°. *Planches*; dimensions, 0.03 sur 0.30 mètre.

Chêne, 50 mètres ; valeur du mètre, 10.00 à 10.40 centimes.
Bois blanc, 58 » » 8.62 à 8.96 »

4°. *Madriers* de 0.05 sur 0.28 à 0.30 mètre.

Chêne, 56 mètres ; valeur du mètre, 13.88 à 14.44 centimes.
Bois blanc, 44 » » 11.36 à 11.80 »

5°. *Filières* ou coulans pour revêtir les puits; dimensions 0.03 sur 0.12 mètre.

115 mètres. Chaque mètre revient de 4.34 à 4 52 centimes.

6°. *Poutrelles* en tout bois de 0.06 mètre d'équarrissage.

100 mètres ; valeur du mètre, 5.00 à 5.20 centimes.

7°. *Poutrelles* de 0.12 mètre.

60 mètres ; valeur du mètre, 6.32 à 8.66 centimes.

8°. Les pièces telles que *les sommiers, les cadres de revêtement, etc.*, dont l'équarrissage excède 0.12 mètre, sont comptées au mètre cube (1). Deux ouvriers pouvant scier 0.8 mètre cube en un jour, le prix d'un mètre sera de fr. 6.25 à 6.50.

Les pièces d'un faible équarrissage sont moins rétribuées que celles dont les dimensions sont assez fortes, quoique ces dernières exigent, pour leur manœuvre et leur mise en chantier, une main-d'œuvre plus considérable que les premières. Mais les ouvriers étant tenus de scier les pièces, quelles que soient leurs dimensions, il se trouve en définitive que la moyenne du travail exécuté en une journée est de 0.8 mètre cube.

Applications.

Déterminer le prix du mètre courant de planches en bois de chêne.

Le volume de l'arbre à mettre en œuvre pour cet objet étant évalué par le procédé indiqué ci-dessus, on en déduit le prix du mètre cube, supposé s'élever à 110 fr.

Le trait de scie faisant perdre environ 0.002 mètre de bois, les dimensions des planches devront être portées à 0.502 mètre de largeur sur 0.052 mètre d'épaisseur; elles offriront une section de 0.09664 mètre et un mètre cube fournira 103.5 mètre courant de planches. La récapitulation des diverses dépenses porte :

(1) Les Belges et les mineurs du département du Nord ont conservé pour ces objets les anciennes mesures de capacité. A Liége, c'est le *pied cube*, ou environ 0.0249 mètre cube. Dans la partie orientale du Hainaut, le *pied de châssis* est un solide, de 10 pouces de longueur, 8 de largeur et 4 d'épaisseur, formant 8.08 décimètres cubes. A Valenciennes, les bois de chêne de fort équarrissage sont mesurés au *cheviron*, équivalant à 0.22 mètre cube.

Un mètre cube de bois de chêne . . . Fr. 110
Frais de transport et de déchargement . » 14
Sciage de 105.5 de planches à 0.10 fr. . » 10.55
Fr. $\overline{134.55}$

ou environ 1.30 fr. le mètre courant.

2°. EXEMPLE. Un sommier de bois blanc de 0.25 et 0.30 d'équarrissage, sur 12 mètres de longueur, cubant 0.9 mètre, peut être pris dans une pièce de 1.76 de diamètre, dont le cube vaut fr. 34.60. Il donne lieu à l'évaluation suivante :

0.9 mètre cube de bois à 34.60 fr. . . Fr. 31.14
Transport, chargement et déchargement . » 13.23
Main d'œuvre . . . . » 5.62
Prix du sommier. . . . Fr. $\overline{49.99}$

Les flasques de bois, qui tombent par suite du sciage, trouvent toujours leur emploi dans les mines, soit en les laissant dans leur état primitif, soit en les débitant en lattes et en latteaux.

764. Fers moulés, laminés et forgés.

Les principes suivants (1), relatifs à l'évaluation des diverses espèces de fers employés dans les mines de houille, se rapportent aux fers belges, et principalement à ceux que produit la province de Hainaut.

Pièces moulées.

Les prix des diverses qualités de fonte ont souvent entre elles les relations suivantes :

(1) Ces appréciations ont pour but de mettre le lecteur à même d'établir approximativement, dans ses devis estimatifs, le prix des travaux où le fer entre comme partie essentielle, en l'absence de documents plus certains et plus complets à ce sujet. Il ne doit pas s'attendre à trouver une exactitude constante dans les calculs qu'il fera au moyen de ces données, parce que les fabricants de fer n'observent aucune règle lorsqu'il s'agit de se roidir contre la concurrence.

A exprimant en francs la valeur des fontes de troisième qualité, on a, lorsque le défaut de débouchés ne
fait pas tomber le prix des fers au-dessous de leur valeur
normale :

3ᵉ. qualité.	Seconde.	Première.
A	$A + 1$	$A + 2$
ou A	$A + 1$	$A + 1.50$

Pour déterminer la valeur d'une pièce de moulage dont
le poids est connu, il suffit de prendre, dans le premier
cas, la moyenne des trois valeurs, par exemple 12, et
d'y ajouter 10 fr. pour la main d'œuvre, la consommation
de charbon, le bénéfice, etc. ; le chiffre 22 indique
la valeur du quintal métrique. Dans le second cas, cette
valeur est simplement exprimée par le double de la
moyenne ; ainsi celle-ci étant de fr. 8, la fonte moulée
sera au prix de 16 fr.

L'exploitant doit payer la valeur du modèle, s'il n'existe
pas dans les magasins de la fonderie ; mais il peut exiger
un rabais de deux ou trois francs pour les objets d'un
débit courant qui n'exigent pas l'emploi de fonte de qualité
supérieure, ou dans lesquels un seul modèle suffit à la
confection d'une grande quantité de pièces ; tels sont les
roues, les coussinets des chemins de fer, les pièces de
cuvelage, les dalles en fonte des gares d'évitement, etc.

POIDS MOYENS DES ROUES DE WAGONS AVEC OU SANS REBORDS.

Roues de 0.19 mètre de diamètre . . Kilog.	5.3	sans
» 0.23 »	» 8.0	rebords.
» 0.26 »	» 12.0	
» 0.50 »	» 14.0	avec
» 0.57 »	» 15.5	rebords.

Le prix des roues alésées et ajustées pour essieux dits
patent est majoré de 10 fr. par quintal métrique.

POIDS DES COUSSINETS OU SUPPORTS DES RAILS (*chairs*).

Coussinets d'about . . . . . Kilog. 2.0
Idem intermédiaires . . . . . » 1.5

Fers laminés, carrés, ronds et méplats.

Ces fers se divisent en trois catégories, auxquelles sont affectés des prix différents.

La première est désignée par le n°. 3.

La seconde, par le . . . . n°. 2.

La troisième, par le . . . . n°. 1.

Chacune de ces trois catégories est subdivisée en trois ou cinq classes, comprenant, la première les fers des plus fortes dimensions qui se trouvent dans le commerce ; la seconde ceux dont les dimensions sont moindres, et ainsi de suite en s'élevant dans les classes.

Fers plats classés d'après leurs dimensions.

1re. classe : de 150 millimètres à 26 sur 6 et au-dessus.
2e. » de 25 » à 20 sur 6 »
5e. » de 19 » à 11 sur 6 »

Fers ronds et carrés.

1re. classe : de 56 millimètres à 18
2e. » de 17 » à 12
3e. » de 11 » à 6

Fers feuillards.

1re. classe : 27 millimètres sur 6 à 2.5
2e. » 27 » sur 2 à 1.
5e. » 26 à 21 » sur 6 à 2.5
4e. » 61 à 21 » sur 2 à 1.

A étant le prix de la fonte d'affinage, les relations entre les classes et les qualités sont ordinairement les suivantes :

	N° 1.	N°. 2.	N°. 3.
1re. classe,	fr. $2A$	fr. $2A+5$	fr. $2A+5$
2e. »	» $2A+5$	» $2A+5+5$	» $2A+5+3$
5e. »	» $2A+6$	» $2A+6+5$	» $2A+6+5$

Ainsi, les N°s. 2 et 5 valent réciproquement 3 et 5 fr. de

plus que le N°. 1, et à mesure que l'on s'élève dans les classes le prix augmente de · 3 fr. Par exemple, si la fonte d'affinage vaut 12 fr., le N°. 2 de la seconde classe vaudra 30 fr. les cent kilog.

Ces rapports ont quelque exactitude lorsque la fonte acquiert, en quelque sorte, son prix normal, c'est-à-dire lorsqu'elle est au-dessus de 10 fr. ; mais lorsque les fers sont à bas prix les proportions changent, ceux de première qualité N°. 3 augmentent de deux francs en passant d'une classe dans la suivante ; cette augmentation n'est que de fr. 1 pour les classes du N°. 1, qui représentent les qualités inférieures.

Il est à observer que les barres dont le poids dépasse 100 kilogrammes, valent environ 3 fr. de plus par quintal métrique ; en outre, quand leur longueur est déterminée, le prix doit être majoré de fr. 1 pour la même unité.

Des tôles.

Les tôles de la moindre valeur, c'est-à-dire celles d'une largeur de 1 mètre et d'une épaisseur de 0.004 mètres, coûtent environ 1 1/2 fois plus que les fers de la première classe N°. 2. Ainsi, en mars 1845, ces derniers se vendaient fr. 23.40 et les tôles 36 francs (23.40 + 11.70 = 35.10). Au 10 avril, 26.40 et les tôles 39 (26.40 + 13.20 = 39.60). Leur prix augmente en raison directe des largeurs et inverse des épaisseurs.

Elles sont divisées, quant aux épaisseurs, en trois classes, comprenant :

La première, les tôles de 0.004 mètres d'épaisseur et plus.
La seconde,   id.   0.0039 à 0.0020
La troisième,   id.   0.0019 à 0.0005

Les prix augmentent de 4 à 2 fr. en passant d'une classe dans la classe immédiatement supérieure.

Quant aux largeurs, elles se succèdent de 0.10 en

0.10 mètre , depuis 1 mètre jusqu'à 1.50 qui est la plus grande dimension. Il n'existe pas de loi régulière d'accroissement ; mais les prix augmentent fort rapidement.

Fers battus, clous et rails.

Les fers battus suivent une marche trop irrégulière pour qu'il soit possible d'établir aucune règle à leur égard.

Le prix des clous est toujours en rapport avec celui des fers. Un kilogramme contient 45 clous de lattes, de filières ou de coulants, et 25 clous de porteurs , de rails , etc.

Les poids du mètre courant des rails de diverses espèces employés dans les mines de houille sont :

Rails plats en équerre de 0.075 mètre de largeur et
    0.008 mètre d'épaisseur . . . . kilog. 8 »
Rails saillants à double talon de 0.05 sur
    0.015 mètre . . . , ... » 4.5
Rails saillants à double talon de 0.05 sur
    0.018 mètre . . . . » 5.5
Rails saillants à double talon de 0.075 sur
    0.015 mètre . . . . » 7.3
Rails munis d'un champignon et d'un talon . » 6.6
  Id. à double bourrelet . . . . . . » 11 à 14

Les fers employés comme rails doivent être de bonne qualité ; ils sont moins sujets à se rompre et lorsqu'ils sont hors de service par cause de déformation ou de rupture accidentelle, ils servent encore à la fabrication des outils et de divers objets de forge.

765. *Substances propres à l'éclairage des travaux intérieurs.*

Chandelles.

Les ouvriers emploient des chandelles de 25 , 50 et même de 120 au kilogramme , suivant la nature du travail qu'ils doivent exécuter. Autrefois, on comptait à Anzin que quatre chandelles pesant chacune 30 grammes suffisaient à un travail de huit heures.

En Belgique, l'emploi de cette substance éclairante est actuellement fort restreint : les conducteurs des machines d'exhaure et les chefs ouvriers sont les seuls qui s'en servent encore dans quelques mines de la province de Liége.

A Newcastle, l'usage des chandelles de suif de bœuf ou de mouton avec des mèches en coton est encore assez fréquent. Elles pèsent en moyenne 10 grammes et quelquefois 12 et même 15 grammes. Le prix de ces objets varie avec celui du suif.

Huile.

L'huile généralement en usage dans les mines de la Belgique est l'huile de colza, dont le prix, soumis aux fluctuations de la bourse, est fort variable. Il s'élève quelquefois à 102 fr. pour s'abaisser ensuite à 80 fr. les cent kilogrammes.

PRIX MOYEN DES HUILES.

Huile de colza déposée . . . . fr.	0.90
Id. épurée dite à quinquets. . »	0.90
Huile de lin. . . . . »	0.63
Id. de chanvre épurée . . . . . . »	0.76

Les quantités d'huile dépensées dans un temps donné sont appréciées par le poids ou par le volume, suivant les usages locaux. Un litre d'huile bien claire, suffisamment vieille, pèse 0.935 kilogramme, et un kilogramme d'huile est représenté par un volume de 1.095 litre. La consommation d'huile dans un temps donné dépend de la grosseur de la mèche et de quelques autres circonstances accidentelles. Ainsi, les ouvriers occupés au fonçage des puits devant jouir d'une lumière intense et se trouvant exposés à voir l'eau s'introduire dans leurs lampes, ou celles-ci se renverser assez fréquemment, consomment une quantité de substance éclairante plus considérable que les ouvriers travaillant dans les tailles à l'arrachement de la houille. Le courant d'air a également une influence très-sensible sur la consommation, car les traîneurs emploient plus d'huile lorsqu'ils conduisent leurs voitures en tenant leurs lampes à la main, que quand ils les suspendent aux parois des galeries.

766. *Consommation d'huile en diverses localités.*

Lampes découvertes.

Levant du Flénu (Couchant de Mons). Une lampe contenant 0.175 litre éclaire un ouvrier pendant plus de 15 heures. La dépense est évaluée à 9 ou 12 centimes, suivant la nature du travail ; ce qui fait 0.66 à 1 centime par heure.

Mines du Centre. On délivre indistinctement à tous les ouvriers, quelle que soit la nature de leur travail, le contenu d'une mesure appelée *gauge*, environ 0.04 kilog. pour un travail de 6 heures appliqué à l'arrachement de la houille, ou de 4 heures affecté au fonçage des puits, soit 3.6 centimes ou environ 0.6 centimes par heure.

St.-Étienne. Un piqueur emploie, dans une journée de 12 heures, 0.10 à 0.12 kilog. d'huile. La valeur du kilog. étant de 1.50 fr., il en résulte une dépense de 15 à 18 centimes, soit 1.2 à 1.5 centimes par heure.

Rive de Gier. Le mineur consomme, pendant le fonçage des puits, 0.2 kilog. par journée de 9 à 10 heures.

Mines de la Wurm. La quantité d'huile nécessaire pour une journée de 10 heures est de 0.11 kilog., soit environ un centime par heure, le kilog. valant 0.90 c.

District de la Ruhr. L'usage de ces localités est d'employer l'huile de navette purifiée (*Rüb oel*), dont la valeur moyenne est de fr. 1.08 le *maas*, équivalent à 1.145 litre. La dépense d'un ouvrier, en huit heures de travail, est de 0.13 litre, ou fr. 0.08.

Silésie. Un mineur dépense environ 0.104 kilog. d'huile pour une journée de 11 heures, à 1.02 fr. le kilog., ou 1.2 centimes par heure.

District de Newcastle. La consommation dans ces mines a pour objet l'huile de baleine, qui coûte 0.96 fr. le litre. Une journée de 8 heures exige l'emploi de 0.1625 litres, formant une valeur de fr. 0.156.

Lampes perfectionnées.

Liége. Une lampe de Davy absorbe 0.077 litre en 8 heures; si le litre coûte fr. 0.84, la dépense est de 6.47 centimes.

Charleroi. La consommation d'un mineur est considérée comme étant, en moyenne, de 190 grammes pour une journée de 12 heures, soit 0.75 centime par heure.

Creuzot. Une lampe de Davy exige l'emploi de 0.1 litre d'huile, soit environ 93 grammes, pour un travail de 12 heures.

L'économie résultant de l'emploi des lampes de M. Mueseler est estimée à 1/8 ou 1/6 de la consommation des appareils de Davy.

767. *Fourniture d'huile aux ouvriers mineurs; emmagasinage de cette substance.*

L'huile propre à l'éclairage des travaux intérieurs est fournie, tantôt par l'établissement, tantôt par le mineur lui-même.

Les lampes de sûreté exigeant des soins continuels et minutieux sont toujours garnies et remplies à l'établisse-

ment par un lampiste spécialement occupé de cet objet.
La consommation d'huile est alors en raison de la durée
du travail. Mais si l'absence du grisou permet l'emploi
de lampes découvertes, l'éclairage est ordinairement mis
au compte des ouvriers. Ainsi, le percement des puits et
des galeries du Couchant de Mons est presque toujours
accordé à forfait, à un prix majoré de telle façon que les
entrepreneurs soient à couvert de leurs dépenses d'éclairage. Ils sont libres d'acheter l'huile où bon leur semble;
mais ils préfèrent ordinairement la prendre dans les magasins de l'établissement, où ils la trouvent de bonne
qualité et à des prix modérés.

Dans les mines du Centre, ce mode s'étend à l'arrachement du charbon, de même qu'aux percements des
roches encaissantes. Pour ces derniers travaux, les conditions sont les mêmes que celles du Couchant de Mons.
Quant à l'éclairage relatif à l'abattage de la houille et au
transport, les mineurs se rendent une fois par semaine
dans les magasins de la mine et reçoivent une mesure
d'huile appelée *gauge* (1/12 de livre), répétée autant de
fois qu'ils ont travaillé de journées pendant la semaine
qui précède l'époque de la distribution. Ils emportent l'huile
à leur domicile et s'éclairent à leur compte pendant le
cours de la semaine suivante.

Ce système de mettre la substance éclairante au compte
des mineurs les engage à conduire leur lampe avec soin;
à régler la grosseur de la mèche suivant l'importance du
travail; à porter la lampe avec précaution, afin d'éviter
les épanchements d'huile. Il en résulte cependant quelques inconvénients, non dans le percement des roches
encaissantes, mais dans l'abattage de la couche, en ce que
les ouvriers, s'efforçant de réaliser des économies, n'al-
lument que trois ou quatre lampes, quand la grandeur

de la taille en comporterait un plus grand nombre. C'est à la malpropreté des produits extraits que l'exploitant s'aperçoit promptement de cette fâcheuse pratique. Il fait surveiller les mineurs avec soin ; mais lorsqu'ils entendent venir les surveillants, les lampes sont promptement rallumées pour être éteintes de nouveau immédiatement après leur départ.

La conservation de l'huile et l'économie de sa distribution exigent l'établissement de citernes formées de grandes caisses en charpente, doublées de zinc ou de plomb, dont la contenance est proportionnée aux besoins de l'établissement. Ces appareils, installés dans une cave, sont mis en communication avec le rez-de-chaussée, au moyen d'une pompe soulevante qui déverse l'huile dans des vases d'une contenance déterminée. Au-dessous du dégorgeoir de la pompe se trouve un réservoir en plomb, au fond du quel est adapté un tuyau destiné à ramener dans la citerne l'excès d'huile pompée. Un flotteur en bois indique à chaque instant la quotité de liquide dont il est permis de disposer. Enfin, un entonnoir à tuyau recourbé traverse un soupirail et permet de remplir la citerne en manœuvrant les tonneaux à l'extérieur du bâtiment.

Les avantages de cet appareil sont de mettre à la disposition de l'exploitant de l'huile bien déposée et suffisamment vieille et de le soustraire aux effets pernicieux de l'agiotage, qui régissent cet objet, en faisant les acquisitions en temps convenable.

768. *Graissage des voitures et entretien des machines à vapeur.*

Huile de résine incombustible appliquée au graissage des voitures d'intérieur. Le quintal métrique . . . .   de fr. 20 à 50
L'hectolitre de cette substance pèse 98.7 kilog.

Huile dite de pied de bœuf. . . . . le kilog.		1.25
L'hectolitre pèse 95.4 kilog.		
Graisse noire pour engrenages.	»	1.10
Suif. Prix moyen.	»	1.00
Étoupes fines pour boîtes à bourrage.	»	0.78
Id. grossières pour le nettoyage des machines.	»	0.44
Chanvre pour bourrages et joints.	»	1.20
Mastic de minium	»	0.80

La consommation considérable de graisse résultant de la lubréfaction des voitures d'intérieur engage l'exploitant à choisir des substances de peu de valeur, quoique réunissant plusieurs conditions essentielles, telles que la fluidité, l'incombustilité et l'absence d'odeur. La matière oléagineuse devant traverser des ouvertures d'un fort petit diamètre et les roues ne pouvant être enlevées de dessus leurs moyeux, la fluidité est une des qualités indispensables. L'incombustibilité n'est pas de rigueur lorsque l'éclairage est fourni par l'établissement; mais, s'il est au compte des ouvriers, il arrive que ceux-ci alimentent leurs lampes avec l'huile destinée aux voitures. Enfin, certaines huiles, sous l'influence du frottement de la fusée dans l'essieu, dégagent une odeur tellement pénétrante, qu'elle rend inhabitables les galeries où l'aérage est accidentellement peu actif.

L'huile de colza est d'un prix assez élevé et sa qualité combustible la rend impropre aux travaux pour lesquels l'ouvrier subvient lui-même aux dépenses d'éclairage. Les résidus qui se déposent au fond des vases où l'huile est renfermée sont généralement en quotité insuffisante et souvent d'une consistance pâteuse. Diverses graisses préparées remplissent plus ou moins leur but, mais elles pèchent ordinairement par défaut de fluidité. Les huiles résineuses, introduites depuis quelques années dans le commerce, se

vendent à bas prix, sont très-liquides et incombustibles.
Elles seront exclusivement employées si les fabricants parviennent à les épurer suffisamment, afin de leur enlever
l'odeur qu'elles répandent en s'échauffant par le frottement. Dans leur état actuel, elles sont d'ailleurs très-con-
venables pour les mines où le courant d'air est doué de
quelque activité.

M. Plumat, ingénieur de la mine du Flénu, a constaté,
par diverses expériences, le prix du graissage des wagons
dans les mines.

En 50 jours de transport intérieur dans le puits n°. 15,
la dépense, pour le graissage de 125 voitures, a été de
14,879 kilogrammes d'huile de résine, à raison de 30 fr. le
quintal métrique. La consommation a donc été de 0.119
kil. (représentant 0.0357 fr.) par voiture et pour une distance totale d'environ 1,300 mètres. Comme l'extraction
moyenne était de 2,100 hectolitres, chacun de ceux-ci a
coûté 0.002122 fr.

Pendant un transport de 60 jours, effectué dans les
travaux du puits n°. 17, il a employé 3,876 kilog. d'huile
de résine, d'une valeur de 1162.80 fr. pour graisser 50
voitures, la distance des tailles à l'accrochage étant de
300 mètres. La consommation par jour et pour chaque
voiture a donc été de 0.0775 kilog. ou 0.02325 fr.
L'extraction étant de 2,570 hectolitres, chacun de ceux-ci
a coûté de ce chef 0.000453 fr.

Prix de l'hectolitre transporté à 100 mètres :

1ʳᵉ. expérience, fr. 0.000163
2°.   »   »   0.000151.

La quantité de matière lubréfiante employée est naturellement en raison du nombre de voyages et de la distance
à parcourir.

769. *Poudre, papier, cartouches et mèches de sûreté.*

Poudre.

En 1844, le prix de la poudre belge variait de 1.50 à 1.40 fr., lorsqu'une coalition des fabricants eut pour résultat de le porter successivement à fr. 1.60, puis à 1.80. La concurrence en fit tomber le prix à 1 fr.; mais bientôt après il s'éleva de nouveau, fut porté à fr. 1.35, puis à fr. 1.50, valeur actuelle.

En France où cette substance est l'objet d'un monopole, le prix en est plus élevé.

A Alais, le kilog. coûte fr. 2.10.

A St.-Étienne, de 2.25 à 2.75.

Dans le département de Saône et Loire, 2.65.

La poudre prussienne est mieux granulée que la poudre belge, elle a aussi plus d'énergie et peut être obtenue à fr. 1.35 le kilog.

En Angleterre, elle varie suivant les époques et les localités, de fr. 1 à 1.48 le kilog.

On sait d'ailleurs que le prix de revient de cette substance explosible ne dépasse guère 0.90 à 0.95 fr. le kilog.

Dans plusieurs localités la poudre est délivrée aux ouvriers au fur à mesure de leurs besoins. Ce procédé ne permet pas de réaliser toute l'économie désirable; il vaut mieux, puisque cette substance s'applique principalement aux travaux de percement exécutés à forfait, la mettre au compte des mineurs, en majorant le prix convenu de la somme que l'on présume devoir dépenser de ce chef. L'ouvrier, dans ce cas, se servira de la poudre avec économie; il ne la répandra pas; ne surchargera pas son coup de mine, mais recherchera la quantité nécessaire pour obtenir le maximum d'effet utile; enfin, il sera intéressé à n'en pas distraire de certaines quantités, pour les dépenser en réjouissances inutiles.

Les cartouches en usage pour l'aprofondissement des puits contiennent en moyenne 0.14 kilog. de poudre et pour le percement des galeries à travers bans, 0.08 kilog. L'enveloppe est en papier gris demi collé, dont la ramé coûte 7 fr. Chaque rame contient 20 mains et chaque main 24 feuilles. Une feuille de 0.50 mètre sur 0, 62 produit six cartouches. Cent kilog. de poudre exigent 7 2/3 mains de papier, ou une dépense de 2.68 fr. pour être distribués en nombre convenable de cartouches propres au fonçage des puits et au percement des galeries dans les roches encaissantes.

Cartouches en cuir.

Le prix de revient de ces objets destinés au creusement des rochers aquifères se décompose comme suit :

```
0.08 kilog. de cuir à fr. 2 35.      . .  fr. 0.18.80
Fil. . . . . . . . . . . . . . .      » 0.10
Façon, 1 heure à 2 fr. . . . . .      » 0.20
                                    ─────────────
                                    fr. 0.488
```

Un bourrelier payé à raison de 2 fr. par journée de 10 heures peut confectionner 10 à 11 cartouches.

Mèches de sûreté de Bickford.

Elles se vendent par paquets contenant 10 mètres courants de fusées, ou par barils de 100 à 200 pièces.

Echantillon n° 1, pour le tirage dans les roches sèches ou simplement humides : le paquet fr. 1, le mètre 0.10.

Echantillon n° 2, roches mouillées ou recouvertes d'une lame d'eau : . . . . fr. 1.50. . 0.15.

Echantillon n° 3, roches entièrement recouvertes d'eau. . . . . fr. 2. . . . 0.20

M. Fournet, directeur des mines d'Aniche (1), a constaté par une expérience qui a duré 5 mois, que les mèches de sûreté apportent une économie de 5 p. c. sur la
dépense totale dans le fonçage des puits, et de 9.28 à
16.95 p. c., dans le percement des galeries à travers
bancs; circonstance qui peut être attribuée, en grande
partie, à la réduction de la quantité de poudre employée et au moins grand nombre de coups de mine exigés
par l'arrachement d'un volume de roche donné.

(1) *Annales des Mines*, 1ᵉ Série, tome VI, page 123, et tome VI,
page 513.

IIᵉ. SECTION.

MATÉRIEL, COMPRENANT LES OUTILS, LES VASES DE TRANSPORT ET D'EXTRACTION, LES MACHINES, ETC.

770. *Appareils de sondage.*

Petite sonde à bras.

Cette outil est ordinairement fabriqué dans les ateliers de la mine (fig. 26-29, pl. VIII) par un forgeron dont la journée de 10 heures de travail est payée 5 fr. et un aide à 1.50.

1° Tête de sonde, poids 2.5 kilog.

3 kilog. de fer brut à 30 fr. p. c.	.	fr. 0.90
7 kilog. de charbon	»	0,07
Main-d'œuvre.	»	0.90
		fr. 1.87.

2° Tiges de 0.02 mètres de diamètre et 1.80 mètre de longueur, poids 4.5 kilog.

5 kilog. de fer non travaillé	fr. 1.50
3 kilog. charbon	» 0.05
Main-d'œuvre, 1 heure de travail d'un forgeron et son aide.	» 0.45.
	fr. 2.00.

3° Deux demi-tiges pesant 5.00 kilog. longueur 0.90 mètre.

5.5 kilog. fer.	fr. 1.65
8.5 » charbon.	» 0.085
Main-d'œuvre (2 heures), ...	» 0.90
	fr. 2,635

4° Deux clefs , 1.75 kilog.

2 kilog. de fer	fr.	0.60
5 kilog. charbon	»	0.05
Main-d'œuvre (1 heure)	»	0.45
	fr.	1.10

5° Trépan , 1.50 kilog.

Fer , 1.25 kilog.	fr.	0.375
Acier, 0.75 kilog. à fr. 1.40	»	1.05
Charbon , 5 kilog.	»	0.05
Main-d'œuvre	»	0.5625
	fr.	2.0375

6°. Cuillère , 2.5 kilog.

Fer, 3 kilog.	fr.	0.90
Houille, 6.5.	»	0.065
Main-d'œuvre (travail de 2 heures)	»	0.90
	fr.	1.865

Le prix total d'une sonde à bras, destinée à porter le forage à une profondeur d'environ 50 mètres , se récapitule comme suit :

Une tête de sonde	fr.	1.87
27 tiges à 2 fr.	»	54.00
Deux demi-tiges	»	2.63
Clefs , trépan et cuillère	»	5.00
	fr.	63.50

Sonde moyenne.

L'appareil de sondage est complet et doit atteindre à des profondeurs de 180 à 200 mètres. (Fig. 6-19, pl. VIII). *Tiges* d'un diamètre de 0.032 mètre.

5 tiges de 1 mètre, pesant 11.5 kilog.				kilog.	34.5
4 » de 2 »	»	17	»	»	68.0
1 » de 3 »	»	22	»	»	22.0
46 » de 4 »	»	28	»	»	1,288.0
				kilog.	1,412.5
à fr. 0.64				Fr.	904.00

8 crochets pour suspendre les tiges . . . . . kilog. 45

Une tête de sonde ou crochet à anneau mobile . . »   7

Fourchettes ou clefs de retenue . . . . . . »   5

Griffes ou grapins . . . . »   3.5

Tourne à gauche . . . . »   8

                                   kilog. 66.5

à 0.625 fr. . . . . fr. 83.125

Outils.

Deux trépans ou ciseaux de 0.12 à 0.18 mètre, pesant 25   kilog.

Deux ciseaux . . . . » 14   »

Dard à pointe . . . . »   9   »

Trépan en bonnet de prêtre . . . . . . » 11   »

Alésoir dit *patrouille*. . . . . » 15   »

Équarrissoir à deux branches . . . . . . »   8   »

   Idem   à trois branches . . . . . » 10   »

Curette ou cuillère . . . . »   2   »

4 cuillères de 6 à 40 centimètres . . . . . » 50   »

2 tarrières à glaise . . . . » 25   »

Caracole . . . . » 10   »

Tire-bourre. . . . . »   8   »

Cloche taraudée . . . . »   5.5   »

Crochet pour dégager les tiges. . . . . . » 11   »

Arrache-tuyaux . . . . » 12   »

                                215.5 kilog.

à 0.64 fr. . . . . fr. 157.92

Un coffre à soupapes . . . . » 12

2 cuillères à soupape en cuivre , 16 kilog. à 3.25 52

                                     fr. 201.92

Treuil à engrenages.

Bâtis en bois de chêne. . . . . fr. 140.00

Broches et chevilles , 5.5 kilog à 0.50. . . . . . . »   2.75

Un arbre de tambour et deux cercles . . . 90   kilog.

Arbre des manivelles 45   »

Deux manivelles . . . . 11.5   »

Boulons des crapaudines et autres. . . . 6.5   »

                              151   kilog.

à 0.64 fr. . . . . » 96.64

Deux roues et deux pignons. 444   kilog.

Quatre crapaudines . . . . 15.5   »

                           459.5 kilog.

                                  fr. 259.59

		Report,	fr.	239.39
à 0.50 fr.			»	137.85
Huit coussinets en cuivre, 5 kilog. à 5 fr.			»	25.00
Une crapaudine avec fourche en cuivre, 7 kilog.			»	35.00
Un frein complet.			»	25.00
Deux cordes pesant 165 kilog. à 1.25			»	206.25
Deux molettes, 62 kilog. à 0.30			»	18.60
Deux boulons, 12 kilog. à 0.64			»	7.86
			fr.	694.95

Objets accessoires.

			fr.	35.00
Mouton pour enfoncer les coffres, 150 kilog.				
Déclic, 8 kilog. à fr. 1.20			»	9.60
Coffres, 90 mètres à fr. 2.80			»	252.00
4 frettes pour les coffres			»	4.00
Tuyaux en tôle de 0.10 mètre de diamètre intérieur, pesant 5 kilog. par mètre. Pour 90 mètres à fr. 1.			»	90.00

Appareil pour enfoncer les coffres.

			»	256.00
Châssis, ferrures, vis et écrous				
4 leviers.			»	2.00
Châssis pour la frappe			»	40.00
			fr.	666.60
Échafaudage et barraque en planches.			fr.	814.00

Total de l'appareil, 3,564.60 fr.

771. Moyenne des poids et des prix des outils liégeois et montois.

PROVINCE DE LIÉGE.

	POIDS.		PRIX.
Pics de *boisage* pour l'arrachement des roches encaissantes	kilog. 2.2	fr.	1.75
Idem employés dans le fonçage des puits	» 2.5	»	2.00
Haveresses.	» 1.1 à 1.5	»	0.90
Grande rivelaine de 1.03 mètre de longueur	» 5.6	»	2.75
Petite rivelaine de 0.85 idem idem	» 2.8	»	2.25
Levier dit *hamaide*	» 10	»	5.50
Marteau ou *mât*	» 5.1	»	2.70
Fleuret de 0.95 mètre de longueur	» 5	»	4.00
Bourroir	» 8.1	»	4.20

COUCHANT DE MONS (PROVINCE DU HAINAUT).

DÉSIGNATIONS.	POIDS.	PRIX	
		DE L'OUTIL.	DU MANCHE.
	Kilog.	Fr.	Fr.
Pic d'avalcur (*Picquet*)	5.50	2.50	0.20
Marteau à pointes.	2.00	2.00	0.20
Idem à deux têtes	2.00	2.00	0.15
Haveresse (*Havriau*).	1.50	1.75	0.20
Marteau de coupeurs de veine	1.50	1.50	0.20
Rivelaine (*Raveline*).	2.00	2.00	0.15
Fleuret à la houille dit *Manique* . . .	5.00	2.00	
Bourroir.	5.7	2	»
Epinglette	0.5	0.50	»
Aiguille à charbon , ou coins pour détacher la houille	2.00	2	»
Aiguille à terre, pour attaquer les roches encaissantes	1.00	1	»
Pinces	5	2.25	»
Levier ou palfer dit *Cauque.*	8 à 9	4.50	»
Escoupes { grandes	5	1.75	0.10
petites	2	1.20	id.
moyennes	1	0.60	id.

772. *Détail de la fabrication des outils du Centre du Hainaut.*

1°. **Pics.** Douze pics pèsent ensemble 18.65 k.

Matériaux. Fer brut , kilogs 22 2 à fr. 37 p. c. (1) . . fr. 8.214
Acier , » 0.75 à » 120 » . . » 0.900
Charbon de forge 45 kil. à fr. 1 . . » 0.450
Main-d'œuvre. Une journée de forgeron à fr. 2.50 . » 2.500
Une » de frappeur . . . . . » 1.500
fr. 13.564

(1) Ces expériences , qui datent de 1844, donnent des chiffres trop élevés pour les prix des fers ; mais il est facile d'y substituer les valeurs relatives aux époques et aux localités dont on s'occupe.

Chaque pic pesant de 1.5 à 1.6 kil. revient à fr. 1.13
Manche en bois de frêne . . . . » 0.22

Total, fr. 1.35

2°. Haveresse. Douze haveresses pèsent 15 kilogs.

Fer brut kilog. 18 à fr. 30 p. c. . fr. 6.66
Acier   »   0.75 à fr. 120 p. c. . » 0.90
Charbon   »   45 à fr. 1 p. c. . . » 0.45
Une journée de forgeron et de frappeur. » 4.00

fr. 12.01

Chaque haveresse pesant 1.25 kil. revient, la
pièce à . . . . fr. 0.98

3°. On emploie pour fabriquer 100 manches de pics
et de haveresses.

Bois de frêne, valeur . . . . . fr. 16.00
2 1/4 journées à fr. 2.40 . . . . » 5.40

fr. 21.40

Soit par manche fr. 0.214.

4°. La confection de huit rivelaines réclame :

Fer brut, 26 kilogrammes à 32 p. c. . . . fr. 8.32
Acier . 0.50   •   à 120 fr. . . . . » 0.60
Charbon, 50   »   à 1 fr. p. c. . . » 0.50
Une journée de forgeron et une de frappeur. . » 4.00

fr. 13.42

La rivelaine terminée pèse 3 kilogrammes et coûte de
fr. 1.67 à 1.68.

5°. 18 coins, dont 9 propres à détacher les roches
encaissantes et 9 pour la houille, exigent :

Fer, 26.80 kilogrammes à 37 p. c. . . . . fr. 9.916
Acier, 2.70   »   . . . . » 2.340
Charbon, 27   »   . . . . » 0.270
Une journée de forgeron et une de frappeur. . » 4.000

fr. 16.526

Chaque coin revient à environ fr. 0.92. Les premiers pèsent 1.75 kilog. et les seconds 1.225 kilog.

6°. Les pelles ou *escoupes* s'achètent toutes confectionnées à raison de 65 fr. les cent kilogrammes.

Une pelle de petite dimension pèse 1.75 et coûte fr. 1.14
Une de grande dimension, 2 kil. . . » 1.30
Les manches en saule sont évalués à fr. 0.20, savoir : 0.10 de bois et autant de main-d'œuvre.

7°. Dix marteaux de mine emploient :

Fer brut, 25 kilogrammes à 37 p. c. . . . . fr.	9.25
Acier, 4 » à 120. . . . . »	4.80
Houille, 100 » . . . . . . »	1.00
Journées de forgeron et de frappeur 2 1,4. . . »	9.00
fr.	24.05

Un marteau, pesant 2.60 kilog., coûte fr. 2.40.

8°. Fleurets de mine : vingt fleurets de grande dimension pèsent façonnés 90 kilogrammes :

Fer, 90 kilogrammes à fr. 31 p. c. . . . . fr.	27.90
Acier, 5 » . . . . »	6
Houille, 50 » . . . . »	0.50
Une journée de forgeron et de son aide . . »	4.00
fr.	38.40

Poids d'un fleuret, 4.5 kilog. ; valeur, fr. 1.92.

Vingt-cinq fleurets de petite dimension pèsent 68.75 kil. :

Fer brut, 68.75 kilogrammes à 31 p. c. . . fr.	21.51
Acier, 4.20 » . . . . . »	5.40
Houille, 50 » . . . . . »	0.50
Main-d'œuvre. . . . . »	4
fr.	30.85

Le fleuret terminé pèse 2 75 kilogrammes et coûte de fr. 1.23 à 1.24.

9°. On emploie pour dix bourroirs de 0.75 mètre de longueur :

27 kilogrammes de fer à 34 fr. . . . . fr.	9.18
20 » charbon . . . . »	0.20
Main-d'œuvre, 4 1/2 heures . . . . . »	1.25
	fr. 10.63

Valeur d'une pièce , fr. 1.06.

10°. Dix curettes réclament l'emploi de :

5 kilogrammes de fer à fr. 37 . . . . fr.	1.110
12.5 » houille . . . . »	0.125
Main-d'œuvre, 5 heures 20 minutes . . »	1.480
	fr. 2.715

Soit fr. 0.27 par pièce.

11°. Dix épinglettes , moitié fer , moitié cuivre allié à 1/12°. d'étain , exigent :

5.5 kilogrammes de fer à 37 p. c. . . . fr.	1.925
2.5 » cuivre à 5 fr. . . . . »	12.500
15.0 » houille . . . . . . »	0.150
Main-d'œuvre, 6 heures 30 minutes . . »	2.600
	fr. 17.175

Soit de 1.71 à 1.72 fr. par épinglette.

Les magasins de la mine doivent être munis de toutes les dimensions de fer convenables, afin de n'être pas exposé à employer des barres hors d'échantillon , qui entraînent de notables pertes. Cependant, quoique fasse l'exploitant , le déchet résultant de la fabrication des petits objets est toujours assez considérable, ainsi que cela ressort à l'évidence du détail relatif aux haveresses et aux pics , où il s'élève à près de 20 p. c. de la matière employée.

Les dimensions des barres doivent être à peu près les suivantes :

Marteaux : fers carrés de 52 à 65 millimètres.

Haveresses : fers plats de 35 à 45 millimètres sur 20 à 35.

Coins : fers carrés de 20 à 35 millimètres.

Bourroirs et fleurets : fers ronds ou octogones de 20 à 25 de diamètre.

Curettes : fers ronds de 8 à 10 millimètres.

773. Réparation des outils.

Pour reformer la pointe de cent pics ou de cent have-resses il faut :

4 1/2 heures de forgeron à fr. 2.50 . . fr. 1.25
Charbon, 10 kilogrammes . . . . » 0.10
                                                  fr. 1.35

Aciérer 18 fleurets :

Acier, 2 kilogrammes à fr. 1.20 . . . fr. 2.40
Houille, 27 kilogrammes . . . . . . » 0.27
Main-d'œuvre, 4 1/4 heures . . . . . » 1.25
                                                  fr. 3.92

Chaque pièce revient à fr. 0.21 ou 0.22.

Rendre l'acuité du tranchant à 100 fleurets :

Charbon, 42 kilogrammes . . . . . . fr. 0.42
12 1/2 heures d'un forgeron . . . . . » 5.48
                                                  fr. 5.90

Ou 5.9 centimes par fleuret.

Refaire les tranches de 18 fleurets :

Charbon, 14 kilogrammes . . . . . . fr. 0.14
2 heures 33 minutes d'un forgeron . . » 0.70
                                                  fr. 0.84

Soit 4 2/3 centimes par pièce.

774. *Observations sur les différentes méthodes usitées dans la détermination du salaire relatif à la fabrication et à la réparation des outils de mine.*

La confection des nouveaux outils et la réparation des anciens donne lieu à trois systèmes de rémunération, dont le choix dérive des circonstances et des usages locaux.

Ces travaux peuvent être exécutés par des ouvriers travaillant à la journée, ainsi que cela se pratique dans la plupart des mines Belges. Les outils dérivant de ce procédé de fabrication ont une forme constamment appropriée à l'effet qu'il s'agit de produire ; la construction en est solide et il est possible de leur donner toute l'uniformité désirable. Mais ce mode est sujet à tous les inconvénients résultant des travaux à la journée ; leur prix est plus élevé que celui des mêmes ouvrages exécutés à forfait, et, lorsque les puits sont séparés les uns des autres par une assez grande distance, les forgerons doivent se déplacer sans cesse, à moins que les outils ne soient réunis chaque jour dans une forge centrale, ce qui occasionne alors des frais de transport assez notables.

L'exploitant peut, mettre en adjudication, pour un temps déterminé et pour une somme convenue, la confection et la réparation des outils, après avoir fait un inventaire de ceux qui existent et qui doivent être représentés lorsque le contrat cesse d'être exécutoire. Ce mode, qui simplifie considérablement les comptes et offre de l'économie, exige une surveillance incessante de la part des employés de la mine, si l'on veut obtenir des outils solides et convenablement proportionnés. Il est généralement appliqué aux mines du Nord de l'Angleterre, mais seulement pour les réparations des outils, ordinairement

déduites du salaire des haveurs. Là, un forgeron et son
frappeur font le service simultané de plusieurs mines dont
ils entreprennent le travail à forfait. Mais si l'extraction
est considérable, l'exploitant juge plus convenable d'établir
le forgeron à l'intérieur de la mine, afin de se soustraire
à l'obligation d'extraire les outils et de les redescendre
chaque jour dans les travaux. Tel est le système usité à
la mine de Hetton, où chaque jour près de 2000 haveresses doivent être appointies et réparées.

L'adjudication peut encore se faire d'après un tarif
contenant l'énumération de tous les ouvrages auxquels
les outils donnent lieu, avec la désignation des prix qui
s'y rapportent ; chaque jour un employé prend la note
de ce qui a été fait par le forgeron, pour en déduire le
salaire après un certain temps donné. Une exposition plus
détaillée de ce système fera le sujet du paragraphe suivant.

Enfin, l'exploitant peut laisser aux mineurs la propriété des outils, de même que le soin de les réparer.
Dans ce cas, leur intérêt est de les ménager, mais ar-
més fréquemment d'instrumens en mauvais état ou mal
construits, le travail s'en ressent et naturellement ils deviennent plus exigeants quant au salaire. Le plus convenable semble de les leur fournir à un taux modéré
et de leur en retenir le prix ; ou bien, comme cela se
pratique dans les mines du Centre (Hainaut), de n'en
fournir de nouveaux que sur la présentation des anciens,
en laissant à leur compte les frais de réparation.

Quand un établissement se charge de la fourniture et
de la réparation des outils, l'ouvrier se préoccupe peu
de leur conservation et les détériore de plusieurs manières ; c'est ainsi que quelquefois par pure nonchalance,
pour ne pas se baisser et ramasser un levier, il prend
sa haveresse, en introduit le fer dans les fissures,

brise fréquemment celui-ci et presque toujours le manche ; comme d'ailleurs les outils remontent au jour tous
ensemble , on ne sait à qui attribuer le méfait. Pour
remédier à ces coûteuses pratiques, il convient d'attribuer
un numéro d'ordre à chaque ouvrier ; ce même numéro
est imprimé sur chacun des outils qui lui sont confiés
et dont la note est conservée. Il est dès lors facile
de reconnaître et de punir le haveur qui les détériore
par négligence et pour toute autre cause dépendant
de lui seul.

Dans quelques mines bien organisées de la province
de Liége, les ouvriers, lorsqu'ils entrent dans la mine
et qu'ils en sortent , prennent avec eux leurs outils réunis
en faisceau à l'aide d'une courroie. A l'orifice du puits se
trouvent une série de cases numérotées, où ils placent leur
trousseau ; chaque jour le forgeron passe l'inspection des
instruments , les répare , substitue des neufs à ceux qui
sont usés, etc.

775. *Confection et réparation des outils dans le district de la Ruhr.*

Les opérations de ce genre donnent toujours lieu à des
entreprises spéciales. Le salaire est déterminé, soit d'après
un tarif renfermant toutes les catégories de travaux et
indiquant les prix relatifs aux poids des pièces ou à leur
nombre, soit d'après l'extraction et en rapportant cette
valeur à une unité déterminée (100 scheffels ou 54 hectolitres), soit d'après le nombre des journées de haveurs ,
de traîneurs et d'ouvriers accessoires occupés à l'intérieur.

Ces adjudications se font au rabais et pour un laps de
temps déterminé. Le forgeron , comme garantie de l'exé-

cution du contrat intervenu entre lui et l'exploitant, fournit une somme d'argent ou présente comme caution une tierce personne solvable. Il est chargé de la ferrure des vases, de la confection de tous les outils et instruments nécessaires à l'exploitation, de la réparation du matériel, des machines à vapeur et souvent même des chaudières.

Au moment de son entrée en fonction, il est dressé contradictoirement un inventaire du matériel établissant le nombre, le poids et le prix des divers objets. Puis, à l'expiration du contrat, un nouvel inventaire fait connaître l'accroissement ou la diminution du nombre de pièces et leur plus ou moins value; l'entrepreneur reçoit alors une indemnité ou est astreint à payer la différence, s'il y a lieu.

Pour le soustraire autant que possible aux infidélités, le contre-maître de la mine (*Steiger*) lui remet une liste du personnel et du nombre d'outils dont chaque ouvrier est appelé à se servir. Il le prévient toujours en temps utile de l'époque où les mineurs quittent l'établissement et n'autorise le paiement de leur salaire que sur la présentation d'un certificat constatant leur entière libération à son égard. Les outils neufs ne sont d'ailleurs fournis que sur la présentation des anciens ou sur un ordre formel du contre-maître.

L'entrepreneur doit se conformer, quant à la forme et au poids des outils, aux modèles déposés chez les fonctionnaires du district. Les pièces forgées contrairement aux règles établies sont refusées, et si les circonstances le réclament, il est permis à l'exploitant d'en faire venir d'autres aux frais du forgeron. Les armures des vases de transport et d'extraction sont pesées en présence du contre-maître ou d'un autre employé supérieur. La pose d'un objet de cette espèce sans un contrôle préalable peut donner lieu

à son enlèvement, à un nouveau pesage et à son re-
placement sans indemnité.

Le forgeron doit exécuter les commandes de la mine
dans les 24 heures, si toutefois ces commandes n'excèdent
pas, par leur importance, la valeur des dix plus grosses
pièces inscrites dans le tarif. La lenteur ou la négligence
dans le travail autorisent l'exploitant à réclamer le secours
d'un autre ouvrier aux frais de l'entrepreneur.

Comme ce dernier travaille dans son propre atelier,
c'est-à-dire à une distance plus ou moins grande de l'établissement, il prend ordinairement à son compte le transport
des outils neufs et des vases nouvellement ferrés, et laisse
à l'exploitant le soin des objets soumis aux réparations,
à moins que la distance à parcourir n'excède une demi-lieue.

Le forgeron se charge de tous les vieux fers; il les
reprend pour les deux tiers de leur valeur, à l'exception
toutefois des vieilles tôles de chaudières.

Enfin, la note des travaux exécutés dans le cours du
mois est tenue en double et d'une manière symétrique par
l'entrepreneur et par les employés de la mine. La comparaison de ces notes et leur vérification est immédiatement
suivie du paiement du salaire mensuel.

Le système exposé ci-dessus est généralement mis en
usage dans toutes les exploitations de l'Allemagne.

Voici, pour les mines de la Ruhr, le nombre des
pièces qu'un ouvrier et son aide peuvent forger en une
journée de travail :

4 à 5 masses.		8 grands coins.
6 à 7 marteaux.		10 petits.
8 pics.		8 grands leviers.
8 haveresses.		11 bourroirs.
11 pics d'entaille.		14 curettes.
17 à 18 pointerolles.		10 à 11 fleurets.
4 à 5 leviers à pointe.		

776. *Tarif des prix accordés aux forgerons.*

Confection des outils aciérés.

DÉSIGNATION.			POIDS		
			DU FER.	DE L'ACIER	TOTAL.
			Kilog.	Kilog.	Kilog.
Pointerolles	}	1re. espèce . . .	0.86	0.07	0.93
(*Gesteineisen*).	}	2e. » . . .	1.10	0.07	1.17
Marteaux	}	1re. espèce . . .	1.05	0.35	1.40
(*Hand fæustel*).	}	2e. » . . .	2.00	0.35	2 35
Masses (*Teribe fæustel*)			2.95	0.93	3.88
Pics à la pierre	}	1re. espèce . . .	1.30	0.09	1.39
(*Keilhauen*).	}	2e. » . . .	1.55	0.09	1.64
Haveresses	}	1re. espèce . . .	1.25	0.15	1.40
(*Kerb* ou *Letthauen*).	}	2e. » . . .	1.49	0.15	1.64
Pics d'entaille (*Schrammhauen*). . . .			0.86	0.07	0.93
Fleurets.	}	1re. espèce . . .	3.31	0.09	3.40
(*Handbohrer*).	}	2e. » . . .	1.55	0.09	1.64

A fr. 0.84 le kilogramme.

Outils non aciérés.

Bourroirs (*Stampfer*) . . pesant kilog. 1.40

Palfers — Gros » » 14.05

(*Brechstange*). — Petits » » 5.61

Gros coins — 1re espèce » » 3.74

(*Grosse fimmel*), — 2e. » » » 4.68

Petits coins — 1re. espèce » » 1.40

(*Kleine fimmel*). — 2e. » » » 2.34

Curette (*Krætzer*). » » 0.47

Épinglette (*Raumnadel*). » » 0.47

Prix moyen : fr. 0.75 le kilogramme.

Les tiges de sonde de 0 026 mètre de diamètre, y compris les filets de vis et l'écrouage des douilles pèsent par mètre courant kilog. 3.35 et valent fr. 1 le kilog. Le prix est le même pour la fourniture des axes de wagons, des anneaux des vases d'extraction, des petites et des grosses chaines, etc.

Fabrication de ferrures diverses.

Gonds et pentures de portes d'aérage.	{ Gros	kilog.	4.67
	{ Petits	»	1.40
Ferrures des vases destinés à la mesure	{ 1re. espèce	»	8.41
de la houille.	{ 2e. »	»	9 55
Idem des tonnes appliquées à l'extraction	{ 1re. espèce	»	5 60
des eaux.	{ 2e. »	»	8.54
Ferrures des traîneaux.	{ 1re. espèce	»	2·80
	{ 2e. »	»	3.74

Ces divers objets sont payés à raison de fr. 0.80 le kilogramme.

Le même prix est affecté aux armures en fer des wagons de 2 à 5 hectolitres ; aux frettes, aux manivelles et aux autres ferrures des treuils, dont le poids est variable.

Diverses espèces de clous de mine.

			POIDS		PRIX
			PAR 100 PIÈCES.		
	d'échafaudages	{ Gros	kilog. 1.40	fr.	1.44
		{ Petits	» 1.17	»	1.15
	de lattes	{ Gros	» 0.95	»	0.88
		{ Petits	» 0.70	»	0.75
Clous	de portes	{ Gros	» 0.47	»	0.47
		{ Petits	» 0.25	»	0.57
	de gonds	{ Gros	»	»	0.47
		{ Moyens	»	»	0.43
		{ Petits	»	»	0.55
	employés dans la construction des voies perfectionnées		» 4.55	»	5.75

Fourniture d'outils.

	Grandes	kilog.	1.28	fr.	1.80
Haches	Moyennes	»	1.05	»	1.58
	Petites	»	0.82	»	1.43
Pelles	Largeur, 0.26 ; longueur, 0.29			»	1.25
	» 0.32 » 0.34			»	1.72
Scies de 0.90 mètre de longueur,				»	3.75

Réparation des outils.

Les prix relatifs à la réparation des outils, de leurs pointes et de leurs tranches, de même qu'au rétablissement des parties aciérées qui ont disparu par l'usage, se trouvent également fort détaillés dans les tarifs allemands. Ces prix se rapportent au poids total de l'outil, exprimé ci-dessous en kilogrammes.

	REMETTRE DE L'ACIER.	REFORGER.	RÉFAIRE LES POINTES.
Pointerolles	fr. 0.18	0.04	0.04
Pics à la roche.	» 0.28	0.18	0.04
Haveresses	» 0.28	0.18	0.04
Pic d'entailles	» 0.14	0.14	0.02
Fleurets	» 0.28	0.06	0.06
Marteaux.	» 0.72	0.31	»
Masses.	» 1.14	0.57	»
Gros coins	» »	0.09	0.03
Petits coins	» »	0.06	0.03

Les tarifs ont aussi pour objet tous les organes en fer forgé des machines à vapeur, les boulons, les écrous, les axes, le percement des trous, les travaux exécutés au tour, la réparation des chaudières, etc.

777. Lampes découvertes et lampes de sûreté.

Le prix de quelques-uns de ces objets est fixé comme suit :

Lampes découvertes en fer employées dans les mines du centre du Hainaut . . .	fr.	0.65
Les mêmes objets en cuivre	»	3.00
Lampes en fer-blanc usitées dans quelques mines du Flénu	»	0.60
District de la Wurm ; lampes découvertes à réservoir en cuivre	»	5.62
Id. avec réservoir en fer blanc	»	3.75
Lampes de Davy	»	3.50
Lampes de M. Mueseler.	»	6.50
L'armature seule	»	4 25
Grandes lampes d'accrochage, même système.		14.50

Quant à l'organisation du service des lampes de sûreté, les choses se passent généralement en Belgique comme suit.

Un lampiste, homme éprouvé sous le rapport de l'exactitude et de la prudence, assisté, suivant les besoins d'un ou de deux ouvriers, a sous sa surveillance immédiate tout ce qui concerne l'éclairage intérieur et extérieur. Quelquefois il confectionne lui-même la totalité ou une partie des lampes ; il vérifie les toiles métalliques ; s'assure qu'elles contiennent un nombre suffisant de fil sur une surface donnée et qu'elles remplissent les conditions requises. Si les appareils viennent du dehors, il les examine avec l'attention la plus scrupuleuse. C'est dans son magasin, placé à portée de l'orifice du puits, que la lampe et son enveloppe son nettoyées ; que la première est soigneusement fermée après en avoir renouvelé l'huile et la mèche. Les mineurs prennent leur lampe au moment de leur descente dans la mine ; puis, à leur sortie, toutes doivent être réintégrées dans le magasin, où le lampiste les examine au fur et à mesure qu'elles lui sont rapportées, et s'assure qu'elles n'ont subi aucune détérioration pendant le travail. S'il aperçoit quelque dégradation provenant de négligence ou de malveillance, quelque tentative d'effraction, il prend note de cette circonstance, y joint le numéro de la lampe et s'empresse de faire son rapport au directeur.

Dans les districts du nord de l'Angleterre, l'ouvrier chargé du soin de l'éclairage (*Dary man*) est établi dans la mine, près de la chambre d'accrochage ; chaque ouvrier lui remet sa lampe à la fin de la journée et la reprend à son entrée dans les travaux. Le lampiste y introduit les mèches et l'huile nécessaire à la durée d'un poste et rallume celles qui s'éteignent accidentellement.

De jeunes enfants (*Davy boys*) circulent incessamment dans les tailles, afin de remettre une lampe allumée à tout ouvrier privé accidentellement de lumière.

778. *Chemins de fer appliqués au transport intérieur.*

1°. Rails plats en fonte, de la mine du Treuil, district de St.-Étienne.

2 mètres de rails pesant 30 kilog. à 26 fr. . .	fr.	7.80
Clous	»	0.05
Billes ou traverses en chêne	»	1.00
Pose de la voie	»	0.50

Prix par mètre courant, fr. 9.35

2°. Longrines établies sur des traverses et recouvertes de barres de fer plat fixées par des vis dont la tête est noyée dans le fer. (Mine de Méons, département de la Loire).

Barres de fer de 0.029 mètre sur 0.009 mètre, pesant 3.85 kilog. le mètre, à 36 fr. les cent kil. .	fr.	1.39
Vis à bois	»	0.46
Longrines en chêne à 0.90 fr. le mètre courant .	»	1.80
Traverses en chêne de 1.20 mètre à 0.60 fr. le mètre	»	0.72
Entaille des traverses et pose	»	0.65
Déblai et remblai	»	0.25

Prix par mètre courant, fr. 5.27

3°. Les rails plats de la mine du levant de Flénu (Couchant de Mons) ont 2 mètres de longueur, 0.075 mètre de largeur ; la hauteur du rebord est de 0.04 mètre et l'épaisseur moyenne de 0.005 mètre. Ces rails s'ajustent sur de vieilles douves de cuffats sans valeur.

Pour 2 mètres courants de voie, la dépense se réduit à

2 rails pesant 35.20 kilog. à 28 fr. . . . . . . fr. 9.856
6 clous 0.25 kilog. à 0.50 fr. . . . . » 0.125
fr. 9.981

Prix du mètre courant, 4.99. fr.

4°. Chemins de fer établis à la mine de l'Agrappe (Couchant de Mons) et consistant en rails saillants encastrés dans les entailles des traverses (fig. 3, pl. XL) :

2 mètres de rails pesant 14 kilog. à 22 fr. . . fr. 3.08
Une traverse en sapin . . . . » 0.10
8 calles en chêne . . . . » 0.12
Pose . . . . » 0.08
fr. 3.38

5°. Même système établi à la mine de Guley, près d'Aix-la-Chapelle. Les rails sont des barres de fer plat, de 0.05 mètre de largeur, sur 0.007 mètre d'épaisseur pesant 3,75 kilog. par mètre courant. Les billes en chêne ont 0.50 mètre de largeur sur 0.07 mètre d'équarrissage.

Rails, 7.5 kilog. à 32 fr. p. c. . . . . . . fr. 2.40
Deux billes à 0.23 fr. y compris les entailles . . » 0.50
Quatre calles ou coins à fr. 1 p. c. . . . . . » 0.04
Pose de la voie . . . . » 0.06
Prix du mètre courant, fr. 3.00

Deux ouvriers payés à raison de fr. 1.56 posent dans leur journée 50 mètres de voie, ce qui fait par mètre, fr. 0.0625.

6°. Prix de revient de 4 mètres courants d'un chemin de fer de même espèce, établi à la mine de Sardon, près de Rive-de-Gier.

2 rails de 4 mètres pesant 56.06 kilog. . . . . fr. 19.58
Joints et redressage des rails à 0.10 fr. . . . » 0.20
Huit coins en chêne. . . . . » 0.60
4 traverses en pin de 1.30 mètre de longueur. . » 3.10
Pose, remblai et transport des matériaux . . . » 2.28
Pour les quatre mètres, fr. 25.76
Par mètre courant, fr. 6.44

Sous-détail de la main-d'œuvre pour 150 mètres de voie.

```
Pose: 6 journées de deux ouvriers à 3.50 . . .   fr. 42.00
      6    »    de manœuvres à 2.25 . . . . .  »  13.50

      Par mètre 0.37 fr. . . . . . . . . .  fr. 55.50

Remblai: 2 journées de chevaux fr. 3 . . . . .  fr.  6.00
         2 de toucheurs à fr. 1.50 . . . . . .  »   3.00
         2 idem de 4 remblayeurs à 2.50 . . .  »  20.00

      Soit par mètre environ 0.20 fr. . . . .  fr. 29.00
```

7°. **Province de Liége.** Rails saillants fixés sur des coussinets ou supports (fig. 5, pl. XL). Les billes sont placées à 0.60 mètre de distance d'axe en axe. Les rails sont des barres de fer à double talon de 3 mètres de longueur.

Pour une longueur de voie de 60 mètres il faut :

```
120 mètres de rails pesant 540 kilog. à 23 fr.   . fr. 151.20
160 coussinets intermédiaires, 240 kilog.
 40  id.     d'abouts  . .  82

                      kilog. 522 à 22 fr.   . .  »  70.84
402 clous, 16.03 kilog. à 0.50 fr. . . . . .  »   8.04
100 billes en chêne à 0.40 fr. . . . . . .  »  40.00
200 calles en fer, 6.8 kilog. à fr. 0.50 . . . .  »   3.40
Pose, 2 ouvriers à 2 fr. par jour posent 40 mètres. »   6.00

                                          fr. 279.48
```

Prix d'un mètre courant 4.658.

779. *Vases de transport intérieur.*

1°. Traîneaux surmontés d'un panier ou benne mobile, dont la hauteur est de 0.56 mètre, et la contenance 0.8 hectolitre. (fig. 26 et 26 bis, pl. XL).

Benne. **6.40** mètres de douves en hètre à 13.60 p. c. . . fr. 0.870
1.20 mètre feuillets de chêne à 68 fr. p. c. . . . » 0.716
2 cercles en fer pesant 5.25 kilog. à 28 fr. . . » 1.470
2.5 kilog. de houille à fr. 1 . . . . » 0.025
1/9 de journée d'un forgeron et de son aide. . . » 0.444
1/4 journée de tonnelier. . . . . » 0.625

                                                fr. 4.150
Traîneau. **2** mètres de bois de frêne pour flasques, à
    0.54 fr. . . . . fr. 0.780
0.25 kilog. clous à 45 p. c. . . . . » 0.113
Deux traverses à 15 fr. p. c.. . . . . . . » 0.500
Deux bandages ou lames de patins pesant kil. 5.25 à
    fr. 27 le quintal . . . . » 1.420
4.5 kilogrammes houille. . . . , ... » 0.045
1/6 journée de charron . . . . » 0.400
1/6 de journée d'un forgeron et de son aide . . . » 0.666

                                                fr. 3.724
                    Total du prix du traîneau , fr. 7.874

2°. Voitures usitées dans les mines du Couchant de
Mons. Contenance 3.5 hectolitres (fig. 12-15, pl. XLI).

Caisse.

2.70 mètres de planches à 47.00 les cent mètres . fr. 1.285
5   »   »   à 37.50 . . . . . . » 1.870
0.5 kilog. clous à fr. 45 p. c. . . . . . . » 0.225
1/2 journée de charpentier à fr. 2.40 . . . . » 1.200

                                                fr. 4.580

Train de voiture.

Essieux (14.5 kilogrammes) en fer forgé, pesant brut
    17.75 kilogrammes à fr. 57 p. c. . . . . . fr. 6.567
Châssis et autres détails (29.5 kilogrammes), pesant
    brut 32.5 kilogrammes à 27 p. c. . . . . » 8.775
Vis, 4 kilogrammes à fr. 1 . . . . » 4.000
Houille, 84 kilogrammes . . . . » 0.840
Quatre roues en fonte 22 kilogrammes à f. 22 . » 4.840
2 1/4 journées d'un forgeron et de son aide . . » 9.000

                                                fr. 34.022
                    Prix total d'une voiture , fr. 39.602

Les mêmes voitures, construites au Levant du Flénu,
ont une contenance de 4.44 hectolitres et un poids de
101 kilogrammes; leur valeur est de . . . fr. 39.23

Lorsque les essieux tournent sur des coussinets, leur
poids est de 105 kilogrammes et leur prix de   . fr. 40.11

Si le châssis est en bois et la contenance de
5 hectolitres. . . . . fr. 36.92

3°. Voitures de Guley et d'Hoheneich, près d'Aix-la-
Chapelle, d'une contenance de 3.85 hectolitres (fig. 17-20,
pl. XLI).

Planches d'orme, 11 mètres à fr. 0.40. . . . fr.	4.40
Deux traverses pour assujettir les essieux . . . »	0.25
Une journée de charpentier. . . . . »	1.75
54 kilogrammes de fer pour armures, axes et écrous à fr. 40 p. c. kilogrammes . . . . »	21.60
Quatre roues, pesant 60 kilogrammes à fr. 24 p. c. »	14.40
Clous, 0.48 kilog. à fr. 0.80. . . . . . . »	0.38
Main-d'œuvre du forgeron, tournage des essieux, ajustements des roues, houille consommée, etc. »	18.18
Total, fr.	60.96

4°. Autres voitures à caisses en bois, de la mine de
Guley (fig. 3, pl. XLI); contenance 5.5 hectolitres.

Planches d'orme, 13.80 mètres à fr. 0.40 . . . fr.	5.52
Clous, 0.95 kilogrammes à fr. 0.80 . . . . . »	0.76
Ferrures, 98.25 kil. à fr. 0.80 y compris la façon. . »	78.60
Quatre roues en fonte, 63.6 kilogrammes à fr. 24. . »	15.26
1 1/2 journées de charpentier . . . . »	2.62
Total, fr.	102.76

5°. Berline en fer de la province de Liége (fig. 1 et 2,
pl. XLI), contenant 7 à 8 hectolitres.

Matériaux.

Les tôles employées pour les côtés de la caisse ont une
épaisseur de 0.003 mètre, et celles du fond, 0.005 mètre.

Tôles , 156.5 kilogrammes à fr. 42 p. c. . . . fr.	57.33	
Essieux , anneaux de suspension , fourches d'atte-lage , etc. , 42.5 kilogrammes à fr. 36 p. c. . »	15.30	
Fers d'équerre et fers plats pour former le squelette, 52 kilogrammes à fr. 38 p. c. . . . . . »	12.16	
Rivets , 7.75 kilogrammes à fr. 36 p. c. . . . »	2.79	
Roues pesant 50 kilogrammes. . . . . . . »	11.00	

Main-d'œuvre.

Six journées d'un forgeron-ajusteur à fr. 2.50 . »	15.00
Six id. ' de manœuvre à fr. 1.50 . . . . »	9.00
3 1/2 journées pour tourner les axes et aléser les essieux . . . . »	10.50
3 1/2 journées d'un manœuvre . . . . . . »	5.25
fr.	138.33

Le poids du fer brut mis en œuvre , non compris la fonte des roues , est de 218.75 kilogrammes; la berlaine achevée ne pèse plus que 208 kilogrammes.

Tel est le prix de revient de ces vases de transport construits dans les ateliers de la mine; exécutés au dehors ils peuvent être obtenus au prix de fr. 63 à 65 le quintal métrique, suivant l'épaisseur des tôles. Le coffre est évalué, de même que les essieux tournés, à fr. 70 les cent kilogrammes ; les roues alésées de fr. 28 à 52 p. c. Les détails d'un essieu *patent*, comprenant les rondelles en fer et en cuivre, les disques en cuir, les vis et autres ajustements, coûtent fr. 2, soit 8 fr. pour les quatre roues d'une berlaine.

6°. Imitation belge des *tubs* employés dans les districts du nord de l'Angleterre. Hauteur et largeur 0.70 mètre. Longueur 1.10 mètre. Capacité 5.33 hectolitres. L'épaisseur des tôles est la même que ci-dessus : 3 et 5 millimètres.

Poids de la caisse . . . . kil.	118.0	
2 essieux . . . . »	25.5	
4 roues de 0.26 mètre de diamètre . . . . . »	48.0	
Verrous, charnières et anneaux . . . . . . »	5.5	
kil.	197.0	

Ces vases sont fournis au prix moyen de fr. 65 p. c.,
soit fr. 124.11.

7°. Tonnes destinées à extraire l'eau du fond des vallées,
en les ajustant sur un train de voiture. Contenance 110 litres.

Bois.

16 douves en chêne à fr. 30 p. c. . . . . . . fr.   4.80
2 mètres de feuillets de chêne, à 78.80 p. c. . »   1.58
1/2 journée de tonnelier . . . . »   1.25

Ferrures.

Quatre cercles (8.5 kilog.) dont le fer pèse avant
d'être mis en œuvre 9 kilog., à 28 fr. p. c. . . . . »   2.52
Deux liens pour ajuster le tonneau sur le train, 5 kil. »   1.55
Vis, 1 kilogramme . . . . »   0.50
Charbon, 9 kilogrammes . . . . »   0.09
1/2 journée d'un maréchal et de son aide . . . »   2.00

                          fr.   14.09

8°. Chars à bennes usités dans les mines des environs
de St.-Étienne (1) :

Poids du chariot,   170 kilog. }
Id.   des cinq bennes, 150   »   } Total, 520 kil.

Deux sommiers de 2.50 mètres de longueur à fr. 2.80
le mètre. . . . . fr.   10
Madriers de 0.04 mètre pour le tablier . . . . »   5.50
Quatre roues alésées pesant 70 kilog. à 45 p. c. . . »   31.50
Deux essieux, 20 kilog. à 70 p. c. . . . . . . »   14.00
Coussinets et boulons . . . . »   12.00
Façon et ferrures . . . . »   18.00
Façon pour tourner les essieux . . . . »   2.00

       Un char à bennes revient à . . . fr.   95.00

(1) *Annales des Mines*, 4e. série, tome VI, page 344.

Détails d'une benne ou panier à roulettes pesant 50 kil. :

Valeur des douves	fr.	15.00
Deux traverses	»	2.00
4 roues alésées et tournées sur le rebord,		
42 kilog. 50 fr. p. c.	»	21.00
Essieux , 20 kilog. à 70 fr. p. c. . . .	»	14.00
Coussinets et boulons , 10 kilog. . . .	»	10.00
Armatures , 34 kilog. à 70 fr. p. c. . .	»	23.80
Façon pour tourner les essieux, etc. . .	»	8.00

Prix d'une benne , fr. 91.80

Si les bennes ont quatre essieux indépendants pour franchir les courbes de petit rayon, s'il est tenu compte du frein propre à modérer la vitesse du vase dans les descentes, du timon d'attelage et des chaînes destinées à prévenir la culbute des bennes , le prix s'élève à 150 fr.

780. *Essieux renfermés dans des boîtes étanches.*

Il a été fait mention (533) d'un procédé propre à s'opposer, pendant la marche des wagons, aux pertes de la matière lubréfiante introduite dans les essieux. Des expériences ont été faites à la mine du Grand-Hornu (Couchant de Mons), pour constater les économies qu'il est possible d'espérer de l'emploi de ces nouvelles dispositions. Ces expériences , dont la durée a été de trois mois , ont été faites sur une grande échelle , puisqu'elles ont eu pour objet l'ensemble des wagons de l'ancien système employés au puits n°. 9 et ceux du nouveau, exclusivement en usage au n°. 6. Les premiers sont lubréfiés plusieurs fois par jour avec un mélange de savon noir , d'huile de poisson et d'eau ; les seconds ne le sont que deux fois par semaine avec de la graisse de cheval.

Les résultats obtenus sont consignés dans le tableau suivant :

MOIS DE L'ANNÉE 1850.	PUITS N°. 6.			PUITS N°. 9.		
	HECTO-LITRES EX-TRAITS.	SALAIRE DES GRAIS-SEURS.	GRAISSE.	HECTO-LITRES EX-TRAITS.	SALAIRE DES GRAIS-SEURS.	GRAISSE.
		Fr.	Fr.		Fr.	Fr.
Février. . .	79524	31.20	8.48	51737	44.05	78.68
Mars . . .	59415	28.40	8.83	60648	57.25	155.52
Avril . . .	93572	39.20	7.70	83543	75.10	195.60
Total. . .	232511	98.80	24.71	195928	176.40	429.80

Ainsi, l'économie réalisée sur la main d'œuvre est d'environ 0.8, et l'emploi de la graisse est réduit à 1/18° de ce qu'il était auparavant.

781. *Brouettes destinées au transport extérieur de la houille de l'orifice du puits dans les magasins établis à la surface.*

Contenance, 1 1/2 à 2 hectolitres.

Deux bras à 1 fr.	fr.	2.00
5.50 mètres de feuillets à 0.27 fr. . .	»	1.43
5 mètres idem à 0.15 fr.	»	0.75
Deux échelons à 0.05 fr.	»	0.10
Une tête	»	0.25
Deux pieds.	»	0.24
Bois pour les roues	»	0.80
0.5 kilog. clous à 45 p. c.	»	0.225
Façon, une journée de charron. . . .	»	2.50
Ferrures, 9 kilog. fer (travaillé 8 25 kilog.) à 30 p. c.	»	2.70
Charbon, 16 kilog.	»	0.16
1/2 journée de forgeron et de frappeur. .	»	2.00

Prix de la brouette, fr. 13.155

782. *Coût annuel d'un cheval.*

Un cheval d'une valeur moyenne de 800 fr. travaille pendant dix ans.

Il donne lieu à un amortissement annuel de   fr. 105.60
Son entretien pour une année s'élève à . »   590.57
Vétérinaire et médicaments . . . . . »   20.00
Harnachement. . . . . »   18.03
Ferrage. . . . . »   11.10

Dépense. . . fr. 743.50

qui, répartie sur les 280 jours de travail effectifs d'une année, donne pour chacun d'eux fr. 2.65 à 2.66.

Sous-détails.

Nourriture.

Les quantités d'avoine et de foin varient suivant l'activité du travail imposé aux chevaux. Ils consomment en moyenne et par jour :

Foin, 4.5 kilog. à 5 fr. p. c. . . . . . . fr. 0.225
Avoine, 9 kilog. à 14 fr. p. c. . . . . . » 1.260

Litière.

La paille employée pour litière est :

Pour 6 chevaux . . . 5 bottes.
 » 3 » . . . 2 »
 » 1 » . . . 1 »

Si trois chevaux sont réunis dans la même écurie, la consommation sera pour chacun d'eux de 2/3 de botte (5 kilog. la botte), à 20 fr. le cent . . . . fr.   0.133

Dépense journalière, »   1.618
et pour une année ou 365 jours . . . . » 590.57

Harnachement.

Une dossière .	. . fr.	3.50
Une croupière .	. . »	3.00
Un collier. .	. . »	16.00
Une bride. .	. . »	6.00
Une ventrière .	. . »	2.50
Et un licol .	. . »	4.00

fr. 34.80

Ces objets dont la durée moyenne est de cinq ans , forment une
valeur annuelle , y compris l'amortissement, de . . . . fr. 8.03
Les frais de réparations sont évalués à . . . . » 10.00

Total, fr. 18.03

Ferrage d'un cheval pendant un an :

18 fers neufs à 0.45 fr. . . . . fr. 8.10
Remettre 15 vieux fers à 0.20 fr. » 3.00

fr. 11.10

Il faut ajouter le conducteur du cheval , le salaire d'un
palefrenier , si le conducteur n'est pas chargé de ce soin ,
et l'éclairage de l'écurie, en répartissant la somme sur le
nombre total de chevaux.

783. *Vases exclusivement consacrés à l'extraction.*

1°. Grand seau d'avaleur pour enlever les déblais à
l'aide d'un treuil à engrenages.

Hauteur 0.54 mètre , capacité 90 litres.

Bois. 9 mètres de douves en hêtre à 13.60 fr. p. c.	. fr.	1.224
1.10 mètre de feuillets en chêne à 68 fr. p. c. .	. »	0.748
1/3 de journée de tonnelier à fr. 2.50.	. »	0.850
Ferrures. Trois cercles, 7.25 kilog. à 31 fr. p. c. .	. »	2.247
Oreilles , vis , bandes de fer 7 kilog. à 33 fr..	. »	2.310
Charbon , 16.5 kilog.	. »	0.165
2/3 de journées d'un forgeron et de son aide.	. »	2.667
Chaînes de suspension , 2.75 kilog. à fr. 1.20. .	. »	3.300

fr. 13.491

2o. Petit seau d'avaleur élevé par un treuil simple. Hauteur 0,35 mètre, contenance 55 litres.

Bois. 6.50 mètres douves en hêtre à 13.60 p. c. . . . . fr. 0.884

1.20 mètre de feuillets en chêne à 68 fr. . . . » 0.816

1/4 de journée de tonnelier . . . . » 0.625

Ferrures. Deux cercles (4.50 kilog.) pesant avant d'être travaillés 4.75 kilog. à 51 p. c. . . . . . . » 1.472

Anse en fer, vis, bandes, (6 kilog.) 8 kilog. à 32 p. c. . . . . » 2.560

Houille, 16 kilog. . . . . » 0,160

2/3 journée d'un forgeron et de son frappeur . . » 2.660

$\overline{}$

fr. 9.177

Le seau, étant suspendu par son anse, ne réclame pas l'emploi de chaînes.

3°. Cuffats de 1.18 de hauteur pour l'extraction de la houille.

Contenance 5.5 hectolitres.

30.50 mètres de douves à 13.60 p. c. . . . . fr. 4.148

2.30 mètres de madriers, 78.80 . . . . » 1.812

5/4 journée de tonnelier. . . . . » 1.880

1.80 mètre de croisures en chêne à 54 fr. p. c. . » 0.612

Quatre cercles (59 kilog.), fer brut 40 kil. à 52 fr. » 12.800

Bandes (15.5 kilog), pesant 16 kilog. à 30 fr. . » 4.800

Vis et oreilles (pesant 9.25 kilog.), 11 kilog. à 52 » 5.520

Une journée d'un forgeron et de son aide . . . » 4.000

Charbon, 55 kilog. . . . . » 0.550

Chaînes de suspension 20 kilog. à 85 fr. p. c. . . » 17.000

$\overline{}$

fr. 51.122

4". Cuffats de 1.55 mètre de hauteur, contenant 7 à 8 hectolitres.

29 douves, soit 40 mètres courants à 13.60 p. c. . fr. 5.440

2.60 mètres madriers à 78.80 fr. p. c. . . . . » 2.049

Croisures en chêne, 1.80 mètre à 54 p. c. . . . » 0.612

Une journée de tonnelier . . . . » 2.500

Quatre cercles (pesant 45 kilog.), 46 kilog. à 32 fr. » 14.720

$\overline{}$

A reporter. fr. 25,521

Report , fr. 25.521

Bandes (28.5 kilog.), fer brut 29 kilog. à 30 p. c.   »   8.700
Vis et oreilles (9. 75 kilog.) 11.5 kilog. à 52 fr. .   »   3.680
Charbon, 58 kilog. . . . .   »   0.580
1/4 journée de forgeron et de frappeur. . . . .   »   5.000
Chaînes de suspension 28 kilog. à 85 fr. p. c. . . .   »   23.800

                                                    fr. 67.081

5°. **Cuffats de 1.50 de hauteur et de 10 à 11 hecto-litres de contenance.**

30 douves, mesurant 46 mètres à 13.60 fr. . . . .   fr.   6.256
2.80 mètres de madriers à 74.80 p. c.   . . . . .   »   2.094
2 mètres bois de chêne pour la croisure . . . .   »   0·680
1 journée de tonnelier . . . .   »   2.500

                                                    fr. 11.530

Six cercles (pesant 96.25 kilog.), 98 kilog. à 52 p. c.   fr. 51.360
Bandes (34.5 kilog.) 35 kilog. à 30 p. c.   . . . .   »   10.500
Vis et oreilles (11.25 kilog.) 13 kilog. à 52 p. c. .   »   4.160
Houille 106 kilog.   . . . .   »   1.060
Chaînes de suspension , 30 kilog. à 85 fr.   . . . .   »   25.500
1 3/4 journées d'un forgeron et d'un frappeur . .   »   7.000

                                                    fr. 79.580
                            Prix total du cuffat,   »   91.110

6°. **Cuffats de 2.8 mètres de hauteur, contenant 14 à 15 hectolitres.**

31 douves, mesurant 65 mètres à 13.60 p. c. . . .   fr.   8.840
2 mètres bois de croisure à 34 p. c. . . . . . .   »   0.680
2.80 mètres madriers en bois blanc de 0.03 mètres
   d'épaisseur employés pour le fond du vase, à 74.80
   pour cent. . . . .   »   2.094
1 1/8 journée de tonnelier à 2.50 fr. . . . . . .   »   2.810
Mêmes ferrures que ci-dessus. . . . .   »   79.580

                                                    fr. 94.004

7°. Tonnes généralement employées dans les mines du Couchant de Mons.

Hauteur, 2 mètres. Diamètre à l'orifice et au fond ,

0.95 mètre; idem au ventre, 1.20 mètre; contenance, 20 hectolitres.

54 douves de 2.05 , soit 69 mètres à 31 fr. p. c. . .	fr.	21.59
2.90 mètres planches de chêne pour le fond , à 69 fr.	»	2.00
1.75 lambourdes à 20.60	»	0.56
Main-d'œuvre du tonnelier.	»	2.70
110 kilog. fer laminé 54 p. c.	»	57.40
10 kilog. d'oreilles, fer de Suède à 1.50 fr. . . .	»	15.00
5 kilog. vis à fr. 1.	»	5.00
1 kilog. clous à 0.45 fr.	»	0.45
58 kilog. chaines à 0.50 fr.	»	19.00
Main-d'œuvre d'un forgeron et de son aide . . .	»	4.99
	fr.	108.29

784. *Vases appliqués à l'épuisement des eaux.*

1°. Grandes tines d'avaleurs mues à l'aide d'un treuil à engrenages, ou une machine à molettes.

Hauteur 0.62 mètre , capacité 115 litres.

17 douves à 0.27 fr.	fr.	4.590
1 mètre de feuillets de chêne à 78.80 p. c. . . .	»	0.788
1/2 journée de tonnelier à 2.50	»	1.250
Quatre cercles (pesant 8.5 kilog.) 9 kilogrammes de fer à 51 fr. p. c.	»	2.655
Oreilles , vis et bandes de fer (5.5 kilog.), pour lesquelles on emploie 7 kilog. à 55 p. c. . . .	»	2.510
2.75 kilog. chaines de suspension à fr. 1.20. . . .	»	5.300
17 » charbon.	»	0.170
2/5 journée d'un forgeron et de son aide.	»	2.666
	fr.	17.709

2°. Petite tine destinée à l'extraction de l'eau à l'aide du treuil simple. Hauteur , 0.55 mètre. Capacité , 60 litres.

16 douves à 25 p. c.	fr.	4.000
1 mètre de feuillets de chêne à 78.80.	»	0.788
1/2 journée de tonnelier.	»	1.250
Quatre cercles (6 kil.), fer employé 6.5 kil. à 31 fr.	»	2.015
Anse et oreilles (1.5 kilog.) 2 kilog. à 52 fr. . . .	»	0.640
8 kilog. houille.	»	0.080
2/5 journée de forgeron et de son aide.	»	2.666
	fr.	11.439

3°. Petit seau servant à assécher le fond du puits en creusement (*à disclaper les eaux*).

20 douves de 0.27 mètre à 13.60 p. c.	fr.	2.720
1/3 journée de tonnelier.	»	0.850
Cercles et anse (2 25 kilog.) 2 75 kilog. à 53 p. c. .	»	0.907
6 kilog. houille.	»	0.060
1/2 journée pour la façon.	»	1.230
	fr.	5.767

785. *Pont volant appliqué à l'extraction par cuffats.*

Cadre installé à l'orifice du puits, 1.15 mètre cube de bois de chêne à fr. 100.	fr.	115.00
Main-d'œuvre de charpentier, 2 journées à 2.25. .	»	4.50
Cadre du pont volant, 1.81 mètre cube bois blanc à fr. 32.76	»	59.50
Journées, 16 3/4 à fr. 2.25.	»	37.68
Clous, 2 kilog. à 33.17 fr. le cent.	»	0.66
Ferrures, 402 kilog. à 75 p. c.	»	301.50
Rails, 96 kilog. à 22 p. c.	»	21.12
Huit roues en fonte, 192 kilog. à 24 p. c.	»	46.08
Quatre plaques en fonte, 27 kilog. à 24 fr. . . .	»	6.48
Huit coussinets pesant 36 kilog. à 18 fr.	»	6.48
	fr.	596.80

786. *Voies verticales, cages et appareils accessoires exécutés au puits Tinchon, de la Compagnie d'Anzin.*

Voies verticales.

Détail du coût de ces voies jusqu'à une profondeur de 540 mètres :

Matériaux.

21.50 mètres cubes de bois de chêne à 90 fr. . .	fr.	1955.00
60 mètres sapin de Riga à 71 fr.	»	4260.00
Bois blanc	»	40.00
702.75 kilog. de boulons.	»	627.91

A reporter, fr. 6862.91

Report, fr. 6862.91

Main-d'œuvre.

Préparation des pièces au chantier. . . . . . »   404.00
Pose de l'attirail dans le puits. . . . . » 2160.00
15 p. c. pour frais généraux, outils, etc., imputables
  aux bois et à la main-d'œuvre qu'ils réclament. . »   995.85
                                                fr. 10422.76

Soit par mètre courant , fr.   19.30 ₫

Cages.

La construction de deux cages à deux compartiments superposés et munies de parachutes entraîne pour dépense :

4 paliers ou conducteurs en fonte, 41 kilog. . . . fr.   8.20
Boulons, 2 kilog. . . . . »   1.78
Ferrures vieilles et neuves, 61 kilog. . . . . . » 214.19
Aciers vieux et neufs, 10 1/2 kilog. . . . . . . »   17.80
Tôles pour couverture, 28 kilog. . . . . »   13.22
Main-d'œuvre de forge. . . . . » 285.09
                                          fr. 540.28

Taquets et plates-formes mobiles.

Les garnitures de la margelle du puits, de trois accrochages doubles et l'installation des planchers mobiles donnent lieu au détail suivant :

17 paliers de fonte et taquets , 270 kilog. . . . . fr.   54.00
Vis à bois, 150? kilog. . . . . »   36.29
Clous , 134 kilog. . . . . »   74.23
Vieille tôle , 100 kilog . . . . »   21.82
Vieux fers et ferrures diverses , 186 kilog. . . . »   73.51
Pointes , 37 kilog. . . . . »   21.85
Main-d'œuvre de forge. . . . . »   82.93
                                          fr. 564.61

Fermeture en face des accrochages.

Clous , 2 kilog. . . . . fr.   1.14
Vis à bois , 1 1/2 kilog. . . . . »   1.96
Clinches , 2 kilog. . . . . »   2.80
Crochets d'échelles , 5 kilog. . . . . »   5.12
Vis à bois , 520 kilog. . . . . »   8.96
Charnières de portes , 10 kilog. . . . . »   5.50
                                          fr.   21.48

Total des quatre constructions, fr. 11,549.13

787. *Appareil d'extraction de la mine de Boussu* (fig. 16-18, pl. XLVII).

Détail de la dépense affectée à l'appareil d'extraction construit pour le service du puits St.-Antoine, n°. 9, de la mine de Boussu (près de Mons).

Guides, paliers colans et taquets de retenue.

Huiles et graisses.

63 kilog. huile épurée.	fr.	49.88
4 » » de pied de bœuf.	»	5.31
9 » suif	»	7.56
2 » goudron	»	0.14

Objets divers et cordes.

6 kilog. cordages	»	7.44
4 » étoupes blanches	»	1.60
6 » minium	»	3 67
6 » céruse.	»	3.61
Objets divers.	»	0.10
	fr.	79.31

Fers et bois.

3 kilog. fer ouvré neuf.	fr.	2.10
23 » clous.	»	8.40
22.84 mètres cubes de sapin pour guides à 90 fr. . .	»	2055.78
9.13 » » de chêne à 105 fr.	»	958.65
1.08 » » de bois blanc.	»	56.26
0.06 feuillets.	»	2.43
	fr.	5065.62

59 baliveaux et 50 perches, qui ont servi à la construction des échafaudages, ont été rapportés au jour et sont mentionnés ici pour mémoire.

Main-d'œuvre.

Ajustement des pièces de guidage et façon des assemblages. 79 1/2 journées de charpentier à fr. 2.50, 2.00, 1.90 et 1.35. . . . . fr. 152.59

Façon d'un patron pour la pose des voies verticales.
1/2 journée à 2.50 . . . . fr. 1.25 }
8 madriers en bois blanc à 0.45. . . . » 2.25 } » 5.50

Entaillement des baliveaux pour traverses.
5 journées de charpentiers. . . . . . fr. 5.72 }
50 baliveaux en chêne à 2 fr. . . . . » 60.00 } » 65.72

Façon de 130 vis à bois et 50 boulons destinés à relier les guides aux traverses; 156 kilog. à 0.70 fr. . . . . . » 109.20

Façon de 218 vis et de 267 rondelles (flottes) pesant ensemble 312 kilog. à 0.70 fr. . . . . » 218.40

Réparations d'outils . . . . » 3.95

Agraffes, clefs à vis, cuffats, lampes, etc. . . . . » 86.11

Transport des pièces du chantier au siège d'exploitation. » 109.63

Pose de l'attirail.

57 journées de chefs-mineurs (porions) à 2.40 et 5 fr. . » 161.40
55   »   de charpentiers à 2 et 2.50 fr. . . . . . » 127.09
2   »   de maçons. . . . . » 4.00
214   »   de mineurs à 2, 2.40 et 2.50 fr. . . . . » 516.40
Entaillement de la roche et pose de 94 traverses à 2 fr. » 188.00
77 1/4 idem de molineuses (1) à fr. 1 . . . . . » 77.25
                                              fr. 1823.24

Emploi de la machine d'extraction.

346 hectolitres de houille dite fines à fr. 0.50 fr. 178
445   idem   sales . . . . . . 0.20 » 88.6 fr. 261.60
79 3/4 journées de mécaniciens de 2.10 à 2.50 fr.   » 170.27
80   idem   de tiseurs, de 1 fr. à 1.70. . .   » 122.90
                                              fr. 554.77

Récapitulation.

Matériaux, fer et bois. . . . . . . fr. 5142.93
Main-d'œuvre. . . . . » 1823.24
Emploi de la machine. . . . . . . » 554.77
                                    fr. 5520.94

(1) Ouvrières installées sur la margelle des puits pour opérer le chargement et le déchargement des vases d'extraction.

Cette somme divisée par la hauteur de la voie verticale, 235 mètres, donne 25.50 fr. par mètre courant.

L'exécution et la pose de l'appareil ont exigé deux mois de travail.

Cage à 3 Compartiments superposés.

0.185 mètre cube de bois de chêne à 105 fr. . .	fr.	19.02
4 guides en fer pesant 6.4 kilog. à 0.70. . . .	»	4.48
54 kilog. de ferrures, d'encadrements et de vis à 0.70	»	58.80
8 mètres de planches à 0.30	»	2.40
8 journées de charpentiers de fr. 1.90 à 2.70 . .	»	19.40
	fr.	104.10

Culbuteur établi au jour.

Bois de chêne, longueur 7 mètres, équarrissage, 0.14 sur 0.11, soit 0.108 mètres cubes à fr. 105 . .	fr.	11.34
Ferrures, 68 kilog. à fr. 70 les cent.	»	47.60
Main-d'œuvre du charpentier. 1 3/4 journée à fr. 2.50	»	4.37
Pose des ferrures et de l'appareil, 1 1/2 journée à fr. 2.50	»	3.75
	fr.	67.06

Wagon en tôle contenant 3 hectolitres.

Coffre. Tôles de 5 millimètres au fond, et de 2 1/2 sur les côtés, 50 kilog. à fr. 44 p. c.	fr.	25.76
Equerres 14 id. id. 29	»	4.06
Fer demi-rond 11 kilog. à fr. 20	»	2.20
Main-d'œuvre et rivures, ...	»	14.00
Ferrures telles que rivets, œillets, allonges, etc., 11 1/2 kilog. de fer brut à fr. 25	fr.	2.87
Train. Crapaudines, essieux, rondelles, clefs, etc., 22 kilog. de fer brut à 85 fr. p. c. . . fr. 18.70		
4 roues pesant 34 kilog. à 26 fr. p. c. » 7.84	fr.	57.54
Main-d'œuvre. . . . . » 11.00		
Le wagon monté pèse 159 kilog. et coûte . . .	fr.	86.43

788. Cages de la mine du Bois-du-Luc
(fig. 1-13 , pl. XLVIII).

Installation des guides de conduite.

Trois sommiers d'attache des cordes-guides au fond du puits, cubant 1.44 M³ à 80 fr.	fr.	115.20
Quatre cordes en fils de fer de 465 mètres, composées de six fils n°. 12 , poids 3856 kilog. à fr. 1.20	»	4627.20
Quatre boulons d'attache aux sommiers de la charpente des molettes	»	56.00
Main-d'œuvre de la pose.	»	58.00
	fr.	4856.40

Réception des cages à l'orifice des puits.

Pièces de chêne, 2.27 M³ à fr. 80	fr.	181.60
Trois portes, cubant 0.97 M³, à fr. 80	»	77.60
Ferrures diverses, 219 kilog. à 28 fr.	»	61.32
Contre-poids, 260 kilog. à 18 fr.	»	46.80
Journées de charpentier, 42 à fr. 2.25.	»	94.50
Idem de maréchal et de son aide, 8 1/2 à fr. 2.25 et 1.50 .	»	31.87
	fr.	493.69

Même disposition à l'étage de 350 mètres. La profondeur du puits est de 420 mètres.

Construction d'une petite cage.

Bois de chêne, 0.24 M³ à 0.80 fr.	fr.	19.20
Armures en fer laminé, 68 kilog. à fr. 28.	»	0.84
Rouleaux et crampons d'attache, 5 kilog. à fr. 28	»	19.04
4 journées de charpentier à fr. 2.25.	»	9.00
Une idem de maréchal et de son aide	»	5.75
	fr.	51.85

Cages ordinaires.

Bois de frêne, 0.405 M³ à fr. 80.	fr.	32.24
Bois blanc, 0.158 M³ à fr. 60.	»	9.48
Fer laminé pour armures et rouleaux, 208 kilog. à fr. 28	»	58.24
Journées de charpentier, 10 à fr. 2.25	»	22.50
Idem de maréchal , 18 à fr. 2.25.	»	40.50
Idem d'aide-maréchal , 18 à fr. 1.50.	»	27.00
	fr.	189.96

Appareil destiné à relever les wagons du plancher inférieur au plancher supérieur.

Sommier d'assise du palier, 0.320 M³ à fr. 80 . . . . . fr.   25.60
Deux arbres en fer laminé, 140 kilog. à fr. 28 . . . . . »   39.48
Roue d'engrenage et pignon, 84 kilog. de fonte à fr. 18. »   15.12
Trois paliers en fonte, 47 kilog. à fr. 18 . . . . »   8.46
Une manivelle en fer battu, 31 kilog. à fr. 30 . . . . . »   9.30
Boulons, 10 pesant 20 kilog. à fr. 28 . . . . »   5.60
Chaînes, 12 mètres ou 14 kilog. à fr. 52. . . . . . . »   7.28
Journées de charpentier, 2 à fr. 2.25 . . . . »   4.50
Idem de maréchal et de son aide, 8 à fr. 3.75 . . . . »   30.00

fr. 145.54

Construction d'un culbuteur.

Deux crapaudines en fonte, 190 kilog. à fr. 18 . . . . fr.   34.20
Deux volants idem, 375 kilog. à fr. 18. . . . . »   67.50
Fer laminé, 115 kilog. à fr. 28 . . . . »   32.20
Journées de maréchal, 3 à fr. 2.25 . . . . »   6.75
Idem d'aide-maréchal, 3 à fr. 1.50 . . . . »   4.50

fr. 145.15

789. *Cages de la mine du Buisson (Couchant de Mons).*

Ces appareils en fer sont à deux compartiments; chacun de ces derniers renfermant deux wagons juxtaposés, l'extraction d'un seul train s'élève à 16 hectolitres.

Appropriation du puits. Cloison et guides.

Traverses en bois de chêne pour la cloison :
200 pièces de 4.40 mètres de longueur et 0.15 sur 0.16
mètre d'équarrissage . . . . mètres cubes. 21.12
Traverses pour recevoir les guides :
400 de 1.80 mètres et 0.10 sur 0.14 mètre. . . . 10.08
Guides en chêne de 0.09 sur 0.09 1400 mètres courants 11.14
Pièces appliquées à l'orifice du puits et à l'accrochage.
4 de 4.50 mètres et de 0.50 sur 0.50. . . . . . 1.55
4 idem de 2.20 et de même équarrissage. . . . . » 79
Supports des arbres du mouvement au jour et à l'accrochage.
4 pièces de 4.50 mètres et de 0.30 sur 0.50 . . . 1.55

mètres cubes . 46.25

Planches de sapin pour la cloison du puits, mètres
courants 2,640
Broches pour fixer les guides, 4.500 de 0.16 mètre
de longueur et 0.005 de diamètre . . . . kilog. 200
Pointes pour les planches 2640 pesant . . . » 80

Mouvement des taquets au jour et à l'étage de 305 mètres.

4 arbres en fer rond de 0.06 de diamètre de 1.85 de
longueur, pesant kilog. 163.02
12 montants de 0.80 mètre de longueur et de 0.04
sur 0.6 mètre 181.71
4 traverses pour le haut de l'appareil et autant pour
le bas 176.90
Support du petit arbre. 12
Deux leviers de 0.40 mètre et de 0.05 sur 0.02 mètre
et quatre à enfourchement de 0.85 mètre et 0.04 sur
0.02. 23
Leviers du mouvement ; 1.90 mètre de longueur et 0.05
sur 0.02 d'équarrissage 30
                                    kilog. . 586.63
Second mouvement de taquets installés à l'étage de
305 mètres 586.63
48 boulons de crapaudines. 72.15
48 id. pour leurs chapeaux. 17.28
Clapets en fer pour les crapaudines. 33.70
                                    kilog. . 1296.39

24 crapaudines en fonte avec coussinets en cuivre.

Fonte. . . . . kilog. 125.78
Cuivre. . . . . id. 41.47

Coût du guidonnage et des mouvements :

46 25 mètres cubes de bois de chêne, à 100 fr. . . fr. 4625
26.40 mètres courants de planches à 0.30. . . . » 792
200 kilog. de broches à 0.60. . . . . » 120
80 kilog. de pointes à 0.80 . . . . » 64
1296.39 id. de fer pour les mouvements des taquets. » 389
                                    A reporter , fr. 5988

TOME IV. 6

	Report , fr.	5988
125 kilog. des crapaudines en fonte.	»	25
42 id. de coussinets en cuivre	»	84
Façon et pose de 600 traverses à fr. 2.	»	1200
id. de 1400 mètres de planches à 0.50. . . .	»	560
Pose de 2640 mètres de planches à 0.20. . . .	»	528
Eclairage, emploi des moteurs, etc.	»	842.20

	fr.	9227.20

La longueur du guidonnage étant de 305 mètres, c'est
une dépense d'environ 30.25 fr. par mètre courant.

Construction des cages.

Châssis de 1.50 de longueur sur 1.40 de largeur,
formant les deux extrémités et le milieu de la cage.

	kilog.	
Fer plat de 0.07 sur 0.01 mètre . . . . . kilog.	95
Six montants de 2.24 mètres même équarrissage . .	72
Huit rails de 1.40 mètre et de 0.05 sur 0.015. . .	71
Quatre oreilles	10
Cinq traverses de 0.07 sur 0.01.	60
Deux arbres pour le parachute (1)	75
Six poulies en fer pour idem.	45
Quatre chaînes de suspension	60
168 rivets pour le montage.	16

	kilog.	504

de fer laminé n°. 3, qui, mis en œuvre pour le prix de
0.30 fr. , forme une somme de fr. 151.20.

Trois cages, dont une de rechange, ont été construites pour le service du puits n°. 2.

(1) Il s'agit ici du parachute écossais importé en Belgique par
M. Delgobe, constructeur des cages du Buisson. Cette appareil sera,
dans peu de temps, l'objet d'essais qui décideront du degré de confiance qu'il est permis de lui accorder. En attendant, rien de positif ne peut être dit à cet égard.

Wagons de transport.

Les caisses en tôle de 0.002 mètre ont les dimensions suivantes :

Longueur mesurée au-dessus . mètre 1.28
    Idem   à la partie inférieure. . . 0.98
Largeur la plus grande 0.58
Hauteur totale 0.82
60 kilog. de tôle à fr. 50 les cent. . . . . fr. 30,00
Roues 56 kilog. à fr. 20 . . . . » 7.20

Garnitures. { Essieux   Kilog.   12 }
           { Étriers   »   8 } 29 kilog. à 0.30 fr.   »   8.70
           { Boulons   »   9 }
Main-d'œuvre. . . . . » 8.00

                         fr. 53.90
50 wagons ont entraîné une dépense de . . . . . . fr. 2695.00

Construction de deux culbuteurs (1).

Deux châssis en bois : longueur, 1 mètre ; largeur, 0.70 ; équarrissage des pièces, 0.10 sur 0.10 mèt.   mètre cube   0.060
Quatre pièces pour fixer les supports : longueur, 2.50 mètres ; équarrissage, 0.20 sur 0.20. . . .   »   0.400
Deux traverses de 0.80, même équarrissage. . .   »   0.064

                     mètre cube   0.524

Garniture des châssis mobiles.
Quatre pièces de fer de 0.06 sur 0.01. . . .   pesant kilog.   14
Quatre traverses de même équarrissage. . . .   »   14
Quatre montants de 0.08 sur 0.01. . . . .   »   25
Huit jambes de force de 0.06 sur 0.01 . . . .   »   25
Quatre rails de 0.06 sur 0.02. . . . . . .   »   28
Boulons et autres détails . . . .   »   10

                     kilogrammes   112

(1) Ces culbuteurs sont semblables à ceux de Worsley, décrits dans le paragraphe 567.

Quatre supports en fonte.   100
0.524 mètres cubes de bois de chêne à 120 fr., y compris
les assemblages. . . . . pour . fr. 62.88
112 kilog. de fer forgé et ajusté à 0.50 fr. . . . . . . » 56.00
Quatre supports en fonte à 30 fr. le cent. . . . . . . » 30.00
                                                     _____
                                                     fr. 148.88

Caisses appropriées à l'épuisement des eaux.

Ces vases ont une contenance de 25 hectolitres; leur
diamètre est de 1.30 mètre et leur hauteur de 1.75.

La caisse en tôle de 0.004 mètre d'épaisseur pèse 315 kilog.
à 50 fr. le cent. . . . . fr. 157.50
Armures en fer plat . . . . pesant kilog. 50
Un étrier pour supporter le clapet . . » . . . 16
Clapet et rivets. . . . . . .   »   18
Chaines de suspension et parachute   »   180
                                         _____
                              kilogrammes 264 de fer
laminé n°. 5, mis en œuvre à 0.50 fr. . . . . » 79.20
                                                     _____
                                                     fr. 236.70
Trois caisses, dont une de rechange, ont coûté. . . . fr. 710.10

790. *Appareil du Grand-Hornu pour la récep-
tion et le chargement des cages au fond du
puits n°. 8 (fig. 14-15, pl. XLVIII).*

Par suite d'une information inexacte, cette ingénieuse
disposition a été indiquée dans le paragraphe 573 comme
originaire du puits Fénélon, d'Aniche. Elle appartient en
réalité à la mine du Grand-Hornu, puisqu'elle a été
imaginée par M. Glépin, ingénieur de cet établissement,
qui a communiqué à la compagnie d'Aniche son modèle
et ses desseins.

La société des vingt-quatre actions et celle de Streppy
Bracquegnies (Hainaut) viennent également d'adopter cet
appareil, dont voici le devis détaillé :

Huit crapaudines alézées,	60 kilog. à fr.	50 p. c. . fr.				18.00
Quatre poulies tournées	138 »	»	50	»	»	41.40
5200 kilog. de fonte pour contre-poids	»	15	»	»		480.00
Huit mâchoires en fer battu, 144 kilog.	»	80	»	»		115.20
Quatre arbres et câles.	19 »	»	180	»	»	54 20
52 boulons et écrous	50.5 »	»	75	»	»	57.88
Quatre carcans.					»	12.00
Quatre accrochetures (*épissures*).					»	12.00
Pointes 0.5 kilog.					»	1.00
Bois, 2.84 mètres cubes à différents prix.					»	315.45
Cordes, 17 mètres pesant 56 kilog. à fr. 1.60 . . .					»	57.60
Main-d'œuvre, façon des guides et pose de l'appareil.					»	500.00
Arbres, leviers et taquets.					»	522.20

fr. 1746.95

791. Cages à bras de la mine de Marihaye (fig. 14-16, pl. XLVIII).

Le puits, pourvu d'un revêtement en maçonnerie, est
divisé en deux compartiments par une cloison ; celle-ci
est formée de pièces en chêne placées à un mètre de
distance d'axe en axe, sur lesquelles sont clouées des lattes
ou *filières*.

Appropriation du puits.

Le mètre courant de cloison a coûté. . . . . . . fr. 10.27
La même longueur de longrines servant à guider l'appareil
d'extraction. . . . . » 7.09

fr. 17,36

Détail de la cage.

Madriers en chêne.		mètres	13.60	à fr.	1.08.	fr.	14.69
Pièces de 0.12 mètre sur 0.12.			6	»	0.94.	»	5.65
Idem de 0.05 mètre sur 0.065.			7.20	»	0.20.	»	1.44
Armatures en fer.		kil.	528	»	29 p. c.	»	95.12
Journées de charpentiers.			12	»	1.80.	»	21,60
Idem de forgerons.			36	»	1.80.	»	64.80

fr. 203.30

792. *Belle-fleur*, ou *charpente à molettes en bois de chêne* (fig. 6 et 7, pl. LXV).

Corps de l'appareil.

2 semelles long. 9.5 mèt. équarrissage 0.38—0.25 mèt. cub.   mèt. 1.805

2 montants » 9.7   »   »   »   » 2.801

1 chapeau » 4.2   »   0.33—0.33   »   » 0.457

4 pièces verticales pour supporter les molettes, longueur 2.3 mètres, équarrissage 0.18—0.20. . . .   » 0.331

   Une traverse pour supporter les pièces verticales.

          3.4 mètres »   0.33—0.33   »   » 0.370

mètres cubes 5.764

2 traverses de semelle long. 3 mèt. équar. 0.30   cubant mèt. 0.540

2 arcs-boutants   » 9.80   » 0.26   » 1.325

2 contre-fiches   » 3.50   » 0.26 sur 0.22 » 0.400

Pièces accessoires 4 de . . 1.00   » 0.18 » 0.15 » 0.108

                  4 de . . 0.58   » 0.18 » 0.12 » 0.086

2 fiches. . . . . 2.00   » 0.25 . . . . . » 0.250

mètres cubes 2.709

à 85 fr. . . . . fr. 250.26

Ferrures 12 boulons ; 24 kilog. à 0.80 fr. 19.20 } fr. 51.20
        48 broches ; 20   id.   à 0.60 » 12.00

Balustrade de sûreté.

2 montants, longueur 1.80 mèt. équar. 0.21 mètre, cubant mèt. 0.159

2 pièces d'appui . . 2.20   »   0,15   »   » 0.099

mètres cubes 0.258

à 85 fr. . . . .   fr. 21.90
Clous et lattes. . . . .   » 17.10
Main-d'œuvre.

    Ajustement des pièces, pose et transport, 24 journées de charpentier
    et de manœuvre, dont la valeur moyenne est de
    fr. 2. . . . .   fr. 48
    Prix total d'une belle-fleur conforme à celle que
    représente la fig. 6, pl. XLV . . . . fr. 982.86

Semelles.

Les sabots destinés à recueillir les cuffats sur la marche
du puits portent le nom de *Keiottes.*

Cadre, formé de quatre pièces en chêne, dont :
Deux d'une longueur de 3.50 ; équarrissage 0.50 cube, 0.630 mètre.
Deux idem   »   1   »   0.20—0.12 0.048 »
2 pièces mobiles »   5.20   »   0.50 0.576 »
                     mètres cubes . 1.254 »
à 85 fr. . . . .   fr. 106.59
4 chaînes de semelle; 3.80 kilog. à 0.80 » 3.04
Main-d'œuvre et pose, 2 journées à 2.40 » 4.80
                             fr. 114.43

793. *Poids et prix des câbles en chanvre et en aloès.*

Le poids des cables varie à sections égales d'après la
quantité de goudron que le fabricant trouve le moyen
d'y introduire :

  Cables ronds en chanvre goudronné en fils, pour treuils
et machines à molettes :

Diamètre. Mètre 0.013. Poids par mètre courant, 0.15 à 0.17 kilog.
    »   0.014   »   »   0.17 à 0.19 »
    »   0 015   »   »   0.20 à 0.22 »
    »   0.018   »   »   0.28 à 0.51 »
    »   0.020   »   »   0.55 à 0.56 »
    »   0.025   »   »   0.56 à 0.60 »
    »   0.050   »   »   0.70 à 0.78 »
    »   0 040   »   »   1.38 à 1.42 »
    »   0.050   »   »   2.10 à 2.20 »
    »   0.060   »   »   5.00 à 5.15 »

Cables plats en chanvre goudronné. en fils.

LARGEUR.	ÉPAISSEUR.	POIDS PAR MÈTRE COURANT.
mètre 0.12	mètre 0.015	kilog. 2.25 à 2.50
0.12	0.020	2.80 à 3.00
0.12	0.025	3.44 à 3.75
0.13	0.025	3.90 à 4.00
0.13	0.030	4.26 à 4.68
0.14	0.030	4.85 à 5.05
0.15	0.030	5 52 à 5.40
0.15	0.035	6.15 à 6.50

Le poids des cordes en aloès n'est que les 0,877 de celles en chanvre ; elles n'absorbent pas autant de goudron.

Les prix des câbles et des objets vendus accessoirement par les cordiers sont les suivants :

Cordes rondes en chanvre.
{ Blanches . . . . fr. 1.40
{ Goudronnées . . . » 1.25

Cordes plates goudronnées.
{ En chanvre . . . » 1.50
{ En aloès . . . . » 1.60

Étoupes à calfater . . . . » 0.40
Chanvre . . . . » 0.80 à 0.96
Tresses. . . . . » 1.15

Les câbles hors de service, blancs ou goudronnés, servent à préparer les étoupes propres au calfatage des bateaux et des cuvelages.

En Belgique, les vieux câbles plats se vendent au mètre linéaire et à un prix correspondant à 0.08 ou 0.12 fr. le kilogramme.

En Allemagne, leur valeur est d'environ 0.13 fr. le kilog.

794. *Durée et conservation des câbles.*

D'après M. Plumat, ingénieur de la mine du Levant du Flénu, la durée moyenne des cordes de cet établissement est de 15 à 17 mois ; elles pèsent de 5 à 5.5 kilog. par mètre courant et soulèvent des poids de 2,000 kilog.

Les puits d'extraction, généralement peu humides, sont constamment remplis d'un air frais provenant directement de l'atmosphère extérieure.

Au puits Guillaume, une corde pesant 7.4 kilog. a extrait pendant près de deux ans, de la profondeur de 215 mètres, un poids de 1,660 kilog. houille et cuffat.

Les cordes du puits S^{te}.-Barbe, à Crachet, ne pèsent que 5.4 kilog.; leur section est de 0.12 mètre sur 0.025. Elles ont été employées pendant deux ans à l'extraction de vases pesant 150 kilog. et contenant 560 kilog. de houille.

La corde en aloès du puits n°. 19 a cassé sous une charge de 2,000 kilog. après avoir fonctionné neuf mois. Elle était blanche et d'un poids de 6 kilog.; ses dimensions étaient de 0.03 sur 0.15 mètre.

La durée des cordes de la mine de Belle-et-Bonne varie de dix-huit mois à trois ans, suivant l'état atmosphérique des puits. Leur poids au mètre courant est de 5 kilog. et souvent moins.

Au puits n°. 18, qui est fort sec, elles durent trois ans. La profondeur de l'extraction est de 178 mètres et la charge enlevée de 1,660 kilog.

Les cordes du puits n°. 21 ont 0.055 mètre d'épaisseur et 0.16 de largeur; leur poids est le même que ci-dessus; leur moindre durée (16 ou 18 mois) est attribuée à un courant d'air peu actif et à la profondeur de l'extraction (291 mètres).

Les cordes de la mine des Produits, partout de mêmes dimensions (0.05 sur 0.14 mètre) pèsent 5 kilog.; leur durée moyenne est de 18 mois. Les agens de cette société prétendent n'avoir observé aucune différence entre les puits où l'air descend et ceux qui sont pourvus d'un foyer d'appel installé à leur base.

Voici encore quatre observations relatives à d'autres mines du Couchant de Mons :

	PROFONDEUR D'EXTRACTION.	POIDS DU MÈT. COUR¹.	DURÉE MOIS.	EXTRACTION JOURNALIÈRE.
1 Quesmes	mèt. 400	kil. 5.00	14	tonnes 216
2 Couchant du Flénu.	» 500	» 6.75	16	» 172
3 Grand-Hornu . .	» 400	» 5.00	20	» 216
4 Id. n°. 9. . .	» 400	» 6.00	9	» 260

Le premier de ces câbles était placé dans des conditions défavorables; le second fonctionnait dans un puits humide et fort étroit; il en était de même du quatrième, qui, en outre, était enveloppé d'une atmosphère viciée par un foyer d'aérage.

Les câbles en chanvre doivent être l'objet de beaucoup de soins de la part de l'exploitant, s'il veut prolonger leur durée jusqu'aux limites du possible. Ainsi, lorsque, par suite de la pression et de l'expansion auxquelles les cordes plates sont soumises, le goudron se sépare du chanvre et vient s'étaler à la surface, il faut se hâter de l'enlever, afin qu'il ne s'attache pas aux molettes et ne mette pas obstacle au déroulement des tours. Dans tous les cas, lorsque les gelées ou les grandes chaleurs de l'été durcissent les cordes et les privent de leur souplesse, il convient de les enduire d'huile et de suif, dont la combinaison est facilitée à l'aide de la chaleur. 350 mètres de corde exigent l'emploi de :

> 10 kilog. huile de colza à fr. 0.90. . fr.   9.00
> 9 kilog. suif à fr. 1 . . . . . . »   9.00
> 2 journées de manœuvres à fr. 1.50. »   3.00
> —————
> fr. 21.00

Ce mélange est fondu par son exposition à un feu doux, et une brosse sert à l'étendre sur les surfaces extérieures des cordes.

795. *Câbles en fil de fer.*

Fabrication des cordes.

Les renseignements suivants sont dus à M. Lambert Rasquinet, directeur de la mine de Guley, qui, le premier, dans le district de la Wurm , s'est livré à ce genre de travail.

1°. Corde ronde, dont la longueur est de 250.8 mètres et le poids de 262 kilog. :

Le commettage de la corde s'effectue en deux jours par
cinq ouvriers à fr. 1.25 . . . . fr. 12.50
Ames des torons, forte ficelle pesant kilog. 5.6 à fr. 1.74. » 9.74
Ames placées entre les torons, kilog. 8.4 . . . . . » 14.62
Goudron pour les âmes , kilog. 11.69 à fr. 0.088 . . . » 1.04
Fils de fer n°. 15, kilog. 236.2 à fr. 0.8685. . . . . » 205.14
Prix de revient de la corde , fr. 243.04

Le mètre courant pesant environ 1 kilog. , le prix de celui-ci est compris entre 0.927 et 0.928 fr.

2°. Corde plate d'une longueur de 292.60 et pesant 973.3 kilog. :

Façon de six aussières , 40 journées à fr. 1.50 . . . . . fr. 60.00
Fils de fer, kilog. 896.13 à 89.08 p. c. . . . . . . » 198.27
Chanvre pour les âmes des aussières , kilog. 49.4 à fr. 2.14. » 105.07
Fabrication des fils de coutures, 2 journées à fr. 1.50 . . » 3.00
28.06 kilog. de fils pour la couture à fr. 1.426. . . . . » 40.00
Confection de la corde plate , 55 journées à fr. 1.50 et une
à fr. 1.25 . . . . » 80.75
Prix de la corde, fr. 487.09

Le poids du mètre courant est de kilog. 3.326 et son prix fr. 1.66 à 1.67 ; prix du kilog., fr. 0.50.

Câbles métalliques belges.

M. Heimann, fabricant à Gand , fournit des cordes rondes et plates dans les conditions et aux prix suivants :

DIAMÈTRE.	POIDS PAR MÈTRE.	PRIX PAR KILOG.
mètre 0.013	kilog. 0.50	fr. 2.10
» 0.015	» 0.75	» 1.90
» 0.016	» 1.00	» 1.90
» 0.018	» 1.50	» 1.80
» 0.021	» 1.45	» 1.75
» 0.024	» 1.90	» 1.65
» 0.028	» 2.40	» 1.60

L'accroissement et la diminution du diamètre de ces câbles résulte de la variation du diamètre des fils de fer qui les composent, dont le nombre est invariablement fixé à 36.

Les câbles plats sont formés de six aussières composées elles-mêmes de 20 fils chacune.

LARGEUR.	ÉPAISSEUR.	POIDS PAR MÈTRE.	PRIX PAR KILOG.
mètre 0.05	mètre 0.014	kilog. 2.40	fr. 1.90
» 0.07	» 0.015	» 3.10	» 1.90
» 0.08	» 0.017	» 3.75	» 1.80
» 0.09	» 0.020	» 4.50	» 1.75

Câbles ronds fabriqués à Paris par MM. Cottiau.

NUMÉRO DE GROSSEUR.	DIAMÈTRE.	POIDS PAR MÈTRE.	CHARGE.
55	mètre 0.016	kilog. 0.75	kilog. 1000
54	» 0.018	» 1.00	» 1500
53	» 0.020	» 1.20	» 1750
32	» 0.024	» 1.65	» 2250
31	» 0.026	» 2.00	» 2500

La charge indiquée est le sixième de la tension d'épreuve.

Les câbles en fil de fer doivent être recouverts de temps à autre d'une substance qui les préserve de l'oxidation. L'enduit usité en Belgique est un mélange d'huile de lin, de goudron et de plombagine, revenant à fr. 0.25 le kilog.

Les cordes plates, fonctionnant dans un puits de 300 mètres de profondeur, exigent annuellement :

500 kilogrammes de cet enduit.	fr.	75
Main-d'œuvre, 12 journées à fr. 1.50	»	18
		—
Dépense annuelle,	fr.	93

Les vieilles cordes en fil de fer conservent une certaine valeur ; dans le district de la Wurm, on peut les vendre à raison de fr. 0.15 le kilog. et en Belgique, fr. 0.21.

La comparaison des prix et des qualités des matériaux employés dans la confection des câbles en chanvre et en fil de fer, tant en Belgique qu'en Allemagne, offre quelque intérêt. Tandis que, dans ce dernier pays, le chanvre de médiocre qualité, provenant de Russie, coûte cependant de fr. 1.57 à 1.60 le kilogramme et le fil de fer seulement fr. 1.20, le contraire a lieu en Belgique, où la première de ces substances ne se paie que fr. 1.10 à 1.20, quoique sa qualité soit excellente, et la seconde fr. 1.65, 1.75 et même 1.80 le kilogramme. Telle est, en partie, la cause de la grande faveur accordée par les Allemands aux câbles métalliques.

796. Des treuils.

Construction d'un treuil simple.

Le tambour a 2.55 mètres de longueur.

Charpente.

Châssis, 7.80 mètres de bois de chêne à fr. 2.21 le mètre .	fr.	17.238
Cylindre en bois pour le tambour, 3 mètres à fr. 0.68. .	»	2.040
2 1/4 journées de charpentier	»	5.625

Ferrures.

Manivelles (pesant 44.25 kilog.), 48 kilog. à 33 p. c. . .	»	15.840
Frettes (6.5 kilog.), 7 kilog. à 32 p. c.	»	2.240
Houille, 64 kilogrammes.	»	0.640
1 1/4 journée d'un forgeron et de son aide	»	5.000
Deux coussinets en cuivre, 2.5 kilog. à fr. 4.50 . .	»	11.250
	fr.	59.873

Treuil à engrenages ou treuil composé.

Longueur du tambour, 3.50 mètres (fig. 8 et 9, pl. L).

Tambour.

95 mètres de lattes de chêne, à fr. 0.22 . . . . . fr.	20.900
7.50 mètres de fort madriers en chêne pour former les cinq rouets de support, à fr. 0.20 le mètre . . . . »	1.500
9.40 mètres bois de 0.24 sur 0.12 mètre pour le châssis, à fr. 2.58 le mètre . . . . »	22.372
4.70 mètres de bois de 0.12 mètre d'équarrissage pour arcs-boutans, à fr. 0.68 . . . . »	5.196
2.5 kilogrammes clous d'épingles, à fr. 0.80 . . . . . »	2.000
5 3/4 journées d'un charron, à fr. 2.40 . . . . . . »	14.575

Ferrures.

Arbre et manivelles (115.5 kilog.), 120 kilog. à 55 fr. . »	59.000
Arbre du tambour (53.5 kilog.), 55 kilog. . . . . »	18.15
Bandes et croisures (25 kilog.), 25 kilog. à fr. 30 . . »	7.500
Roue et pignon en fonte, 120 kilogrammes à 26 fr. . . »	31.200
4 coussinets en cuivre, 6.5 kilog. à fr. 4.50. . . . . »	29.250
Charbon consommé, 220 kilogrammes . . . . . . »	2.200
5 1/4 journées d'un forgeron et de son aide . . . . . »	15.125
	fr. 204.768

797. Machines à molettes (fig. 11-13, pl. L).

1°. Fondations.

Maçonnerie, 1 mètre cube . . . . fr.	5.28
5 croisées, longueur 1 mètre, équarrissage 0.50² à fr. 1.10 »	5.30
	fr. 8.58

2°. Arbre du tambour.

Pièce de chêne de 5.90 mètres de hauteur et 0.54 mètre d'équarrissage, cubant 1.72, à 100 fr. le mètre. . . . . fr.	172.00
Ferrures de l'arbre, prix, comprenant la main-d'œuvre :	
Quatre carcans, kilog. 42 à fr. 0.75 . . . . »	31.50
Deux frettes, » 5 » . . . . »	3.75
Boîte de la partie inférieure, 9 kilog. de fonte à 25 fr. . . »	2.25
Crapaudine en fer aciéré, 1.50 kilog. à fr. 1 . . . . »	1.50
Pivot aciéré, 3.75 kilog. à fr. 1 . . . . »	3.75
Boîte de la partie supérieure, 5 kilog. de fonte à fr. 25 »	1.25
Pivot, 19.5 kilog. à fr. 0.75 . . . . »	14.62
Quatre boulons, 7 kilogrammes à fr. 0.75 . . . . . »	5.25
Un coussinet en cuivre, 2.25 kilog. à fr. 4.50 . . . »	10.12
	fr. 245.99

3°. *Tambour.*

Il se compose de quatre couronnes renfermant chacune :

14.50 mètres de jantes de 0.12 mètre d'équarrissage, en bois de chêne, à fr. 1 . . . . fr. 14.50

4 croisures : longueur, 4.25 mètres ; équarrissage,
0.17 — 0.12 mètre, soit 17 mètres courant à fr. 0.48 . » 8.16

4 contre-fiches : longueur ; 1.45 mètre ; équarrissage,
0.12 mètre, soit 5.80 mètre à fr. 0.50 . . . . . » 1.74

8 jambes de force : longueur, 1 mètre ; équarrissage,
0.10 — 0.12 mètre, 8 mètres à fr. 0.27 . . . . » 2.16

24 chevilles, à fr. 2 p. c. . . . . » 0.48

4 cales en bois de hêtre à fr. 0.08 . . . . . » 0.32

fr. 27.36

Soit pour quatre couronnes . . . . fr. 109.44

Douves ou lattes : longueur, 2.60 mètres ; largeur,
0.14 mètre ; épaisseur, 0.04 mètre ; 85 douves ou
221 mètres à fr. 0.40 . . . . fr. 88.40

Boulons, 75, pesant 44 kilog. à fr. 0.75. . . . » 33.00

fr. 121.40

4°. *Frein.*

Un cercle en bois blanc, appliqué à l'extrémité inférieure du tambour. Longueur 15 mètres ; équarrissage 0.20—0.15 à fr. 0.80. . . . . fr. 12.75

Mâchoires du frein.

2 pièces, long. 9 mèt.0.30—0.25 mèt. 18 mèt. à fr. 2.40 » 43.20

2 » 6 0.20—0.12 12 à 2.10 » 25.20

Hachelets, 2 0.30—0.20 2 à 2.40 » 4.80

6 boulons pesant 8.70 kilog. à 0.75 fr. . . . . » 6.52

2 broches » 0.30 » à 1.00 » . . . . » 0.30

4 poulies en hêtre à fr. 1.25 . . . . » 5.00

2 axes, 2 kilog. à 0.60 fr. . . . . » 1.20

Une corde de 30 mètres pesant 10 1/2 kilog. à fr. 1.40 » 14.70

Treuil, manivelle, roue d'encliquetage et cliquets. » 15.00

Bois de support, 3.50 mètres à 0.80. . . . . » 2.80

fr. 131.67

5°. *Bras de levier du manége.*

Deux bras, longueur 9.50 mètres, équarrissage 0.30
mètre, soit 19 mètres à 5.60 fr. . . . . . . fr. 68.40
Pièces de support en chêne, équarrissage 0.18 - 020.
Longueur 2.10 mètres à 3.40. . . . . » 7.14
Contre-fiches en bois blanc; 3 mètres à 0.30 fr. . » 0.90
10 boulons pesant 60.2 kilog. à 0.75 . . . . . » 45.15
Bois d'attelage (*Basse*), pièce verticale de 0.45—0.20
d'équarrissage; longueur 1.90 mètre à 4.50. . . » 8.55
Contre-fiche, 1 mètre à 0.30 fr. . . . . . . » 0.30
4 bandes en fer pesant . . 12 kilog.
4 boulons. 7.20
Un pivot. 7
Crochet, rondelle, et cheville. 3.50

kilog. 29.70 à 0.60. . . » 17.82
_____
fr. 148.26

6°. *Châssis conducteur de l'enroulement du cable.*

Chapeaux et semelles en bois d'orme, 5 mètres de
longueur, équarrissage 0.10—0.18 mètre à 0.50. . fr. 1.50
Deux grands châssis fixes 9 mètres et même équarris. » 2.70
Cadres mobiles, 5.60 longueur, 8.20—0.18 à 0.75 » 4.20
Quatre roulaux en bois à 0.75 fr. . . . . . . » 3.00
4 mouffles à 5 fr. . . . . » 20.00
4 Contre-poids en fonte (2 de 40 kilog. et 2 de 20)
60 kilog. . . . . » 1.50
Ferrures, axes des roulcaux, etc. 12 kilog. à 0.60 fr. » 7.20
_____
fr. 40.10

7°. *Charpente.*

Deux sommiers de bois blanc de 0.42 mètre d'équarrissage; 32 mètres à fr. 6 . . . . fr. 192.00
4 traverses de 0.25 mètre, mesurant 16 mètres à 2.70. 43.20
8 montants de 0.25 mèt. en chêne, cubant 1.000 mèt.
8 contre-fiches de 0.20 0.15 long. 5.60 mèt. 0.168 »
8 plates de 0.40 0.18 long., 12 mètres. . 0.864 »

mètres cubes 2.052
à 85 fr. . . . . » 172.72
_____
fr. 407.92

Restent l'enceinte en planches ou en maçonnerie et la toiture.

8°. Belle-fleur.

Deux semelles de	. 12 mèt.	équarr.,	0.55—0.15	mèt. cub.	0.630	mètre.
Quatre montants.	. 14	»	0.25—0.25	»	0.875	»
Deux chapeaux .	. 8	»	0.25—0.20	»	0.400	»
Deux traverses .	. 5	»	0.20	»	0.200	»
Jambes de force .	. 8	»	id.	»	0.320	»
Contre-fiches. .	. 8	»	0.15—0.20	»	0.240	»
Supports des molettes	10	»	0.20—0.25	»	0.500	»

                                            3.165 mèt. c.

à 85 fr. . . . . fr. 269.02
2 molettes, y compris les ferrures, ... » 80.00

                                            fr. 349.02

9°. Main-d'œuvre pour la construction et le montage.

Arbre et tambour, journées de charpentier . .	45
Frein , construction et pose	7 1/2
Châssis conducteur	7
Bras de levier	5 1/2
Charpente	42
Belle-fleur	21

126

Journées 126 à fr. 2.40 . . . . fr. 302.40
Total du prix d'une machine à molettes . . . . fr. 1755.54

798. Conditions et prix de vente des machines à vapeur destinées à l'extraction.

Dans le tableau suivant , qui se rapporte aux machines belges , la force est exprimée en chevaux-vapeur effectifs , représentés par une charge de 75 kilog. élevée à un mètre de hauteur en une seconde. La pression de la vapeur dans les chaudières est de trois atmosphères.

Machines à balancier.

FORCE EXPRIMÉE EN CHEVAUX-VAPEUR.	COURSE DU PISTON.	DIAMÈTRE DU CYLINDRE.	VALEUR DE L'APPAREIL.
	Mètres.	Mètres.	Francs.
10	0.75	0.23	7,500 à 8,400
15	0.90	0.28	10,500 à 12,000
20 à 23	1.20	0.33	15,000 à 16,500
25 à 28	1.35	0.37	17,000 à 18,500
30 à 35	1.50	0.43	18,000 à 20,500
36 à 40	1.50	0.48	21,000 à 25,000
45 à 50	1.80	0.535	27,000 à 31,500

Les prix (1) cotés dans ce tableau se rapportent à des appareils complets, y compris les bobines, les molettes et les générateurs.

Les machines de 10 à 40 chevaux n'ont qu'une seule chaudière; celles de 45 à 50 en exigent deux. Un générateur de rechange coûte pour ces diverses forces :

	FORCE.	PRIX DU GÉNÉRATEUR.
Chevaux	10	Fr. 1,500 à 1,700
»	15	» 2,200 à 2,700
»	20 à 23	» 2,600 à 3,200
»	25 à 28	» 3,000 à 3,700
»	30 à 35	» 3,200 à 4,300
»	36 à 40	» 3,500 à 5,310
»	45 à 50	» 2,200 à 2,700

(1) Ce sont ceux des années 1845 et 1846. Actuellement , les mécaniciens, entraînés par la concurrence, consentent quelquefois à faire des sacrifices tellement anormaux qu'il est impossible d'établir les prix de ces moteurs d'une manière quelque peu régulière.

machines à cylindre horizontal.

FORCE EN CHEVAUX-VAPEUR.	COURSE DU PISTON.	DIAMÈTRE DU CYLINDRE.	VALEUR DE L'APPAREIL.
	Mètres.	Mètres.	Francs.
8	0.46	0.23	4,200 à 4,700
15	0.90	0.30	9,000 à 10,000
25	1.35	0.38	13,000 à 15,000
45 à 50	1.50	0.54	23,000 à 25,000

Les chaudières de rechange ont même valeur que ci-dessus.

Les machines à cylindre horizontal, installées avec leurs bobines sur un cadre en bois, afin de pouvoir les transporter d'un lieu dans un autre (fig. 9 et 11, pl. LI), coûtent :

Pour une force de 5 à 6 chevaux et une seule chaudière. . fr. 3,500
Pour une force de 6 à 8 chevaux. . . . . » 4,750
Prix d'une chaudière de rechange. . . . . » 900

Au moyen d'un appareil de la dernière espèce, il est possible d'extraire, en moyenne, 300 kilog. de minérai de la profondeur de 125 mètres en deux minutes, sans compter le temps de recueillir les vases d'extraction. La vapeur a une tension de quatre atmosphères.

L'exploitant doit, en outre, dépenser pour le cadre, les maçonneries, etc., une somme de fr. 1,439, distribuée comme suit :

Cadre et main-d'œuvre. . . . . fr. 134
Maçonnerie et fondations des générateurs. . . . . . » 520
Montage et menus frais. . . . . » 250
Cheminée en tôle. . . . . » 160
Barraque en murs d'une brique. . . . . » 375

fr. 1,439

Dans le département du Nord (1), une machine d'extraction de la force de 6 à 7 chevaux, munie d'une chaudière pour 8 chevaux et d'une cheminée en tôle de 4 à
5 mètres de hauteur, revenait en 1842 à 11,000 fr.,
plus la pose et les frais de transport, qui étaient au compte
de l'acheteur. Pour les dimensions plus grandes, le prix
de la machine était porté à 1,000 fr. par force de cheval.

799. *Des contrats relatifs aux machines d'extraction.*

Autrefois la quotité de travail exigé d'un moteur d'extraction était indiquée par la simple expression du nombre
de chevaux correspondant à l'effort requis; mais lorsqu'on
en venait à l'expérience, il survenait souvent des difficultés et même des procès relativement à l'appréciation
et à l'application de la force désignée de cette manière.
Depuis quelque temps, les exploitans ne tiennent compte que
de l'effet utile produit, abstraction faite de toute résistance
passive de quelque nature qu'elle soit; ils se bornent à
spécifier dans le contrat que la machine devra extraire
un poids de . . . de la profondeur de . . .
en un nombre donné de minutes. Mais comme il est rare
qu'un puits ait atteint la profondeur voulue au moment
de procéder aux expériences nécessaires à la constatation
de l'effet utile, c'est-à-dire à l'expiration de l'année de
garantie, il convient, pour que l'opération désignée par
le contrat soit possible, d'introduire quelque disposition
dans le contrat. Voici un procédé propre à éviter les
discussions.

Si, par exemple, l'exploitant a besoin d'une machine
qui, en douze heures, puisse extraire 2,500 hectolitres,

(1) *Annales des Mines*, 4e. série, tome 113, pages 336 et 342.

soit 125 vases de 20 hectolitres chacun, ou 1,800 kilog. d'une profondeur de 400 mètres, il établira les données suivantes :

Vitesse normale du vase, mètre 1.40 par seconde.

Durée de l'ascension, 4 minutes 45 secondes.

Temps destiné à recueillir les vases, 1 minute.

Durée totale pour les 125 traits, 11 heures 58 minutes 45 secondes, soit 12 heures.

Effet utile, 1,800 kilog. $\times$ 1.40 mètre $= 2,520$ kilogrammètres, ou environ 34 chevaux, qui, par précaution, sont majorés d'environ 1/6e et portés à 40 chevaux, ou 3,000 kilog. élevés à 1 mètre.

L'effet utile définitif devient donc :

2,142 kilog. $\times$ 1.40 mètre $= 2,998.8$ kilogrammètres.

Si, au moment où les expériences doivent avoir lieu, le puits n'a atteint qu'une profondeur de 200 mètres, c'est-à-dire la moitié de celle pour laquelle le moteur a été construit, celui-ci sera conforme aux conventions s'il extrait la même charge dans un temps moitié moindre, c'est-à-dire, s'il élève au jour les vases d'extraction en 2 minutes 22 1/2 secondes ; en réduisant toutefois le temps indiqué pour les recueillir à 30 secondes, afin de ne pas laisser au générateur plus de temps proportionnellement qu'il ne leur en est accordé pour créer de la vapeur.

Comme plus tard le câble, en s'allongeant, devient plus pesant, il est indispensable de tenir compte de cet excédant, en opérant de la manière suivante :

Soit H la profondeur pour laquelle le moteur a été construit; h, celle de l'avaleresse au moment des essais, et P le poids de la partie de câble qui devra être ajoutée, lorsque le puits atteindra sa profondeur totale.

Supposant cette dernière condition remplie, P est soulevé dans son intégrité au moment où la charge quitte l'accrochage ; son poids diminue à mesure que celle-ci s'élève et devient nul lorsque le vase arrive à la hauteur $H - h$. Donc $\dfrac{P}{2}$ exprime un poids dont l'action se fait sentir pendant toute la hauteur $H - h$ et qui nécessite l'emploi d'une force motrice égale à $(H - h)\,\dfrac{P}{2}$ kilogrammètres. Mais si cette force doit agir pendant toute la hauteur H, $(H - h)\,\dfrac{P}{2H}$, est le poids qu'il faut ajouter au contenu du vase d'extraction, comme compensation approximative de l'allongement ultérieur du câble.

Dans les conditions numériques énoncées ci-dessus, et en supposant une augmentation du poids de la corde égale à 1,200 kilog., on a $(400 - 200)\,\dfrac{1,200}{2 \times 400} = 300$ kilog. Ce poids, ajouté à celui du minerai, forme la charge que le moteur doit enlever plusieurs fois successivement, en 2 minutes 22 1/2 secondes, en laissant entre chaque trait un intervalle de 1/2 minute, pour que l'appareil remplisse les conditions voulues.

La quantité de combustible attribuée au moteur sera exprimée en bloc, par un nombre de kilogrammes consommés en une heure ; mais rien ne s'oppose à ce que cette quotité soit rapportée à l'unité de force : le cheval-vapeur, pourvu que cette dernière soit une fraction de l'effet utile et par conséquent se déduise des calculs ci-dessus.

Il est inutile de déterminer dans le contrat le nombre des générateurs ; l'énonciation portera simplement qu'ils seront en nombre suffisant pour la marche régulière de l'appareil. Mais il est souvent convenable de déterminer leur maximum de longueur.

Il suffira d'indiquer, quant aux manomètres et autres appareils de sûreté, la nécessité de se conformer aux arrêtés et règlements sur la matière.

L'exploitant peut faire insérer dans le contrat, que tout ce qui a rapport à l'appareil et tous les organes métalliques sont au compte du constructeur. Il peut ajouter que les coussinets et les grains seront en bronze; que les pièces tournées et polies dans les machines les mieux soignées le seront également dans le moteur à construire. Mais il doit se garder de stipuler la longueur de la course du piston, le rapport des engrenages ou la dimension des pièces; il prendrait ainsi une espèce de responsabilité qui déchargerait d'autant celle du mécanicien, auquel il doit d'ailleurs laisser toute latitude possible.

Enfin, il ne devra pas négliger de faire reconnaître au dernier la bonne nature des maçonneries, et, en certains cas, exiger de lui la surveillance de cette partie des constructions, afin d'éviter des contestations inévitables si quelque organe se déplace spontanément, circonstance dont le mécanicien se disculpe presque toujours en alléguant le tassement des fondations, comme étant la cause de l'accident.

C'est ici le cas de dire qu'en fait de machines motrices, il ne faut pas rechercher le bon marché; mais de bonnes combinaisons et une exécution parfaite. Le constructeur dont les appareils sont à vil prix cherche à réaliser des économies sur la matière et la main-d'œuvre; de là, des réparations incessantes qui, interrompant l'extraction, forment une valeur plus grande que la différence des prix, et suscitent à l'exploitant des désagréments et des procès. Il serait facile de citer de nombreux exemples pour prouver que souvent la machine la plus coûteuse est relativement aussi la plus économique.

800. Echelles des mines du Couchant de Mons.

Echelles en bois.

L'installation de ces objets, sur une hauteur verticale de 10 mètres, coûte :

Palier.

8.40 mètres de bois de chêne de 0.12-0.18 mètre
à fr. 1.50 . . . . fr. 12.60
29 mètres de latteaux en chêne à 2.75 fr. . . . . . . » 7.97
2 kilog. de clous à 0.40. . . . . » 0.80
Main-d'œuvre et pose. . . . . » 4.00

Echelles.

11.50 mètres d'échelles à fr. 2. . . . . » 25.00
8.40 bois de chêne pour supports, d'un équarrissage
de 0.12-0.18 mètre à fr. 1.50. . . . . » 12.60
Agraffes et autres ferrures. . . . . » 4.00
Pose des échelles, 1 fr. le mètre. . . . . » 11.50

fr. 76.47
Prix par mètre courant, environ, fr. 7.65

Echelles en fer.

. Le palier et les échelles contenus dans une hauteur verticale de 10 mètres reviennent à :

Palier.

35 kilogrammes de fer pour les quatre sommiers à fr. 34 . fr. 11.90
Le palier pesant 37 kilogrammes à 34 fr. . . . . . » 12.58
Main-d'œuvre du palier . . . . » 3 00
Pose et ajustement . . . . » 4.00

Échelles.

35 kilog. pour les supports d'échelles (*pilots*) à 34 fr. . . » 11.90
11.50 d'échelles à fr. 2.40 le mètre . . . . » 27.60
10 agrafes et écrous, 2 kilogrammes à fr. 1 . . . . . » 2.00
Pose des échelles . . . . » 13.80

fr. 86.78
Prix, par mètre courant, environ . . . fr. 8.68

Dimensions des fers employés.

Pilots pour supporter et attacher les échelles : fer rond de 0.028 mètre de diamètre.

Sommiers sur lesquels reposent les tringles du palier, 0.06 mètre d'épaisseur et 0.55 de largeur.

Tringles en fer fendu, section carrée de 0.01 mètre de côté.

Montants des échelles, 0.06 d'épaisseur et 0.55 mètre de largeur.

Échelons : fer rond de 0.015 de diamètre.

La distance qui sépare les tringles du palier est de 0.05 mètre.

801. *Pompes de la mine de Houssu.*

Cet appareil, déjà décrit (692), extrait les eaux d'une profondeur de 299 mètres au-dessous du niveau de la galerie d'écoulement.

Excavations latérales.

Les excavations pratiquées dans les parois du puits servent à recevoir les pièces d'assises et à loger les réservoirs. Les entailles ont été exécutées à forfait à un prix tel que la journée de 4 heures d'un ouvrier fut payée à raison de fr. 1.20, et celle des manœuvres au jour, fr. 1.

Entaillement de la roche . . . . fr. 630.00

Maçonnerie de ces excavations.

5,200 briques à fr. 7, y compris le transport	»	56.40
26 hectolitres de mortier à fr. 0.36	»	9.36
293 journées de maçons (4 heures) à fr. 1.10 . . .	»	322.30
203 id. de manœuvres appliqués au treuil . .	»	172.55

fr. 1,190.61

Assises des pompes.

Bois.

10 pièces de chêne, d'un équarrissage de 0.60 mètre, forment un cube de 13.680 mètres cubes, à fr. 160 . . fr. 2,188.80

27 semelles pour supporter les pièces d'assise (équarrissage, 0.20 mètre), 1,215 m³, ... » 421.50

Pose.

47 journées de monteurs, à fr. 3. . . . . » 141.00

94   id.   de mineurs à fr. 1.10. . . . . . . » 103.40

Transport et descente des pièces.

48 journées de manœuvres, à fr. 1. . . . . . . » 48.00

                                      fr. 2,602.70

Pompes.

Détail d'un jeu à piston plongeur :

Fonte.

Un fond de pompe.	kilog.	332
Un corps de pompe et une chapelle. .	»	1,386
Boîte à bourrage.	»	108
Seconde chapelle.	»	610
Deux portes de chapelles.	»	290
Un tuyau aspirateur	»	500
Un piston plongeur.	»	980

                     Total, kilog. 4,226

à 54 p. c. . . . . fr. 2,282.04

Colonne des tuyaux ascendants.

23 tuyaux de 2.80 mètres, divisés en trois séries :

Tuyaux supérieurs : épaisseur, 0.019 mètre ; poids, 400

   Id.   moyens   »   0.021   »   »   423

   Id.   inférieurs   »   0.023   »   »   450

Poids total . . . . kilog. 9.810

Un tuyau courbe. .   »   265

                 10.075 kilog. à fr. 26 p. c. fr. 2,619.50

Un déversoir en fonte. . . 156 kilog. à fr. 28. . »   58.08

                 Valeur des objets en fonte, fr. 4,959.62

Fers malléables et tôle.

8 boulons destinés à lier le fond de la pompe aux pièces
d'assise, 56 kilog. à fr. 0.60 . . . . fr. 33.60

6 id. pour fixer le corps de pompe sur le fond, kil.	9		
8 id. pour le corps de pompe. ·	»	12	
5 id. du tuyau aspirateur ·	»	5	
20 id. pour les portes de chapelles . . .	»	78	
		kilog. 104	

à fr. 0.75. . , ... fr. 78.00

Ferrures d'enfourchement du piston plongeur :

98 1/2 kilog. à fr. 1 . . . . fr. 98.50
7 boulons, 7 kilog. à fr. 0.75 . . . . »   5.25
5 boulons du déversoir , 7.50 kilog. à 0.75. . . . »   5.62
7 étriers pour fixer les tuyaux sur les bois de support, 7.50 kilog. à fr. 0.60 . . . . »   4.50
Un réservoir ou bâche en tôle , 258 kilog. à fr. 0.85 »   219.30
140 boulons de tuyaux ascendants , 130 kilog. à fr. 0.75 »   97.50
                                               fr. 542.27

Cuivre.

Un grand clapet . . . . . kilog. 30
Un idem plus petit. . . . » 23
                          kilog. 53 à fr. 3.50 fr. 185.50
25 couronnes pour les joints , pesant chacune 3 kilog. ,
69 kilog. à 4 fr. . . . . »   276.00
                                        fr. 461.50
Chaque jeu à piston plongeur revenant à . . . . fr. 5,943.39
les quatre ont coûté . . . . » 23,773.56

Jeu soulevant du fond.

Fonte.

13 tuyaux de 2.80 mètres et un de 2.20 , kilog. 5,760 à
26 fr. p. c. . . . . fr. 1,497.60
Un déversoir, 136 kilog. à 28 fr. . . . . »   38.08
2 tuyaux d'aspiration, 900 kilog. à 26 fr. . . . . . »   234.00
Un corps de pompe. . . . kilog. 725
Deux chapelles . . . . . » 680
Deux portes . . . . . . » 220
                  kilog. 1,625 à 54 p. c. . . »   877.50
                          A reporter , fr. 2,647.18

Report , fr. 2,647.18

Fer malléable.

90 boulons des tuyaux ascendants. . .	kilog.	83.7	
10 idem des tuyaux d'aspiration . .	»	10.0	
5 idem du déversoir	»	7.5	
16 idem du corps de pompes . . .	»	24.0	

kilog. 125.2 à 75 fr. 93.90

5 étriers , kilog. 5.50 à 0.60 fr. . . . . » 3.30

Tiges à section octogone assemblées à trait de Jupiter ; diamètre variable de 0.06 à 0.065 mètre.

6 tiges de 8 mètres, pesant 200 kilog. .	kilog.	1,200	
1 idem de 3.90.	»	107	

kilog. 1,307

à 0.75 fr. . . . . » 980.25

Cuivre.

Un clapet, pesant	kilog.	30	
Un idem , »	»	23	

kilog. 53 à fr. 3.50 » 185.50

19 couronnes pour les joints , kilog. 57 à fr. 4 . . » 228.00

Piston, fer kilog. 26 à 0.75 . . . . . fr. 19.50

Idem , cuivre kilog. 15 à fr. 4 . . . . » 60.00 » 79.50

fr. 4217.63

Pose des pompes.

157 1/2 journées de monteurs , à fr. 3 . . . . . fr. 472.50

504 idem de mineurs , à fr. 1.10 . . . . » 554.40

518 idem de manœuvre , à fr. 1 . . . . » 518.00

fr. 1124.90

Maîtresse tige, sapin et chêne.

6 pièces de chêne pour les châssis : longueur , 13.30 mètres ; équarrissage , 0.27 sur 0.36 mètre , cubant 7.757 mètres cubes , à fr. 250 . . . . fr. 1,939.25

Une idem : longueur 13.25 mètres , équarrissage 0.28 pour attacher à la tige du piston, 1.0388 mètre c. à fr. 160. » 166.20

Bois pour les clefs . . . . » 15.60

22 poutres de sapin du Nord , mesurant 275 mètres ; équarrissage, 0.32 sur 0.24 mètre , rendues sur place , à raison de fr. 7.55 le mètre. . . . . » 2,076.25

fr. 4,197.30

Armures.

1er. jeu en descendant du jour : 24 platines disposées 4 par 4, longueur, 4 mètres ; largeur, 0.13 ; épaisseur, 0.022, pesant, kilog. 2136.0

108 boulons . . . . » 280.8

8 étriers pour le châssis . . . . » 210.0

2e. jeu : 16 platines pour quatre assemblages, longueur, 4 mètres ; largeur, 0.12 mètre ; épaisseur, 0.02 mètre ; pesant. kilog. 1192.0

72 boulons . . . . » 187.2

8 étriers . . . . » 210.0

3e. jeu : 12 platines, 8 pour deux assemblages et 4 pour deux autres, longueur, 4 mètres ; largeur, 0.11 ; épaisseur, 0.02 ; poids. kilog. 822.0

54 boulons . . . . » 140.4

8 étriers . . . . » 210.0

4e. jeu : 8 platines pour 4 assemblages, longueur, 4 mètres ; largeur, 0.13 ; épaisseur, 0.022 . . . . kilog. 714

40 boulons . . . . » 104

Platines, 4,862 kilog. à fr. 34 . . . . fr. 1,653.08 ⎫
Boulons, 712.4 kilog. à fr. 70 . . . » 498.68 ⎬ fr. 2,624.26
Étriers, 630 kilog. à fr. 75 . . . . . » 472.50 ⎭

Main-d'œuvre de la maîtresse tige.

Équarrissage à la scie des pièces de sapin, 25 journées de deux ouvriers, à fr. 2.50 . . . . fr. 150.00

Dressage des pièces, assemblage, 114 idem . . . . » 285.00

Pose.

165 1/2 journées de monteurs, à fr. 3. . . . . . . » 496.50

331 idem de mineurs, à fr. 1.10. . . . . » 364.10

78 idem de manœuvres, à fr. 1. . . . . » 78.00

1,373.60

Pièces de retenue et bois de guide.

5 couples de pièces de retenue de 0.25 à 0.35 mètre d'équarrissage, cubant. . . . . mètres 1.443

20 semelles de 0.12 sur 0.28 mètre . . . . » 0.759

8 couples de bois de guide de 0.22 mètres. . . . » 2.274

33 pièces de 0.20 mètre d'équarrissage pour maintenir la colonne ascendante . . . . » 2.772

mètres cubes 7.228

fr. 100 . . . . fr. 722.80

Report , fr.   722.80

Pose de ces pièces.

70 journées de monteurs, à fr. 3.	»	210.00
145 idem de mineurs, à fr. 1.10.	»	159.50
87 idem de manœuvres, à fr. 1	»	87.00

fr. 1,179.50

Échelles verticales.

28 pièces pour paliers , 0.15 mètre. . mètres	1.4800
58 madriers, 0.6 sur 0.35 mètre . . »	2.172
Bois de support pour les échelles . . »	5.024

mètres cubes 6.676

à fr. 100 . . . . fr.	667.60
560 mètres de montants à 102 p. c. . . . . . »	571.20
2,595 échelons en bois à 25 p. c. . . . . . »	598.75
112 kilog. platines, vis, etc., à fr. 0.70 . . . . »	78.40
240 idém d'agraffes, à fr. 0.70 . . . . »	168.00
Main-d'œuvre du charpentier, 14 journées à fr. 2.50 . »	35.00
Pose , 247 journées de mineurs à fr. 1.10 . . . . »	271.70
131 journées de manœuvres à fr. 1 . . . . . . »	131.00

fr. 2,521.65

Balancier de contre-poids.

Flasques. . . . . kilog.	9,400
Entretoises . . . »	1,227
Tourillons . . . »	740
Crapaudines. . . . »	1,934
Paliers . . . . »	1.718
Chapeaux. . . . »	216

kilog. 15,235 à 36 fr. . . . fr.	5,484.60
Boulons et ferrures ; 250 kilog. à 0.70 fr. . . . . »	175.00
Coussinets en cuivre ; 66 kilog. à 4 fr. . . . . »	264.00
Contre-poids ; 20,380 kilog. à 18 p. c. . . . . »	3,668.40

fr. 9,592.00

Liaison de la maîtresse tige avec le balancier et la tige du piston.

2 clames et boulons en fer.	kilog.	429	
2 tringles pour attacher le balancier à la maîtresse tige. .	»	437	
2 clames et deux tourillons fixés à la maîtresse tige. . .	»	160	
2 longues barres et 4 tringles pour guider la maîtresse tige. .	»	315	

kilog. 1,361 à 0.75 fr.　fr.　1,020.75
Coussinets en cuivre ; 4 kilog. à 5 fr. . . . . . »　20.00

fr. 1,040.75

Constructions diverses.

Un *appareil* placé au 3e. jeu sert à fractionner la maîtresse tige et fait fonctionner à volonté les pompes inférieures :

4 tuyaux en fonte ou douilles ; 725 kilog. à 36 p. c. . fr. 270.72
2 tiges , boulons ; 692 kilog. à 80 fr. . . . . . . »　555.60

fr. 824.32

Modérateur de la décharge des eaux du réservoir intermédiaire :

Glissière en fonte ; 187.75 kilog. à 0.70 fr. . . . . fr. 131.43
Ferrures ; 17 kilog. à 2 fr. . . . . »　54.00
Cuivre ; 1.1 kilog. à 5 fr. . . . . *　5.50
Un tuyau en fonte ajusté ; 185 kilog. à 30 p. c. . . »　55.50
Manivelle et arbre ; 13 kilog. à 1.50 fr. . . . . . »　19.50
Douille en cuivre ; 1 kilog. 5 fr. . . . . *　5.00

fr. 250.93

Réservoir installé sur le sol de la galerie d'écoulement pour le jaugeage des eaux et pour fournir aux pompes d'alimentation :

Caisse en tôle.

870 kilog. tôles à 50 fr. p. c. . . . . fr.		435.00
75.5 kilog. de rivets en cuivre rouge à 4 fr. . . . »		306.00
12 kilog. minium à 0.80 fr. . . . . »		9.60
42 1/2 journées de chaudronniers à 3 fr. . . . . . »		127.50

Pièces accessoires.

2 gros tuyaux. . . kilog.	943		
2 idem à barettes. »	475		
2 bouche-trous . . »	80		
1 déversoir fixe . . »	269		
1 idem mobile . »	118		
kilog. 1,885 à 31 fr. . . . . »			583.75
45 boulons et un étrier; 39 kilog. à 1 fr. . . . . . »			39.00
1 trop-plein en tôle; 5.5 kilog. à 0.60. . . . . . »			3.30
1 robinet de décharge. . . . . »			45.00

Pose.

4 journées de monteurs . . . . »		6.00
8 idem de mineurs . . . . »		8.80
6 idem de manœuvres . . . . »		6.00
	fr.	1,569.93
Prix total des pompes et de leurs accessoires . . . fr.		58,085.44

802. Pompes à piston plongeur, d'une exploitation du Couchant de Mons.

Ces appareils, placés en répétition les uns sur les autres, sont au nombre de 10 ; leur hauteur est de 45 mètres ; le diamètre des tuyaux ascensionnels, de 0.36 mètre, et la course des pistons plongeurs de 2.40 mètres. Le jeu soulevant, dont le diamètre est le même, élève les eaux à une hauteur de 20 mètres ; il est suspendu à des tirants en fer ajustés au collet du tuyau aspirateur.

Le moteur est une machine de Watt, dont le piston fonctionne dans un cylindre de 2.15 de diamètre et fournit 5 à 5 1/2 excursions en une minute. La course est de 3.060 mètres, et la pression de la vapeur, d'une atmosphère.

Voici le détail de l'un des jeux foulants.

Bois.

Deux pièces d'assise en chêne de 4.50 de longueur
et 0.60 d'équarrissage; plus deux sommiers de retenue
de 4 mètres sur 0.25 et 0.50. Total, 4.24 mètres cubes
à 140 fr. . . . . fr.   595.60

Deux traverses de conduite en chêne 0.80 mètre sur
0.15 et 0.20 mètre, plus deux patins de retenue, de
1 mètre sur 0.50 et 0.25, à 100 fr. le mètre cube . . .   »   19.80

Maîtresse tige, 45 mètres, sapin de Riga, à 10 fr.
le mètre. . . . .   »   450.00

Madriers de conduite, 90 mètres à 0.30 fr. le mètre.   »   27.00

Bois de guidonnage et d'échelles, 95 mètres à fr. 1.   »   95.00

Lattes de hourdage, 100 mètres à 0.20 fr. . . . . .   »   20.00

Echelles, 55 mètres à 2 fr. le mètre. . . . . . .   »   110.00

Tuyaux (*Noches*) en bois, 50 mètres à fr. 1.25. . .   »   62.50

                                                    fr.   1377.90

Fonte de fer.

Siége du jeu. . . . . kilog. 1259
Une porte de siége . . . .   »   33
Corps de pompe. . . , ...   »   855
Tuyau d'aspiration. . . . .   »   647
Chapelle double. . . . .   »   2045
  Idem simple . . . .   »   1412
Deux portes de chapelles. . . . . . .   »   216
Onze tuyaux d'ascension de 5.65 mètres pesant
chacun 1176 kilog. . . . .   »   12936
Un idem de 1.98 mètre . . . .   »   622
Un T formant la tête du jeu . . . . .   »   275
Déversoir ou tuyau coudé. . . . . . .   »   170
Tuyau de trop plein de la bâche. . . .   »   30
Une potence (*Madrille*) . . . .   »   480

                                            kilog. 20978
à 28 fr. les 100 kilog. . . . .   fr. 5875.84
Piston et chapeau. . . . . kilog. 1597
Boîte à bourrage . . . .   »   494
Calfat de la boîte à bourrage. . . .   »   565
                                            kilog. 2456

Report , fr. 5,873.84
à fr. 38 p. c. . . . . »   933.28
Mortaise du chapeau du piston plongeur. . fr. 15 ⎞
Bouchon placé à l'extrémité du piston. . . . »   5 ⎬ »   35.00
Dressage du piston. . . . . »   15 ⎠

Total , fr. 6842.12

Fer battu.

Chaque joint d'assemblage des pièces de la maîtresse tige comprend :

Deux paires d'armures (*Clames*) . . . . 434 kilog.
Une paire de contre-armures . . . . . 114 »
568 kilog. à 42.50 p. c. . . . . fr.   241.40
Dix-huit boulons pour les armures . . . 82.5 »
et sept pour les contre-armures. . . . . 32 »
114.5 kilog. à 130 fr. p. c. . . . . fr.   148.85

Pour un joint d'assemblage. . . . . fr.   390.25
Une hauteur de 45 mètres comprenant trois joints et deux tiers, le prix de ces objets s'élève à . . . . fr. 1430.91
4 boulons des patins de retenue.   36 kilog.
12   id.   pour fixer la potence . 54 »
Une tige de piston. . . . . 130 »
2 clavettes pour la tige . . . 14 »
4 supports de portes de chapelles. 70 »
8 boulons de portes. . . . . 32 »
8   id.   pour lier le siége et les pièces d'assise . . . . 24 »

360 kilog. à fr. 1.30   fr.   468.00
8 boulons de calfat . . . 26 kilog.
8 pour la boîte à bourrage. . 10 »
8 pour le piston et son chapeau. 20 »
20 joints des tuyaux. 160 boulons. . . . . 210 »

266 kilog. à fr. 1.50   fr.   399.00

A reporter, fr. 2297.91

Report , fr. 2,297.91

Une bâche en tôle pesant 432 kilog. à 0.60 fr. . . .   »   259.20

Flottés pour les potences . . . kilog. 21
50 agrafes de canaux . . . . »   14
60 idem d'échelles. . . . . »   15
6 chevilles pour traverses de conduite »   2

                          kilog. 52 à 55 fr.   »   28.60
Clous de différentes espèces , 8.5 kilog. à 0.40 fr. . . »   3.40

                                        fr. 2,589.11

Soupapes , cuivre et plomb.

Deux soupapes de 160 kilog. 320 kilog. à 1 fr. . . . fr.   320.00
4 coussinets et 8 taquets en cuivre, 43 kilog. à 4 fr. . »   172.00
2 rondelles en cuivre pour calfat et boîte à bourrage ,
objets ajustés pesant 40 kilog. à 4 fr. . . . . »   160.00
Rondelles en plomb pour joints , 134 kilog. à 0.60 fr. »   80.40
Façon des rondelles. . . . . »   10.80

                                        fr.   743.20

Objets divers.

Minium , 10 kilog. à 0.68 fr. . . . . fr.   6.80
Céruse , 10 kilog. à 0.75 fr. . . . . »   7.50
Huile de lin , 2 kilog. à 0.70 fr. . . . . »   1.40
Mastic de fer , 100 kilog. à 0.15 fr. . . . . . . »   15.00
Chanvre , 4 kilog. à 1.15 fr. . . . . »   4.60
Tresses , 8 kilog. à 1.25 fr. . . . . »   10.00
Suif , 7 kilog. à 1.15 fr. . . . . »   8.05
Cuir pour les soupapes , 7 kilog. à 3.50 fr. . . . . »   24.50

                                        fr.   77.85

Main-d'œuvre.

Excavation pratiquée dans la roche pour loger les pièces
d'assise et la bâche ; 32 journées à 2.20 fr. . . . . . fr.   70.40
Pose et encastrement de ces pièces ; 3 journées à 2.20 fr. »   6.60
Montage des pompes ; 18 journées à 3.50 fr. . . . »   65.00
Installation du piston et de la boîte à bourrage ; 3 jour-
nées à 3.50 fr. . . . . »   10.50
Façon des pièces de la maîtresse tige. . . . . . . »   30.00
Ajustement de la potence (madrille) ; 3 journées à 3.50 fr. »   10.50

                          A reporter , fr.   191.00

Report , fr.   191.00

Installation de la maitresse tige 5 et 2/5 de pièces ;
6 journées à 3.50 fr. . . . .   »   21.00
Pose des sommiers de retenue ; 6 journées à 3.50 fr. .   »   21.00
Idem des patins de retenue ; 3 journées à 2.20 fr. . .   »   6.60
Pose des échelles ; 8 journées à 3.50 fr. . . . . .   »   28.00
Idem des canaux de déversement (*noches*) . . . . .   »   6.50

fr.   274.10

Récapitulation.

Bois . . . . fr.   1,377.90
Fonte de fer. . . . .   »   6,842.12
Fers battus . . . .   »   2,589.11
Cuivre et plomb . . . .   »   745.20
Objets divers . . . .   »   77.85
Main-d'œuvre . . . .   »   274.10

fr. 11.904.28

Prix de revient de la pompe soulevante du fond.

Pompe volante.

Tuyau aspirateur de 2.70 mètres, 730 kilog. à 0.28 fr. fr.   204.40
Corps de pompe de 3.60 mètres, 2,220 kilog. à 0.38 fr.   »   843.60
Cinq tuyaux d'ascension de 2.72 mètres, 5,275 kilog.
à 0.28 fr. . . . .   » 1,477.00
Deux siéges de soupapes 75 kilog. et deux pistons
creux 70 kilog. Total, 145 kilog. à 0.40 fr. . . . .   »   58.00
Six rondelles en fer, 3 kilog. à 0.80 fr. . . . . .   »   2.40
Chanvre , 3 kilog. à 1.15 fr. . . . .   »   3.45
Boulons de joints , 60 de 0.95 kil., soit 57 kil. à 1.50 fr.   »   85.50
Deux montures de clapets 75 kilog. et deux de pistons
150 kilog. Total, 225 kilog. à 1.25 fr. . . . . . .   »   281.25

Suspension du jeu.

Sommiers de retenue installés à la tête du jeu, 3.50
mètres , 0.60 sur 0.40. Mètre cube 1.68 à 140 fr. . . .   »   235.20
Bottes en bois. Mètre cube 0.12 à 100 fr. le mètre. . .   »   12.00
Deux vis de bottes, 20 kilog. à 1.30 fr. . . . . .   »   26.00
Quatre vis tirants, 257 kilog. à 1.30 fr. . . . . .   »   334.10
60 mètres de tirants, 480 kilog. à 0.75 fr. . . . .   »   360.00
Bottes en fer pour fixer les pompes à leur partie infé-
rieure , 167 kilog. à 1 fr. . . . .   »   167.00

A reporter , fr. 4069.90

Attirail et pièces accessoires.

Tige de piston (*tire-boute*), 18 mètres à 2.30 fr. .	»	41.40
Armures de la tige et boulons, 105 kilog. à 1 fr. .	»	105.00
Deux enfourchements avec boulons, 360 kil. à 1.30 fr.	»	538.00
Pièce de suspension de la tige (*mudrille*) et boulons,		
75 kilog. à 1.30 fr.	»	97.50
Échelles, 20 mètres à 2 fr.	»	40.00
Tuyaux de renvoi (*noches*), 20 mètres à 1.25 fr. . .	»	25.00
Montage et pose des appareils.	»	270.00

fr. 4,986.80

803. *Bâtiments nécessaires à l'exploitation des mines de houille.*

Les bâtiments des travaux de recherche , n'étant que provisoires , doivent être construits avec la plus grande modestie. La plupart du temps , ce seront de simples barraques en planches , couvertes en paille et faciles à démonter , puisque leur destination n'est autre que de mettre les ouvriers à l'abri des intempéries atmosphériques. Mais , lorsque les couches sont recoupées et en partie reconnues , lorsque l'exploitant sait à peu près ce qu'il peut attendre de leur exploitation , ou s'il se trouve sur un terrain dont la richesse minérale ne peut être mise en doute , il lui importe de construire tous les bâtiments nécessaires pour abriter convenablement chaque classe d'ouvriers et remiser les matériaux avec ordre. Comme aucune construction ne doit occuper des points où elle puisse ultérieurement entraver le service, il convient d'établir dès l'origine un plan général ayant égard aux diverses circonstances de l'exploitation. Ce plan , médité à l'avance et mûri à loisir , ne sera pas mis à exécution d'une manière simultanée , mais seulement par parcelles, au fur et à mesure des besoins, en laissant partout l'espace nécessaire pour établir

les voies et les constructions dont l'utilité future peut
être prévue.

De cet emmanchement régulier résulteront pour l'avenir
des communications commodes, une surveillance facile,
en un mot, le mineur obtiendra avec économie les dispositions les plus avantageuses; il évitera ces constructions
informes et incommodes dont les yeux sont si fréquemment offusqués, ces amas de bâtisses accumulées les
unes contre les autres, qui s'opposent la plupart du temps
à l'exécution des pensées les plus fructueuses, ces bâtiments intempestifs qu'il doit souvent abattre pour les
rétablir plus loin, et qui, malgré leur incommodité, ont
coûté la plupart du temps plus qu'aucune construction
régulière.

On doit le dire ici : ni la symétrie, ni le bon
ordre, ni même certaines dispositions architectoniques
en rapport avec la destination de l'objet n'en augmentent le prix ; loin de là, l'arrangement engendre la
clarté avec peu d'ouvertures; la symétrie est un gage de
solidité et de stabilité. Un bâtiment régulier peut recevoir dans l'avenir une destination utile, tandis que, de
petites constructions confusément entassées coûtent beaucoup et n'ont plus aucune valeur après l'épuisement des
travaux.

Il est inutile d'énumérer ici les bâtiments nécessaires
à une mine de houille. Leur grandeur et leur nombre
dépendent de l'importance de l'exploitation, et l'observateur trouve à ce sujet depuis la simple guérite du
Staffordshire (fig. 4, pl. LXXV), destinée à envelopper
exclusivement le cylindre de la machine d'extraction,
jusqu'aux édifices splendides, trop souvent exécutés sur
le continent pour satisfaire quelque vanité administra-
tive. Les deux extrêmes doivent être évités et il convient

de proportionner l'étendue des constructions à la durée probable de l'exploitation.

Les figures 1 , 2 et 3 de la planche LXXV représentent, en coupe, en élévation et en plan, le bâtiment construit sur le puits Élise de la mine de Guley, qui semble un modèle de simplicité , de convenance et d'économie. C'est un édifice isolé, dépendant de l'établissement central avec lequel il se relie à l'aide d'un chemin de fer.

A est l'orifice du puits ; B , la machine d'extraction ; *C* , les générateurs. *D, D, D* sont des locaux destinés , les uns aux ateliers du lampiste, aux bureaux de la vente du charbon ; les autres sont des salles où les ouvriers changent de vêtements , où les maîtres ouvriers tiennent leurs registres , etc. Il est bon d'observer que la cheminée, dont la hauteur est de 26 mètres au-dessus du sol, est très-suffisante pour déterminer un tirage convenable, et qu'il eut été inutile de l'élever davantage, puisque l'activité du foyer n'en aurait reçu aucun accroissement.

IIIe. SECTION.

MAIN-D'ŒUVRE. PERCEMENT ET REVÊTEMENT
DES ROCHES ENCAISSANTES.

804. *Méthodes employées pour la fixation des salaires dans les mines de houille.*

Les conditions principales tendant à régler les rapports des mineurs et des exploitants peuvent se diviser en deux catégories générales :

1°. Le travail *à la journée.*

2°. Le travail *à prix fait*, *à prix débattu*, *à tâche réglée*, ou *marchandé*, d'où résulte *une entreprise*, *un forfait*, *un marchandage.*

Le travail à la journée proprement dite, est le mode le plus désavantageux à employer dans les mines, parce que les ouvriers n'ayant aucun intérêt à travailler avec activité, diminuent pour la plupart la somme de leurs efforts dès que la surveillance vient à cesser. Cependant celle-ci ne peut s'exercer rigoureusement dans un milieu obscur et sur des hommes dispersés en une multitude de points ; aussi le travail à la journée n'est-il en usage que dans quelques cas exceptionnels, par exemple, dans les opérations dont le prix ne peut être établi à l'avance, à cause de l'incertitude où le mineur se trouve sur l'importance des difficultés qui peuvent se présenter ; dans les travaux de sondage, lorsqu'il ignore la nature du

terrain à traverser, lorsque les stratifications hétérogènes
se succèdent trop rapidement les unes aux autres pour qu'il
soit possible d'établir un prix débattu régulier ; enfin,
lorsqu'il s'agit de déterminer la dureté des roches et la
valeur d'un travail qui, ultérieurement, devra être mis
à l'entreprise. L'exploitant, dans ce dernier cas, emploie
des ouvriers éprouvés auxquels il peut accorder toute
confiance.

Le travail à la tâche consiste à allouer une certaine
somme, soit pour la totalité de l'opération, soit seulement quant à l'unité de longueur ou de volume. Ainsi,
par exemple, l'exécution complette d'un sondage, d'une
galerie à travers bancs, etc., peuvent être adjugés au
rabais moyennant le paiement d'une somme globale, ou
être l'objet d'un contrat stipulant un prix déterminé pour
chaque unité linéaire d'avancement. Le salaire relatif à
l'arrachement de la houille s'applique, soit à la surface
dépouillée, soit à l'unité de volume ou de poids du combustible abattu. Le transport est quelquefois l'objet d'une
entreprise générale ; mais, la plupart du temps, il s'exécute par parcelles et a pour base, quant à la fixation
du salaire, une quotité donnée de houille conduite à
une distance déterminée.

Le travail à tâche réglée est avantageux à l'exploitant
et à l'ouvrier. Pour le premier, les opérations sont simplifiées ; les ouvriers se surveillant mutuellement, le service
marche avec rapidité et le nombre des employés peut être
diminué ; enfin, il est facile de constater promptement
les profits ou les pertes d'un travail quelconque. Quant
au mineur, associé pour ainsi dire à l'entreprise et soli-
daire de sa réussite, il utilise toutes ses facultés corpo-
relles et mentales ; il cherche et trouve des méthodes
abréviatives, ne perd pas de temps, et, pouvant fréquem-

ment prolonger la durée du travail, il est à même de
réaliser des bénéfices bien supérieurs à ceux qu'il reti-
rerait du simple produit de sa journée. Aussi ce mode,
qui offre plusieurs variétés, est-il généralement admis
dans les mines de houille.

805. *Sondages à tige rigide.*

Sondage d'Aerteren (1).

Voici quelques détails sur les prix accordés vers la
fin de ce travail, exécuté de 1851 à 1857.

Jusqu'à une profondeur de 224 mètres, le forage s'est
fait à la journée, dont la durée était de 12 heures; les
prix étaient fixés à fr. 1.25 pour le maître sondeur et
0.83 pour les manœuvres. Arrivé à ce point, dans un
gypse très-compact, une expérience détermina la valeur
de l'unité linéaire d'avancement. Le forage d'essai eut
lieu sur une hauteur de 0.28 mètres, il exigea 409 1/2
journées de travail, ou 58 1/2 jours de six ouvriers et
d'un chef sondeur.

La somme des salaires s'étant élevée à . . . . . . fr.   409.25
Le mètre revenait à fr. . . . . »   49.42

1er. *Forfait.*

Le travail fut accordé au prix de fr. 47.80, y compris le redressage des tiges et l'éclairage de la barraque
pendant la nuit.

Les ouvriers, au nombre de sept, indépendamment de
leur chef, ont gagné, pour 12 mètres forés en 455 journées, une somme de 573.60 fr., répartie comme suit :

Au maître sondeur . . . . fr.   72.65
Aux ouvriers par journée . . . . »   4.40

(1) *Archiv Von Karsten.* Band XII. Seite III.

Le maître et les ouvriers travaillaient chacun 18 heures sur 24.

2°. *Prix fait.*

En 271 1/2 journées de travail le forage s'est enfoncé de 11.89 mètres ; le prix étant de 39 fr., il a produit par conséquent une somme de 463.71,

Sur laquelle le chef sondeur a reçu par jour . . . fr. 60.94
Et chaque ouvrier. . . . . » 1.55

3°. *Prix fait.*

10.80 mètres au prix de 44.80 fr. ont donné une somme de 483.84 fr. pour 368 journées.

Le chef sondeur a reçu. . . . . fr. 58.12
Et les manœuvres . . . . » 1.28

La diminution de salaire a été causée par l'adjonction d'un huitième sondeur pendant le cours du travail.

4°. *Prix fait.*

L'avancement de 18.20 mètres a donné une somme de 815.34. Le prix du mètre était donc de 44.81 fr. par mètre.

Le maître foreur a reçu. . . . . fr. 98.44
Et chacun des manœuvres, par journée. . . . . » 1.28

Le tableau suivant offre la récapitulation du nombre des mètres forés chaque année, de la valeur de la main-d'œuvre, des matériaux et du matériel.

Années.	Nombre de mètres		Dépenses.		
1831		42.68.	fr.		7315.02
1832	»	105.66	»	»	10936.81
1833	»	7.04	»	»	8894.70
1834	»	45.50	»	»	10269.74
1835	»	10.64	»	»	4547.04
1836	»	10.78	»	»	9705.07
1837	»	91.75	»	»	10319.12

Mètres. 313.85   fr. 61987.50

Ce qui porte le prix moyen du mètre courant à fr. 197.50

Forage exécuté aux salines de Kölschau (1).

Le taux des salaires pour un travail de 12 heures était fixé comme suit :

Le maître sondeur . . . . fr. 2.03
Ouvriers préposés au service du frein, ou occupés au vissage et au dévissage des tiges. . . . . » 1.09
Manœuvres. . . . . » 0.955

Les entrepreneurs ont reçu par mètre linéaire les sommes exprimées dans le tableau suivant.

Profondeurs. De 113 mètres à 140. Prix fr. 26.54
              140   »   174   »   » 53.18
              174   »   182   »   » 59.82
              182   »   188   »   » 45.14
              188   »   191   »   » 46.45
              191   »   212   »   » 47.80

Quoique ces prix fussent assez bas, les ouvriers gagnaient cependant de fr. 0.10 à 0.30 de plus que la valeur établie pour la journée.

806. *Sondage chinois, ou sondage à la corde.*

Un coup de sonde a été donné à travers les bancs de grès bigaré qui recouvrent la formation houillère de la mine de Sulzbach Duttweiler.

Profondeur du forage, mètres 51.40; diamètre du trou, 0.12 mètre. La durée de la journée était de 12 heures ; trois hommes ont travaillé pendant 50 jours, ce qui fait une moyenne d'avancement de mètre 1.028 ; l'effet maximum obtenu a été de mètres 2.09.

(1) *Karsten's Archiv.* Band I. Seite 408.

Dépense en main-d'œuvre . . . . fr. 212.88
Idem en réparations d'outils, etc. . . . . . » 40.95

fr. 253.83

Prix par mètre courant, fr. 4.94.

Matériel : Engin de sondage . . . . fr. 166.16
Id.   Outils, cuillères, cordes, etc. . . . » 404.48

fr. 570.64

Forage à grand diamètre (0.47 mètre), devant servir au retour du courant d'air dans l'atmosphère.

La profondeur au-dessous du sol de la couche Beust, qu'il s'agissait d'atteindre, est de mètres 75.24.

En 541 jours les foreurs ont fait 1,765 journées à fr. 1.50 fr. 2,647.50
Travaux de forge . . . . » 521.25
Réparations des courroies . . . . » 10.25

fr. 3,179.00

Ce qui porte le prix du mètre courant à fr. 43.40.

Comparaison entre les deux modes de sondage.

Mine Gerhard, près de Saarbrücken (1) : Une profondeur de mètres 31.38 a été atteinte en travaillant jour et nuit à la corde, pendant 76 jours, soit 76 journées de 12 heures à trois ouvriers.

Dépense : Main-d'œuvre . . . . fr. 284.94
Id.   Travaux de forge. . . . . » 67.56

fr. 552.50

Prix du mètre courant, fr. 11.24.

Prolongement du précédent forage, à l'aide de tiges rigides, sur une profondeur de mètres 13.94. Ce travail

(1) Expériences de M. SELLO, de Saarbrücken.

a été exécuté sans interruption pendant 42 jours et successivement par 4 , 5 et 6 ouvriers.

Main-d'œuvre, 459 journées de 12 heures à fr. 1.25.   fr. 548.75
Réparations d'outils . . . . »   55.15
                                            _____
                                            fr. 583.90

Valeur du mètre courant, fr. 41.88.

Cette dépense, quatre fois plus considérable que la précédente, n'a pas pour origine l'accroissement du poids de
l'appareil, puisque cet excédant n'ayant été que de 14 kil.
ne peut exercer aucune influence. La dureté des stratifications inférieures était d'ailleurs la même que celle des
bancs plus rapprochés de la surface du sol.

807. *Percement des puits et des galeries.*

Le prix accordé aux mineurs pour le creusement des
galeries et le fonçage des puits varie entre des limites fort
écartées suivant la nature des roches, leur texture,
leur dureté, leur qualité aquifère et la fréquence plus ou
moins grande des stratifications tendres qui en facilitent
l'abattage. Cette variation dépend aussi des considérations
relatives aux fournitures de poudre et d'éclairage ; si le
mineur doit y subvenir ou si elles restent au compte de
l'exploitant ; s'il est chargé ou non du boisage, des
opérations relatives à la conduite du courant d'air et du
transport des déblais à une distance plus ou moins grande.

Les ouvriers entrepreneurs d'un travail de ce genre
divisent la journée en un certain nombre de parties égales,
pendant lesquelles les diverses fractions de la brigade
travaillent alternativement. Ce sont des *postes* dont la
durée, de 12, 8 ou 6 heures, est quelquefois réduite à .
5 ou même 4 heures, si la grande abondance des eaux
fait craindre de compromettre la santé des ouvriers. Un

poste est composé de 2, 3 ou 4 mineurs, selon la grandeur de la cavité et le degré d'activité qu'il s'agit d'imprimer au percement. Tantôt ils sont astreints à travailler sans interruption et sans se reposer, même le dimanche et les jours de fête ; tantôt l'opération n'a lieu que de nuit et en dehors des heures affectées à l'exploitation de la houille.

808. Province de Liége. Mine de l'Espérance, à Seraing.

Puits Mérichamps.

Ce fonçage, partant d'une profondeur de 200 mètres jusqu'à 268 mètres, a été effectué à travers un terrain stratifié en droit et composé de schistes, excepté deux bancs de grès, formant une puissance de 20 mètres. Le puits, à section rectangulaire de 5.58 mètres sur 1.88 mètre, est divisé en trois compartiments : l'un, destiné à l'épuisement, et les deux autres à l'extraction.

Le prix était de fr. 90.65 par mètre courant, y compris la pose des cadres de revêtement, espacés d'environ 1 mètre d'axe en axe. L'huile et la poudre étaient au compte de l'établissement. Le travail s'effectuait en un seul poste de nuit, dont la durée était de 8 à 9 heures ; il était composé de dix ouvriers, dont deux chargeaient les déblais dans les vases d'extraction. L'avancement moyen ayant été de 11 à 12 mètres par mois, chaque ouvrier a gagné environ fr. 3.45.

Dépense d'un mètre courant.

Main-d'œuvre : creusement et boisage . . . . fr.	90.65
Poudre, 9.5 kilog. à fr. 1.50. . . . . »	14.25
Huile, ... »	2.50
A reporter, fr.	107.40

Report , fr. 107.40

Cadre : solives en chêne (*vernes*) d'un équarrissage
moyen de 0.24 — 21.20 mètres à fr. 2.60 . . . . »   55.12

Huit porteurs de 0.18 mètre , mesurant 8 mètres ,
à fr. 1.30 . . . . »   10.40

Filières ou lattes , de 0.15 mètre sur 0.03 ; 54 mètres,
à fr. 0.50 . . . . »   27.00

324 clous ou 8 kilogrammes à fr. 0.45 . . . . . . »   3.60

Façon du cadre et des accessoires , 1/2 journée . . »   1.25

Transport et chargement à l'orifice du puits. . . . »   1.50

fr.   206.27

Puits Inchamp.

Creusement sous stot , à partir de l'étage de 450 mètres
jusqu'à celui de 500 mètres. Ce puits , rectangulaire , a été
creusé suivant une section de 3.70 sur 2.95 mètres , afin
qu'après le revêtement en briques il restât une section elliptique de 3.10 sur 2.55 mètres. Le terrain traversé , composé de schistes et d'environ 10 mètres de grès , était assez
solide pour se soutenir de lui-même pendant le fonçage.

Le prix du mètre linéaire d'avancement était de 60 fr.
dans les schistes et 120 fr. dans les grès , l'établissement
étant chargé de la fourniture d'huile et de poudre , et de
l'extraction des déblais. Les ouvriers , au nombre de huit ,
étaient divisés en deux postes , travaillant chacun 10 à
11 heures par jour. Comme la moyenne du creusement
a été de 15 mètres par mois , chaque mineur a gagné
fr. 3.75 par jour.

Le revêtement en maçonnerie , composé d'un mur de
une ou une brique et demie d'épaisseur , a été adjugé à
10 fr. le mètre courant. Les matériaux étaient rendus à la
chambre d'accrochage inférieure , d'où les entrepreneurs
les transportaient au-dessous du stot.

Galerie à travers bancs.

Une *bacnure*, ou *tranche*, a été exécutée au puits In-
champs sur une longueur de 500 mètres, afin de recouper
les dressants de Déliée-Veine, Dure-Veine, Grande-Veine
et Mal-Garnie. Largeur, mètres 2.65 ; hauteur, mètr. 2.05.
Elle n'a aucun revêtement, le terrain se soutenant de lui-
même ; le sol en a reçu une double voie pour suffire à
l'activité des transports.

Le prix fait du creusement était de 22 fr. le mètre
courant dans les schistes et le double dans les grès. Deux
postes de deux ouvriers, travaillant 10 à 11 heures, ont
avancé 21 à 25 mètres par mois et ont gagné chacun
environ fr. 2.75 par jour. La galerie dirigée du nord au
sud marchait en pied, c'est-à-dire que le plan des stratifications et celui du sol de l'excavation formaient un angle
aigu, circonstance regardée dans la localité comme assez
avantageuse pour nécessiter une différence de 5 à 6 fr. par
mètre en moins que dans les autres directions.

Le transport des déblais se faisait par chemin de fer
jusqu'au puits où ils étaient élevés au jour ; le prix en était
fixé à 7 fr. par mètre d'avancement, pour les 80 premiers
mètres ; à 10 fr., de 80 à 150 mètres, et en augmentant de
la même manière à mesure que la distance s'accroissait
de 70 mètres.

809. *Percement des roches encaissantes à la mine du Val-Benoit.*

Puits du Val-Benoit.

La galerie à travers bancs (*Bacnure*) dont il s'agit a
une hauteur de 1.80 mètre et autant de largeur. Six
ouvriers, formant trois postes en 24 heures, ont percé
les stratifications suivantes en 28 jours de travail. La

poudre était au compte de l'entreprise, mais l'éclairage incombait à l'exploitant.

```
Demi grès, mètres  5  à fr.  57.50  fr. 187.50 poudre.
Grès. . .      »   6  à  »   50.00   »  500.00    »
Schistes. .    »   8  à  »   25.00   »  200.00    »
                  ‾‾19               fr. 687.50    »
A déduire 70 kilog. de poudre à fr. 1.50  105.00  »
                                    fr. 582.50    »
```

Le prix de la journée a été de 3.46 fr. ; l'avancement moyen en 24 heures d'environ 0.67 mètre et la dépense en poudre dans le même temps de 2.47 kilog.

Puits du grand bac.

L'excavation, dont le sol est destiné à recevoir une double voie, a une largeur de 2.90 mètres, et une hauteur de 2 mètres. 12 ouvriers, divisés par postes de 8 heures, ont travaillé 60 jours pleins pour percer les roches suivantes :

SCHISTES.	GRÈS.	POUDRE.	FUSÉES.
mèt. 5.35	8.65	kil. 60	mèt. 2.20
» 6	8.50	» 72	» 2.40
» 11	3.50	» 74	» 2.40
mèt. 22.35	20.65	kil. 206	mèt. 7.00

```
Schistes, 22.35 à fr. 42.50. . . . . . . . . fr.  949.87
Grès,     20.65 à  »  85.00. . . . . . . . .  »  1755.25
                                   somme,  ‾‾2705.12
A déduire pour poudre et fusées. . . . . . . fr.  579.00
                                   reste, fr. 2326.12
Salaire de l'ouvrier pour un travail de 8 heures. . fr. 3.23
Avancement par 24 heures. . . . . . . . . mèt. 0.71
Consommation de poudre dans le même temps. . . kilog. 3.43
```

Dépense par mètre courant.

```
Salaire, 16 3/4 journées à fr. 3.23. . . . . . fr. 54.10
Poudre, 4.79 kilog. à fr. 1.50 . . . . . . . .  »   7.18
Mèches de sûreté, 16.28 mètre à fr. 0.10. . . . »   1.63
Huile, 0.08 fr. par journée d'ouvrier. . . . .  »   1.34
                                        fr. ‾‾64.25
```

810. *Bassin de Charleroi.*

Creusement des puits.

Si le fonçage des puits doit marcher avec activité , neuf mineurs sont divisés en trois postes ou *pauses.* Ils travaillent alternativement six heures et se reposent pendant le double de ce temps. L'un d'eux est exclusivement occupé à charger les déblais dans les vases d'extraction. Le fonçage est , dans ces circonstances, de 14 à 16 mètres par mois, dans les schistes, et seulement de 8 à 9 mètres dans les grès.

Si le percement n'est pas d'une grande urgence , il est plus avantageux de n'occuper que six ouvriers qui , se succédant deux à deux et périodiquement comme ci-dessus , font 12 à 14 mètres dans les stratifications schisteuses, et 6 à 8 mètres dans les grès.

Le prix du mètre linéaire de fonçage d'un puits circulaire de 2.65 mètres de diamètre est compris entre 70 et 90 fr. Lorsqu'il s'agit de puits de 2.95 mètres de diamètre , il s'élève à 125 et 125 fr.

Percement des galeries à travers bancs.

Si l'exploitant désire qu'il soit poussé activement , les mineurs, au nombre de six, forment trois postes, dont l'avancement mensuel est de 30 mètres dans les schistes et seulement les deux tiers ou même la moitié dans les grès. Dans le cas contraire , il se contente de quatre ouvriers , divisés en deux postes de 10 à 11 heures chacun , et l'avancement n'est plus alors que de 24 mètres courants. Le premier mode est plus coûteux que le second , parce que les mineurs , travaillant pendant un espace de temps plus court , font entrer en ligne de compte la somme totale qu'ils reçoivent au bout de la journée et exigent par conséquent une majoration de prix.

La valeur du percement des galeries à travers bancs ,

de 1.80 mètre de hauteur sur autant de largeur, varie entre 19 et 28 fr. le mètre linéaire, et la moitié en plus dans les grès ; mais cette proportion n'est pas exacte, car le salaire baisse sensiblement dans l'attaque de ces dernières stratifications.

La poudre est toujours au compte de l'entrepreneur. La consommation s'élève, en moyenne, à 25 kilog. pour un avancement de 12 à 14 mètres dans les schistes, et le double dans les grès.

Les travaux de ce genre sont ordinairement suspendus le samedi à minuit et recommencent dans la nuit du samedi au dimanche.

Dans le district de Charleroi, de même qu'en Allemagne, les trous de mine sont forés par un seul ouvrier, tenant le fleuret de la main gauche et le marteau de la droite. Dans le fonçage des puits, chaque mineur peut exécuter huit mines en six heures de travail, les charger, les bourrer, les amorcer et les faire partir, sans négliger les autres travaux accessoires. Mais le même nombre de trous, forés dans les galeries à travers bancs, exige huit heures de travail.

811. *Fonçage des puits dans les mines du Centre (Hainaut).*

Puits n°. 4 de la mine de Houssu.

Cette excavation a été percée à travers les stratifications tertiaires de recouvrement, et la partie supérieure du terrain houiller composée de schistes délités et désagrégés par le contact des eaux. La section du puits est un rectangle de 4.20 mètres sur 2.10 mètres.

Creusement.

Les 18 premiers mètres ont été exécutés à la journée, en deux semaines, par douze avaleurs, divisés par postes de quatre hommes se relayant de 4 en 4 heures.

336 journées de 4 heures à fr. 1.10 . . . . fr. 569.60
Huile ; 14 kilog. à 0.84 fr. . . . . »   11.76

L'extraction des déblais se faisait à l'aide de deux treuils simples, mis en mouvement chacun par deux femmes ; un manœuvre recueillait les seaux et conduisait les déblais au dehors de la barraque.

224 journées de femmes, à 0.60 fr. . . . . » 154.40
112 idem   de manœuvres, à 0.90 fr. . . . . . . » 100.80
                                           fr. 616.56

Le fonçage plus difficile des 26 mètres suivants a été payé à raison de 39 fr. le mètre courant, y compris l'extraction des déblais, l'éclairage, etc.

La somme reçue par les mineurs après 50 jours de travail a été de fr. 1,014.

L'extraction des déblais, qui a eu lieu au moyen d'un treuil desservi par deux femmes et deux hommes, leur a coûté :

240 journées de manœuvres, à 0.90 fr. . . . . . fr. 216.00
240 idem   de femmes, à 0.60 fr. . . . . » 144.00
21.6 kilog. d'huile, à 0.84 fr. . . . . » 18.15
                                           fr. 378.15

Il est donc resté, pour les avaleurs, fr. 635.85, ou 2.55 par journée de 8 heures ; mais ils n'étaient plus que trois à chaque poste et s'astreignaient à un travail plus pénible.

Prix du mètre courant de la première reprise fr. 54.25
Idem de la seconde. . . . . » 39.00
Prix moyen . . . . » 37.05

L'enfoncement a été par jour de 1 mètre.

Boisage provisoire.

Cadres en bois de hêtre espacés de 0.40 mètre d'axe en axe et formés de pièces de 0.18 sur 0.21 mètre d'équarrissage. Ils comprennent deux pièces de 4.10 et trois de 2.05 mètres.

Total, 14.35 mètres à fr. 1.12. . . . . fr.	16.07
Main-d'œuvre du charpentier. . . . . »	1.52
fr.	17.59

Ces cadres, pouvant en moyenne servir huit fois, occasionnent une dépense de. . . . . fr. 2.20

12 porteurs mesurant 4.80 mètres, à 0.27 fr. . . . »	1.30
50 clous pesant 2 kilog. à 0.60 fr. . . . . »	1.20
80 menus bois de reliement, à 2 fr. le cent .. . . . . ▸	1.60
fr.	6.30

110 cadres à fr. 6.30 . . . . fr. 693.00

Les *filières*, *lattes* ou *coulants* sont en hêtre : longueur, 2.80, à 3.60 mètres ; largeur, 0.11 mètre ; épaisseur, 0.022.

1,760 mètres courants à fr. 13.65 p. c. fr.	240.24
115 kilog. de clous à 0.50 fr. . . . . . »	57.50
fr.	297.74

Ces objets, pouvant servir deux fois, sont évalués à . . . . fr. 148.87

Prix total du revêtement provisoire, fr. 841.87 et par mètre courant, fr. 19.13.

Revêtement définitif en briques.

Il se compose de deux murailles circulaires formant deux compartiments de 1.70 mètre de diamètre, juxtaposés et séparés par une paroi de 0.56 mètre.

Main-d'œuvre de la première reprise exécutée en 10 jours par douze maçons et mineurs travaillant par postes de quatre heures. Les matériaux ont été avalés par quatre manœuvres et huit femmes :

Main-d'œuvre	fr.	432.00
Éclairage.	»	8.00
	fr.	440.00
Main-d'œuvre de la seconde reprise (17 jours) . .	»	652.80
Éclairage	»	13.70
	fr.	666.50

La moyenne du muraillement par jour a été de mètre 1.62. Prix du mètre courant de la première reprise, fr. 24.44. Idem de la seconde . . fr. 25.63.

Matériaux du muraillement.

110,000 briques à fr. 6.50, y compris le transport à l'orifice du puits	fr.	715.00
ce qui donne 2,500 briques par mètre courant.		
770 hectolitres de mortier, à fr. 0.40	»	308.00
Deux cadres en chêne pour servir d'assise à la maçonnerie, 2 pièces de mètres 4.70		
3 id. » 2.35; volume, mètre 1.480		
8 quarts de cercle, cubant . . . . . » 0.445		
mètre cube 1.925		
à 75 fr. y compris le sciage . . . . . . fr. 144.37		
Main-d'œuvre . . . . » 2.50		
fr. 146.87		
Et pour deux cadres	fr.	293.74
Rigoles ou gargouilles, cubant 0.36 l'une à fr. 75, fr. 27		
Main-d'œuvre . . . . » 4		
fr. 31		
Pour trois rigoles	fr.	93.00
	fr.	1409.74

Prix des matériaux par mètre courant, fr. 32.04.

Récapitulation des dépenses faites pour un mètre linéaire.

1°. Fonçage . . . . fr. 57.03
2°. Boisage provisoire . . . . » 19.15
5°. Revêtement en briques . . . . » 25.03
4°. Matériaux . . . . » 52.04

Total , fr. 113.25

Puits N°. 2 de la mine de Houssu.

Fonçage à travers des terrains schisteux de moyenne consistance.

. Dimensions de l'excavation : rectangle de mètres 5.50 sur 2.90 ; le vide elliptique intérieur, après le revêtement en briques, doit être de mètres 2.95 sur 2.35.

Creusement.

Le fonçage sur une hauteur de 114 mètres et la pose du boisage provisoire ont été l'objet d'un travail non interrompu de 261 jours. Les mineurs, au nombre de 2 ou 3 par poste, ont employé 2,088 journées de huit heures.

Le prix fait ayant été de 45 fr. le mètre courant, l'entrepreneur a reçu . . . . fr. 5,130.00
dont il faut déduire 141.12 kilog. d'huile, à

fr. 0.84 . . . . . . fr. 118.54 ⎫
et 112.50 de poudre, à fr. 1.40 » 157.50 ⎬ 276.04
⎭

Reste, pour les avaleurs, la somme de fr. 4,855.96
Chacun d'eux a gagné par journée de 8 heures fr. 2.32.

La machine d'extraction était chargée de l'enlèvement des déblais et des eaux. Huit ouvriers recueillaient les vases sur la margelle du puits ; ils étaient divisés par postes de deux hommes, se relayant de 6 en 6 heures ; le nombre des journées effectuées a été de 1,568 à fr. 0.90 , soit fr. 1,411.20.

Prix de la main-d'œuvre par mètre courant, fr. 45 ; plus fr. 12.38, soit fr. 57.38.

Boisage provisoire.

Chaque cadre valant fr. 14.40 et pouvant être employé huit fois, terme moyen, coûte . . . . . fr.	1.80
8 porteurs, mètres 7.20, à fr. 28 . . . »	2.02
Clous, 1.4 kilog., à fr. 0.60 . . . . . »	0.84
Menus bois . . . . »	1.68
fr.	6.34

163 cadres à fr. 6.34 . . . . fr.	1033.42
3,420 mètres de lattes ou filières à 13.65 p. c. fr.	466.83
128 kilogrammes de clous à fr. 0.50 . . »	64.00
fr.	520.83
Dont la demi valeur est . . . . »	265.41
fr.	1,298.85

Prix du mètre courant de boisage provisoire, fr. 11.39.

Revêtement en briques, exécuté à la journée.

2,200 briques trapézoïdales par mètre courant, soit en totalité 250,800 briques, à 7 fr., y compris le transport . fr.	1,755.60
1,750 hectolitres de mortier, à fr. 0.40. . . . . »	700.00
4 cadres d'assise pour les quatre reprises du muraillement, à 130 fr. . . . . »	520.00
5 gargouilles, à 30 fr. . . . . »	150.00
Façon des cadres porteurs et des gargouilles . . . »	50.00
La main-d'œuvre a exigé 81 jours de travail ; chaque poste, de 8 heures, étant composé de deux maçons et d'un manœuvre :	
729 journées de huit heures, à fr. 2 20 . . . . . »	1603.80
Éclairage : 60 kilog., à 0.84 fr. . . . . »	50.40
81 journées de 8 ouvriers placés à l'orifice du puits pour avaler les matériaux. 648 journées, à fr. 0.90. . . . »	583.20
fr.	5393.00
Prix du mètre courant de muraillement . . . . . fr.	47.30

Récapitulation.

Fonçage et extraction des déblais . . . . fr.	57.38
Boisage provisoire. . . . . »	11.39
Maçonnerie du revêtement. . . . . . . »	47.30
fr.	116.07

813. *Percement des galeries à travers bancs et des chambres d'accrochage (Centre).*

Mine de Houssu.

1°. Une galerie · à · travers bancs (*bouveau*), dont la section était un carré de '2.05 mètres de côté , a été creusée par postes de deux ouvriers travaillant huit heures. Ils recevaient ·20 fr. par mètre d'avancement linéaire, et faisaient 9 mètres en douze jours; en sorte que chacun d'eux recevait fr. 2.50 par journée, sur laquelle ils devaient prélever l'éclairage et la poudre. — Avancement journalier , mètre 0.75.

2°. Autre galerie dont les dimensions étaient : Largeur, 3.08 mètres; hauteur, 2.05 mètres.

Les ouvriers, disposés comme ci-dessus, recevaient 28 fr. par mètre courant, y compris le transport des déblais jusqu'à 100 mètres de distance. Comme les six ouvriers ont fait 8 mètres en douze jours, chacun d'eux a gagné fr. 3.11., sur lesquels il a dû, outre l'éclairage et la poudre, payer le transport des déblais.

Mine de Sart-Longchamps et Boury.

3°. Galerie destinée à recouper la couche dite *Joligay*. Dimensions : Hauteur, 1.30 mètre : largeur, 1.80 mèt.

Elle a été adjugée au prix de 30 fr. le mètre courant dans les schistes, et de 40 fr. dans les grès; l'entrepreneur était chargé du boisage, du transport des déblais à une distance de 150 mètres, de la construction de la voie en fer, et de l'éclairage; la poudre restait au compte de l'établissement.

En 145 jours de travail, il a été percé 66 mètres de

schistes et 14 mètres de grès stratifiés alternativement. Les mineurs, au nombre de six, travaillant huit heures par postes de deux hommes, ont fait 870 journées, pour lesquelles ils ont reçu 2,540 fr.

Après déduction d'une somme de 696 fr. pour l'huile consommée et le transport des déblais, il s'est trouvé que chaque ouvrier excaveur a gagné fr. 2.12 par jour. L'avancement journalier a été de mètre 0.55.

4°. Autre galerie de 1.30 mètre de hauteur et 1.80 mètre de largeur, mesurée entre les bois.

Les conditions étant les mêmes que ci-dessus, les déblais devaient être conduits à une distance moyenne de 350 mètres.

En 162 jours de travail, six ouvriers ont percé 35 mètres de grès et 52 mètres de schistes ; les premières stratifications étant payées à raison de 50 fr. le mètre, et les secondes de 25 fr., les ouvriers ont reçu fr. 3,050, ce qui porte le prix de la journée à fr. 3.13, dont il faut déduire environ fr. 1 pour l'huile, le transport des déblais, etc. — Avancement journalier, mètre 0.53.

Chambres d'accrochage.

La voûte, dans sa partie en contact avec les parois du puits, est de forme conique ; la hauteur de la clef au-dessus du sol est de 5 mètres ; mais elle s'abaisse peu à peu et n'a plus que 2 mètres à la partie postérieure de l'excavation. La largeur est de 3 mètres dans œuvre.

Ce travail, entrepris pour une somme globale de 240 fr., a exigé 11 1/2 jours, chaque poste étant formé de deux ouvriers excaveurs et d'un chargeur. Le prix moyen de la journée de huit heures a été de fr. 2.32, y compris la fourniture de la poudre et de l'huile.

813. *Boisage et muraillement des galeries.*

Le terrain houiller de cette localité offre une grande facilité aux percements; ceux-ci sont alors peu coûteux; mais les parois des excavations dénuées de solidité forcent le mineur à recourir à des moyens de soutenement fort énergiques.

Boisage.

Dans les terrains peu consistants, des portes sont installées à une distance de 0.40 mètre d'axe en axe. Comme deux ouvriers peuvent placer dix portes en une journée, quatre mètres courants de galerie boisée donnent lieu aux dépenses suivantes :

	CHÊNE.	BOIS BLANC.
2 ouvriers, à 1.10 . . .	fr. 2.20	fr. 2.20
Huile	» 0.08	» 0.08
10 portes	» 3.12	» 4.00
	fr. 5.40	fr. 6.28

Sous-détail d'une porte.

Chêne : 2 montants de mètre 1.80 de longueur et 0.10 à 0.20 mètre d'équarrissage ; un chapeau, mètres 2.10 , ... fr. 2.75 à 3.50

Bois blanc et autres essences analogues, y compris les petits bois de reliement , ... fr. 1.50 à 2.50

Muraillement.

Le boisage étant d'un entretien quelquefois fort coûteux, il est souvent plus avantageux d'avoir recours aux maçonneries, quoique leur prix de premier établissement soit plus élevé. Les pieds-droits, construits en briques, sont surmontés d'un blindage ou d'une voûte en maçonnerie.

Pieds-droits et blindage.

Dimensions dans œuvre : Hauteur, 1.80 mètre; largeur, 1.35 mètre; épaisseur des pieds-droits, 0.34 à 0.40 mèt.

Main-d'œuvre : En supposant que le point où s'exécute le travail soit à une distance moyenne de 200 mètres de la chambre d'accrochage, un poste de huit heures réclame :

2 mineurs maçons et un manœuvre, à fr. 2.20 . . . fr.	6.60
Des rouleurs . . . . »	1.60
	fr. 8.20

Et comme, dans cet espace de temps, l'avancement est de mètre 1.50, le mètre courant revient à fr. 5.46.

Ces travaux sont fréquemment adjugés à fr. 4.50, fr. 5.00 et 6.00, suivant la distance du transport des matériaux.

Matériaux par mètre courant :

650 briques, à 6.50 fr. p. m. . . . . fr.	4.22
Mortier, 4.5 hectolitres, à 0.40 fr. . . . . »	1.80
Trois chapeaux de blindage, à 1.10 fr. . . . . . . »	3.30
	fr. 9.32

Prix total par mètre : 5.46 + 9.32 = 14.78 fr.

Revêtement avec voûte en plein cintre.

La section de la galerie et l'épaisseur des pieds droits sont les mêmes que ci-dessus. La voûte est composée de deux rouleaux, chacun de l'épaisseur d'une demi-brique.

Main-d'œuvre, accordée à prix fait. . . . . fr.	6.50
780 briques, à 6.50 fr. . . . . »	5.07
5 1/2 hectolitres de mortier, à 0.40 fr. . . . . . . »	2.20
	fr. 13.77

Muraillement en voûte d'une galerie à double voie.

Hauteur, 1.80 mètre; largeur, 2 mètres; épaisseur des pieds droits, 0.48 mètre.

Main-d'œuvre et transport. . . . . fr. 7.50
1,200 briques, à 6.50 fr. le mille . . . . » 7.80
8 hectolitres de mortier . . . . » 3.20
                                                    ────────
                                                    fr. 18.50

814. *Levant du Flénu. Couchant de Mons.*

Fonçage du puits n°. 19.

Ce travail, commencé au mur de la couche *Jouguelleresse*, a été poussé jusqu'à celui de *Bonnet*, c'est-à-dire sur une hauteur de 19 mètres.

Section elliptique de 4.35 mètres sur 2.30, d'où résultent, après l'exécution du revêtement en briques, deux puits juxtaposés et circulaires de 1.75 mètre.

Six ouvriers travaillaient par postes de deux hommes; ils étaient chargés de l'éclairage, de la fourniture de poudre et de l'extraction des déblais (*tourtage*) à l'aide d'un treuil (*tourteau*), pour lequel ils employaient 3 manœuvres.

STRATIFICATIONS TRAVERSÉES.	PRIX PAR MÈTRE.	SOMME REÇUE.
Schistes. . métrés 3.40	fr. 115.00	fr. 391.00
Grès. . . » 6.90	» 142.50	» 983.25
Schistes. . » 5.50	» 115.00	» 579.50
Idem. . . » 5.40	» 150.00	» 810.00
		────────
mètres 19.00		fr. 2,563.75

Prix moyen du mètre d'avancement, fr. 134.93.

Les derniers bancs de schistes ont subi une majoration de 35 fr., parce qu'en ce point le puits a été élargi, afin d'établir l'accrochage.

Revêtement en maçonnerie sur une hauteur de 19.60 mètre.

Matériaux.

46,000 briques, à 9 fr. . . . . fr. 414.00
24 mètres cubes de chaux, à 4.50 fr. . . . . . . » 108.00
34 mètres cubes de cendres, à 0.75 fr. . . . . . »   25.50
                                                    ────────
                                                    fr. 547.50

Soit par mètre courant . . . . fr. 27.90
Main-d'œuvre; prix fait . . . . . . » 38.00

fr. 65.90

Percement d'une galerie à travers bancs au puits n°. 15
de la même mine.

Section. Hauteur, 1.80 mètre; largeur, 2 mètres. Dans les prix ci-dessous indiqués sont compris : l'éclairage, la poudre, le transport des déblais et leur chargement dans les vases d'extraction.

TERRAINS TRAVERSÉS.		PRIX PAR MÈTRE.	SOMMES.
Schistes. , mètres	11.50	fr. 21.50	fr. 247 25
Grès. . . »	3.50	» 25.00	» 87.50
Idem . . »	13.00	» 30.00	» 390.00
Idem . . »	2.00	» 39.90	» 79.80
Idem , , »	10.40	» 35.00	» 364.00
Idem, fort durs »	1.20	» 70.00	» 84.00
Idem . . »	27.65	» 64.00	» 1,769.60
Grès. . . »	28.50	» 55.00	» 997.50
mètres 97.75			fr. 4,019.65

Ce travail a été exécuté en 208 journées, par six mineurs divisés en trois postes de deux hommes; ils s'adjoignaient des rouleurs pour conduire les déblais à la chambre d'accrochage. La journée de ces derniers étant au compte des entrepreneurs, ceux-ci ont dépensé 624 fr. de ce fait; reste donc une somme de 3,395.65 fr., qui, répartie entre eux, donne pour prix de la journée de 8 heures, 2.72 fr.

Ce salaire, sur lequel sont encore prélevées les dépenses relatives à la poudre et à l'éclairage, devient assez minime; cette circonstance est attribuée aux difficultés résultant de la dureté des stratifications et à l'époque où le percement a eu lieu, l'hiver, saison dans laquelle les salaires atteignent leur minimum.

815. *Mine de l'Agrappe.*

Fonçage du puits n°. 12.

Cette opération a eu lieu sur une profondeur de 96.50 mètres.

La section du puits est un cercle de 3.50 mètres de diamètre, qui, après le revêtement, n'est plus que de 2.90 mètres. Les ouvriers, payés à forfait, étaient au nombre de neuf et travaillaient par postes de trois hommes ; ils étaient chargés de la fourniture de la poudre, de l'huile et de l'exécution du boisage provisoire, qui consistait en quelques poussarts ou pièces de sapin isolées et placées dans les points les moins solides des parois. On employait ainsi environ huit pièces par mètre courant et on les utilisait successivement six à sept fois.

TERRAINS TRAVERSÉS.			PRIX DU MÈTRE.		SOMMES.	
Schistes.	mètres	17.00	fr.	59.50	fr.	1,011.50
Grès.	»	30.00	»	90.70	»	2,721.00
Schistes.	»	12.50	»	56.75	»	709.375
Grès.	»	6.10	»	80.00	»	486.00
Schistes.	»	17.70	»	56.75	»	1,004.475
Grès.	»	2.60	»	80.00	»	208.00
Schistes.	»	6.20	»	56.75	»	351.85
Grès.	»	4.40	»	75.35	»	331.54
	mètres	96.50			fr.	6,843.74

Prix moyen du mètre courant, fr. 70.92.

Les ouvriers, ayant travaillé 260 jours et fait 2,340 journées de 8 heures, ont gagné fr. 2.91.

Les revêtements en briques s'exécutent par reprises d'environ 50 mètres. Les couronnes en bois, qui servent d'assises provisoires, sont enlevées dès que la maçonnerie inférieure vient en contact avec elles. — Prix par mètre :

Main-d'œuvre, prix fait	fr.	21.00
2.800 briques à fr. 8 le mille.	»	22.40
11.02 hectolitres de chaux à 0.50	»	5.60
8.4 idem de cendres à 0.06.	»	0.50
	fr.	49.50

On compte, dans cette localité, sur l'emploi de 4 hectolitres de chaux et 5 de cendres par mille briques.

Galerie à travers bancs.

Puits n°. 12 de l'Agrappe. — Hauteur, mètres 2.05, largeur, mètres 2.30.

STRATIFICATIONS PERCÉES.		PRIX PAR MÈTRE.	SOMMES REÇUES.
Schistes . . . mètres 5.50	fr.	51.00	fr. 270.30
Grès . . . . » 8.40	»	68.00	» 571.20
Schistes . . . » 23.50	»	45.70	» 1073.95
mètres, 37.20			fr. 1915.45

Le mètre courant a été payé à raison de fr. 51.50. Il y avait trois postes en 24 heures; chacun d'eux était composé de 2 ouvriers et d'un rouleur, qui transportait les déblais à la chambre d'accrochage, distante de 43.50 mètres de l'origine de la galerie en percement. On a employé 101 journées d'hiver; le salaire des rouleurs ayant été de 303 fr., il est resté une somme de 1612.45 fr. qui, répartie entre les ouvriers, établissait à 2.66 fr. le prix de la journée. La dépense moyenne de poudre et d'huile a été de 3.25 par jour.

816. *Mine du Grand-Hornu.*

Puits n°. 8.

Cette excavation, foncée sur un diamètre de 5.50 mètres, a été réduite à 2.70 mètres après la construction d'un revêtement de 0.40 mètre d'épaisseur.

TOME IV.   10

Creusement.

Six ouvriers, travaillant par postes de deux hommes et de huit heures, ont percé en deux mois et demi, ou en 60 jours de travail :

Mètres 10.70 dans les schistes, à fr. 55.00 . . . . fr. 588.50
» 6.40 dans les grès, à » 82.50 . . . . . » 528.00

                                fr. 1,116.50
A déduire 116 kilog. de poudre à fr. 1.35 . . . » 156.60

                               Reste, fr. 959.90

La totalité du percement ayant exigé 359 journées, le salaire journalier s'est élevé à fr. 2.67.

L'huile, brûlée dans des lampes découvertes, était au compte de l'établissement. Il en a été consommé en moyenne 0.4 kilog. par poste de huit heures, et pour la totalité du percement, 72 kilog. à fr. 0.90 . . . fr. 64.80

Le prix moyen du mètre de fonçage s'est élevé à . . . . fr. 69.08

Ce travail a donné lieu aux observations suivantes :

TRAVAUX ET CONSOMMATIONS.	SCHISTES	GRÈS	SCHISTES	GRÈS
	EN TOTALITÉ.		PAR MÈTRE COURANT.	
Nombre de journées.	180	179	16,8	28
Nombre de coups de mine	232	244	21 à 22	38 à 39
Fleurets réparés . .	523	1682	48 à 49	262 à 263
Poudre, kilog. . .	54	62	5	9 à 10
Huile, id. . .	36	36	3.58	5.62
Wagons de déblais, contenance, 3.75 h.	1144	874	106 à 107	136 à 137

La somme des longueurs des coups de mine ayant été de 121.30 mètres et 128.9 dans les schistes et les grès, la longueur moyenne de chaque trou était de 0.52 à 0.53 mètres.

Muraillement.

Chaque poste est composé de deux maçons et de deux mineurs de choix, travaillant huit heures. Trois postes ainsi composés ont élevé en 24 heures un revêtement d'une et demie brique d'épaisseur et de 2.40 mètres de hauteur. La dépense a été de :

12 ouvriers maçons et mineurs, à fr. 2.30.	fr.	27.60
4 *cliqueuses* installées à l'orifice du puits pour avancer les matériaux, à fr. 0.90	»	3.60
4 moulineuses pour les charger	»	3.60
	fr.	34.80
Soit par mètre courant	fr.	14.50
Briques : 1,100 à fr. 8.00 le mille	»	8.80
Mortier : 18 hectolitres à fr. 0.80	»	6.40
Prix du mètre de puits,	fr.	29.70

Touret, ou puits aux échelles.

Le percement de cette excavation, voisine du puits n°. 8, a eu lieu à travers les schistes stratifiés au-dessous de la couche dite Grande-Houbarde.

Diamètre dans œuvre : 1.76 mètre; idem du creusement, 2.56 mètres.

Six ouvriers, travaillant par postes disposés comme ci-dessus, ont foncé en deux mois une profondeur de 24.20 mètres.

24.20 dans les schistes, à fr. 55.00.	fr.	847.00
68 kilog. de poudre à leur compte	»	91.80
Reste,	fr.	755.20

Le nombre des journées ayant été de 292, chaque mineur a reçu journellement 2,58 fr.

Les ouvriers ont foré 17 trous de mine, dont la profondeur moyenne était de 0.46 mètre. Ils ont brûlé 3.2 kilog. de poudre par mètre courant ; chaque coup en a donc consommé de 0.18 à 0.19 kilog. Chaque mètre courant a exigé en moyenne la réparation de 33 à 34 fleurets. Enfin, l'excavation a produit en déblais 1,668 voitures de 1.75 hectolitres, soit 2,919 hectolitres, le cube des schistes non encore détachés s'élevant à 1,234 hectolitres.

Galerie à travers bancs.

Cette galerie, de 2.30 mètres de largeur sur 1.76 mètre de hauteur, a été percée à travers les stratifications suivantes :

STRATIFICATIONS.		PRIX.		SOMMES REÇUES.		POUDRE.	
2.00 mèt. de grès à	fr.	47.00 le mèt.	fr.	93.00		10 kilog.	
0.50 » idem à	»	60.00	»	30.00		4	»
24.00 » schistes à	»	40.00	»	960.00		102	»
0.50 » grès à	»	60.00	»	30.00		4	»
25.40 » schistes à	»	40.00	»	1016.00		120	»
1.20 » grès à	»	52.00	»	62.40		8	»
28.60 » schistes à	»	35.00	»	1001.00		121	»
1.00 » grès à	»	52.00	»	52.00		6	»
7.70 » schistes à	»	40.00	»	308.00		50	»
1.00 » grès à	»	60.00	»	60.00		10	»
4.00 » schistes à	»	35.00	»	140.00		10	»
1.00 » grès à	»	47.50	»	47.50		8	»
3.60 » schistes à	»	40.00	»	144.00		12	»
1.00 » grès à	»	60 00	»	60.00		10	»

101.50 mètres.   fr. 4003.90 ; poudre 455 kilog.

455 kilog. à fr. 1.35, fr. 614.25

Reste, fr. 3391.65

Ce percement, effectué par 6 ouvriers travaillant par poste de 8 heures, a exigé 1398 journées, pour chacune desquelles il a été payé fr. 2.42.

La poudre employée s'élève à 4.16 kilog. dans les

schistes et 8 kilog. dans les grès. Les ouvriers ont tiré 25 coups de mine par mètre courant d'avancement ; la longueur moyenne des trous était de 0.40 mètre, et chacun d'eux contenait environ 0.18 kilog. de poudre.

817. *Plan automoteur de la mine du Bois de Boussu.*

La galerie, dont la longueur est de 80 mètres et la largeur de 1.60 mètre, est pourvue d'un chemin de fer à 3 rails.

Creusement de la voie en terrain dur, 80 mètres à 4 fr.	fr.	520.00
Transport des déblais, à fr. 4 le mètre	»	320.00
Traverses en hêtre, 83 de mètre 1.50 — soit 1.25 mètre à fr. 0.17	»	21.25
Façon des traverses, 2 journées à fr. 2	»	4.00
260 coussinets de 1.5 kilog. — 390 kilog. à 20 fr. .	»	78.00
253 mètres courants de rails à 5.75 kilog. le mètre — 1457 kilog. à fr. 24 p. c	»	344.88
520 clous de coussinets, 21 kilog. à fr. 45. . . .	»	9.45
Quatre plaques en tôle pour les planches (*poli*), installées à la tête et au bas de la galerie, 320 kilog. à fr. 15 p. c	»	48.00
Montage de la voie, 6 journées à fr. 2.50 . . .	»	15.00
Corde en fil de fer, 85 mètres pesant 2.33 kilog. le mètre, 198.05 kilog. à fr. 1.50	»	297.07
Deux crochets, 10 kilog. à 0.70 fr.	»	7.00
	fr.	1464.65

Frein à doubles brides.

Châssis en bois de chêne, 0.06 M³ à 100 fr. . .	fr.	6.00
Une journée de charpentier	»	2.50
64 kilog. de fonte de fer, à 23 p. c.	»	14.49
Percement des trous dans la fonte	»	1.50
73 kilog, de fer forgé à neuf, à 0.70	»	51.10
	fr.	1540.24

818. *District d'Anzin.*

Fonçage du puits dit la Réussite.

Les stratifications à traverser consistaient en un tiers de grès et deux tiers de schistes. Diamètre du puits, 3.20 mètres ; hauteur du percement, 51 mètres. Les prix d'adjudication pour les schistes ont varié de fr. 60 à 64 ; pour les grès, ils ont été de 90 à 96'fr., ou la moitié en sus. Lorsque ces derniers sont reconnus compacts, sans délit et sans fissures capables d'en faciliter l'arrachement, le prix est porté à 135 et 144 fr. Ce travail a duré une année. Les ouvriers étaient divisés en deux postes de deux hommes travaillant de 7 à 8 heures.

Le revêtement en maçonnerie s'exécutait par reprises de 15 à 20 mètres de hauteur ; il avait 0.30 mètre d'épaisseur et coûtait fr. 7.50 de main-d'œuvre par mètre courant.

Toutes les dépenses s'étant élevées à . fr. 8,733.38 le prix du mètre courant a été d'environ fr.   171.24

Galeries à travers bancs.

Elles ont ordinairement une section de mètre 1.60 sur mètre 1.80 ; le cube d'un mètre courant est de 2.88 mètres. Le prix dans les schistes est de 28 à 32 fr., et la moitié en sus dans les grès ; la poudre est au compte des entrepreneurs.

Quant au transport des déblais, il est admis que 2.88 mètres cubés en produisent par foisonnement 5.4 , ou 36 voitures de 1.5 hectolitres, pour lesquelles l'exploitant doit payer 0.55 fr. par relai de 25 mètres ; leur chargement à la chambre d'accrochage vaut le double, soit fr. 1.10.

Morts terrains.

M. Trubert (1) donne les chiffres suivants comme moyenne des prix du fonçage à travers les morts terrains, lorsque les quantités d'eau affluentes ne sont pas trop considérables. Ces prix se rapportent à des excavations destinées à recevoir un cuvelage mesurant 2.90 mètres d'angle en angle.

Les sables jaunes et l'argile bleue de la surface, si les eaux peuvent être enlevées par le moteur d'extraction, sont payées à raison de fr. 20 le mètre. Dans les marnes blanches, les ouvriers, qui, outre le creusement, doivent placer les jeux de pompes et les relever en cas d'accident, reçoivent. . . . . fr. 80.00

Les marnes grises avec ou sans silex, sont traversées pour. . . . . fr. 100.00

En général, les prix sont établis de manière qu'un bon avaleur puisse gagner fr. 3 à 3.50 par journée. Ils travaillent par postes de 6 heures, chaque poste étant composé de quatre hommes.

819. *Le Creuzot. Rive-de-Gier.*

Creuzot.

Les puits de cette localité ont un diamètre moyen de mètres 2.60 ; leur fonçage coûte, dans les schistes fort durs et aquifères, ... fr. 45.00
La maçonnerie se paie au mètre cube, à raison de » 2.50
Les galeries dirigées à travers bancs, ou suivant l'alonge-

(1) *Annales des Mines*, série 4e., tome III, page 114.

ment dans le toit de la couche, ont une hauteur de 2 mètres
et une largeur de 2.30; leur prix moyen est :

Dans les schistes pourris de . . . . fr.	5.00 à 06
Idem durs . . . . »	7.50 à 15
Idem très-durs . . . . »	20.00 à 25
Grès fort durs . . . . »	50.00 à 55

Rive-de-Gier.

Le contrat qui intervient entre le conducteur des travaux
(*gouverneur*), et les entrepreneurs a pour objet des reprises de 15 à 20 mètres de profondeur ; l'une des
clauses doit fixer le volume maximum des eaux affluentes à épuiser en un temps donné. Les mineurs fournissent l'huile, la poudre et tous les ouvriers auxiliaires
dont ils ont besoin. L'exploitant reste chargé de l'extraction
de l'eau et des déblais; il fournit à chaque ouvrier une
jaquette en cuir (*bazane*), lorsque les parois du puits
laissent échapper une notable quantité d'eau. Il prélève
d'ailleurs fr. 0.10 par journée de mineur, s'il pourvoit à
la réparation des outils.

Le prix du mètre courant de creusement des puits,
auxquels est donné un diamètre de 2 à 2.50 mètres,
se trouve compris entre des limites fort écartées. Dans
les circonstances favorables, surtout si les terrains sont
asséchés, ce prix varie entre fr. 50 et 80. Il est fréquemment de fr. 100 à 150, et s'élève à mesure que le volume des eaux augmente; en certaines circonstances il peut
être porté à fr. 500. Dans ce cas, la durée d'un poste,
qui est ordinairement de huit heures, se réduit à six.

Dans les galeries à travers bancs, dont la hauteur et
la largeur sont de 2 mètres, le salaire est compris entre
fr. 20 et fr. 120 suivant la dureté des terrains traversés.

820. *District de St.-Étienne.*

Fonçage du puits Dolomien à Roche-la-Molière (1).

Cette excavation entreprise à une profondeur de 84 mètres a été poursuivie jusqu'à 105 mètres. Section elliptique d'environ mètres 3 sur 4. Les stratifications sont composées de grès très-dur et dont les nombreuses fissures donnent de l'eau en abondance.

Les deux premiers mètres ont été creusés à raison de fr. 125 le mètre courant.

Main-d'œuvre.	fr.	250	
Salaire des machinistes, charbon, etc. . . .	»	162	fr. 480
Usure des bennes et des cordes	»	50	
Réparation des outils	»	18	

Il a été alloué à fr. 150 pour chacun des 17 mètres suivants,

Soit :	fr.	2550	fr. 4505
Machinistes, houille, cordes, outils, etc. . .	»	1955	
Et pour les deux derniers, fr. 175.	fr.	350	fr. 580
Salaire des machinistes, etc.	»	230	

Le percement des 21 mètres a donc coûté . . . . . fr. 5565

Moyenne par mètre courant. . . . . fr. 265

Le fonçage des deux derniers mètres a occasionné à l'entrepreneur les frais suivants :

65 journées de mineurs, à fr. 3.25	fr.	211.25
28 id. de receveurs de bennes, à fr. 2	»	56
25 kilog. de poudre, à fr. 2.75.	»	68.75
Huile, soufre et papier	»	6

fr. 342.00

Et par mètre courant. . . . . fr. 171

(1) Ce document est emprunté au *Traité d'Exploitation* de M. COMBES, tome II, page 5.

Le creusement ne s'effectuait que pendant la nuit, et, avant de l'entreprendre, il fallait chaque fois épuiser les eaux accumulées au fond du puits ; en sorte que le fonçage d'un seul mètre, vers la fin de l'opération, exigeait environ 22 jours, lorsque 7 ou 8 auraient suffi, si le travail eut été effectué jour et nuit sans interruption.

Autre puits du même district.

L'excavation circulaire, de 3 mètres de diamètre, a traversé des stratifications moins aquifères, et par conséquent plus faciles à percer que les précédentes. Les déblais ont été enlevés à l'aide d'une machine à molettes.

Prix fait par mètre courant. . . . . fr. 100
Entretien des chevaux . . . . » 30
   Idem   des bennes et des cordes . . . . » 15
   Idem   des outils. . . . . » 6
                                                     fr. 151

Frais à la charge de l'entrepreneur :

15 journées de mineur, à fr. 3 . . . . fr. 45
5   id.   de receveurs de bennes. . . . . » 10
5   id.   de toucheurs de chevaux . . . . » 5
7.5 kilog. de poudre, à fr. 2.75 . . . . » 20.625
Huile, soufre et papier . . . . » 6
                                                fr. 86.625

Six ouvriers travaillaient par poste de huit heures et creusaient un mètre en 2 1/2 jours.

Un fonçage exécuté antérieurement à travers des grès extrêmement durs, remplis de gros poudingues et dont les fissures livraient des quantités d'eau considérables, avait été entrepris au prix de fr. 400 le mètre.

Lorsque le creusement a lieu en grande partie dans des bancs de schistes, il coûte de fr. 40 à 60 pour un diamètre de 2.60 à 3 mètres, le moteur d'extraction et l'entretien des outils étant seuls à la charge de l'établissement.

Revêtement en moellons.

Un revêtement de ce genre, garanti par un corroi d'argile, a été exécuté près de Firamini pour contenir le terrain d'alluvion qui recouvre le grès houiller.

Hauteur du revêtement, mètres 10.54.

Diamètre du puits après le muraillement, 2.66.

Épaisseur de la maçonnerie, 0.50.

Les matériaux et la main-d'œuvre sont payés au mètre carré de parement vu ; cette surface, mesurée à l'intérieur du puits, est de M² 88.13.

Maçonnerie.

Pierres brutes rendues sur la margelle du puits, à raison de fr. 1,345 le mètre carré . . . . fr.	118.55
Chaux hydraulique fr. 1.745, pour la même unité . . »	154
Dégrossissage des moellons à la pointe et pose au tourniquet, à fr. 1,474 . . . . »	127.60
Usure des bennes, des cordages et des outils . . . »	39.20
fr.	439.55

Corroi en argile (0.50 mètre d'épaisseur).

Extraction de la terre, 23 journées de manœuvre à fr. 1.50 . . . . fr.	34.50
18 2/3 journées d'un cheval et de son conducteur à fr. 4.25 . . . . »	80.00
Pilonnage de la terre, 56 journées à fr. 2.50 . . . »	90.00
Un manœuvre au jour, 18 journées à fr. 1.50. . . »	27.00
Gratifications . . . . »	22.80
fr.	254.30

Prix par mètre carré de parement vu . . fr.	7.87
Id. id. cube de maçonnerie . . . »	15.75
Id. id. courant de puits . . . . »	65.80

Galerie à travers bancs.

Une excavation de ce genre a été exécutée à Roche-la-Molière à travers un grès houiller extrêmement dur et

rempli de gros fragments de quartz (1). Elle avait pour
section 2 mètres de hauteur et autant de largeur. Il a été
payé à l'entrepreneur 135 fr. par mètre courant, y compris le transport des déblais à une distance moyenne de
40 mètres et leur chargement dans les vases d'extraction.
Chaque mètre de percement a exigé 25 journées de mineurs
(qui, dans cette localité, valent fr. 3.50) et 7.5 kilogrammes
de poudre. L'établissement restait chargé de l'entretien
des outils, évalué à fr. 10 par mètre et de l'extraction
des déblais.

821. Mine de Guley à Mosbach, près d'Aix-la-Chapelle.

Fonçage du puits Élise.

Il offre une section rectangulaire de mètres 3.45 sur 2.50,
entre les cadres de revêtement.

L'entrepreneur se fournissait de poudre et recevait par
mètre courant fr. 90 dans les schistes, et le double dans
les grès. L'établissement était chargé de l'éclairage, des outils
et de leur réparation. Le travail s'effectuait par postes de
10 à 11 heures, composés de quatre ouvriers mineurs
occupés à battre la mine; un cinquième chargeait les déblais. Comme ils ont creusé en moyenne mètres 2.40 par
quinzaine et qu'ils ne travaillaient pas le dimanche, chacun
d'eux gagnait un peu plus de 3 fr. par journée.

Galeries à travers bancs.

Ces excavations ont 2 mètres de largeur et 1.70 de
hauteur. Leur creusement exige deux postes de deux ouvriers; les entrepreneurs reçoivent 20 à 25 fr. par mètre

(1) Cet exemple est emprunté au *Traité d'exploitation* de M. COMBES.
Tome Iᵉʳ., page 388.

courant dans les schistes et le double dans les grès. Le transport des déblais et leur chargement dans les vases d'extraction sont au compte du propriétaire de la mine ; mais la poudre est fournie par l'entrepreneur.

822. *District de la Ruhr* (1).

Les prix sont, en général, fixés de manière que la journée du mineur ne soit jamais au-dessous de fr. 1.71 pour huit heures de travail, déduction faite des frais d'éclairage et de poudre, qui sont toujours à leur compte, de même que le boisage, le chargement des déblais et l'assèchement du fond de l'avaleresse dans le fonçage des puits et tous les travaux accessoires, même la pose des chemins de bois ou de fer dans le percement des galeries.

Puits d'exhaure de la mine de Graff Beust.

La section offre un rectangle de mètres 4.08 sur 1.98. Douze ouvriers disposés en quatre postes, travaillant jour et nuit sans interruption, n'avançaient que de 6.27 mètres par mois, gênés comme ils l'étaient par la grande abondance des eaux. Ils recevaient par mètre courant fr. 143.54.

6.27 mètres à fr. 143.54 . . . . fr. 900.00

Kilog. 38.8 poudre à fr. 1.55 . . fr. 52.38 ⎫
    » 21 6 d'huile à » 1.07 . . » 23.11 ⎬ » 75.49
                                     ⎭

Reste, fr. 824.51

pour 30 jours de travail. Les mineurs ont donc reçu fr. 2.29 par journée de six heures ; prix fort élevé pour la localité, mais qu'on a cru devoir leur allouer en considération de ce qu'ils étaient constamment mouillés.

(1) Les mesures et les monnaies en usage dans le district de la Ruhr, les mêmes que dans toute la Prusse, ont été converties en mètres et en francs, afin de faciliter les comparaisons.

Puits d'extraction de la même mine.

Section 4.03 mètres sur 3.32. Ce fonçage, asséché par la machine d'exhaure et n'ayant presque pas offert de grès, a été exécuté à raison de fr. 89.70 par mètre courant. La durée du travail était de 12 heures sur 24 : les mineurs avaient été disposés en deux postes, l'un de trois, l'autre de quatre ; c'est dans ce dernier qu'un ouvrier s'occupait exclusivement à charger dans les vases d'extraction les déblais provenant de l'arrachement de toute la journée.

L'avancement mensuel a varié de 4.18 à 6.27 mètres.

La moyenne, ou 5.225 mètres, donne une somme de. . fr. 478.68

dont il faut déduire pour valeur de

kilog. 54.07 de poudre à fr. 1.35 . . fr. 46.00 ⎫

   » 12.60 d'huile à » 1.07 . . » 13.48 ⎬ » 59.48

Le reliquat de . . . . fr. 419.20

réparti entre les mineurs, donne de fr. 1.99 à 2 fr. pour le prix de la journée de six heures.

Galeries à travers bancs.

DÉSIGNATION DES MINES ET DES GALERIES.	DIMENSIONS.		PRIX DU MÈTRE COURANT.	
	HAUTEUR.	LARGEUR.	SCHISTES.	GRÈS.
	Mètre.	Mètre.	Fr.	Fr.
1 Graf Beust : Galeries à double voie	1.59	1.88	28.70	35.88
Idem accessoires	1.57	1.03	15.83	21.53
2 Saelzer und Newack . . .	1.88	2.35	26.90	52.50
3 Kœnigin Elisabeth . . .	1.88	1.88	28.70	35.88
4 New Wesel : Galeries à double voie.	1.88	2.09	30.50	43.06
Idem accessoires	1.57	1.03	15.83	21.55
5 Carolus Magnus	1.83	1.83	21.55	28.70

(1) Six ouvriers, disposés en trois postes de huit heures, avancent mensuellement de mètres 8.36 à 12.54.

(2) Quatre mineurs, divisés en deux postes de huit heures, font un avancement de mètres 8.40. La dépense de poudre est pour chaque mètre courant de 2.68 kilog.

(3) Le mineur est tenu de creuser dans le sol des galeries une rigole (*Wasserseige*) destinée à l'écoulement des eaux. Il la recouvre d'un plancher ou d'une petite voûte en briques, sur laquelle il installe une voie perfectionnée en bois ou en fer.

823. *Percement d'une galerie d'exhaure (Erbstollen) du district de Werden.*

Main-d'œuvre.

Aqueduc d'écoulement, 60 mètres à 6.80 fr. . . . fr.		478.00
Creusement à travers les schistes et les grès, y compris le transport des déblais au dehors de l'excavation, 200 mètres à 32 fr.	»	6,400.00
Puits d'aérage pratiqué dans une couche fortement inclinée, 30 mètres à 3.60 fr.	»	108.00

Matériaux.

Moellons pour l'aqueduc , 16.2 mètres cubes à 6.25 fr.	»	101.25
100 montants en chêne (*Thürstocke*) de 1.57 mètre.	»	45.00
50 chapeaux (*Kappen*) à 0.30 fr.	»	15.00
50 semelles (*Unterlagen*) à 0.225 fr.	»	11.25
122 mètres de planches (*Achtelbretter*), pour maintenir les roches ébouleuses, à 0.615 fr.	»	75.00
400 coins (*Pfæhle*) en chêne, à 7.50 p. c. . . .	»	30.00
550 mètres madriers (*Laufbretter*) , pour la voie à 0.276 fr. le mètre.	»	151.80
550 lattes à 0.145 fr. le mètre.	»	79.75
200 billes de chêne (*Stege*) à 30 fr. p. c.	»	60.00
	fr.	7,555.05

Soit 37,77 fr. le mètre courant.

Outillage.

Les objets nécessaires au fonçage du puits de retour de l'air et à l'exécution de la galerie sont les suivants :

Un treuil et sa corde. . . . . fr.	56.25
2 wagons de 1.65 hectolitres à 26.25 fr. . . . . . »	52.50
2 sangles de traîneurs (*Schleppseil*). . . . . . . »	11.25
12 pics (*Keilhaue*), à 1.375 fr. . . . . »	16.50
6 pelles (*Schaufeln*), à 1.437 fr. . . . . »	8.62
12 fleurets (*Bohrer*), à 1.187 fr. . . . . »	14.24
3 marteaux (*Handfaustel*), à 1.187 fr. . . . . . . »	3.56
2 masses (*Treibfaustel*), à 3.25 fr. . . . . . . »	6.50
Un bourroir (*Stampfer*). . . . . »	1.18
Une curette (*Krætzer*). . . . . »	1.25
Un fleuret à glaiser (*Trocken bohrer*). . . . . . »	2.25
6 pointerolles (*Bergeisen*), à 1 fr. . . . . . . »	6.00
Un palfer (*Brechstange*) . . . . »	4.25
2 aiguillettes en cuivre (*Nadel*), à 3.75 fr. . . . . »	7.50
Une barraque. . . . . »	150.00

fr. 341.85

824. *Silésie.*

Fonçage des puits d'extraction dont la section est un rectangle de mètres 3.13 sur 2.60 :

13 1/2 journées de mineurs, à fr. 1.225. . . . . . . fr.			16.53
13 1/2 idem de tireurs, à	»	0.76 . . . . »	10.26
1.57 kilogramme d'huile, à	»	2.18 . . . . »	3.42
1.79 idem de poudre, à	»	1.36 . . . . »	2.43
Réparation des outils		»	1.80
Caisse de prévoyance		»	0.71

Prix par mètre courant , fr. 55.15

825. *Plan automoteur de la mine de Gewalt (Ruhr)* (fig. 1 et 4, pl. XLIII).

Les frais de percement dans la couche ont été entièrement couverts par les produits de la couche.

Bois.

0.217 mètre cube pour le tambour et ses supports ; idem 4.947 mètres cubes pour le chariot porteur et la voie perfectionnée. Total, 5.164 mètres cubes à 80.80 fr.   fr.   427.58

Fer.

Arbre du tambour	kilog.	109.00
Armures et frein.	»	126.30
Chariot porteur et bouts de rails. .	»	65.47
Essieux du chariot porteur	»	42.09
Idem du contre-poids.	»	14.03
Boulons, chaînes et crochets. . . .	»	70.15
	kilog.	427.04

à 0.70 fr. . . . . »   296.83

Huit roues en fonte, 77 kilog. à 0.30 fr. . . . . »   23.10

Le contre-poids, consistant en un tuyau de pompe hors d'usage, est compté comme vieille fonte . . . »   140.00

Corde en fil de fer, 90 mètres à 1.55 kilog. par mètre courant ; 159.5 kilog. à 0.85 fr. . . . . »   118.58

Main-d'œuvre.

Construction du tambour et du chariot porteur, 8 journées à 1.25 fr. . . . . »   10.00

Pose de la voie, installation des appareils ; 72 journées à 1.25 fr. . . . . »   90.00

                             fr.   1,106.09

826. *Angleterre. Percement des puits et des galeries.*

Sud. Staffordshire.

Le puits de Deepfield, près de Bilston, a un diamètre de mètres 2.14.

Les avaleurs ont reçu par mètre courant . . fr. 30.00 à 35.00

La dépense en matériaux et frais accessoires a été de . . . . » 24.70 à 33 38

              Dépense totale,   fr. 54.70 à 68.38

Dans les environs de Dudley, les puits, toujours au nombre de deux et quelquefois de trois, ont une profondeur moyenne de 200 mètres; vers les affleurements, elle se réduit à 90 ou 100 mètres, et quelquefois ils doivent être foncés à 250 ou 280 mètres. Ils coûtent, y compris les machines et autres accessoires, de 75,000 fr. à 200,000 fr.

Dans certaines circonstances, les dépenses sont encore plus grandes. C'est ainsi que deux puits, ayant respectivement une profondeur de 281.50 mètres et 193.80 mètres, foncés sur les propriétés de lord Darmouth, ayant dû être tubées en fer sur une hauteur de 32 mètres pour le passage à travers les stratifications de sables mouvants et aquifères, ont coûté 700,000 fr.

Mais à Lewisham des difficultés aussi grandes ont été surmontées pour une somme de 350,000 fr., seulement par l'emploi d'un mode de fonçage plus convenable, quoique la profondeur de l'excavation ait été de 256 mètres, dont 120 mètres à travers les grès bigarrés.

Nord. Staffordshire.

Diamètre moyen des puits, mètres 2.14.

Frais de main-d'œuvre . . . . fr. 54.70

Dépense totale, y compris le revêtement en briques, par mètre courant . . . . . . fr. 75.22 à 109.40

Warwickshire.

Mine de Hawkesbury, près de Bedworth :

Diamètre du puits, mètres 2.45; profondeur, mètres 164.50.

Il a été payé aux entrepreneurs fr. 54.70 par mètre courant; la poudre et les outils étaient au compte du propriétaire.

La dépense totale par mètre, y compris le revétement en briques, a varié de fr. 86.15 à 109.40.

Sud du pays de Galles.

Établissement d'une galerie à travers bans de mètre 1.82 de hauteur et de largeur, ayant son orifice au jour (*Level*, *waggon road* ou *drift*).

Deux postes de deux mineurs, avançant chacun de mètre 0.914, en 24 heures ; ils fournissent l'éclairage et reçoivent pour salaire, fr. 3.75 . . . . fr.   15.00

Enlèvement des déblais à l'aide d'un cheval . . . »   3.75
Un voiturier . . . . »   1.875
Poudre de mine . . . . »   3.33
Main-d'œuvre des maçons pour le revétement. . . »   4.355

Total, fr.   28.31

Le mètre courant revient à fr. 30.97.

Les pieds droits du revétement sont construits en grès rouge, que l'on rencontre en abondance dans le creusement ; la voûte seule est composée de briques et de mortier.

827. *Canaux de navigation des mines du duc de Bridgewater, près de Worsley* (1).

Les ouvriers fournissent la poudre et les chandelles et opèrent tous les transports à 91 mètres de distance. Lorsque celle-ci augmente, l'exploitant leur paie, en outre, 0.052 fr. par tonne métrique, pour chaque relai de mètres 56.5.

Canaux à petite section.

L'excavation a une largeur de mètre 1.93.

Le mètre d'avancement forme un cube de M^5 3.50,

(1) Mémoire de MM. FOURNEL et DYÈVRE, page 39.

dont le poids est d'environ 1,800 kilog. — Coût d'un mètre courant, y compris le revêtement :

Percement et transport des déblais à 91 mètres . . . fr.	19.23
Main-d'œuvre de la maçonnerie. . . . . »	4.11
300 briques placées de champ et mortier. . . . . . »	9.50
Outils et frais divers . . . . »	4.71
Transport à 600 mètres de distance . . . . »	4.75
	fr. 42.30

La maçonnerie en briques sur pointes revient à fr. 62.47.

Le transport des déblais à 600 mètres de distance comporte 14 relais de mètres 56.5, outre les 91 mètres compris dans le prix du percement ; c'est donc 1,800 kil. $\times$ 3.50 M^3 = 6,300 kilog. ; 6,300 kilog. $\times$ 0.052 fr. = 0.3276 fr. par relai, et fr. 4.75 pour la distance totale.

Galeries à grande section.

Le percement d'une largeur de mètres 2.75 produit 5.85 mètres cubes de déblais par mètre d'avancement.

Creusement et muraillement simple. . . . . . . fr.	74.90
id. muraillement double (1,200 briques et chaux hydraulique). . . . . »	107.50
Le prix moyen est ordinairement compris entre fr. 100 et 125 ; quelquefois, lorsqu'il se présente des difficultés , . . fr.	200.00

IV°. SECTION.

REVÊTEMENTS ÉTANCHES; PASSAGE DES SABLES MOUVANTS;
SERREMENTS.

828 *Cuvelage rectangulaire, en bois de hêtre, exécuté dans la province de Liége* (1).

Hauteur de la partie cuvelée, mètres 17.60.
Longueur de la section dans œuvre, mètres 5.22.
Largeur   id.   id.   id.   1.74.

Main-d'œuvre.

192 1/2 journées de charpentiers, pour l'ajustement
et la pose du cuvelage, à fr. 1.64 . . . . . . fr.   315.70
70 1/2 journées de calfat, à fr. 4.72 . . . . . »   332.76

Matériaux.

Siége ou trousse à picoter :

2 pièces de mètres. . . 6.05 }
2 id.   id. . . . 2.84 } équar. mèt. 0.47
Cubant 3.9276 M³, à fr. 70.45. . . . . . . fr.   276.72
Coins et picots en saule et en hêtre . . . . . »   52.75

Pièces de cuvelage.

90 pièces de longueur, mèt. 5.98 }
90 id.   id.   id. 2.26 } larg. mèt. 0.409
formant 45 cadres divisés en cinq séries de 9, dont les
épaisseurs sont, à commencer du bas : mètres 0.255 ;
— 0.219 ; — 0.204 ; — 0.190 — et 0.175.
Cube total, mètres 61.934 à fr. 44.85 . . . . fr. 2,778.85
Pièces de mètre 0.29 sur 0.22, pour la cloison des
compartiments, mètres courants 157.57 à fr. 3.254. . »   512.73
A reporter, fr. 4,269.51

(1) De la houille et de son exploitation en Belgique, par M. Bidaut,
page 80.

Report , fr. 4,269.51

Objets accessoires.

Crampons en fer (*Nayrs*).	»	346.48
Mousse , vieux chanvre.	»	147.17
Goudron	»	14.87
Clous et pièces en tôle pour recouvrir les joints . .	»	554.23

fr. 5,352.26

Le mètre courant revient à fr. 502.90.

829. *Cuvelages de la mine de Saint-Roch, près de Namur.*

Deux puits , de mètres 22.88 de hauteur , dont la section de l'un offre une ellipse de mètres 2.90 , sur 2.03 , et celle de l'autre , un cercle de 1.76 de diamètre , ont été cuvelés en maçonnerie.

Maçons , manœuvres et épuisement des eaux. . .	fr.	1,513.80
80,000 briques , à 7.20 le mille	»	576.00
Transport des briques , à fr. 2.70 le mille. . . .	»	216.00
Chargement et déchargement à 0.90 fr.	»	72.00
60 M³ de sable à fr. 4.95	»	297.00
40 id. de cendres tamisées à fr. 9.92	»	486.00
61 id. de chaux hydraulique à 23 fr. et une fraction.	»	1,404.00
Paille	»	126.00
Bois divers	»	540.00

fr. 5,250.80

Prix de revient du mètre courant des deux puits , fr. 228.61.

830. *Cuvelages en bois de chêne de l'un des sièges d'extraction de la mine du Levant du Flénu.*

Le fonçage a pour objet deux puits , destinés , l'un , à l'extraction , l'autre , aux échelles. La section du premier est un rectangle de mètres 4.40 sur 2.35 , et celle du second, un cercle de 1.80 mètre de diamètre; leur profondeur au-dessous du sol était de mètres 54.55.

Les argiles et les marnes de la partie supérieure du terrain dont la puissance est de mètres 43.10, sont maintenues par un muraillement en briques; les grès, les silex (*rabots*) et les *fortes toises* (marnes argileuses) sont revêtues de cuvelages en bois, l'un de 15 mètres de hauteur, et l'autre de mètres 11.50.

Douze chevaux attelés quatre par quatre, et relayés d'heure en heure, ont suffi constamment pour enlever les plus fortes venues d'eau.

La section dans œuvre du cuvelage principal est de mètres 3.05 sur 1.50; c'est un octogone à côtés inégaux. Les trousses ont 0.35 mètre d'épaisseur, et les pièces, 0.20 mètre. Le cuvelage du puits aux échelles est un hexagone régulier de mètre 0.70 de côté; l'épaisseur des trousses est de 0.24 mètre, et celle des pièces de 0.12 à 0.15 mètre.

Le fonçage était exécuté quelquefois à la journée; mais la plupart du temps le salaire résultait d'un prix fait. Ainsi chaque mètre linéaire du puits d'extraction a coûté fr. 14.20; à une certaine profondeur, ce prix a été porté à fr. 17. Pour le puits aux échelles, on payait fr. 7.10.

Main-d'œuvre.

Mineurs employés au creusement du terrain, à la pose des cuvelages, etc. . . . . fr.	2286.18
Extraction des déblais . . . . »	470.86
Manœuvres au jour . . . . »	245.36
Chevaux employés pour extraire l'eau à l'aide d'une machine à molettes. Transport des matériaux. . . . . »	1186.31
Maçons employés aux revêtements supérieurs . . . »	193.62
Charpentiers pour la confection des cuvelages . . . »	513.60
Frais de surveillance à l'intérieur et au jour . . . »	337.00
Couvreurs, terrassiers et paveurs . . . . »	228.75

A reporter, fr. 5,261.66

Report, fr. 5,261.66

Matériaux.

Coins, palplanches, étoupes, etc.	»	44.69
Bois et paille pour la baraque; pavés	»	727.45
Briques et mortier pour le puits d'extraction . . .	»	149.72
Id. pour celui aux échelles	»	86.60
Matériaux pour le bâtiment du manège	»	831.10
Bois de cuvelage en chêne.	»	2600.75
Entretien des outils	»	57.12
Prix des deux revêtements.	fr.	9759 09
Valeur par mètre courant	fr.	178.85

Le terrain houiller ayant été atteint à la profondeur de mètres 54.55, l'enfoncement fut continué à raison de fr. 56.80 le mèt., pour le puits d'extraction, et de fr. 46.60 pour le puits aux échelles.

831. *Volumes et prix des bois de chêne employés aux cuvelages de la mine du Couchant du Flénu. (Douze actions.)*

Dimensions des revêtements.

N°. 4, dodécagone dont le diamètre du cercle inscrit est de mètres 2.92: hauteur du cuvelage, mètres 109.15.

N°. 5, même section: hauteur, mètres.   . 107.38.

N°. 6, décagone de mèt. 2.62 : hauteur, mèt. 114.90.

Les bois livrés par le fournisseur étaient complètement équarris et coupés suivant les dimensions convenables. Les sièges ont coûté fr. 200.90, et les pièces de cuvelage fr. 185.90 le mètre cube. Le charpentier reçevait, pour ajuster les pièces quelle que fut leur épaisseur, fr. 31 par mètre courant de cuvelage. Un siège et une plate-trousse, comptant pour 0,88 mètre de ce dernier, valaient fr. 27.37.

Bois employés dans chaque puits.

Le prix du mètre cube comprend la main-d'œuvre des charpentiers appliquée à l'ajustement des pièces et le transport jusqu'à l'orifice des puits.

N°. 4.

Siéges . .	M³.	19,344 à fr. 215	. . . . . .	fr.	4,158.96
Cuvelages.	»	316,987 » 200	. . . . . .	»	63,397.40
				fr.	67,556.36

Valeur par mètre courant, fr. 618.93.

N°. 5.

Siéges . .	M³.	19,344 à fr. 215	. . . . . .	fr.	4,158.96
Cuvelages.	»	307,859 » 200	. . . . . .	»	61,571.80
				fr.	65,730.76

Par mètre courant, fr. 612.13.

N°. 6.

Siéges . .	M³.	16,963 à fr. 2,215	. . . . .	fr.	3,646.48
Cuvelages.	»	316,864 » 200	. . . . .	»	63,372.80
				fr.	67,019.28

Par mètre courant, fr. 585.56.

Main-d'œuvre. Epuisement.

Les mineurs occupés à la pose du cuvelage travaillaient à la journée; leur salaire était de fr. 2.75 pour 4 heures de travail, et 3 heures seulement dans les *rabots* (silex), où l'abondance des eaux ne permettait pas un plus long séjour. Quatre appareils d'épuisement étaient répartis comme suit :

Puits n°. 4.	Pompes de mètre 0.55	produisant	2,716 M³.	par minute.
» n°. 5	»	0.56	»	1,090	»
» n°. 6	»	0.55	»	3,259	»
	et de 0.56	»	1,443	»

Extraction d'eau par minute, mètres cubes 8,508, soit environ 85 hectolitres.

832. *Percement et cuvelage du puits n°. 12 du Grand-Hornu.*

La section du puits est un polygone à quinze côtés, dont le diamètre du cercle inscrit est de mètres 2.95. Il s'y trouve cinq passes, dont les hauteurs, en marchant de haut en bas, sont de mètres 19.36, 14.69, 14.68, 15.85 et 7.92; total, 72.50 mètres. Plus, 9 mètres de faux cuvelage en roche, pour consolider le siége inférieur.

Les siéges et les plates-trousses ont 0.24 mètre de hauteur.

Épaisseur du 1er. et du 2e. siéges . . . . mètre 0.30
»   3e.   4e. » . . . . »   0.36
»   5e. . . . . »   0.39

L'épaisseur des pièces du cuvelage augmente également avec la profondeur. Les sept premiers mètres ont 0.12 mètre, et à mesure que la profondeur s'accroît de 7 mètres, l'épaisseur augmente de 0.015 mètre et devient successivement :

Mètre 0.135, 0.15, 0.165, 0.18, 0.195, 0.21.

Pour les 9 suivants, elle est de 0.24 mètre, et pour les 14.50 mètres qui restent, de 0.27 mètre.

Le passage s'est effectué à l'aide de pompes de 0.53 mètre de diamètre, mises en jeu par une machine à vapeur de Newcomen, montée sur une charpente.

Main-d'œuvre.

10,905 journées de mineurs	fr.	33,170.25
2,587 » de maçons	»	5,178.40
241 » de manœuvres.	»	283.70
2,498 » de charpentiers	»	8.274.44
5,411 » de manœuvres au jour.	»	3,748.10
11,089 » appliquées à divers travaux . . .	»	24,225.58

fr. 74,880.45

Bois.

15 balivaux de chêne.	fr.	77.00
180 perches	»	62.70
7,190 mètres planches à fr. 3.36.	»	2,415.84
88 » de dosses à 0.58.	»	51.04
1,044 » de madriers à 54.5 p. c.	»	568.98
1,658 » de feuillets à 20.20 p. c.	»	334.91
155 » de bois d'échelles à 142 p. c. . . .	»	220.10
254 M³. de bois de chêne, à 159 fr.	»	35 506.00
	fr.	39.036.57

Matériaux divers.

1,515 kilog. d'huile	fr.	1,302.46
1,234 » de chandelles	»	1,429.52
267 » de suif	»	302.46
9.1 » de coton	»	55.38
44 » de poudre	»	50.60
22 » d'acier	»	50.00
1,076.5 » de clous.	»	642.60
18,593.75 » de fer de différentes qualités. . .	»	21,435.01
44 » escoupes ou pelles	»	53.20
Limes.	»	2.00
4 kilog. fer-blanc	»	7.50
4,758 hectolitres de chaux	»	5,960.60
155,130 briques.	»	12,161.50
2,574 kilog. de cordages et de chanvre	»	3,605.20
2,675 couvertures d'étoupes	»	2,024.50
25 paniers d'osier (mannes).	»	34.70
1,216 kilog. d'étoupes à calfater	»	668.80
68,939 hectolitres de houille	»	38,061.20
Outils et objets divers	»	49,728.74
	fr.	135,533.97

L'appareil d'exhaure qui a fonctionné pendant le fonçage a donné lieu à une dépense de fr. 113,185.22.

Ainsi les déboursés ayant été de fr. 249,450.99, le prix du mètre courant (hauteur mèt. 72.50) est de fr. 3,440.70.

833. *Prix de revient des cuvelages dans les mines du département du Nord.*

Devis approximatif.

Hauteur de la partie cuvelée, 62 mètres; section décagonale du puits, 2.90 mètres de diamètre intérieur, mesuré d'angle en angle. D'après estimation, il faut 1.76 mètre cube de bois de chêne brut pour obtenir un stère de bois débité. Le volume des chênes propres à ces travaux varie entre 1.54 mètre cube et 4.40, dont la moyenne est 2.86. La valeur du mètre cube étant de 90.91 fr., celle du bois débité sera de 159.98 fr.

Le sciage des bois en grume et leur débit en pièces de cuvelage est évalué à 7.50 fr. le mètre cube.

Les charpentiers reçoivent, pour l'ajustement des pièces, 1 fr. par centimètre d'épaisseur et par mètre courant.

Bois employés pour une hauteur de 62 mètres.

Trousses et pièces de cuvelage.

11 trousses de 0.22, 0.24 et 0.26 mètre
d'épaisseur, cubant. . . . . mèt. cub. 6,263
   Pièces de cuvelage de 0.11, 0.12 et 0.16
mètre d'épaisseur . . . . »   71,778

                          mèt. cub. 78,041

Ce volume de bois équarri, dans la supposition qu'il faut 1.76 stères de bois brut pour 1 mètre cube de bois travaillé, est représenté par 137,552
   Les nœuds, les fentes et autres défauts occasionnent
des pertes évaluées à environ 4 p. c., soit. . . . 5,648

                  Total, mèt. cub. 145,000
145 mètres cubes de bois brut, à 90.91 fr. . . . fr. 13,000.13
78.04 mètres cubes de bois équarri, à 69.07 fr. . » 5,390.20
Ajustement par les charpentiers, 850.44 centimètres. »   850.44

                     fr. 19,220.77

Coins en bois blanc.

La fabrication d'un mille exige 0.97 stère de bois, à raison de
31.81 fr. . . . . fr. 30.85
Façon . . . . » 6.00

Prix de revient par mille, fr. 36.85

Picots de bois blanc.

Bois blanc, 0.146 mètre cube à 51.81 fr. . . . . . . fr. 4.64
Façon . . . . » 3.00

Par mille, fr. 7.64

Picots en chêne.

0.146 mètre cube de bois, à 68.18 fr. . . . . fr. 9.95
Façon . . . . » 3.00

fr. 12.95

Il faut, en moyenne, pour une trousse picotée :

1,500 coins de bois blanc. . . . . . . fr. 55.27
3,000 picots idem . . . . . . » 22.92
3,000 idem en chêne . . . . » 37.95

fr. 116.14
Pour 11 trousses la dépense s'élève à . fr. 1,277.54
Bois perdu 4 p. c. . . . . » 51.10

Coins et picots . . . . fr. 1,328.64
Pièces et trousses . . . . » 19,220.77

Total, fr. 20,549.41
et par mètre courant . . . . » 551.44

Quant à la main-d'œuvre, si l'affluence des eaux n'est
pas fort considérable, le picotage et la pose du revêtement
coûtent 54 fr. par mètre, ce qui en porte le prix à
385.44 fr. Ce travail, du reste, se fait à la journée, à
cause des soins extrêmes dont il doit être l'objet.

834. *Cuvelage du puits Elise, mine de Guley, près d'Aix-la-Chapelle, district de la Wurm.*

Hauteur, mètres 20.71 ; section rectangulaire de mètres 4.63 sur 2.35.

Main-d'œuvre.

550 journées de charpentiers à fr. 1.42 . . . . . . fr.	781.00
Élargissement du puits et pose du cuvelage. . . . »	311.22
Picotage et calfatage des joints . . . . »	379.84
Préparation du béton et transport sur la margelle du puits . . . . »	155.25

Matériaux.

Siége.

2 pièces en chêne de longueur . . . mètres 5.36
2   id.   id.   id.   » 2.98
d'un équarrissage de mètres 0.314, cubant Mˢ 1.64
à fr. 65 . . . . » 106.60

Cuvelage en bois de hêtre.

Chaque cadre est composé de 4 pièces de mêmes dimensions que ci-dessus :

66 cadres donnent un cube de 108.24 Mˢ à fr. 46.45 . » 5,027.75

Objets divers.

Cloison des compartiments, 149 mètres madriers à fr. 2. »	298.00
20.70 mètres de lattes de chêne à fr. 1 . . . . . . »	20.70
Bois pour les picots. . . . . »	75.00
Clous. . . . . »	15.00
Cendres de machines et voiturage . . . . »	57.50
Chaux pour béton . . . . »	273.75

fr. 7,481.61

Prix du mètre courant, fr. 361.25.

835. *Cuvelage en maçonnerie de la Nouvelle-Cologne, district de la Ruhr* (fig. 1 et 2, pl. XIV).

Le cuvelage, qui s'élève à une hauteur totale de 139.50 mètres, a été décrit dans le paragraphe 196 ;

cette construction a duré 249 jours, soit environ huit mois. Les dépenses auxquelles elle a donné lieu sont :

Matériaux de maçonnerie.

7,353.90 briques de choix, à 17.50 le mille, y compris le chargement et le transport . . . . . . fr.	12,869.53
2,800 hectolitres briques pilées (provenant de 115,500 briques tendres), à 0.684 fr. . . . . »	1,918.00
12,366 hectolitres de trass (1) à fr. 1.75 . . . »	21,640.50
2,471 id. de chaux, à fr. 1.73 . . . . »	4,274.83
339 id. de cendres de houille, à 0.06 fr. »	20.34

Bois, fers, graisses, etc.

900 planches de sapin, à 105 fr. le cent. . . . »	945.00
539 kilog. de fer laminé, à 0.34 fr. . . . . . »	183.06
25 tuyères à 94 fr. . . . . »	2,296.75
Clous et crampons, etc. . . . . »	356.20

A reporter , fr. 44,504.01

(1) Le trass jouit, de même que les pouzzolanes, de la propriété de produire un ciment hydraulique par son mélange avec la chaux. Il se trouve dans les districts volcaniques du Rhin, entre autres dans les vallées de la Brohl et de la Nèthe. Ce produit est livré aux mines à l'état pulvérulent ; cependant quelques exploitants l'achetent en gros fragments et le font moudre à leur compte, afin de le rendre d'un transport plus commode et surtout de se soustraire à la falsification. Celle-ci consiste en un mélange de pierre-ponce, qu'il est facile de reconnaître : il suffit pour cela de projeter le trass dans l'eau, puis de le laisser reposer ; une précipitation prompte est un indice certain d'une bonne qualité. Le poids de l'hectolitre de cette substance bien pulvérisée est de 90 à 97 kilogrammes.

L'hectolitre de trass pulvérisé rendu sur un bateau
rhénan coûte . . . . fr. 0.925
Pour transport à Ruhrort ou à Cologne. . . . . . » 0.233
Prime d'assurance et autres frais. . . . . » 0.042

Total , fr. 1.200

Son expédition ultérieure dans les différentes parties des districts de la Ruhr donne lieu à une dépense de fr. 0.46 à 1.40, ou, en moyenne, fr. 0.93. Les frais de transport absorbent donc plus de la moitié de la valeur de ce produit.

Report , fr. 44,504.01

996 litres d'huile de navette, à fr. 1.05. . . . . » 1,042 80
426 id.   id.   de poisson, à fr. 0.98. . . . » 417.48
14 id.   id.   de lin, à fr. 1.28 . . . . . . » 17.64
107.6 de goudron, à fr. 0.39 . . . . » 41.96
19,160 hectolitres de houille, à fr. 0.81. . . . » 15,519.60
2,059   id.   id.   à fr. 0.69. . . . » 1,420.71

Objets divers.

56,6 kilog. de minium à fr. 0.80 . . . . . fr.   45.28
9,4   »   de céruse   à » 0.71 . . . . . . »   6.67
1,4   »   de craie   à » 0.18 . . . . . »   0.25
85,6   »   de chanvre à » 1.34 . . . . . »   114.57
126,0   »   de toile   à » 0.14 . . . . . »   17.64
124,9   »   de cuir   à » 4.81 . . . . . »   601.25
74 paires de gants à fr. 1.875 . . . . »   138.75
26   »   de bottes d'avaleurs à fr. 16.875 . . . »   438.75
26 capottes en cuir à fr. 41.25 . . . . »
20 chapeaux couverts en cuir à 8.75 . . . . . »   175.00

Main-d'œuvre et salaires.

159.50 mètres courants de maçonnerie, travail effectué
par entreprise à raison de fr. 63.70 le mètre courant. fr.   8,886.15
Mineurs appliqués à l'enlèvement des boisages provisoires, à la pose des nouveaux cadres, à la récep-
tion des matériaux sur les échafaudages, à l'installation
de ceux-ci, à l'entaillement des parois et 9.030 journées à fr. 1.75 . . . . »   15,802.50
Extinction de la chaux, et criblage du trass ; 348
journées de manœuvres, à fr. 1.25. . . . . . . »   435.00
Transport des bois et autres matériaux sortant du
puits , 520 journées à fr. 1.25. . . . . »   650.00
Menuisiers et charpentiers , 484 id. à fr. 1.60. . »   774.40
Forgerons . . . . »   576.50
Réparation des habillements en cuir. . . . . . »   685.75
Main-d'œuvre appliquée à la machine d'extraction. »   1,517.40
    Idem   à la machine d'épuisement . . . »   5,406.78
Gardes de jour et de nuit; commissionnaire . . »   747.57
Cheval et charrette, 16 journées à fr. 2.74. . . »   458.75
Voiturier , 16 idem à 1.50 . . . . »   240.62
Appointements des employés pendant 8 mois . . »   2,160.00
                                            ―――――――――
                                      fr.   100,821.58

Le mètre courant revient donc à fr. 722.72, sans compter les boisages provisoires et définitifs que les allemands ne font pas entrer dans le coût des cuvelages. Quant au fonçage du puits, les mineurs ont avancé en moyenne de 9.40 mètres par mois, et chaque mètre a coûté fr. 89.70

Sous détail d'un tuyau de décharge.

Une tuyère en fonte de 0.03 mèt., épaisseur kilog. 111.08	
Une embouchure . . . . » 12.74	
Un plateau obturateur . . . . » 11.93	
Soit : 135.75 kilog. à 0.60 fr.	fr. 81.45
Six boulons avec leurs écrous, 3.15 kilog. à fr. 1.60 .	» 5.04
Rondelle et roulette de tampon, 5.75 kilog. à 0.60. .	» 3.45
Axe en fer forgé et tourné, 0.6 kilog.	» 1.12
Écrous, rondelle et anneau en cuivre	» 0.81
	fr. 91.87

836. Puits de Carolinenglück, près de Bochum (Ruhr).

La section de cette excavation est un rectangle de 3.75 mètres, sur 2.27, formé de 3 arcs de cercle. La hauteur de la partie cuvelée est de 42.36 mètres, et l'épaisseur de la muraille, de 0.52 mètre.

Matériaux pour maçonner.

174,752 briques bien cuites à fr. 16.875 par mille .	fr.	2,948.94
3,348 hectolitres de trass à » 1.59.	»	5,323.32
270 » de chaux vive à fr. 1.73 . . .	»	467.10
405 » » à » 1.85 . . .	»	749.25
243 » de briques pilées à 0.35 fr. .	»	85.05
114 » » à 0.29 » . .	»	33.20

Objets accessoires.

Six tuyères pour l'écoulement des eaux à fr. 91.32	»	547.92
52 mètres de tuyaux de conduite en bois à fr. 1.80.	»	93.60
Bois pour les échaffaudages et les gouttières . . .	»	575.00

A reporter, fr. 10,625.38

Report , fr. 10,623.58

Crampons , clous et travaux de forge . . . . . »   187.50
Argile et autres matériaux de ce genre . . . . . »   75.00
Épuisement des eaux pendant 2 1/2 mois . . . . »   4,073.65

Main-d'œuvre.

Pour éteindre 675 hect. de chaux à fr. 0.175 . . . »   118.12
42.56 mètres courants de maçonnerie, y compris la
préparation du mortier, travail à forfait à fr. 111.57 . . »   4,748.42
Pose et enlèvement des cadres , ragréement des parois
et 580 journées à fr. 1.75 . . . . »   1,015.00
Tireurs et accrocheurs, 1,102 journées à fr. 1.25 . »   1,377.50
Surveillance . . . . »   750.00
                                            fr. 22,968.57

Prix du mètre courant , fr. 542.22.

Ce cuvelage a été construit par sept maçons et un contre-maître travaillant par journées de 8 heures et par postes de quatre hommes.

Pendant le poste de nuit, les mineurs enlevaient les boisages provisoires, posaient les cadres définitifs et installaient les échaffaudages. Les ouvriers appliqués au treuil formaient également trois postes. Les pompes étaient desservies par huit à dix manœuvres extrayant 3.83 mètres cubes d'eau par minute.

Les 42.36 mètres courants de maçonnerie ont été exécutés en 696 1/2 heures, mais les obstacles provenant de l'affluence des eaux ont fait durer ce travail pendant 61 jours. D'où il résulte qu'un mètre courant a exigé 16 heures 26 minutes, ou environ 16 1/2 heures.

Sous-détail d'une tuyère de déversement.

Tuyau de 0.05 mètre d'épaisseur, kilog. 241.34, et un
obturateur, kilog. 23.38, ensemble 264.72 kilog. à fr. 30.   fr. 79.41
Six boulons pour le disque obturateur . . . . . »   3.54
Tampon en bois . . . . »   2.50
Tige du tampon, 2.80 kilog. à fr. 1.60. . . . . . »   4.48
Garniture en cuir , kilog. 1.40 à fr. 0.73 . . . . »   1.02
Étoupes , mastic , céruse , etc. . . . . »   0.37
                                            fr. 91.32

837. *Passage des terrains mouvants et aquifères. Mine de Sellerbeck, près de Mulheim, district de la Ruhr* (1).

A partir de la surface du sol, le puits fut creusé dans des dimensions telles qu'après la pose des cadres la section offrit un carré de 2.51 mètres de côté intérieur.

Première partie.

Le travail effectué à prix fait avait pour objet :

Un banc d'argile de . . . . . . mètres 7.31
Des stratifications de sable sec d'une
puissance de . . . . » 16.45
                                    mètres 23.76
à 12.56 fr. . . . . fr. 298.126

Deuxième partie.

Fonçage et revêtement du puits à travers le terrain aquifère : hauteur, 3.65 mètres; section carrée, dont le côté est de 1.83 mètre, mesuré à l'intérieur du revêtement.

Main-d'œuvre.

Chaque poste est composé de trois mineurs travaillant 6 heures, et de trois manœuvres appliqués au treuil pendant 8 heures.

214 journées de mineurs, à 1.375 fr. . . . . . . fr. 294.25
141 idem de manœuvres, à 1 fr. . . . . » 141.00
Salaire des charpentiers. . . . . » 45.00

Matériaux.

14.78 mètres carrés madriers de hêtre de 0.078 mètre
d'épaisseur à 2.284 fr. . . . . » 33.76
14.78 mètres carrés madriers de chêne à 5.80 fr. . » 56.16

A reporter , fr. 570.17

(1) BAUR, *Archiv. von Karsten*, band VII, seite 174.

Report, fr. 570.17

14.78 mètres carrés planches de chêne de 0.033 mètre
d'épaisseur à 1.32 fr. . . . . » 19.51
2.56 mètres de pièces de chêne de 0.10 sur 0.21 mètre. » 5.52
5.55 mètres carrés de pièces de 0.18 — 0.21 à 2.82 fr. . » 13 56
4 boulons, 40 bandes en fer, 4 crochets et clous. . . » 57.50
50 hectolitres d'argile à 0.55 fr. , ... » 27.50
Carton . . . . » 1 87

Total, fr. 675.63

et par mètre courant, 185.10 fr.

L'avaleresse, continuant à travers des sables secs, a été
donnée à prix fait, à raison de 10.76 le mètre courant.

838. *Construction d'une galerie par palplanches.*

Les dépenses suivantes se rapportent à un percement
pratiqué à travers les sables mouvants et autres substances
désagrégées qui recouvrent le gîte zingcifère de la mine
dite Friedrich-Stollen, près de Tarnowitz, en Silésie. Le
sol de l'excavation repose sur des stratifications douées de
quelque solidité; mais les régions situées vers le faîte offrent
au plus haut degré le caractère des roches ébouleuses.

Le revêtement en maçonnerie, dont l'épaisseur est de
0.90 mètre, se compose de deux pieds droits reposant sur
un radier et recouverts d'une voûte en plein cintre. La
galerie, exécutée en 713 jours, ou environ deux ans, d'un
travail consécutif, a une longueur de 221.8 mètres; sa
hauteur, mesurée dans œuvre, est de 3.28 mètres, et sa
largeur, de 1.30 mètre; l'épaisseur du muraillement étant
de 0.90 mètre, le mineur a dû excaver suivant une section
de 4.72 sur 3.17 mètres.

Le pinastre constitue l'essence des arbres employés au
soutènement provisoire de l'excavation; quelques madriers
et quelques planches ont été débités dans des troncs de pins.

Dimensions moyenne des diverses pièces.

	LONGUEUR.	DIAMÈTRE.	CUBE.
Gros troncs ,	mètres 12.80	mètre 0.28	mètre cube, 0.77
Petits troncs ,	» 12.00	» 0.22	» 0.43
Balivaux ,	» 11.00	» 0.14	» 0.18
Demi-bois ,	» 11.00	» 0.16	» 0.10

	LONGUEUR.	LARGEUR.	ÉPAISSEUR.
Madriers ,	mètres 6.90	mètre 0.26	mètre 0.07
Planches ,	» 6.90	» 0.28	» 0.05

Une longueur de 20.90 mètres suffit pour établir la moyenne des dépenses résultant de l'opération.

Percement.

Matériaux.

Gros troncs ,	22 à fr. 6.25 la pièce . . . . fr.	137.50
Petits troncs ,	35 » 3.56 » . . . . . »	124.60
Balivaux ,	19 » 1.87 » . . . . . »	35.55
Demi-bois ,	56 » 2.25 » . . . . . »	126.00
Madriers ,	88 » 2 81 » . . . . . »	247.28
Planches ,	665 » 1.50 » . . . . . »	997.50

Objets divers.

Clous . . . . »	1.85
Bottes de paille , 96 à fr. 0.28 la pièce . . . . »	26.88
Nouveaux outils . . . . »	22.70
Manches , 27 à fr. 0.065 la pièce . . . . »	1.75
Huile de navette, 96 kilog. à 0.85 fr. . . . . . . »	81.60
Brouettes , cuvaux , etc. . . . . »	9.52
Usage de la corde du puits. . . . . »	42.00

Main-d'œuvre.

Excaveurs , 514 journées à fr. 1.75 . . . . »	884.08
Traîneurs , 526 » » 0.75 . . . . »	394.50
Tireurs , 519 » » 0.625 . . . . »	324.37
Caisse de prévoyance. . . . . »	43.70
Demi-salaire d'un contre-maître et d'un garde. . . »	92 62
Travaux de forge (ustensiles) . . . . »	16.24
Indemnités aux malades. . . . . »	17.65
Travail d'un géomètre . . . . »	7.76

fr. 3,655.63

L'excavation de 20.9 mètres ayant duré 67 jours, l'avancement quotidien a été de 0.31 mètre. Lorsque le travail était régulier, chaque poste comprenait six excaveurs, autant de traîneurs et de tireurs, et trois receveurs ; total, 21 ouvriers. Mais comme les passages difficiles exigeaient un personnel plus nombreux, celui-ci a été en moyenne composé de :

Excaveurs,	2.55 par poste	7.65 par 24 heures.	
Receveurs et traîneurs,	2.61 »	7.85	»
Tireurs,	2.58 »	7.74	»
	7.74	23.22	

Revêtement en maçonnerie.

Matériaux.

Moellons de carrière, 232.4 mètres cubes à 1.01 fr. . . fr. 234.72
Pierres de remplissage ramassées sur la halde, 100 mètres
cubes à 0.1875 fr. . . . . » 18.75
Chaux, 88 hectolitres à 0.85 fr. . . . . » 74.80
Sable, 62 brouettes à 0.25 fr. . . . . » 15.50

Bois.

Petits troncs d'arbre, 10.5 pièces à 3.56 fr. . . . » 37.38
Demi-bois, 10.4 à 2.25 fr. . . . . » 23.50
Lattes de cintrage, 65 à 0.125 fr. . . . . » 8.12
Madriers, 7.5 à 2.81 fr. . . . . » 21.07
Planches, 49.8 à 1.50 fr. . . . . » 74.70

Objets divers.

Clous . . . . » 1.60
Bottes de paille, 6.4 à 0.28 fr. . . . . » 1.79
Nouveaux outils. . . . . » 1.50
Manches, 12 à 0.065 fr. . . . . » 0.97
Terre glaise, 5 brouettes à 0.31 fr. . . . . . . » 1.55
Huile de navette, 52 kil. à 0.85 fr. . . . . . . » 44.62
Matériaux de diverses espèces. . . . . » 78.10

A reporter, fr. 638.47

Reporter, fr. 638.47

Main-d'œuvre.

Maçons,   347 journées à fr. 1.58 . . . . » 548.26
Traîneurs, 235   »   »   0.75 . . . . » 176.25
Tireurs,   254   »   »   0.72 . . . . » 158.75
Travaux de forge, 0.07 fr. par journée de maçons. . »   24.29
Caisse de prévoyance. . . . . »   41.90
                                             ────────
                                             fr. 1,587.92

Prix du mètre courant :

Pour l'excavation . . . . fr. 173.95
Pour le revêtement . . . . »   75.98
                                             ────────
                                             fr. 249.93

839. *Galerie d'exhaure de la Louvière (Centre), à travers les sables mouvants et aquifères.*

Procédé par palplanches.

Les postes, dont la durée était de six heures, se composaient de deux ouvriers occupés à chasser les palplanches, à avancer le bouclier, à boiser et à charger les sables dans les vases de transport ; ils comprenaient, en outre, autant de traîneurs qu'il y avait de relais de 30 mètres entre le front de taille et le pied du puits le plus rapproché du travail. Au jour, quatre femmes étaient appliquées au treuil, et un homme transportait les déblais à quelque distance de la margelle du puits.

Le point de creusement étant supposé à une distance de 90 mètres, et le travail non interrompu d'une semaine produisant 0.75 mètre d'avancement, il fallait, par conséquent, 9 1/3 jours pleins (24 heures) pour avancer d'un mètre.

Prix de la main-d'œuvre pour cette unité linéaire :

74 2/3 journées de mineurs, à 1.20 fr. . . . . . . fr.   89.60
112   idem   de traîneurs, à 1 fr. . . . . » 112.00
140   idem   d'hommes et de femmes à la surface. » 140.00

Total, fr.   341.60

Procédé par picots (fig. 2 et 3, pl. XV).

L'avancement était de 1.20 mètre en 24 heures. Un traîneur suffisait à chaque poste pour une même distance de 90 mètres, d'où résulte une dépense de :

8 journées de mineurs, à 1.20 fr. . . . . fr.   9.60
4   idem   de traîneurs, à 0.80 fr. . . . . »   3 20
9   idem   d'hommes et de femmes au jour. . . . . »   9.00

fr.   21.80

Soit par mètre courant, 18.17 fr.

Une diminution aussi notable du prix de revient doit être attribuée bien plus au mode perfectionné de travail qu'à l'abaissement de salaire des traîneurs et à la distance de parcours plus grande exigée d'eux après l'établissement d'un chemin de fer intérieur (1).

840. *Serrement droit de la Chartreuse, près de Liége* (2).

Main-d'œuvre.

Charpentiers, pour l'ajustement des pièces du serrement. Journées.   2
Préparation des cuirs, picots et lambourdes. . . . »   4
Digue et canal provisoire, exécutés par des mineurs. »   3
Ciselage des parois de la galerie. . . . . •   8
Entaille du faîte . . . . »   8

A reporter, Journées 25

---

(1) *Annales des travaux publics en Belgique*, tome VIII, page 311.
(2) Mémoire de M. Gonot, inséré dans le tome IX des *Annales des Mines*, p. 137.

Report , Journées 25

Entaille du sol. . . . . » 8
Pose du serrement . . . . » 14
Application de la mousse. . . . . » 6
Picotage. . . . . » 6
Blindage de renfort et de soutènement . . . . » 3

Journées , 62

de charpentiers et de mineurs, à fr. 1.77 . . . . fr. 109.74

Matériaux.

6 pièces de serrement en chêne de 3 mètres de longueur, à 11.85 le mètre courant. . . . . » 212.94
13 mètres de solives à fr. 2. . . . . » 26.00
30 baliveaux et étançons à 0.28 fr. . . . . . . » 8.40
15 planches pour la digue à 0.40 fr. . . . . . . » 6.00
8 id. de bois blancs pour lambourdes, fr. 0.40. » 3.20
Huile et chandelles . . . . » 7.00
10 sacs de mousse . . . . » 5.92
1/2 voiture d'argile préparée . . . . » 5.55
Canaux en bois , tuyau en cuir, écrou, étrier, clous,
lattes , etc. . . . . » 15.00

fr. 397.75

841. *Serrement sphérique des mines de Churprintz ,*
près de Freyberg (1).

Main-d'œuvre.

576 journées de mineur , pour entailler et ciseler
les parois, à fr. 0.8454 . . . . fr. 486.00
326 idem de charpentier , pour couper, dresser et placer
les coins , à fr. 0,875 . . . . » 285.25
19 idem de maître mineur à fr. 1.563 . . . . . » 29.69
Transport du tuyau de Freyberg à la mine , frais de
chargement et de déchargement, etc. . . . . . . » 37.06
Réparations de 12,780 pointerolles à 0.587 le cent. . » 75.03
Façon de deux frettes , pesant kilog. 17.3 à 0.167 fr.
le kilog. . . . . » 2.89
Idem de la frette du tampon . . . . » 0.62
Idem du crochet de la vis et de l'écrou . . . . . » 1.64
Idem de neuf coins en fer. . . . . » 6.56

fr. 924.74

(1) *Archiv von Karsten* Band XV. Seite 89.

Matériaux.

22 pièces de bois tendre, d'une longueur de mètres 3.46 et d'un équarrissage de 0.34 mètre à fr. 459 le M³ fr.	183.75
Une pièce de hêtre pour tampon; longueur, mètre 1.15 ; équarrissage 0.72 mètre . . . . »	13.12
Une id. pour recevoir l'ouverture d'écoulement des eaux; long., mètre 1.73 ; équarrissage, mètre 0.50. . »	16.87
80 pièces de bois tendre, de 0.36 d'épaisseur, pour la confection des coins. . . . . »	31.25
420 coins durs à 1.56 le cent . . . . »	6.55
Un tuyau en fonte, pesant kilog. 525.80 à fr. 43.15 le cent . . . . »	226.02
3 frettes en fer battu, pesant brutes kilog. 33.36, 2 à 184.1 fr. le cent . . . . »	45.00
51.46 kilog. de fer pour réparer les outils, à fr. 53.15 le quintal métrique. . . . . »	27.34
Acier. . . . . »	8.64
Toile grossière. . . . . »	3.30
0.5 kilog. de chanvre . . . . »	1.09
	fr. 562.93

Total de la valeur du serrement, fr. 1,487.67.

842. Serrement en maçonnerie des districts de la Ruhr.

La digue dont il s'agit ici est de forme conique, elle a été construite dans une galerie à travers bancs de la mine dite *Verein General*, près de Bochum.

Hauteur de la galerie.	mèt.	2.09
Largeur	»	1.30
Epaisseur de la maçonnerie (6 briques).	»	1.65
Longueur du grand rayon.	»	3.83

Main-d'œuvre.

Entaillement des roches et construction des bâtar-
deaux, 94 journées à fr. 1.687 . . . . fr.   158.58
Salaire du maître maçon . . . . »   9.37
Préparation du mortier, 22 journées à fr. 1.25 . . »   27.50
Journées de maçons, 13 à fr. 2.75. . . . . . . »   35.75
   Id. de manœuvres, appliquées au transport des
matériaux et au service des maçons, 49 à 1.25. . . »   61.25
                                  fr.   292.45

Matériaux.

4,000 briques à 26.25 le mille . . . . fr.   105.00
28 hectolitres de trass à fr. 1.48 . . . . »   41.44
13.5 hectolitres de chaux à fr. 2.08 . . . . . . »   28.08
13   id.   de briques pilées à 0.46 . . . . . »   5.98
Un tuyau en fonte de 1.98 mètre de long et 0.13 mèt.
de diamètre, pesant 173.25 kilog. à 30.50 p. c. . . . »   52.84
Transport du tuyau. . . . . »   2.50
Fer forgé, un tampon et quatre écrous, pesant 2 80 kil.
à fr. 0.80 . . . . »   2.24
                                  fr.   238.08

Valeur totale du serrement, fr. 530.53.

V⁰. SECTION.

ARRACHEMENT DE LA HOUILLE ET TRAVAUX ACCESSOIRES.

843. *Province de Liége.*

Le mode d'arrachement usité dans les mines des environs de Liége est appelé *travail à la journée.* Cette désignation est impropre, puisque l'ouvrier doit s'avancer d'une quantité déterminée, en occupant une largeur donnée; mais ce n'est pas non plus un ouvrage entièrement à forfait, puisqu'une surveillance incessante et rigoureuse peut seule forcer le mineur à livrer la quantité de houille résultant de l'avancement prescrit et de la puissance de la couche. Ce mode, qui en définitive revient à allouer une somme par mètres carrés de surface arrachée eu égard aux difficultés du havage et de l'abattage, exige beaucoup d'ordre dans la succession des divers travailleurs, afin d'éviter les pertes de temps; il est désavantageux, en ce qu'aucune classe d'ouvriers n'est engagée par son intérêt particulier à contrôler le travail des autres classes.

Tantôt les haveurs n'ont à s'occuper que de l'excavation parallèle aux stratifications, laissant l'entaillement latéral de la couche et son abattage aux ouvriers *dispiéceurs* du poste suivant; c'est ce que les mineurs liégeois désignent sous le nom de *travail à tchoque;* tantôt les mêmes ouvriers doivent haver, entailler, abattre et boiser : c'est le *travail à taille*, qui comprend aussi quelquefois le remblayage et souvent aussi le *boutage*, c'est-à-dire l'opération destinée à faire parvenir les produits à la galerie de roulage, en les faisant glisser sur le sol à l'aide de la pelle. Dans ce cas, les ouvriers sont disposés de telle façon qu'il leur incombe une surface d'arrachement d'autant plus grande que la quantité de houille à faire passer est moins considérable, c'est-à-dire que le point où travaille le haveur est plus éloigné de la galerie de roulage. Dans tous les cas, la vérification de l'avancement est confiée à un ouvrier de choix appelé *bouteur de rull*, opérant au moyen d'une mesure en fer (*Rull*) qu'il introduit dans les diverses excavations.

L'exhaussement des galeries, par l'arrachement du mur ou du toit, la construction de murailles en pierres sèches le long de la voie, et le boisage de celle-ci, sont du ressort des *bosseyeurs*, ouvriers spéciaux appelés à ouvrir la galerie d'une longueur égale à l'avancement journalier de la taille.

La durée moyenne de la journée est de 8 heures ; mais les ouvriers sont tous admis à travailler 10 à 12 heures (1 1/4 ou 1 1/2 journée). L'emploi exclusif de lampes de sûreté force l'exploitant à se charger de la fourniture d'huile.

844. *Puits Mortchamps de l'Espérance, à Seraing.*

La platéure de la couche dite *Dure-Veine* a une puissance de 0.35 mètre ; le toit en est bon et le mur solide. Comme cette stratification, privée de houage, est d'ailleurs coupée par des fissures bien déterminées, les blocs sont arrachés sans havage préalable.

Abattage.

La taille, dont la hauteur est de 30 mètres, est occupée par dix haveurs chargés du boutage ; l'ouvrier le

plus rapproché de la galerie de transport arrache sur une
largeur de 2.30 mètres, et le plus éloigné, de 3.70 mètres.
Les haveurs intermédiaires prennent une largeur qui s'accroît d'environ 0.15 mètre, à mesure qu'ils se rapprochent
de la galerie de retour de l'air.

> L'avancement journalier est de 1.65 mètres.
> Le produit de la taille est de 380 hectolitres ras.
> Surface moyenne d'arrachement pour chaque mineur, 4.95 M².
> Chaque mineur produit 38 hectolitres.
> Prix de la main-d'œuvre : 10 ouvriers à fr. 2.70, fr. 27.00.

Coût de l'hectolitre, 0.071 fr.

Formation des voies.

Cette opération s'effectue pendant la nuit. Deux ouvriers
appliqués à l'excavation des roches encaissantes ouvrent
des galeries de 2 mètres de largeur et de 1.80 mètre de
hauteur. Chargés, en outre, du boisage et du remblayage,
ils s'adjoignent cinq jeunes gens, qui se passent de mains
en mains les déblais placés dans des corbeilles (*mannes*),
et dont le prix de la journée est d'autant plus élevé
qu'ils occupent une position plus rapprochée de la galerie
de roulage.

Détail de la dépense.

Deux bosseyeurs. à fr. 2.70. . . . . fr.	5.40
Deux remblayeurs (*restapleurs*), à fr. 1.50 . . . . . »	3.00
Trois idem, à 0.90 fr. . . . . »	2.70
Pour un avancement de mètre 1.65 . . . fr.	11.10
Pour un mètre courant . . . . fr.	6.72
Et par hectolitre de houille extraite. . . . . . . »	0.029

Couche Houlleux. Puissance, 1 mètre; inclinaison, 40
à 45 degrés; elle possède à son mur un houage tendre
et facile à arracher. La taille, de 30 mètres de hauteur,
est occupée par dix ouvriers dont l'avancement est de
mètre 1.47; ils rejettent les remblais derrière eux et font
parvenir la houille dans la galerie.

Chacun d'eux excave une surface de 4.41 mètres.

Comme ils reçoivent également fr. 2.70 par journée, et que la taille produit 575 hectolitres, le prix de ce dernier est d'environ fr. 0.047.

Le bosseiement se fait au prix de 5 fr. le mètre courant, ce qui porte le prix de l'hectolitre à fr. 0.0127.

Déliée Veine. Charbon menu, propre à la forge. Puissance, 0.60 mètre; les roches encaissantes, fort déliteuses, exigent un boisage à cadres complets.

Hauteur de taille, 30 mètres. Avancement, 1.18 mètre, que l'ouvrier fait en abattant et boisant plusieurs fois successivement. Nombre d'ouvriers, 10. Surface excavée par chaque ouvrier, 3.54 M².

Produit de la taille, 280 hectolitres.

Valeur de l'hectolitre, fr. 0.0964.

Le bosseiement s'effectue à raison de 5 fr. le mètre courant.

845. *Puits Inchamps ; concession de l'Espérance, à Seraing.*

Malgarnie en droit. Puissance, 1 mètre. Houage au mur; exploitation à gradins renversés.

Arrachement.

La taille, dont la hauteur est de 15 mètres, est divisée en une coupure de 3.25 mètres, contenant deux ouvriers, et en cinq maintenages de 2.35 mètres, à chacun desquels est appliqué un haveur. Avancement, 2.50 mètres.

La surface moyenne excavée par chacun des sept ouvriers est de M². 5.35.

7 ouvriers à fr. 2.70 . . . . . . fr. 18.90.

Les produits consistant en 480 hectolitres, chaque

ouvrier fournit environ 68 1/2 hectolitres, dont le prix est de fr. 0.0393.

Couverture des voies.

L'élargissement des galeries et le remblayage de la taille, à l'aide des déblais produits par l'arrachement des parois latérales, se paie fr. 8 par mètre courant, savoir :

2 bosseyeurs étançonneurs, à fr. 2.70 . . . . fr.	5.40
3 remblayeurs, à fr. 1.60. . . . . »	4.80
3 idem, à fr. 1.30 . . . . »	3.90
3 idem, à fr. 0.90 . . . . »	2.70
2 chargeurs et releveurs de pierres, à fr. 1.60 . . . . »	3.20

Pour un avancement de mètres 2.50, fr. 20.00

Ce qui porte le prix de l'hectolitre à fr. 0.0416.

La surveillance est exercée par un ouvrier intelligent, appelé en outre à monter les cheminées ; c'est le *chef de taille*, dont le salaire est le même que celui des haveurs.

Boisages.

Tailles.

45 bois de taille, à fr. 0.09 . . . . fr.	4.05
30 mètres de beiles, à fr. 0.13. . . . . »	3.90
10 fats de *wates*, à fr. 0.35 . . . . »	3.50
20 bottes de *veloutes*, à fr. 0.05 . . . . »	1.00

Galeries.

27 mètres de baliveaux de sapin, à fr. 0.30 . . . . »	8.10
4 fats de wates, à fr. 0.35 . . . . »	1.40
10 bottes de veloutes, à fr. 0.05 . . . . »	0.50

fr. 22.45

Coût de l'hectolitre, fr. 0.0467.

L'usage des wates et des veloutes a été indiqué dans le paragraphe 393.

846. *Puits du Grand-Bac de la mine du Val-Benoît*
(fig. 5-7, pl. XXVII).

Cette exploitation a pour objet un assez grand nombre
de couches droites désignées par des numéros d'ordre.
Les suivantes serviront d'exemple pour les effets utiles des
mineurs appliqués à l'arrachement de la houille :

La couche N. 5, inclinée de 75 degrés, est formée de
deux lits (*cochets*), l'un de 0.80 et l'autre de 0.50 mètre;
mais ce dernier, de mauvaise qualité, passe entièrement
dans les remblais.

La couche N°. 10 a une puissance de 0.60 mètre;
elle est divisée en deux bancs de 0.40 mètre par une
intercalation schisteuse de faible épaisseur dans laquelle
s'effectue l'entaille. Son inclinaison est de 70 degrés.

Enfin, la stratification désignée par le N°. 8 est composée
de deux bancs, séparés par un petit lit de schiste servant
de houage. Inclinaison, 60 degrés.

Les gradins ont une hauteur de 3.70 à 4.20 mètres.
L'arrachement, l'abattage et le boisage incombent aux haveurs, payés en raison du nombre de mètres carrés d'excavation produite. Ils travaillent ordinairement une journée
et demie, soit 11 à 12 heures, et sont accompagnés des
bouteurs, destinés à faire couler la houille dans les cheminées de dégagement. A ce poste succèdent les *bosseyeurs*,
appliqués à l'arrachement des roches encaissantes des voies
de roulage et d'aérage, et les *restapleurs*, dont le nombre
doit être suffisant pour faire parvenir les débris stériles
sur toute la hauteur de l'atelier.

Conditions du travail dans les trois couches.

		No. 5.	No. 10.	No. 8.
Hauteur des tailles	mètres	26.56	26	35.60
Avancement journalier	»	1.20	1	1.20
Produit de l'atelier	hectol.	354.00	254	470
Prix du mètre carré	fr.	0.90	1	0.80
Nombre de haveurs		7	7	9

Résultats.

Produit du mètre carré	hectol.	11.2	9	11
Idem par haveur	»	50.6	33.4	52
Surface havée par chacun d'eux, M².		4.90	3.71	4.75

Dépenses.

Haveurs. Totalité des salaires	fr.	28.47	26	37.60
La journée de 12 heures s'élève à	»	4.07	3.71	4.17
Prix de l'hectolitre	»	0.0803	0.1111	0.0800
Bouteurs. Nombre et valeur ⎰ 1 jour. à fr. 1.70		1 à 1.70	2 à 1.50
des journées ⎱ 4 » à » 1.10		2 à 1.10	4 à 1.10
Salaire total	fr.	6.10	3.90	7.40
Prix de l'hectolitre	»	0.0172	0.0166	0.0157
Remblayeurs. Nombre		9	8	11
Salaire moyen	fr.	1.70	1.60	1.60
Id. total	»	15.30	12.80	17.60
Prix de l'hectolitre	»	0.0432	0.0540	0.0372
Id. des trois opérations	»	0.1407	0.1817	0.1529
Bosseyeurs. Prix du m. ⎰ de roulage, fr.		4	6.25	4.60
courant de galerie ⎱ d'aérage, »		1.75	»	1.75
Somme dépensée	»	6.90	6.25	7.62
Prix de l'hectolitre	»	0.0195	0.0267	0.0162

Bois employés dans les trois tailles.

Baliveaux de sapin	mètres	63.42	à fr. 0.50	fr. 19.05
Beiles ou chapeaux	»	145.20	à » 0.08	» 11.62
Étançons ou bois de tailles	»	233.30	à » 0.13	» 30.59
Wates	fats	50	à » 0.34	» 17.00
Veloutes	bottes	214	à » 0.05	» 10.70
				fr. 88.94

Le produit des trois tailles étant de 1,061 hectolitres, le prix de revient de chacun de ceux-ci s'élève, quant aux boisages, à fr. 0.0858.

847. Puits du Val-Benoît, appartenant à la concession du même nom.

Les travaux auxquels a été appliquée la méthode dite à *tchoque*, ont d'abord pour objet l'entaille parallèle aux stratifications que pratiquent les haveurs. À ceux-ci succèdent les *dispiéceurs*, chargés de l'entaillement latéral et de l'abattage pendant que les *bouteurs* font parvenir la houille sur la voie de roulage. Les *bosseyeurs*, les *boiseurs* et les *remblayeurs* forment un poste spécial pendant lequel l'atelier est disposé pour que les haveurs puissent reprendre immédiatement leur travail. La journée de ces ouvriers est de 7 à 8 heures, mais il en est bien peu qui ne complètent leur 11 à 12 heures de travail en passant dans un autre atelier. Tous les ouvriers accessoires font régulièrement une journée et demie dans la même taille.

L'Oliphon, couche inclinée de 35 degrés, est composée de deux bancs, l'un au toit de 0.80 mètre de puissance, l'autre au mur de 0.23 mètres ; ils sont séparés par une intercalation de 0.75 mètre dans laquelle se fait le havage, d'où résulte une grande perte de houille.

Belle-au-Jour est un bloc de 0.75 mètre d'épaisseur recouvert d'un lit de même épaisseur. Celui-ci renferme une houille impropre à la vente, réservée à la consommation des machines. Inclinaison, 33 degrés.

Conditions de l'arrachement.

	Olyphon.	*Belle-au-Jour.*
Hauteur de taille	mètres 35	mètres 50
Avancement journalier	» 1.70	» 1.70
Produits de la taille	hect. 866	hect. 986
Nombre de haveurs	12	12
Idem de dispiéceurs	6	6

Résultats.

Produit par mètre carré. . . .	hect. 14.8	hect. 11.6
Idem par ouvrier	» 48	» 54.8
Surface havée par ouvrier . . .	M² 3.25	M² 4.72

Dépenses.

Arrachement. Journées de haveurs   fr. 2.10   fr. 2.10
Idem de dispiéceurs . . . . .   » 3.15   » 3.15
Somme dépensée . . . . . .   » 44.10   » 44.10
Prix de l'hectolitre . . . . .   » 0.0510   » 0.0447

Boutage. Nombre de journées. . 7 à fr. 2.40   9 à fr. 2.40
Somme dépensée . . . . . .   » 16.8   » 21.6
Prix de l'hectolitre . . . . .   » 0.0194   » 0.0219

Remblayage. Nombre de journées. 12 à fr. 2.70   6 à fr. 2.70
Montant de la taille . . . . .   » 52.40   » 16.20
L'hectolitre revient à. . . . .   » 0.0577   » 0.0164

Bosseyement. Nombre d'ouvriers. 5 à fr. 3.50   5 à fr. 3.50
Somme . . . .   » 9.50   » 16.50
Prix de l'hectolitre . . . . .   » 0.0109   » 0.0167

Boisage des deux chantiers.

Bois de taille , mètres 52.40, à	fr. 0.30.	fr. 9.72
Beiles , » 45.75	» 0.10. . . . . , .	» 4.57
Bottes de veloutes . 115	» 0.06.	» 6.78
Fats de wates. . . 50	» 0.35.	» 17.50

                                         ————
                                     fr. 38.57

Coût moyen de l'hectolitre , fr. 0.0208.

Récapitulation.

Arrachement et travaux accessoires . . . fr.	0.1081	fr. 0.0830
Bosseyement . . . . »	0.0109	» 0.0167
Boisage . . . . »	0.0208	» 0.0208
	fr. 0.1398	fr. 0.1205

848. *La Nouvelle-Haye.*

Le travail des ouvriers consiste à haver, abattre, boiser, remblayer et à faire parvenir les houilles au pied du chantier; cette dernière opération, vu la hauteur des tailles, doit être effectuée par des ouvriers spéciaux. Le salaire est déterminé par le nombre de mètres carrés de surface havée.

Dure-Veine, couche d'un seul banc de 0 50 mètre, havée dans le mur de la couche.

Hauteur de taille, 60 mètres; avancement, 0.55 mètre; surface excavée, 31.80 mètres carrés.

Produit du chantier, 233 hectolitres; par mètre carré, 7.3 hectolitres.

Chacun des 12 ouvriers excave 2.64 mètres carrés et fournit 19.4 hectolitres.

Le prix convenu par mètre carré étant de 1.05 fr., la dépense s'élève à 33.39 fr.; le salaire de chaque haveur est de 2.78 fr. et la valeur de l'hectolitre de 0.1433 fr.

La formation des voies (*bosseyement*) est un travail payé au mètre courant. Deux ouvriers entreprennent simultanément deux tailles et gagnent en moyenne 5 fr. par jour.

L'exploitant, pour 0.55 mètre à 8 fr., paie 4.24 fr., et par hectolitre, 0.0182 fr.

Les bosseyeurs dépensent 0.125 kilog. de poudre à 0.50 fr. et 1 mètre de mèches de sûreté à 0.29 fr.

Grignette, couche en deux cochets de 0.50 et de

0.12 mètre séparés par une intercalation de 2 à 3 centimètres; celle-ci étant fort tendre et facile à arracher, les produits obtenus s'élèvent à peu près au double de ceux de Dure-Veine.

Hauteur de taille, 21.50 mètres; avancement, 1.08; surface, 23.21 mètres carrés. Produits, 167.7 hectolitres.

Chacun des cinq ouvriers occupant une largeur de 4.50 mètres, excave 4.64 mètres carrés et produit 33.54 hectolitres.

Le salaire étant de 0.60 fr. par mètre carré, la somme payée s'élève à 13.93 fr.

Prix de l'hectolitre, 0.083 fr., et de la journée, 2.78 fr.

Le bosseyement de 1.08 mètre à 8 fr. coûte 8.64 fr., ce qui fait par hectolitre 0.0515 fr.

Ce qui précède se rapporte à des journées de huit heures; mais les ouvriers sont toujours admis à travailler 10 à 12 heures s'ils le veulent.

849. *Mine du Bonier* (fig. 2 et 3, pl. XXVII).

La couche en exploitation est *Grande-Veine*, dont la puissance varie de 0.65 à 0.76 mètre. Cette stratification, privée de houage, est formée d'un seul banc de houille d'une dureté telle que le haveur est forcé d'avoir recours, pour l'arracher, à tous les moyens possibles, même à pratiquer l'entaille dans les roches encaissantes. Les travaux de cette mine sont organisés à *tchoque*.

La hauteur de la taille est de 43 mètres; l'avancement moyen de 0.82 mètre et la surface excavée de 35.26 mètres carrés.

Arrachement.

9 haveurs, à 2.50 fr. . . . . fr.	22.50
5 dispièceurs, à 2.50 fr. . . . . »	12.50
7 bouteurs, à 1.60 fr. . . . . »	11.20
fr.	46.20

Travaux accessoires.

1 boiseur	fr.	2.50
3 remblayeurs, à 2 fr.	»	6.00
1 1/2 bosseyeur, à 2.50 fr.	»	3.75
1 serveur	»	1.25
1 chef de taille.	»	2.50
	fr.	16.00

Les produits de l'atelier s'élevant à 286 hectolitres, les résultats sont les suivants :

Rendement du mètre carré	hectolitres 8.1
Idem des haveurs et des dispièceurs	20.4
Surface havée par chacun d'eux	mètres carrés 2.51

L'hectolitre de houille a coûté :

D'arrachement	fr.	0.1618
De travaux accessoires	»	0.0559

850. *District de Charleroi.*

Les conditions qui régissent le travail des ouvriers appliqués à l'arrachement de la houille dans le district de Charleroi, sont les mêmes que dans la province de Liége.

La durée de la journée est de 12 à 13 heures, y compris le temps employé pour entrer dans la mine et en sortir, à l'aide du cuffat. Les haveurs excavent, abattent, projettent les remblais derrière eux et boisent la taille. Quant à faire parvenir la houille sur la galerie de roulage, c'est une opération effectuée tantôt par des ouvriers spéciaux, appelés *reculeurs*, tantôt par les haveurs eux-mêmes.

Dans le premier cas, la largeur d'excavation attribuée à chacun de ces derniers est partout la même, sauf aux deux extrémités de la taille, où elle est moindre, afin de compenser l'exécution des *coupements* ou entailles perpendiculaires au plan de stratification. C'est ainsi que l'une des tailles du gouffre contient, sur un front de 16 mètres, cinq ouvriers auxquels sont attribuées les largeurs suivantes :

Mètres 2.90 — 3.40 — 5.40 — 5.40 — et 2.90.

Si l'exploitant n'emploie pas d'ouvriers spéciaux pour repousser le charbon dans la galerie, il a égard à la double circonstance du reculage et du coupement, et alors presque toutes les largeurs deviennent inégales; par exemple à la mine du Trieu Kaisin, pour un front de 22 mètres, occupant neuf ouvriers, elles sont, à partir de la galerie d'aérage, de mèt. 2.40, 3.40, 3.40, 3.20, 2.70, 2.20, 1.90, 1.90, et 1.20. Le chef de taille, chargé de mener la voie de roulage, est un ouvrier plus intelligent que les autres et dont le salaire est ordinairement majoré de fr. 0.20.

La moyenne de la surface excavée par les haveurs du district de Charleroi est de 5 M². Quelquefois elle s'élève à 6 M² et s'abaisse aussi à 1.80 mètre; mais ce sont des exceptions. Quant à la production, le maximum est de 60 hectolitres, le minimum de 7 à 8. La moyenne est comprise entre 25 et 30 hectolitres.

Enfin, il est à observer que, dans cette localité, 1 hectolitre de charbon n'est pas la mesure de capacité désignée par cette expression, c'est-à-dire, un dizième de mètre cube, mais un poids de 100 kilogrammes ou un hectolitre plus ou moins comble, suivant la pesanteur spécifique du combustible.

851. *Le Poirier. Puits St-Louis.*

Les fréquentes dislocations de ces couches de houille grasses et les nombreux étranglements dont elles sont

affectées forcent le mineur à disperser les tailles et à
les préparer en nombre double de celui qui serait nécessaire s'il travaillait un gîte plus régulier.

Les mêmes ouvriers sont habituellement chargés du
havage de la couche, de son abattage, du boisage, du
remblayage et de l'arrachement des roches encaissantes
pour former les voies de transport. Ils sont disposés dans
les tailles de manière à occuper des largeurs d'autant
plus grandes qu'ils sont plus rapprochés du sommet de
la taille, et que, par conséquent, ils ont moins de
houille à faire parvenir sur la voie. La durée de la
journée est de 12 à 13 heures. L'huile d'éclairage,
environ 0.10 fr., est au compte des haveurs.

La couche de *Six-Paumes* a une puissance normale
de 0.60 mètre et une inclinaison de 15 degrés. Deux
chantiers, l'un de 14, l'autre de 18, renferment onze
ouvriers produisant 270 hectolitres de 100 kilogrammes.
L'avancement journalier étant de 1 mètre, la surface
excavée par haveur est de M² 2.90.

Les dépenses dérivant de l'emploi de 11 ouvriers à fr. 2.45 . fr. 26.90
et de 2 haytes, jeunes ouvriers occupés à remonter les
remblais dans la taille. . . . . » 1.80
s'élèvent à fr. 28.75

Un hectolitre coûte donc fr. 0,1065.

Et chaque haveur produit hectolitres 24 1/2.

Grand-Forêt. Puissance, 0.70 mètre ; inclinaison,
18 degrés; hauteur de taille, 22.50 mètres ; avancement,
mètre 1.10 ; surface excavée, M² 24.75, produisant
162 hectolitres.

```
2 ouvriers sur voie  . . . . . . . .  4.   ⎫
2   Idem  occupant chacun 3.50 mètres. . 7.   ⎬ 22.50
2   Idem  . . . . . . 3.75  »  . . 7.50  ⎪
2   Idem  pour le pilier . . . . . . 22.50 ⎭
```
8 ouvriers à fr. 2.45, fr. 19.60.

Surface excavée par haveur, M² 3.10.

Produit de chacun d'eux, hectolitres 20 1/4.

Prix de l'hectolitre, fr. 0.1210.

Naye-à-Bois est une couche composée de trois lits (*sillons*) séparés par des intercalations de 0.15 mètre. Sa puissance est de 0.55 mètre, et son inclinaison de 18 degrés. Six ouvriers, installés dans une taille de 17 mètres de hauteur, avancent de 1 mètre et produisent 108 hectolitres. Leur salaire étant également de fr. 2.45, la somme dépensée est de 14.70.

Surface excavée par chacun d'eux, M² carrés 2.83.

Quotité de houille arrachée. . . . hectolitres 18

Prix de revient de l'hectolitre . . . . fr. 0,1361

Quatre-Paumes est une droiteure de 76 degrés, formée d'un seul bloc de 0.40 mètre. Elle comprend deux tailles de 12 mètres dans lesquelles dix ouvriers avancent de 1 mètre et arrachent 1.80 hectolitre.

10 haveurs à fr. 2.45 . . . . fr. 24.50
2 haytes pour relever les remblais, à 0.90. . . . . » 1.80
                                                        fr. 26.50

Prix de l'hectolitre . . . . fr. 0.1461

Surface excavée par haveur . . . . . M² 240

Quotité produite . . . . . . hectolitres 18

852. *Le Gouffre* (fig. 1 et 2, pl. XXIX).

Puits nᵒ. 3. Les couches dites *Gros-Pierre* et *Dix-Paumes*, dont les puissances respectives sont de 0.85 et 0.95 mètre, sont formées d'un seul banc. Leur houage est au toit et leur inclinaison de 25 degrés.

Conditions de l'arrachement.

DÉSIGNATION DES TAILLES.	HAUTEUR.	AVAN-CEMENT.	NOMBRE D'OU-VRIERS.	SOMMES DÉ-PENSÉES.
Gros-Pierre.	Mètres.	Mètres.		Fr.
No. 1. — 1er. poste . . .	16	1.10	5	10.50
» 2e. poste . . .	16	1.10	5	10.50
No. 9	15	1.00	4	8.40
No. 15	15	1.00	4	8.40
No. 10	20	1.00	5	10.50
Dix-Paumes.				
No. 1	16	1.00	5	10.50

Surface totale, 101.20 mètres carrés, 28 fr. 58.80
Six reculeurs, à fr. 1.40 . . . . » 8.40

fr. 67.20

Surface moyenne d'arrachement par haveur, 5.61 mèt.
Le produit des six tailles étant de 1002 hectolitres de
100 kilogrammes, chacun de ces derniers coûte fr. 0,0670.
Chaque ouvrier occupé à la taille produit 55.8 hectol.

Formation des voies pour un mètre d'avancement.

2 coupeurs de voie à fr. 2.10 . . . . fr. 4.20
2 remblayeurs. . . » 1.40 . . . . » 2.80
1   Idem   . . » 1.25 . . . . » 1.25
1,2 kilog. de poudre. » 1.40 . . . . » 0.70

fr. 8.95

Pour 6.20 mètres, fr. 55.49
Et par hectolitre , » 0.0553

Les remblayeurs construisent, le long des voies, des
petits murs en pierres sèches (*Murlias*). La hauteur des
galeries est de 1.76 mètre, et leur largeur de mèt. 1.40.

853. *Mine de Lodelinsart.*

Couche dite *Crève-Cœur* : puissance, 0.75 mètre ; platteure de 30 degrés. Le havage pratiqué vers le toit donne lieu à d'assez grandes pertes de houille.

Arrachement.

1125 hectolitres de 100 kilog. chacun ont été produits par les ateliers suivants :

Deux tailles de niveau de 10.50 mètres de hauteur, dans lesquelles l'avancement quotidien a été de 1.50 mètre. Surface . . . . mètres carrés 31.50

Deux idem dirigées suivant l'inclinaison ; hauteur, 28 mètres ; avancement, 2 mètres. . . .   »   112.00

Total de la surface excavée, mètres carrés 143.50

Les deux premiers ateliers contiennent chacun trois haveurs et les seconds douze. 30 ouvriers payés à raison de 0.45 fr. le mètre carré, 64.575 fr.

Surface moyenne d'arrachement par ouvrier, 4.78 mètres carrés.

Quotité de charbon abattu par un haveur, 37.5 hectol.

Prix de la journée, 2.15 fr.

Valeur de l'hectolitre, 0.0574 fr.

Boisage.

Les deux galeries de niveau et les quatre tailles exigent :

Trois paires d'étançons placés à une distance de 1 mètre d'axe en axe, provenant de deux baliveaux à 5 fr. . . . fr. 10.00

3 chapeaux (*Beiles*) . . . . »   2.00

A reporter, 12.00

Report, 12.00

140 *queues* ou bois de reliement destinés à retenir
latéralement les remblais, et 36 *esclimpes*, bois plus gros
introduits au-dessus des chapeaux ; le tout provenant de
56 perches à 0.12 fr.   . . . .   »   6.72
5 fagots à 0.20 fr.   . . . .   »   1.00
78 bois de taille provenant de 15 baliveaux . . . .   »   13.00
48 *rallonges* ou chapeaux pour les bois de taille à
0.12 fr. la pièce . . . .   »   5.76
Main-d'œuvre pour préparer les bois. . . . . . .   »   1.50
                                                fr.   39.98

  Par hectolitre. . . . . . . fr. 0,0555

Coupage du mur des voies de niveau.

Les ouvriers arrachent les roches encaissantes, boisent
les galeries et remblayent les tailles. Ils reçoivent 6 fr.
par mètre courant, fournissent la poudre et paient sur
leur salaire trois traineurs (*hiercheurs*) à 0.80 fr.

Les trois mètres d'avancement journalier des deux tailles
coûtent 18 fr., soit, par hectolitre, environ 0.0160 fr.

Récapitulation.

Frais d'arrachement . . . . fr. 0.0574
Boisages . . . . »   0.0355
Coupage de mur. . . . . »   0.0160
                        Soit, par hectolitre, fr. 0.1089

Droit-Jet. Puissance en houille, 0.70 mètre. Les quatre
bancs de cette couche, séparés par des intercalations schisteuses, entraînant la perte d'une grande partie des produits, le mineur ne peut réellement compter que sur
une puissance de 0.50 à 0.55 mètre.

Abattage.

Deux tailles de 20 mètres de hauteur, dans lesquelles
l'avancement est de 1.50 mètre, contiennent 12 haveurs
produisant 440 hectolitres de 100 kilog.

Surface totale d'excavation, 60 mètres carrés à 0.52 fr. le mètre, 31.20 fr.

Surface havée, 5 mètres carrés.

Produit par ouvrier, 36 1/2 hectolitres.

Coût de l'arrachement d'un hectolitre, 0.0709 fr.

Boisages.

9 *étançons* pour le revêtement des voies; 5 baliveaux à 5 fr. fr.	15.00
50 perches pour *queues* et *sclimpes* à 0.12 fr. . . . . . »	6.00
12 fagots à 0.20 fr. . . . . »	2.40
40 bois de taille provenant de sept baliveaux. . . . . . »	7.00
Rallongues . . . . »	1.80
	fr. 32.20

Prix par hectolitre, fr. 0.0731.

Établissement des voies.

Les deux tailles accolées comportent trois galeries avancées chaque jour de 1.50 mètre. La prix du mètre courant étant de 2.20 fr., la dépense totale est de 4.50 mètres × 2.20 fr. = 9.90 fr.

Coût de l'hectolitre, 0.0225 fr.

Les deux entrepreneurs doivent déduire de la somme qu'ils reçoivent le salaire de deux traineurs et de quatre aides.

Sondages préventifs.

La crainte de rencontrer d'anciennes excavations inondées force le mineur à exécuter deux trous de sonde de 7 à 8 mètres de longueur; l'un, formant avec le front de taille un angle de 45 degrés, se renouvelle tous les jours; l'autre, prolongé d'une quantité égale à l'avancement journalier, est dirigé parallèlement à l'axe du chantier.

Une journée de sondeur . . . . fr.	2.10
Une Id. d'un aide. . . . . »	0.90
	fr. 5.00

Et, par hectolitre, fr. 0,0068.

Récapitulation.

Arrachement	fr.	0,0709
Boisages	»	0,0731
Formation des voies	»	0,0245
Sondages	»	0,0068
	fr.	0,1753

854. *Les Ardinoises. Puits St-Pierre.*

L'exploitation a pour objet des houilles demi-grasses et maigres. Les ouvriers, comme ci-dessus, sont chargés de l'abattage et de tous les travaux nécessaires, y compris la formation des voies de roulage et d'aérage. Leur paîment est basé sur le nombre de mètres carrés de surface excavée.

Noël. Couche d'une seule masse dont la puissance est de mètre 0.90. Les tailles ont 15 mètres de hauteur. Six ouvriers, appliqués à chaque chantier, avancent de 1.10 mètre et produisent 220 hectolitres.

La surface excavée étant de 16.50 M² et le prix alloué fr. 1 par M², le salaire des haveurs est de fr. 2.75 ; chacun d'eux excave M² 2.75 et produit 36.6 hectolitres ; enfin le prix de l'hectolitre est de 0.075 fr.

Langin est une stratification de 0.75 mètre, divisée en trois bancs par des intercalations schisteuses.

Hauteur de taille, 13 mètres ; avancement, mèt. 1.30. Surface excavée, M² 16.90. Produit, 198 hectolitres.

Mètres 16.90 à 0.80 fr. = . . .	fr.	13.52
Coût de l'hectolitre	fr.	0,068
Produit par ouvrier	hectolitre.	33
Havage.	M²	2.81
Prix de la journée.	fr.	2.25

Les ouvriers subviennent eux-mêmes aux dépenses relatives à l'éclairage.

855. *Courcelles Nord* (fig. 9, pl. XXIX).

Les travaux exécutés par le puits nᵒ. 3 de cette mine de houille maigre consistent en tailles de niveau et en ateliers dirigés suivant la ligne de plus grande pente. Les haveurs installés dans les premières sont chargés de l'arrachement, des travaux accessoires et de la formation des galeries. Ceux qui occupent les seconds doivent, en outre, transporter les produits de l'arrachement sur la voie de niveau, où ils sont repris par les chargeurs. La distance de transport ne peut excéder 60 mètres, hauteur de la tranche en exploitation. Dans les deux cas, la largeur de la taille étant donnée, le salaire a pour objet le mètre courant d'avancement ; mais les ouvriers doivent fournir un nombre déterminé de wagons de houille, dont la contenance est de 650 kilog. ou 6 1/2 hectolitres.

Richesse nᵒ. 2 est une couche de mètre 0.90, divisée en quatre lits (*sillons*) ; son inclinaison est de 24 à 25 degrés. Les ateliers installés dans ce gîte doivent produire, quelle que soit leur hauteur, 20 wagons, ou 130 hectolitres de 100 kilog.

Taille de niveau.

Hauteur, 11 mètres ; avancement, 1.20 mètre ; surface de havage, M² 13.20. Elle contient sept ouvriers, dont quatre sont appliqués, pendant la journée, à l'abattage de la houille, et trois, de nuit, à la formation de la voie.

Le prix alloué étant de 15 fr. par mètre courant d'avancement, ils gagnent 18 fr. en 24 heures.

Le prix de la journée est de. . . . . . fr. 2,57
Chaque haveur excave . . . . M² 3.30
Et produit . . . . hectolitres, 32.1/2
Coût de l'hectolitre : . . arrachement,   0,0790
       »   . . coupage de mur, 0,0590

Tailles montantes.

Hauteur, 13 mètres ; avancement, 1.10 mètre ; surface, M² 14.30. — Six ouvriers, dont deux exclusivement occupés au transport de la houille sur la voie de niveau, reçoivent 12 fr. par mètre courant, et 13.20 pour 1.10.

Produit de chacun d'eux . . . hectolitres 32.1/2
Surface excavée par haveur . . . M²   3.57
Coût de l'hectolitre. . . . . . . fr.   0,101
Salaire des haveurs. . . . . . . »   2.60
  Id. des rouleurs. . . . . . . »   1.40

L'excavation est remblayée avec les débris d'un banc de schiste facile à détacher du toit.

La durée de la journée est de 12 heures.

Belle-Veine n° 4. Couche d'un seul bloc de 0.80 mètre, et inclinée de 30 degrés.

Les gradins, de 13 mètres de hauteur, fournissent 130 hectolitres. A chacun d'eux sont attachés 2 hiercheurs et 5 haveurs, qui avancent de 1.20 mètre. Le prix alloué pour le travail complet est de 13 fr. par mètre linéaire d'avancement.

Somme dépensée, fr. 15.60 ; surface havée, M² 15.60
Quotité produite par haveur . .hectolitre   26
Surface excavée. . . . . M²   3.90
Prix de l'hectolitre : arrachement . . fr. 0,0984
    Idem   transport . . . »   0,0216
Journée des haveurs . . . . . . »   2.40
  Id. des hiercheurs . . . . . »   1.40

Deux autres couches sont arrachées dans les mêmes conditions. Le travail de l'une d'elles offrant de grandes difficultés, quatre tailles ne fournissent que 50 wagons, ou 525 hectolitres.

856. *Mines du Centre du Hainaut.*

Dans cette localité, un havage généralement tendre et des couches traversées par des fissures (*coupes*) régulières et suffisamment ouvertes, facilitent considérablement l'arrachement de la houille. Les roches encaissantes, également faciles à attaquer, mais fort ébouleuses, exigent des revêtements très-soignés. Ces circonstances, semblent avoir réagi sur les habitudes des mineurs, qui tous sont d'excellents boiseurs, mais sont moins laborieux que ceux des districts de Charleroi et du Couchant de Mons ; car la durée de leur travail n'est que de six à sept heures par jour, à moins qu'ils ne consentent, dans les moments où la vente du charbon est active, à travailler une journée et demie, c'est-à-dire, 9 à 10 heures.

Le salaire qu'ils reçoivent est minime comparativement à celui des ouvriers des autres localités de la Belgique. Cependant il est quelque peu majoré par les profits qu'ils retirent d'un travail accessoire effectué à la surface, consistant à mesurer la houille et à la charger sur les voitures des acheteurs. Ces derniers leur paient de ce chef, et sous le nom de *mesurage*, une indemnité de 0,05 fr. par hectolitre, au moyen de laquelle ils réalisent en moyenne de 15 à 25 centimes par jour. Les charbons expédiés par chemins de fer et par bateaux, n'étant pas soumis à cette rétribution, et le commerce à l'extérieur recevant tous les jours une nouvelle extension, cette majoration de salaire diminue insensiblement, et le moment est proche où elle sera complètement anéantie.

Les conditions du travail sont du reste analogues à celles des districts de Charleroi.

857. *Sart-Longchamps et Bouvy.*

La couche de *Huit-Paumes* est composée d'un seul banc de 0.45 à 0.47 mètre.

Six-Paumes, en deux *layes*, a une puissance moyenne de 0.60 mètre.

Grande-Veine est divisée en deux lits par un schiste de 0.03 mètre d'épaisseur. La puissance totale en houille pure est de 0.80 à 0.90 mètre.

Tailles de Huit-Paumes.

Elles ont 13.50 mètres de hauteur; les ouvriers avancent de 1 mètre sur *costeresse* (atelier dirigé suivant l'allongement), et de 1.10 mètre sur *montement*; cette différence provient des facilités plus ou moins grandes offertes par les fissures naturelles de la couche.

Chaque taille produit en moyenne 90 hectol. et coûte:

6 haveurs à fr. 1.10	fr. 6.60
1 *Rueur* (bouteur de charbon)	» 0.90
	fr. 7.50

L'hectolitre revient à . . . . fr. 0,0833
La surface excavée par un haveur est de   M² 2.62
La houille abattue, ... hectolitre 15

Tailles de Six-Paumes.

Même hauteur; avancement, mètre 1.10 en costeresse et 1.20 mètre en montement. Chacune d'elles produit 125 hectolitres et coûte également, fr. 7.50.

Prix de revient de l'hectolitre . . . . . fr. 0.06

Surface excavée. . . . . M² 2.87

Hectolitres abattus . . . . hectolitres 20.8

Grande Veine.

Hauteur de taille, 9 mètres; avancement, 1 mètre en costeresse et 1.20 mètre en montement. Produit: 130 hect.

4 ouvriers haveurs à fr. 1.10. . . . . fr. 4.40

1 rueur de charbon. . . . . » 0.90

fr. 5.30

Prix de revient de l'hectolitre. . . . fr. 0,0613

Surface moyenne d'arrachement . . M² 2.47

Hectolitres abattus par un ouvrier . . . 52.5

L'arrachement du toit du mur et le boisage des galeries sont exécutés à la journée par deux ouvriers spéciaux, qui, payés à raison de 1.10 fr. doivent, pendant la nuit, avancer la galerie autant que la taille l'a été pendant le jour.

858. *Bois du Luc.*

Abattage de la couche.

Veine-du-fond, inclinée de 15 à 18 degrés, et composée comme suit, à partir du toit :

Lit de houille. . . . . . . 0.58 ⎞

Houage . . . . 0.05 ⎟ 1.50 mètre de puissance,

Intercalations schisteuses . . 0.50 ⎟ dont 0,98 m. de houille.

Lit de houille. . . . . . . 0.60 ⎠

Taille montante de 15.40 mètres de largeur; avancement, 1.22 mètre. Produit : 238 hectolitres.

Dépense : 7 haveurs à fr. 1.20 . . . . fr. 8.40

1 rueur de charbon . . . . » 1.00

fr. 9.40

Prix de revient de l'hectolitre, fr. 0,0595.

Surface excavée par un haveur . . . . . M² 2.68
Quotité produite . . . . Hect. 34

Gargay. Couche d'un seul banc de 0.74 à 0.75 mèt. Un avancement de mètre 1.22 dans une taille de 13 mèt. de hauteur produit 186 hectolitres.

Six haveurs et un rueur de charbon coûtent fr. 8.20
Prix de l'hectolitre . . . . » 0.044
Surface excavée . . . . M² 2.64
Nombre d'hectolitres 31 0

Grande-Veine, dont la puissance est de 0.35 mètres. Avancement, 1.18 mètre ; hauteur de taille, 22 mètres.

Dix ouvriers et un rueur étant occupés dans chaque taille, chacun des premiers excave une surface de M² 2.39 et produit 19 hectolitres, le produit total étant de 190 hect.

La dépense est de 13 fr., et par conséquent le prix de l'hectolitre fr. 0.0684.

Chaque ouvrier reçoit par journée 68 grammes d'huile à fr. 0.90 le kilogramme.

Ouverture des voies simples.

Dimensions, mètre 1.25 de hauteur et mètre 1.50 de largeur.

Les coupeurs de voie doivent suivre chaque jour l'avancement de la taille, boiser la galerie et remblayer.

1 ouvrier coupeur . . . . fr. 1.20
1 aide . . . . » 1.00
1 1/2 cartouche . . . . » 0.43
———————
fr. 2.63

Une cartouche contient 0.18 kilog. de poudre à fr. 1.60, 0.288 fr.

Doubles voies de plans automoteurs.

Dimensions : mètre 1.50 de hauteur et mètre 1.80 de largeur.

2 ouvriers coupeurs	fr. 2.40
1 aide	» 1.00
2 cartouches	» 0.58
	fr. 3.98

Les réparations des galeries exigent par puits quatre ouvriers, devant placer chacun six cadres par jour.

Prix de la journée, fr. 1.20	fr. 4.80
4 traîneurs ou aides, à fr. 0.80	» 5.20
	Total , fr. 8.00

859. *Mines du Couchant de Mons.*

Les *ouvriers à veine* sont payés, soit à raison du mètre carré d'excavation, soit par douzaines de cuffats, en faisant varier le prix suivant la contenance de ces derniers, la puissance de la couche et les difficultés de l'arrachement. Le salaire dépend encore de la saison ; il est plus élevé en été qu'en hiver ; enfin, les tailles *costeresses* sont plus payées que les ateliers *thiernes* ou *demi-thiernes*, à cause de la nécessité où se trouvent les mineurs de bouter en montant sur la moitié de la hauteur de l'excavation.

Les ouvriers havent, abattent et boisent ; un bouteur leur est adjoint pour avancer le charbon au chargeur installé sur la galerie. Quand la voie de roulage aboutit au milieu du front de taille, les ouvriers se placent symétriquement par rapport à cette dernière, de telle façon que ceux d'entre eux qui ont le plus à bouter aient une moindre surface à excaver. Ainsi, pour une taille de 14 mètres de hauteur, ils se disposent comme suit :

Ouvriers :	Nᵒ. 3, Nᵒ. 2, Nᵒ. 1.	Ouvriers de voie :	Nᵒ. 1, Nᵒ. 2, Nᵒ. 3.
Largeurs : Mèt.	2.30, 2.00, 1.70.	2 mèt.	1.70, 2.00, 2.30

Ils emploient quelquefois la poudre pour abattre le charbon, mais en quantités trop variables pour qu'il soit possible d'en déterminer la valeur.

Le second poste est composé des *releveurs de terre*, dont les fonctions consistent à prendre les déblais jetés confusément par les ouvriers à veine, à en dégager la voie thierne et à les serrer contre le toit. Les *coupeurs de voie* excavent les roches encaissantes, en passent les débris aux releveurs et forment des galeries auxquelles ils donnent ordinairement 1.50 mètre de largeur et 1.60 mètre de hauteur.

L'huile est fournie par l'établissement.

La durée de la journée est d'environ 13 heures.

860. Levant du Flénu (*Cache après*).

Puits St.-Ferdinand n°. 15.

Grande Houbarde, couche de mètre 0.60 de puissance, ayant un houage de dureté moyenne.

Arrachement.

Les tailles, dont la hauteur est de 14 mètres, sont occupées par sept ouvriers auxquels il est accordé, pour les tailles montantes, fr. 0.65 par mètre carré de surface excavée pendant l'été, et seulement fr. 0.55 en hiver; ces prix sont majorés de fr. 0.10 pour les ateliers dirigés suivant l'allongement. L'avancement journalier est de 2.20 mètres.

2,495 hect. proviennent de huit tailles en montement.

Surface de 246.4 M² à 0.60 fr. prix moyen . . . . fr.	147.84
Une taille en costeresse (M² 30.8), à fr. 0.70 . . . »	21.56
9 bouteurs de charbon, à fr. 2 . . . . »	18.00
fr.	187.40 (1)

Ainsi l'hectolitre revient à fr. 0.0751.

(1) A cette somme doit être ajoutée la consommation d'huile, fr. 0.09 par journée d'ouvrier, fr. 6.48.

Chaque mètre carré donne en moyenne 9 hectolitres. Chacun des 63 haveurs produit 59.6 hectolitres et la surface excavée est de M² 5.91.

Ouverture des galeries.

Mètres 2.20 de voie *costeresse* pour le transport à bras, fr. 5.40 . . . . fr. 11.88
»   1.60 idem pour les chevaux , à fr. 5.46. . . »   8.74
»   2.20 de *troussage* (galerie de retour de l'air), à fr. 4.50 . . . . »   9.90
»   0.38 de *voies staples* (percements à travers les remblais), à fr. 3 . . . . »   1.14
» 17.60 de *voies thiernes*, à fr. 2.95 . . . . . » 51.92

Somme dépensée pour une extraction de 2,495 hectol., fr. 83.58

Prix de revient de l'hectolitre, fr. 0.0334.

Personnel employé pour l'ouverture des galeries.

Costeresse pour le transport à bras. $\begin{cases} \text{5 coupeurs.} \\ \text{5 releveurs de terres.} \\ \text{5 remeneurs de terres.} \end{cases}$

Costeresse à chevaux . . . . $\begin{cases} \text{5 coupeurs.} \\ \text{5 remeneurs de terres.} \end{cases}$

Troussage . . . . $\begin{cases} \text{2 coupeurs.} \\ \text{5 remeneurs.} \end{cases}$

Staples . . . . 1 coupeur.

Voies thiernes . . . . $\begin{cases} \text{16 coupeurs.} \\ \text{16 releveurs (1).} \\ \text{5 remeneurs (2).} \end{cases}$

Boisages.

Galeries.

Les étais se placent à 1 mètre d'axe en axe ; chaque mètre d'avancement en voie costeresse réclame :

---

(1) (2) Les *releveurs de terre*, ou remblayeurs, se servent de la pelle pour rejeter directement les remblais dans la taille. Les *remeneurs* conduisent ces derniers sur des traineaux dans les parties de l'atelier que les releveurs ne peuvent atteindre.

Deux étais de mètre 1.47 de longueur, à fr. 0.30 . . . fr. 0.60
Une beile de mètre 1.90 de longueur . . . . » 0.50

fr. 0.90

et pour un avancement de 2.20 mètres . . fr. 1.98

En voie thierne, les bois sont plus faibles et ne coûtent pour la même longueur de galerie que . . fr. 1.10

Boisage des tailles.

28 étais (*Boutriaux*) de mètre 0.80 de longueur, à fr. 0.20 fr. 5.60
14 chapeaux (*Fausses beiles*), à fr. 0.08. . . . . . » 1.12

fr. 6.72

Fosse Guillaume N°. 17 (fig. 5, pl. **XXX**).

Petite Béchée : puissance, 0.50 mètre.

Taille de 14 mètres de hauteur, renfermant sept ouvriers avançant de 2.20 mètres.

Surface excavée, 30.80 M²., à fr. 0.60 . . . . . . fr. 18.48
Un bouteur pour avancer les charbons . . . . . . » 2.00

fr. 20.48

Le produit de la taille étant de 216 hectolitres, celui-ci revient à . . . . fr. 0.0948

Chaque mineur à veine produit : hectolitres, 30.8

Le produit d'un mètre carré est en moyenne de 7 hectol.

L'agrandissement des voies s'opère par l'arrachement du toit ; les ouvriers reçoivent 2 fr. par mètre courant, soit fr. 4.40 pour un avancement de 2.20 mètre, ce qui fait par hectolitre . . . . fr. 0.0203

861. *Les Produits.*

Abattage de la couche.

Puits n°. 19. Exploitation simultanée des couches *Brèze* et *Carlier*, produisant 11 douzaines de cuffats de 15 hectolitres, soit 1980 hectolitres.

La couche Brèze, contenant 0.48 mètre de charbon pur, fournit
1238 hectolitres ; elle est exploitée par 63 ouvriers à veine. Ceux-ci
excavent une surface de 154.41 M²., pour chacun desquels il leur est
alloué fr. 1.02, d'où résulte une somme de . . . . . . fr. 157.50

La couche Carlier, dont la puissance est de 0,64 mètres,
est exploitée par 21 ouvriers produisant 742 hectolitres.

La surface d'arrachement est de M². 70.71, à fr. 0.80 . . » 56.57

Dix bouteurs pour les deux couches, dont six pour la première et quatre pour la seconde, reçoivent chacun fr. 1.60 pour
six douzaines de cuffats, soit, pour 11 douzaines, fr. 1.76. . » 17.60

Total, fr. 231.67

Et pour le prix moyen des deux couches, par hectolitre, fr. 0.117.

	COUCHE BRÈZE.	CARLIER.
Surface havée, par ouvrier . .	M². 2.45	M². 33.6
Produit du même	hectol. 20	» 35.0
Rendement du mètre carré. . .	» 8	» 10.5

Ouvertures des galeries.

Les voies ne sont attaquées que quatre fois par semaine,
l'avancement n'étant pas assez considérable pour que cette
opération ait lieu tous les jours.

Voies costeresses. Moyenne de chaque jour :

Brèze. Mètre 1.90, à fr. 5.40. . . . . fr. 10.26
Carlier. » 1.00. . . . . » 5.10

On emploie pour cet objet le personnel suivant :

4 journées de coupeurs.
5 id. de releveurs de terres.
1 id. de remeneurs.

Voies thiernes.

Brèze. Mètres 6.66, à fr. 3.90 . . . . fr. 25.97
Carlier. » 3.66, » 3.70 . . . . » 13.54

Les ouvriers en remblais font :

11 journées de coupeurs de voies.
15 id. de releveurs de terres.

Voies en remblais (staples).

Tous les neuf jours, est commencée une voie thierne tra-
versant 12 mètres de remblais, soit, par jour, mètre 1.33, à fr. 8.   »   10.64
Main-d'œuvre. 3 coupeurs de voie.
4 remeneurs de terres.

Voies d'aérage.

L'avancement de ces voies , dans les deux couches, peut être
considéré comme étant, par jour, de mètres 2.90, à fr. 5 . .   »   14.50
Ouvriers employés. 3 coupeurs et 4 remeneurs de terres.

Total de la dépense quotidienne, fr. 80.01

Coût de l'hectolitre, fr. 0.0404.

Travaux d'entretien.

Un terrain de consistance ordinaire et une distance
moyenne de 800 mètres du puits aux ateliers d'arrachement réclament :

Pour quatre costeresses et quatre voies d'aérage :

4 réparcurs , à fr. 2.00 . . . . fr. 8.00
4 aides, à fr. 0.80 . . . . »   3.20
4 remeneurs de terres , à fr. 1.60. . . . . »   6.40
3 cadres de revêtement, à fr. 0.90 . . . . »   2.70

Pour les voies thiernes :

6 réparcurs , à fr. 2.00 . . . . » 12.00
3 remeneurs de terres , à fr. 1.60. . . . . »   4.80
18 cadres , à fr. 0.50 . . . . »   9.00

fr. 46.10

Les frais d'entretien , étant les mêmes pour les tailles
en chômage ou en activité, sont indépendants de la
quantité de houille extraite.

862. Puits Noirchain, n°. 12 de l'Agrappe et Griseuil.

La platteure de la couche n°. 4 a une puissance de
0.90 mètre et une inclinaison de 25 à 30 degrés. Le

charbon qu'elle fournit est propre à la forge. Le toit ébouleux se délite par pièces qui, se brisant au milieu de la
houille menue, force quelquefois à abandonner celle-ci en
notable partie dans les remblais.

Arrachement.

Les tailles, de 10 mètres de hauteur, sont occupées
par cinq ouvriers travaillant treize heures et avançant de
1.45 mètre.

Sept chantiers produisent 5 1/2 douzaines de cuffats
de 20 hectolitres, ou 1320 hectolitres.

Les ouvriers sont payés, par douzaines de cuffats,
12 fr. en hiver et 17 fr. en été; moyenne, fr. 14.50.

5 1/2 douzaines de cuffats, à fr. 14.50 . . . . . . fr. 79.75
Un bouteur dans la costeresse (en été à fr. 1.50 et 1.19
en hiver), salaire moyen . . . . » 1.30
Six idem pour les voies thiernes (à fr. 1.20 et 0.90),
à fr. 1.05. . . . . » 6.50
                                                    ———
                                               fr. 87.55

Prix de revient de l'hectolitre, fr. 0.0661.
Valeur moyenne de la journée du haveur, fr. 2.28.
Surface excavée par ouvrier à veine, M². 2.90.
Produit en hectolitres d'un mètre carré, hectolitres 15.
Idem de chacun des 35 mineurs, environ hectol. 38.

Ouvertures des galeries.

Dimensions : hauteur, 1.80 mètre; largeur, 2 mètres.
L'entaillement se fait au toit sur une hauteur de 0.60
mètre. Chaque voie réclame l'emploi de deux ouvriers
coupeurs et d'un ou de deux releveurs de terres, payés
par mètre courant, à raison de fr. 1.80 à 2.30, suivant
les saisons; moyenne, fr. 2.05.

Mètres 10.15 d'avancement journalier, à fr. 2.05 . . fr. 20.80

Prix de revient par hectolitre, fr. 0.0157,

Ces ouvriers, étant en outre chargés des réparations des galeries, gagnent par jour fr. 2.50, et les releveurs de terres de fr. 0.90 à fr. 1.20.

Boisage d'une taille et de la partie de la galerie correspondante à un avancement de mètre 1.45 :

Taille. 26 perches de 7 mètres de longueur, à 80 fr. p. c.   fr. 20.20
Galerie. 4 étais de 1.80 mètre, à fr. 0.60 . . . . . .   » 2.40
Un chapeau de 2 mètres, à fr. 0.56 . . . .   » 1.12
fr. 23.72

863. Grand-Trait, fosse n°. 3 de la même mine.

La couche dite *Grande-Séreuse*, formée de trois bancs, a une puissance de 1.30 mètre ; elle est inclinée de 20 à 25 degrés. Son toit est très-solide.

Arrachement de la houille.

Cette stratification contient 8 tailles de 9 mètres de hauteur, dans lesquelles travaillent 50 haveurs, avançant journellement de 1.50 mètre. Le produit total est de 1680 hectol.

Les haveurs sont payés par douzaines de cuffats, savoir : en hiver 10 fr. et 12 fr. en été ; moyenne, 11 fr.

7 douzaines de cuffats, à fr. 11.00 . . . .   fr. 77.00
Un bouteur sur costeresse . . . .   » 1.50
7 idem de voies thiernes, à fr. 1.05 . . . .   » 7.55
fr. 85.65

Prix de revient de l'hectolitre, fr. 0.051.

Valeur de la journée des haveurs, fr. 2.57.

Surface excavée par chacun des 50 haveurs, M². 5 60.

Quotité de houille produite, hectolitres 56.

Rendement du mètre carré, hectolitres 15.5.

Ouvertures des galeries.

Un coupeur entaille le toit de la couche, sans employer la poudre, dans la crainte du grisou; il est accompagné d'un releveur de terres, et reçoit en moyenne, par mètre courant, fr. 1.05.

Avancement journalier de 12 mètres, à fr. 1.05 . . fr. 12.60

Prix par hectolitre, fr. 0.0075.

Boisage d'une taille et du bout de galerie correspondant à un avancement de 1.50 mètre :

Taille. 11 perches, à 87 fr. p. c. . . . . fr. 9.57
Galerie. 4 étais, à fr. 0.75 . . . . » 3.00
_____
fr. 12.57

Le toit est assez solide pour qu'il soit permis de supprimer les chapeaux sans inconvénient.

864. *Mine de Z*** (1).*

Deux couches sont exploitées par les puits *A* et *B* de la concession. L'une, de 0.48 mètre de puissance, est intercalée entre deux bancs de schistes friables, cause d'une perte assez notable de houille; l'autre, de 0.99 mètre, est formée de divers lits d'un charbon tendre, dont une partie doit être confondue avec les remblais. L'inclinaison des deux stratifications est comprise entre 20 et 30 degrés. Les travaux d'arrachement ont pour objet des tranches (*soutements*) disposées en tailles à gradins, dont les produits traversent un plan automoteur avant de parvenir à la galerie principale d'allongement.

(1) L'auteur, se conformant aux désirs de l'exploitant qui lui a fourni ces données, désigne ici la mine et les puits par des lettres prises au hasard dans l'alphabet.

Arrachement.

COUCHES

		DE 0.48 MÈTRE.	DE 0.99 MÈTRE.
Tailles {	Hauteur . . . mètres	14	mètres 9
	Nombre de . . »	13	» 11
	Avancement journalier . »	1.83	» 1.84
	Nombre de haveurs . . »	78	» 55
Surface {	en totalité. . . mèt. carrés	333	mèt. carrés 182
excavée {	par ouvrier . . »	4.26	» 5.20
Produit {	des tailles . . hectol.	2,248	hectol. 2,275
	par mètre carré. »	6.75	» 12.5
	par ouvrier. . »	28.8	» 65
Salaire par mètre carré . . . fr.		0.65	» fr. 0.48
Dépenses {	Haveurs, 78 »	216.45	55 » 87.36
	Bouteurs, 13 à fr. 1.10 »	14.30	11 à 0.95 » 10.45
	Ouvriers, 91 fr.	230.75	fr. 97.81
	Prix de l'hectol., fr.	0.1023	» 0.0430

Ouverture des galeries.

	1re COUCHE.	2e COUCHE.
Prix du mètre d'avancement . . fr. 0.50	. . . . . .	fr. 2.00
Coupeurs de voie, 28 pr 14 galers, » 63.98.	24 pr 12 galers, fr. 44.19	
Remblayeurs, 41 à fr. 1.10 » 4.51.	34 à fr. 1.20 » 4.08	
Meneurs de terre, 23 » 1.40 » 55.	15 » 1.90 » 28.50	
Boiseurs, 10 » 2.20 » 22.	9 » 1.80 » 16.20	
Ouvriers, 104 fr. 123.49	82 fr. 92.94	
Coût de l'hectolitre, fr. 0.0555	» 0.0408	

Consommations.

	1re COUCHE.	2e COUCHE.
Huile, 14.5 kil. à fr. 0.90 fr. 13.05.	12 kil. à fr. 0.90 fr. 11.52	
Poudre, 8 » » 1.30 » 10.40.	6 » » 1.30 » 7.80	
Réparations d'outils, un forgeron à fr. 2. . . . . . . » 2.00.	» 2.00	
	fr. 25.45.	fr. 21.32

Bois employé à chaque taille.

			COUCHE DE 0.48.				IDEM DE 0.99.			
Boutriaux à fr.	0.085	le m. 20 pièces 10	m. fr. 0.85.	12 pièc. 12	m. fr. 1.02
Beilettes »	0.085	» 8 »	14 » » 1.19.	6 » 9 » » 0.76
Bois de voie »	0.170	» 4 »	7.20 » » 1.22.	4 » 7.20 » » 1.22
Lambourdes »	0.136	» 2 »	3 » » 0.41.	2 » 3 » » 0.41

fr. 3.67.   3.41

Coût de l'hectolitre :

Huile, poudre et outils, fr. 0.0115. . . . . . fr. 0.0093

Bois,   » 0.0212. . . . . . » 0.0164

865. *Le Grand-Hornu.*

La couche *Béchée*, exploitée par le puits n°. 8, est composée de trois lits de houille (*layes*), d'une puissance de 1.25 mètre. Elle est recouverte d'un faux toit très-friable, rejeté dans les remblais. Le houage est au mur de la stratification. Les roches encaissantes sont assez solides.

Arrachement.

La hauteur des tailles est de 10.50 mètres; l'avancement journalier est de 1.20 mètre et les produits de 214 hectolitres. Chaque atelier est occupé par trois ouvriers à veine travaillant 12 heures; ils havent la couche, l'abattent, trient les matières stériles qu'ils rejettent dans les remblais, boisent l'excavation et font parvenir la houille au bord de la voie. Ils reçoivent 0.75 fr. par mètre carré de surface havée. Un bouteur (ordinairement une fille de 16 à 17 ans), à 1.50 fr. par journée, prend la houille au bord de la voie et l'avance au chargeur.

Ainsi, un ouvrier have une surface de 4.20 mètres carrés, produit environ 71 hectolitres et gagne 3.15 fr.

Le rendement du mètre carré est de 17 hectolitres.

Le havage coûte . . . . fr. 9.45 ⎫
Et le boutage . . . . » 1.30 ⎬ 10.75 ,
⎭

ce qui porte le prix de revient de l'hectolitre à fr. 0.050.

Formation des voies.

Un coupeur de voies entreprend deux galeries, qu'il boise après avoir enlevé environ 0.45 mètre du toit. Il reçoit 1.30 fr. par mètre courant. La durée de sa journée est de sept heures. La dépense étant de 1.56 fr., l'hectolitre revient à fr. 0.0072.

L'ouvrier excavant deux voies reçoit . . . . fr. 3.12
Dont il faut déduire , pour 0.25 kilog. de poudre . . . . » 0.32

Il lui reste, fr. 2.80

Consommation.

Huile, 0.012 kil. par heure de travail, soit 0.662 kil. à fr. 0.85 fr. 0.56
Boisage de la taille. . . . . » 2.50
Idem de la galerie . . . . » 1.28

fr. 4.34

Par hectolitre, fr. 0.0202.

Les *boutriaux* ont 1.80 mètre de longueur et 0.10 mètre de diamètre ; ils sont placés à 2 mètres de distance d'axe en axe et sont recouverts de belles récoupées dans des baliveaux de mêmes dimensions que les bois de taille.

Voici les données relatives à trois autres couches de cette importante mine :

Houbarde exploitée par le puits n° 8.	Schiste noir mélangé de houille . . mètre 0.08	
	Banc du toit (*laie du roc*) . . . . » 0.22	
	Terre grise-noirâtre. . . . . . . » 0.15	
	Banc du mur. . . . . » 0.40	

0.62 de houille pure et en totalité. . . . . . . mètre 0.85

Le haveur enlève le lit de schistes intermédiaire, nettoie l'excavation, fait tomber le banc du toit, puis soulève le banc du mur à l'aide de la pince (*cauque*).

Les roches encaissantes, composées en partie de grès (*querelle*), sont fort difficiles à travailler.

Cossette et *Veine-à-Mouches*, dont les épaisseurs sont respectivement de 0.55 et de 0.95 en houille pure, divisée en deux bancs par des intercalations schisteuses, donnent lieu à un arrachement analogue à celui de Houbarde.

Conditions et résultats de l'abattage.

	HOUBARDE.	COSSETTE.	VEINE-A-MOUCHES.
Hauteur des tailles . . . mètres	13	14	12
Avancement. . . . . . . »	1.60	1.70	1.70
Nombre d'ouvriers.	6	6	7
Produits { D'une taille . hectol.	172	190	306
Du mètre carré . »	8.2	8	15
D'un haveur . »	28.6	31.6	45.7
Surface d'abattage par ouvr. . M²	3.47	3.96	2.90
Prix du M² . . . . fr.	0.60	0.65	0.87
Somme { Arrachement . . »	12.48	15.47	17.34
dépensée. { Boutage . . . . »	0.95	1.00	2.90
	fr. 13.43	fr. 16.47	fr. 20.24
Valeur de la journée du haveur. fr.	2.08	fr. 2.58	fr. 2.48
Coût de l'hectolitre . . . . »	0.0780	» 0.0866	» 0.0661

Coupage des voies.

	MÈT.	MÈT.	
Main-d'œuvre . . . . . 1.60 à fr. 2.40		1.70 à fr. 2	»
Poudre au compte du coupeur kil. 0.85		kil. 0.34	»

Boisage.

Boutriaux. . . pièces	18, fr. 2.70	—	18, fr. 1.80	14 fr. 4.20
Fausses beiles . »	9 » 0.99	—	7 » 0.77	— »
Etançons . . . »	2 » 0.54	—	2 » 0.54	— »
Beiles . . . . »	1 » 0.25	—	1 » 0.25	— »
	fr. 4.48		fr. 3.36	fr. 4.20

La couche dite *Veine-à-Mouches* occupe cinq haveurs, dont le travail s'effectue pendant la nuit. Ils enlèvent le banc de schiste intercalé, en jettent les débris derrière eux et construisent un boisage provisoire. Leur salaire est de fr. 0.65 par mètre carré. Ces ouvriers sont remplacés, vers deux heures du matin, par deux *faiseurs de layes*, qui abattent le banc supérieur à la poudre, enlèvent celui du mur et boisent l'atelier. Leur salaire est de fr. 0.22 par mètre carré de surface excavée. Quatre de ces ouvriers font l'abattage de trois tailles. Enfin, l'arrachement de la houille donnant une ouverture suffisante aux voies, celles-ci ne sont l'objet d'aucun coupage. Un ouvrier, recevant fr. 0.60 par mètre courant, boise trois galeries en une journée.

866. *Département du Nord. Anzin* (fig. 8, pl. XXX).

Les ouvriers haveurs descendent dans les travaux à 4 heures du matin et en sortent à 1 ou 2 heures de l'après-midi. La durée de la journée est donc de 9 à 10 heures, pendant lesquelles ils dépensent, en moyenne, 0.055 kilog. d'huile fournie par la Compagnie.

Abattage de la couche.

Grande-Veine, exploitée par la fosse Ernest, a une puissance de 0.80 mètre. Le havage se fait tantôt vers le toit, tantôt vers le mur.

Deux ouvriers occupent une taille de 9 mètres de hauteur. Chacun d'eux excave une surface de 4.50 mètres, et, comme leur travail dure plus longtemps que d'habitude, ils reçoivent fr. 2.60 au lieu de fr. 2.30, taux normal de la journée.

Le mètre carré produisant 11.2 et la taille 100 hectolitres, le prix de revient de ces derniers est de fr. 0.052.
(Il s'agit ici d'une mesure comble pesant 108 à 110 kil.)

Le poste suivant est chargé des travaux accessoires
appelés *ouvrage de nuit*; il est composé :

D'un coupeur de mur . . . . fr. 2.30
De deux aides, à fr. 1.05 . . . . » 2.10
D'un remblayeur . . . . » 2.50
                                              fr. 6.70

Prix de l'hectolitre, fr. 0.067.

L'ouvrier emploie, pour l'arrachement du mur, trois
cartouches par mètre courant et fait 21 cartouches avec
un kilog. de poudre, dont le prix est de fr. 2.25.

Moyenne-Veine, d'une puissance de 0.60 mètre ; elle est
recouverte d'un faux toit de 0.15 mètre. Hauteur de
taille, 9 mètres, dans laquelle deux ouvriers excavent de
M² 2.50 à 4.50, en moyenne 3.50 M², et reçoivent
fr. 2.30. Le mètre carré produisant 8.4 hectolitres, la
taille entière donne 58.8 hectolitres et coûte fr. 4.60.

Prix de l'hectolitre, fr. 0.078.

Coupage des voies par mètre d'avancement.

Un coupeur de mur . . . . fr. 2.30
Trois enfants pour transporter les remblais, à 1.05 fr. . . » 3.15
Un remblayeur . . . . » 2.50
                                              fr. 7.75

867. *Aniche.*

Les tranches à exploiter ont environ 60 mètres de
hauteur ; elles sont divisées en trois gradins de 16 mètres
et en un atelier de niveau de 12 mètres.

Un gradin de 16 mètres contient 4 ouvriers. Deux
jeunes gens de 15 à 16 ans sont chargés d'amener dans
la taille les bois de soutènement et de rejeter la houille
dans la galerie.

La formation des voies ménagées à travers les remblais pour conduire la houille des tailles à la tête des cheminées est l'objet d'un travail spécial payé au mètre courant. Le remblayage de l'excavation est exécuté par sept ou huit jeunes ouvriers commandés par un chef de bande.

Arrachement et abattage.

Surface de havage, 16 mètres carrés. Par ouvrier, 4 mètres carrés.

PRODUIT

COUCHES DE	TOTAL.	PAR MÈTRE CARRÉ.	PAR OUVRIER.
0.40 mètre.	hect. 89.6	hect. 5.6	hect. 22.4
0.50 »	» 112.0	» 7.0	» 28.0

Dépenses des deux tailles.

Ouvriers,	8 à fr. 2.25.	fr.	18.00
Jeunes gens,	5 » 1.10.	»	5.50
		fr.	23.50

Prix de l'hectolitre, fr. 0.1165.

Formation des voies et remblayages.

Coupage de mur par mètre courant, fr. 2.50.	fr.	5.00
Remblayage, 15 enfants à 1 fr.	»	15.00
Idem, 2 chefs à 1.50 fr.	»	3.00
	fr.	23.00

Prix de l'hectolitre, fr. 0.1140.

868. Creuzot, département de Saône-et-Loire (fig. 7 et 8, pl. XXXII).

Travaux d'arrachement.

Ces travaux consistent exclusivement à creuser dans la couche des galeries et des cheminées payées au mètre courant. Les galeries, dont la hauteur moyenne est de 2 mètres et la largeur de 2.30 mètres, produisent 65 à 70 hectolitres par mètre linéaire d'avancement ; le salaire est en rapport avec la dureté de la houille, eu égard aux autres circonstances plus ou moins avantageuses de l'arrachement, en s'arrangeant toujours de telle façon que le piqueur gagne 2 fr. par poste de huit heures et 3 fr. pour une journée et demie.

Voici le prix du mètre courant de galeries creusées dans ces mines :

STRATIFICATIONS.	PRIX.	AVANCEMENT DE DEUX OUVRIERS EN 8 HEURES.
Houille fort tendre. . . fr.	3.50	mètre 1.15
Idem tendre . . . . . »	4.00	» 1.00
Id. de consistance moyenne »	4.50	» 0.90
Idem plus dure. . . . »	6.00	» 0.65
Idem très-dure . . . . »	7.50	» 0.55

Cheminées de 1.50 mètre de côté, 15 fr.

Dans une houille de consistance moyenne, deux piqueurs abattent en huit heures environ 56 hectolitres et reçoivent par mètre $0.90 \times$ fr. $4.50 =$ fr. 4.05, ce qui porte le prix de l'hectolitre à fr. 0.0723.

L'établissement fournit l'huile, pour laquelle fr. 0.05 sont retenus par poste de huit heures.

Quant aux remblais, si la distance que les matières stériles doivent parcourir à l'intérieur est peu considérable, on compte que deux ouvriers, payés à raison de fr. 1.75, peuvent remblayer une longueur de galerie de mètre 1.70, c'est-à-dire remplacer 117 hectolitres de houille. Coût de l'hectolitre, fr. 0.0300.

Ce prix ne comprend pas le piochage, le transport à l'extérieur, le chargement, le déchargement, etc., opérations qui portent le prix de revient à fr. 0.0850.

La pose des cadres de soutènement, espacés en moyenne de 1.30 mètre d'axe en axe, est comprise dans le salaire du piqueur. Un cadre complet, y compris les bois de reliement, coûte fr. 1.80.

13 mètres de galerie exigent 10 cadres, dont
la valeur est de . . . . fr. 18.00 } 18.60
La façon et le transport s'élèvent à . . . . . » 0.60 }

Comme, dans ces circonstances, les produits sont de 910 hectolitres de houille, chacun de ceux-ci revient de ce chef à fr. 0.2043.

L'arrachement, le remblayage et le boisage coûtent donc fr. 0.3643.

Si, plus tard, les galeries exigent quelques réparations, le mineur *redouble*, c'est-à-dire qu'il intercale des cadres entre ceux qui existent déjà. Ce travail est à la charge des compagnies de boiseurs, qui, pour un salaire mensuel de 60 fr. attribué à chacun d'eux, entretiennent tout un quartier de l'exploitation.

La totalité des dépenses qui affectent un hectolitre de houille est comprise entre fr. 0.55 et fr. 0.60.

869. *Mines de Blanzy* (fig. 9-12, pl. XXXII).

La couche de *Lucie*, dont le lecteur a déjà vu la puissance et la composition, offre une houille de grande dureté.

Les bennes, contenant 6 hectolitres combles et pesant environ 700 kilogrammes, sont les unités de mesure employées pour fixer le salaire des piqueurs.

En massif.

Dans le creusement des galeries préparatoires, les ouvriers sont payés suivant la dureté plus ou moins grande de la houille,

Variations des salaires.

Prix alloués		fr.		
	Par benne	fr. 0.70	0.75	0.80
	Tonne métrique	» 1.00	1.07	1.14
	Hectol. comble	» 0.116	0.125	0.135
	Id. ras, 1/5 de moins que le comble	» 0.093	0.100	0.10⁷

L'ouvrier arrache 2 à 3 bennes dans sa journée de 8 heures, ou, en moyenne, 2 1/2 (18 hectolitres ras); il gagne fr. 1.75, 1.87 et 2.00.

En dépilage.

Le mineur abat 7 à 8 bennes, en moyenne 7 1/2 (54 hectol. ras), pour chacune desquelles il reçoit fr. 0.50.

Prix de revient.		
	La tonne. . . . . fr.	0.74
	L'hectolitre comble . . . . »	0.083
	L'hectolitre ras . . . . »	0.067

Le piqueur fournit la poudre (environ 0.25 kilog.); il reçoit donc en moyenne :

7 1/2 bennes à fr. 0.50 . . . . fr.	3.75
0.25 kilog. de poudre . . . . »	0.75

Reste, pour le prix net de la journée, fr. 3.00

Le travail au dépilage, exigeant, ainsi qu'on l'a vu, beaucoup de prudence et d'intelligence, est confié aux mineurs les plus expérimentés; telle est la cause de leur salaire plus élevé (1).

870. *Rive-de-Gier* (fig. 3-6, pl. XXXII).

L'arrachement de la houille se paie à la benne, dont la capacité varie suivant les localités. Le prix affecté aux blocs (*pera*) est plus élevé que celui du menu. Cet

(1) *Annales des Mines*, 4 série, tome VI, page 300.

usage, qui engage naturellement le haveur à travailler avec prudence, produirait les meilleurs effets si les ouvriers occupés au transport et à l'extraction ne brisaient, par leur négligence, ces blocs, que le piqueur prend un si grand soin à conserver, et n'anéantissaient ainsi les résultats de cette utile disposition.

Dans certaines circonstances, le creusement des galeries entraine un double salaire, le piqueur étant payé nonseulement suivant le nombre de bennes fournies à l'extraction, mais recevant, en outre, une indemnité basée sur la quotité de mètres courants de creusement.

Le nombre d'hectolitres abattus par un ouvrier est trèsvariable. Une couche puissante produit de 60 à 120 hectol.; mais ce dernier chiffre est une exception attribuée à la disposition très-favorable des fissures naturelles. La moyenne générale est considérée comme comprise entre 70 et 80 hectolitres de 80 kilogrammes. Dans le puits *Grésieux*, 17 piqueurs, abattant la *Grande-Masse*, fournissent une extraction de 1,200 hectolitres, ce qui fait 70.6 hectol. par ouvrier. La moyenne est la même pour le puits *Frère-Jean*, de la mine de la Cappe, appartenant à la Compagnie de l'Union.

871. *La Grande-Croix.*

Arrachement de la *Grande-Masse* (puissance, 10 à 12 mètres) pendant une quinzaine, comprenant 12 jours de travail.

Puits Neuf.

9 piqueurs ont abattu 1559 bennes, contenant six hectolitres de houille grosse et menue. Ces 9,354 hectol. donnent lieu aux dépenses suivantes :

Piquage.

1,469 bennes de menu, à 0.15 fr.	fr.	220.35
90 Id. de pera à 0.50	»	45.00
32 mètres de galeries donnant lieu à un salaire indépendant de fr. 2.50 par mètre courant. . . .	»	80.00

fr. 345.35

Chaque piqueur abat **86 1/2 hectolitres** et gagne environ fr. 3.20.

	HECTOLITRE.	TONNEAU.
Prix du menu	fr. 0.034	fr. 0.425
Id. du pera	» 0.092	» 1.150
Id. de l'hectol. de houille telle qu'elle sort du puits.	» 0.0369	

Etayement et remblayage.

250 bois à 0.55 fr.	fr.	137.50
61 journées de boiseurs	»	165.25
3 voûtes à 6 fr.	»	18
107 journées de remblayeurs	»	233.70

fr. 554.45

Prix de l'hectolitre, fr. 0.06, et du tonneau, fr. 0.888.

Puits Frontignat.

1,260 bennes de 9 hectolitres (11,340 hectolitres) ont été arrachées en 12 jours par 12 ouvriers, dont chacun a abattu, par jour, environ 78.7 hectolitres.

Piquage.

1150 bennes de menu à fr. 0.225	fr.	254.25
130 id. de pera à 0.75	»	97.50
18 mètres de galeries à fr. 2.50	»	45.00

fr. 396.75

Valeur de la journée, fr. 3.306.

	HECTOLITRE.	TONNEAU.
Prix du menu	fr. 0.029	fr. 0.362
Id. du pera.	» 0.087	» 1.087
Id. de l'hectolitre de pera et de menu.	» 0.0549	

Boisage et remblayage.

```
320 bois à 0.55. . . . . . . . . . . . . . fr.   176
 78 journées de boiseurs . . . . . . . . . . . »   202
103  idem  de remblayeurs . . . . . . . . . »   207.20
                                          ─────────────
                                          fr.   585.20
```

L'hectolitre, fr. 0.0516; le tonneau, fr. 0.6456.

Puits Montribout.

12 piqueurs ont abattu en 12 jours 1077 bennes, ou 9693 hectolitres; soit 80.8 hectolitres par jour et par ouvrier :

```
1049  bennes de menu à fr. 0.22 . . . . . . . fr. 230.78
  28  id.  de pera à fr. 0.65 . . . . . . . . . »  18.20
  55.5 mètres de galeries à fr. 2.50. . . . . . . »  133.75
                                              ─────────────
                                              fr. 382.73
```

Valeur moyenne de la journée, fr. 3.19.

	HECTOLITRE.	TONNEAU.
Prix du menu . . . . fr.	0.038	0.477
Id. du pera . . . . »	0.086	1.072
Id. de charbon mélangé . . . . . . »	0.0595	

872. Mines de St.-Étienne (fig. 1 et 2, pl. XXXII).

Dans ce bassin, les circonstances locales sont également si favorables à l'effet utile du piqueur, que celui-ci produit des quantités considérables de houille. En galeries, il livre, en une journée de 12 heures, 36 à 60 hectolitres, et, en dépilage, cette quantité s'élève quelquefois à 150 hectolitres; mais, de même qu'à Rive-de-Gier, il se borne à l'arrachement de la houille sans se préoccuper des opérations accessoires.

Les piqueurs gagnent, à prix fait, de fr. 3 à fr. 3.50 pour une journée de 10 à 12 heures de travail effectif. S'ils emploient des lampes découvertes, ils fournissent l'huile d'éclairage, dont la dépense s'élève à fr. 0.12 ou 0.15. Ils se munissent également de poudre et paient à l'établissement fr. 0.05 pour les réparations d'outils.

Les boiseurs reçoivent le même salaire que les piqueurs ; ordinairement on leur attribue un travail réglé, comme, par exemple, de placer un certain nombre de cadres (*paire de buttes*) en une journée.

L'unité de mesure est la benne, dont la contenance est assez ordinairement de un et 1/2 hectolitre et dont le poids varie suivant l'état de la houille :

En gros morceaux (*pera*), elle doit peser . . . . . . kil. 150
En fragments de grosseur moyenne (*chapelé*) . . . . » 120
Et enfin en menu . . . . » 106
Le poids moyen est de . . . . » 125

873. *Le Treuil*, *près de Firminy*.

La couche du *Treuil*, de 1.25 mètre de puissance, renferme une houille facile à détacher ; elle est recouverte par un faux toit appliqué fort avantageusement au remblayage.

Abattage.

Au massif, c'est-à-dire dans le percement des galeries, deux ouvriers, travaillant 10 heures par jour, avancent de 0.80 mètre sur un front de 4 mètres de largeur. La puissance de la couche étant de 1.25 mètre, le volume de houille arrachée est de 4 M³., donnant 66 à 69 hectolitres (44 à 46 bennes), ou 33 à 35 hectolitres par mineur.

Au dépilage, le piqueur embrasse un front de 3 mètres de largeur, avance d'environ 1 mètre et produit 63 à 66 hect. Comme il lui est alloué par benne de 1 1/2 hectol.

	AU MASSIF.	AU DÉPILAGE.
De pera	fr. 0.25	fr. 0.15
De chapelé ou grêle	» 0.20	» 0.10
Et de menu	» 0.10	» 0.05

Et que, sur 100 parties, on obtient les proportions suivantes :

	AU MASSIF.	AU DÉPILAGE.
Pera	10	8
Chapelé	30	30
Menu	60	62

Le prix moyen de la benne est de fr. 0.145 à fr. 0.075.

Les produits abattus par chacun d'eux étant de 22 à 23 bennes, ils gagnent, dans le premier cas, de fr. 3.19 à fr. 3.33 et, dans le dépilage, fr. 3.06 à 3.21.

L'exploitant s'arrange toutefois de manière que le piqueur, après avoir payé la consommation d'huile de la journée et les autres dépenses accessoires (en moyenne, à fr. 0.20), reçoive net fr. 3.

Prix moyen de l'hectolitre au massif, fr. 0.0966; au dépilage, fr. 0.0486.

Travaux accessoires.

Le salaire des boiseurs est de fr. 3.20 par jour. Deux d'entre eux, placés dans chaque galerie, s'occupent à abattre le faux toit, dont ils se servent pour remblayer uniformément les deux côtés de la voie. On compte qu'il faut 2 M². de faux toit pour remblayer un mètre courant de galerie, et un mètre cube de remblais pour remplacer 3 M³. de houille enlevée au massif. L'abattage du faux toit et le muraillement reviennent à fr. 1 le mètre cube.

Les ouvriers, en dépilant, ne remblaient que 1/3 environ de la surface occupée antérieurement par la couche. L'étaiement et le remblayage reviennent, au massif, à fr. 0.0366, au dépilage, à fr. 0.02 l'hectolitre.

La dépense de bois est de fr. 0.086.

874. *Mine des Littes. Concession de la Béraudière.*

Dans la couche *Grande-Masse*, dont la puissance varie de 5.50 mètres à 6 mètres, 24 piqueurs produisent de 787 1/2 à 900 hectolitres (525 à 600 bennes). Ainsi, un ouvrier abat 33 à 37 hectolitres (22 à 25 bennes). Le prix moyen de l'arrachement étant de fr. 0.10, son salaire s'élève à fr. 3.30 et 3.70.

Coût d'un hectolitre :

Arrachement . . . . fr.	0.10
Bois de pin pour une somme de fr. 5.25 à 6 . . . . »	0.01
Boiseurs, 10 journées à fr. 3 . . . . »	0.05
	fr. 0.16

Le prix moyen de tous les puits compris dans la concession de la Béraudière a été, pour la houille menue, fr. 0.065, et 0.17 pour le pera. Le rapport entre ces deux qualités ayant été comme 2 à 1, la moyenne est de . . . . fr. 0.15

Boisage, main-d'œuvre et matériaux . . . » 0.04

Total, fr. 0.19

875. *Concession de Terre-Noire.*

L'exploitation par les trois puits dits *Thibaut*, *Jabin* et *Gagne-Petit* a produit chaque jour :

210 bennes (315 hectolitres) de gros à fr. 0.20. . . . fr.	42
925 id. (1387.5 h.) de menu et de chapelé à fr. 0.125 »	115.625
	fr. 157.625

Ce résultat ayant exigé l'emploi de 48 ouvriers, chacun d'eux a abattu 56 hectolitres et reçu fr. 3.28 par jour.

Coût moyen de l'hectolitre.
{
Arrachement. . . . . fr. 0.0925
Boisage . . . . » 0.0137
Étais , planches , etc. . . . . . . » 0.0190
}

fr. 0.1252

876. *Guley, district de la Wurm (Prusse rhénane).*

Couche Furth.

Inclinaison, 34 degrés. Puissance , mètre 1.60. Cette stratification n'ayant pas de houage, circonstance assez fréquente dans cette localité , l'arrachement s'en effectue à l'aide d'un clivage bien caractérisé.

Les conditions de travail sont les mêmes que dans la province de Liége; le haveur (*Hauer*) et le coupeur de voies (*Nachreisser*) devant, en une journée de 8 à 10 heures et pour un prix fixé, excaver et abattre une surface déterminée de la couche.

Dans le travail en galeries (*Streckenbau*), trois ouvriers occupent un front de 5 mètres de largeur ; ils avancent de 1 mètre par jour et produisent 110 hecto-litres. Ainsi, un haveur abattant 36.6 hectolitres excave une surface de 1.66 mètre carré.

Deux ouvriers boisent le même avancement , arrachent les roches encaissantes et disposent les remblais pour former une voie de retour de l'air.

3 ouvriers abatteurs de charbon à fr. 1.85 . . . . . fr. 5.55
2 idem pour la voie . . . . » 3.70

fr. 9.25

Prix de l'hectol., y compris l'ouverture des voies, fr. 0.0841
Id. de l'arrachement seul . . . . » 0.0504

Le dépilage (*Pfeilerabbau*) a lieu sur des massifs de 10 mètres de hauteur , dont le front de taille est occupé par trois ouvriers qui boisent pour se garantir des ébou-lements et rejettent la houille dans les galeries de roulage.

La largeur occupée étant double de la précédente pour le même avancement, ils détachent 220 hectol. de houille.

Lorsque l'extraction doit être majorée, l'annexion d'un quatrième ouvrier leur permet de s'avancer de 1.33 mètre.

Prix de revient de l'hectolitre. . . . . fr. 0.02522.

L'exploitation de 2 hectolitres en dépilage et seulement d'un en galerie détermine un prix moyen de fr. 0.04484.

La moyenne d'arrachement, dans les deux cas, est de 64 hectolitres par ouvrier.

Couche Grauweck.

Puissance, 1 mètre. Inclinaison des plats, 34 degrés, et des droits, 85. L'arrachement effectué comme ci-dessus étant plus facile, les ouvriers avancent de 1.25 mètre. Le produit moyen en galerie et en dépilage est respectivement de 80 et de 120 hectol., et le prix de revient :

	EN GALERIE.	EN DÉPILAGE.
Pour l'arrachement seul . . . . fr.	0.06937	fr. 0.03468
Pour l'arrachement et l'ouverture des voies, »	0.11550	» 0.04625

877. *Mine d'Ath, à Bardenberg.*

La couche dite *Gross-Langenberg* a une puissance de 1.57 mètre et une inclinaison de 20 à 30 degrés. Elle ne contient aucune intercalation schisteuse ; le charbon est dur, mais l'arrachement est facilité par les nombreuses fissures qui le recoupent. Le toit et le mur sont fort solides.

Dans les galeries d'une largeur de 6.27 mètres, trois haveurs, avançant de 0.52 mètre, produisent 79.5 hectolitres en une journée de 9 à 10 heures.

Dans les piliers dont la hauteur est de 8.36 mètres, quatre ouvriers avancent de 0.76 mèt. et abattent 154 hect.

Le prix de la journée est de fr. 1.875, et les données relatives à l'arrachement sont les suivantes :

	EN GALERIE.	EN PILIER.
Surface excavée par ouvrier . .	M² 1.08	M² 1.59
Produits par haveur.	hect. 26.5	hect. 38.5
Coût de l'hectolitre	fr. 0.0707	fr. 0.0487

Moyennes : du prix, fr. 0.0505 ; des produits, 32.5 hectolitres.

Observations générales.

De nombreuses expériences faites sur dix couches différentes de cette localité ont donné pour résultat :

Chaque ouvrier compris dans le personnel d'une taille, tant haveur que coupeur de voie, détache 21.5 hectolitres en galerie de 6.27 mètres de largeur, et 32.7 hectolitres en dépilage ; en sorte que le rapport des produits dans les deux phases de l'exploitation est de 10 à 15. — Ce rapport avantageux résulte de la régularité et du parallélisme des fissures, d'ailleurs, bien déterminées.

La moyenne des produits de cinq couches, dont la puissance varie de 0.94 mètre à 1.10, a été de 22 à 29 hectolitres dans le travail en massif. Une seule de ces stratifications a exigé l'emploi de la poudre, dont la consommation s'est élevée à 2.10 kil. par 100 hectol. abattus.

878. Mine d'Eschweiler ; puits Wilhelmina (fig. 1 et 2, pl. XXXIII).

Schlemrich est une stratification composée de deux assises séparées par un lit de schistes d'environ 0.25 mètre. La première a 0.31 mètre d'épaisseur et la seconde varie entre 0.72 et 0.88 mètre. Cette couche, composée de charbon fort gras, produit peu de gros ; le houage en est tendre et facile.

Deux haveurs, appliqués à une galerie de 6.36 mètres de largeur, avancent de 0.62 mètre et produisent 69 hect.

En massif, cinq haveurs, occupant une hauteur de 20.90 mèt., avancent de 0.81 mètre et abattent 207.5 hect.

La journée de 11 heures se paie fr. 1.875.

	EN GALERIE.		EN MASSIF.	
Ainsi, un ouvrier excave . . .	M³	1.97	M³	3.38
Et abat	hect.	23	hect.	41.5
Coût de l'hectolitre (.	fr.	0.0815	fr.	0.0451
Moyennes : du prix, fr. 0.0474; des produits, hect. 39.5.				

La couche *Kirschbaum*, d'un seul banc de 0.43 à 0.47 mètre, est accompagnée d'un houage très-compacte, dans lequel sont disséminées des pyrites. Le mineur, travaillant en galeries et en massifs de mêmes dimensions que ci-dessus, produit respectivement 6.6 et 8.2 hectolitres. Le salaire étant le même, l'hectolitre revient à fr. 2.041 et chaque ouvrier produit en moyenne 7.8 hect.

Dans tous ces travaux, le mineur non-seulement have, abat, boise et remblaie, mais, encore, est astreint à l'arrachement des roches encaissantes, pour l'ouverture des voies de roulage ; la hauteur des piliers influe donc avantageusement sur la quotité de houille abattue.

La moyenne de l'exploitation de 12 couches appartenant au district d'Eschweiler, et dont aucune ne dépasse 0.63 mètre, donne 15.5 hectolitres dans les galeries de 4.18 à 6.27 mètres de largeur, et 29 hectolitres dans les massifs dont la hauteur varie de 8.36 à 20.90 mètres. Ce rapport, si favorable au dépilage, dérive, soit de l'exploitation de piliers fort élevés, soit du temps absorbé pour la formation des galeries et l'enlèvement des déblais.

Les couches généralement tendres produisent peu de gros blocs.

879. *Districts de la Ruhr.*

Dans cette localité, les ouvriers haveurs excavent la couche, l'abattent, remblaient, boisent la taille et la galerie, établissent les rigoles nécessaires à l'écoulement des eaux, posent les voies perfectionnées, arrachent les roches encaissantes, si une puissance trop faible de la couche réclame cette opération, et se chargent, en un mot, de tous les travaux à effectuer dans les chantiers d'exploitation, quelle que soit leur nature. Ils prennent à leur compte l'huile d'éclairage et la poudre destinée à l'abattage des roches encaissantes ou de la houille elle-même. Il arrive assez fréquemment aussi que les haveurs entreprennent le transport des produits de la taille au pied d'un plan incliné ou à la tête d'un plan automoteur; mais dans ce travail accessoire, objet d'un salaire particulier, les distances à parcourir ne doivent pas être trop grandes.

La durée de la journée est généralement de huit heures, non compris le temps employé pour entrer dans la mine et pour en sortir.

Les ouvriers sont payés à raison du volume de houille livrée à l'extraction. L'unité de mesure étant le *scheffel* (1), le prix est fixé pour cent de ces mesures, de telle façon qu'ils gagnent de fr. 1.60 à fr. 1.90 par jour. Lorsque, par exception, ils travaillent à la journée, celle-ci a une valeur uniforme de fr. 1.50.

Il résulte de nombreuses expériences faites sur presque toutes les couches du bassin, que un mètre cube de houille

---

(1) Le scheffel équivaut à 54,96 litres; mais cette mesure toujours comble, transformée en hectolitres, établit pour ceux-ci un poids de 110 à 112 kilog.

mesurée en place produit en moyenne 15 hectolitres de
charbon abattu, qu'ainsi le foisonnement du combustible
en augmente le volume de 3/10.

880. *Mine de Saelzer und Newack* (fig. 5, pl. XXXIII).

L'inclinaison générale des couches est de 14 à 15 degrés.

Fünffusbanck.

Puissance, 1.60 mètre de charbon pur. La largeur des
galeries n'est que de 2.20 mètres, parce que le toit est
ébouleux et la houille peu solide. Elles contiennent deux
ouvriers qui abattent de 27 à 33 hectolitres, en avançant
mensuellement (25 jours) d'environ 20 mètres. Salaire,
10.22 fr. les cent hectolitres.

Knochenbanck.

Puissance, 1.25 mètre, y compris deux bancs de schistes
formant une épaisseur de 0.21 mètre. Quoique le toit
soit fort mauvais, comme il s'agit de trouver l'espace
suffisant pour loger un assez grand volume de déblais,
les galeries ont une largeur de 4.18 mètres. Deux ouvriers
avancent mensuellement de 12.55 mètres; ils produisent
22 à 24 hectolitres et sont payés à raison de fr. 14.77
les cent hectolitres.

Dreckbanck.

Puissance, 1.41 mètre, dont il faut déduire 0.51 mètre
de schistes. Largeur des tailles, 2.82 mètres, dans lesquelles deux haveurs avancent de 10.45 mètres par mois.
Produit journalier, 22 à 24.75 hectolitres. Salaire,
fr. 12.72 les cent hectolitres.

Herrmann.

Puissance, 1.05 mètre, avec une intercalation de 0.05 mètre. L'avancement mensuel de deux ouvriers est de 16.72 mètres et la houille détachée 30.8 hectolitres. Le salaire pour 100 de ces derniers est de fr. 12.50.

Résultats du travail dans les quatre couches (1).

	UN OUVRIER		PRIX	
	PRODUIT.	EXCAVE.	DE L'HECTO-LITRE.	DE LA JOURNÉE.
	hectolitres.	M².	francs.	francs.
Fünffusbanck . .	13 1/2 à 16 1/2	0.88	0.1022	1.55
Knochenbanck .	11 à 12	1.05	0.1477	1.69
Dreckbanck. . .	11 1/2 à 12 1/2	0.58	0.1272	1.50
Herrmann . . .	15.4	1.39	0.1250	1.92

881. *Graf-Beust* (fig. 10-13, pl. XXXIV).

Couche Mathias.

Le toit est déliteux et la houille ébouleuse. Puissance, déduction faite des intercalations schisteuses, 2.66 mètres. Inclinaison, 45 degrés. Le mineur laisse en place quelques parties de la stratification. Largeur des galeries, 3.13 mètres. Avancement mensuel, 12.50 mètres. Trois haveurs produisent de 38 1/2 à 44 hectolitres et reçoivent fr. 13.50 pour cent.

Dépilage. Hauteur des piliers, 8.36 mètres. Trois ouvriers détachent en un jour 82.5 hectolitres, pour lesquels ils reçoivent fr. 6.82 le cent.

(1) A l'époque où l'auteur recueillait ces documents, les divers dépilages de cette mine se trouvaient dans un état anormal.

Catherina.

Houille solide, compacte et sans clivage. Puissance, 1.30 mètre de charbon pur. Inclinaison, 30 degrés. Largeur des galeries, 3.13 mètres. Deux ouvriers abattent 28 hectolitres, avancent de 14.50 mètres par mois (25 jours) et reçoivent fr. 13.63 par cent hectolitres.

Dépilage. Mêmes conditions et même quantité de houille abattue que dans la couche *Mathias.*

Couche dite 18 *Zöllig-flötz.*

Puissance, 0.47 mètre. Inclinaison, 70 degrés. Largeur des galeries, 5.22 mètres. La formation des voies exige l'arrachement du mur, opération pour laquelle les ouvriers emploient 0.25 kilog. de poudre par mètre courant.

La taille contient deux haveurs produisant 14 à 16 hectolitres et recevant 22.72 fr. par cent hectolitres. L'avancement mensuel est d'environ 10 mètres.

Résultats de l'abattage.

DÉSIGNATION DES COUCHES.	UN OUVRIER		PRIX	
	PRODUIT.	EXCAVE.	DE L'HECTO-LITRE.	DE LA JOURNÉE.
	hectolitres.	M²	francs.	francs.
Mathias. Galeries.	13 à 15	0.52	0.1363	1.86
Id. Dépilage.	27.5	—	0.0682	1.87
Catherina. Galeries.	14	0.90	0.1363	1.91
18 Zölligflötz. Id.	7 à 8	1.04	0.2272	1.70

Les haveurs appliqués au dépilage reçoivent une prime de fr. 0.062 pour chaque étai et pour chaque mètre courant de voie perfectionnée qu'ils enlèvent pendant l'opération.

Les galeries sont entretenues par une compagnie d'ouvriers spéciaux, auxquels sont alloués 0.50 fr. par 100 hectolitres de charbon extrait ; ce qui, pour l'extraction journalière de Graf-Beust (1650 hectolitres), entraîne une dépense de fr. 4.95.

882. *Langenbrahm*, *près de Werden* (fig. 1 et 2, pl. XXXIV).

Les ouvriers, outre l'arrachement et les travaux accessoires, effectuent le transport de la houille des tailles au pied du plan incliné, sur lequel elle est remorquée jusqu'au niveau de la galerie d'extraction. Les salaires sont ici moins élevés que dans les mines des environs d'Essen ; les prix sont établis de telle sorte que le haveur reçoive fr. 1.25 après défalcation des dépenses relatives à l'huile et à la poudre consommées. Les galeries ont généralement une largeur de 5.23 mètres, et les massifs interposés le double, c'est-à-dire 10.46 mètres.

Langenbrahm.

Puissance, 0.86 mètre. Roches encaissantes très-solides. Inclinaison, 26 degrés.

Deux ouvriers avancent mensuellement (en 25 jours) de 10.45 mètres, ils détachent et transportent 21 hectol. et sont payés comme suit :

Arrachement de 100 hectolitres.	fr. 11.36
Transport à 265 mètres	» 2.05
	fr. 13.41

Morgenstern.

Puissance, 1.05 mètre ; avancement, 8.40 mètres ; produits de deux haveurs, 24 hectolitres.

Arrachement de 100 hectolitres. . . . . fr. 9.09
Transport à 516 mètres. . . . . » 2.73

Somme dépensée , fr. 11.82

Dépilage. Hauteur du massif, 10.46 ; avancement, 8.40 mètres. 3 haveurs produisent 51 hectolitres et reçoivent :

Pour l'arrachement de 100 hectolitres . . . . . . fr. 4.54
Pour le transport à 668 mètres. . . . . » 5.41

fr. 7.95

Trotz n° 1.

Puissance , 0.70 mètre , roches solides ; avancement mensuel , 8.40 mètres ; produits de 2 haveurs , 19 hectol.

Arrachement de 100 hectolitres. . . . . fr. 12.50
Transport à 635 mètres de distance . . . . » 3.18

fr. 15.68

Dépilage. 3 ouvriers produisent 36 hectolitres.

Salaire de l'arrachement . . . . fr. 7.7$_2$
Id.   du transport à 570 mètres. . . . . » 2.95

fr. 10.67

Hitzberg.

Puissance, 1.05 mètre ; hauteur des tailles, 2.09 seulement, à cause de la nature fort ébouleuse du toit. 2 haveurs abattent 22 hectolitres, en avançant mensuellement de 12.50 mètres.

Arrachement . . . . fr. 10.22
Transport à 635 mètres . . . . » 2.95

fr. 13.17

Dépilage. 3 ouvriers excavent la même surface que dans la couche *Trotz* n° 1 et détachent 36 hectolitres.

Arrachement . . . . fr. 6.22
Transport à une distance de 627 mètres. . . . . . » 2.95

fr. 9.17

Pour dédommager les haveurs des difficultés du travail et de la faible quantité de houille qu'ils peuvent abattre,
il leur est accordé, outre le salaire ci-dessus indiqué, une
indemnité de fr. 1.20 par mètre courant.

Résultats du travail dans les quatre couches.

DÉSIGNATION DES COUCHES.	UN OUVRIER		PRIX	
	PRODUIT.	EXCAVE.	DE L'HECTOL.	DE LA JOURNÉE.
Langenbrahm. Gale-ries	10 1/2 h.	1.09 M²	0.1341 fr.	1.40 fr.
Morgenstern. Galeries	12	0.87	0.1182	1.41
Id. Dépilage.	17	1.17	0.0795	1.35
Trotz n° 1. Galeries.	9 1/2	0.87	0.1568	1.49
Id. Dépilage.	12	»	0.1067	1.28
Hitzberg. Galeries.	11	0.92	0.1317	1.45
Id. Dépilage.	12	»	0.0917	1.10

883. *Duvenkampsbanck* (fig. 1-3, pl. XXXV).

La couche dite *Mittlere Girendelle*, dont la puissance
est de 0.40 mètre et l'inclinaison de 5 à 8 degrés,
est exploitée par grandes tailles.

Tailles diagonales de 14,60 mètres de largeur. Deux
ouvriers avancent de 6.30 mètres par mois; chacun
d'eux excave, en une journée de 8 heures, 1.84 M² et
produit 9 1/2 hectolitres. Le prix alloué pour 100 hectol.
est de fr. 18.19; le haveur reçoit pour sa journée 1.75,
dont il faut déduire l'huile et surtout la poudre employée à
entailler profondément les roches encaissantes.

Tailles horizontales (*Strebbe*). Hauteur, 16.50 mètres,
avancement mensuel, 6.50 mètres, surface excavée par
ouvrier, M² 2.08. Le prix fixé étant de fr. 15.90

pour 100 hectolitres, chaque ouvrier pouvant en abattre 10 1/2, sa journée s'élève à fr. 1.67.

884. *District de Saarbrücken.*

Dans cette localité, les ouvriers havent et abattent la couche ; ils arrachent le mur pour rendre horizontal le sol de la voie, établissent les chemins de fer et les entretiennent, de même que les galeries accessoires qu'ils parcourent ; ils remblaient la taille et en font transporter les produits jusqu'aux plans inclinés ou aux galeries d'allongement, si l'exploitation se fait par diagonales. Ils emploient pour cette dernière opération des ouvriers spéciaux, rouleurs ou brouetteurs, auxquels ils accordent un salaire fixé par les tarifs. Les haveurs prennent également à leur compte la poudre, l'huile d'éclairage, les frais de réparation des outils ; il en est de même des brouettes, lorsqu'ils emploient ces dernières, ou la moitié des dépenses d'entretien des wagons, si ce mode de transport est usité, l'autre moitié restant à la charge de l'entrepreneur du voiturage à travers les galeries principales.

Les mineurs sont payés en raison du nombre de *fuder* (1) de houille abattue. Les prix accordés varient suivant les difficultés de l'arrachement et surtout suivant la distance de parcours de la taille aux galeries principales.

Les divers travaux d'un atelier sont mis au rabais par le chef marqueur (*Schichtmeister*), assisté d'un contremaître (*Steiger*), après, toutefois, s'être assuré de la quotité de houille qu'un haveur peut abattre en une journée dans les circonstances où l'on se trouve. Cette expérience est confiée à des ouvriers spéciaux (*Probe hauer*), d'une

---

(1) Le *fuder* est une mesure locale contenant 30 quintaux de Prusse (1543 kilog. ou 17.6 hectolitres).

habileté reconnue. Ils travaillent pendant la durée d'un poste et établissent la quotité maximum exigible, afin que le prix du salaire soit proportionné à la difficulté de l'opération ; le résultat est toutefois diminué de 1/9°, dans le but de ramener l'effet utile produit par des ouvriers de choix à la moyenne de ce qu'il est possible d'exiger de l'ensemble des mineurs. Si, pendant le cours du travail, la composition ou la dureté de la couche venant à changer, les haveurs ne peuvent plus fournir la quotité prescrite, ceux-ci ont le droit de requérir l'épreuve : l'expérience a lieu, et si elle démontre que les plaintes sont fondées, l'établissement en paie les frais; dans le cas contraire, la dépense reste au compte des entrepreneurs.

La grande dureté de la houille et l'absence de fissures contraignent presque toujours les haveurs à recourir à l'emploi de la poudre dans l'abattage. La consommation maximum de cette substance se rapporte à la couche *Heinrich* de la mine Gerhard, dont la puissance est de 1.86 mèt. L'arrachement de 100 hectolitres dans le percement des galeries en a quelquefois exigé 3.6 kil.

D'après un grand nombre d'expériences ayant eu pour objet 14 couches différentes, la moyenne du volume de houille détachée par un ouvrier, en une journée de huit heures, est de 11.2 hectolitres en galerie et de 12.8 hectolitres en dépilage ; ce qui établit entre ces deux conditions d'arrachement un rapport de 100 à 115. Il est entendu que les travaux accessoires sont compris dans ces chiffres.

885. *Mine Gerhard* (fig. 3, 4 et 10, pl. XXXVI).

Couche *Heinrich* : Puissance, 1.87 mètre; inclinaison de 11 à 12 degrés.

L'exploitation a lieu par diagonales ; la houille est trop

dure pour pouvoir être havée, et, comme la couche n'a pas de houage, cette opération doit s'effectuer dans les schistes du mur.

En galeries (*abbaustrecken*), auxquelles est attribuée une largeur de 4.18 mètres, deux ouvriers détachent 24 hectolitres en un poste de huit heures, et 31 hectolitres en dépilage dans des massifs de 6.27 à 8.48 mètres.

Ils reçoivent fr. 0.197 par hectolitre abattu, dans le premier cas, et 0.175 dans le second. Le prix de la journée est alors : en galeries, de fr. 2.36, et en dépilage, de 2.71, sur lesquels ils doivent prélever la poudre, dont ils emploient de 0.25 à 0.40 kilog. par jour, plus le transport des produits, qu'ils paient à la journée.

Cette couche produit environ 23.5 hectolitres par mètre carré. La surface excavée par un ouvrier est alors de 0.51 M².

886. *Printz Wilhelm*, *près de Gersweiler*.

Couche *Ingersleben*. Inclinaison, 5 degrés.
Composition des lits, à partir du toit :

1ᵉʳ. banc de houille . . . . mètre 0.47	}	
Intercalation schisteuse. . . . . . » 0.39		
2ᵉ. banc. . . . . » 0.37	} 2.58 mètres.
Intercalation argileuse (houage). . » 0.10		
3ᵉ. banc . . . . » 1.25	}	

La houille, assez dure, exige l'emploi de 3.2 kilog. de poudre pour l'abattage de 100 hectolitres en galeries et environ 2.7 kilog. en dépilage. L'exploitation a lieu par diagonales. Dans la première opération, le mineur se contente d'enlever les deux bancs du mur, soit 1.62 mètre de houille ; les bancs supérieurs sont abattus au moment de la reprise des massifs.

Les conditions étant les mêmes que ci-dessus, un ouvrier travaillant 8 heures abat 14.6 hectolitres en galeries et 17 en dépilage. Il reçoit respectivement fr. 0.167 et 0.160 par hectolitre, 2.45 et 2.72 par journée.

Les bancs objet de la première période du travail produisant 20 hectolitres par mètre carré, la surface excavée par un ouvrier haveur est de 0.73 M².

887. *Friedrichthal.*

Couche inclinée de 5 degrés et composée comme suit :

Banc de houille du toit . . . . . mètre 1.255 ⎫
Intercalation schisteuse. . . . . . » 0.025 ⎪
2ᵉ. banc de houille. . . . . . . » 0.705 ⎬ 2.740 mètres.
Schistes. . . . . » 0.050 ⎪
5ᵉ. et 4ᵉ. bancs . . . . » 0.705 ⎭

Les trois assises inférieures (1.41 mètre) sont enlevées pendant l'exécution des galeries, auxquelles est attribuée une largeur de 5.22 mètres. Il est procédé à l'abattage de l'assise supérieure pendant l'arrachement des piliers, dont la hauteur est de 6.27 mètres.

En une journée de huit heures, un haveur détache, en galeries, 12 hectolitres, qui lui sont payés à raison de fr. 0.195 ; en dépilage, 17.7 hectolitres, pour chacun desquels il reçoit fr. 0.170. Le prix de la journée est respectivement de fr. 2.34 et 2.83.

Surface excavée, 0.66 M². Produit d'un mètre carré, environ 18 hectolitres.

888. *Sulzbach Duttweiler* (fig. 1, pl. XXXVI).

Galerie Caroline.

10°. *Couche* inclinée de 35 à 40 degrés et composée comme suit :

1er. banc de houille . . . . . . mètre	0.4185	
Schistes . . . . »	0.0520	
2e. banc . . . . »	0.2620	
Schistes . . . . »	0.3920	2.458 mètres.
5e. banc . . . . »	0.4700	
Schistes . . . . »	0.0785	
4e. banc . . . . »	0.7850	

L'exploitation a lieu par plans automoteurs. Les deux assises du mur sont abattues pendant le percement des galeries et les deux bancs supérieurs tombent dans le dépilage.

Les difficultés d'arrachement sont telles que le haveur ne détache dans sa journée que 10 hectolitres en galeries et 13 en massifs, pour lesquels il lui est payé en moyenne fr. 0.218. Le salaire journalier est de fr. 2.55.

Couche n°. 15. Puissance 0.78 à 0.94 mètre. Houage de mètre 0.16 superposé au mur. Toit ébouleux. La faible puissance de la couche nécessite l'entaillement du mur de la couche, travail compris dans la valeur du forfait.

En galeries, le haveur abat 6 hectolitres, pour lesquels il reçoit fr. 0.32. Prix de la journée, fr. 1.92. Dans l'exploitation des massifs, il arrache 7.6 hectolitres, payés à raison de fr. 0.28, ce qui porte la journée à fr. 2.128.

Le produit de la couche est de 10 hectolitres par mètre carré, et la surface excavée par un ouvrier est de M². 0.76.

Hirtel, couche de 0.78 mètre. Inclinaison, 12 à 15 degrés. Le mur est recouvert d'un houage de 0.08 à 0.10 mètre. L'exploitation s'en affectue par grandes tailles (*strebbau*). Un haveur produit 7.3 hectolitres, pour chacun desquels il lui est alloué fr. 0.32; le prix de la journée est alors de fr. 2.34. La couche fournit 9 hectolitres par mètre carré, et la surface havée par un mineur est de M². 0.81.

889. Haute-Silésie.

Les excavations qui, telles que les galeries d'allongement ou les voies de communication destinées à la circulation du courant d'air et à l'écoulement des eaux, n'ont pas pour objet immédiat l'exploitation de la houille, sont payées par unité linéaire de longueur. Dans l'arrachement proprement dit, le havage, l'abattage, l'enlèvement des remblais et le boisage sont des travaux entrepris par des compagnies d'ouvriers (*Kamradschaften*), qui, suivant les circonstances, forment un ou deux postes. Si la houille est tendre, facile à entailler et à abattre, si la puissance de la couche n'excède pas 2.60 mètres, tout le travail de l'atelier s'accomplit dans la même journée. Mais si le combustible est dur, si son abattage exige des entailles latérales, si la puissance de la stratification rend le boisage difficile, les ouvriers se divisent en deux postes, dont l'un pratique les entailles, tandis que le second abat et boise. La largeur occupée par un haveur est d'autant moindre que la couche est plus dure; les limites extrêmes sont 2.09 mètres et 5.13 mètres. La durée de la journée est de 12 heures; elle comporte un travail actif de 9 à 9 1/2 heures.

Les ouvriers sont payés en raison du nombre de tonnes (1) de houille arrachée, en ne tenant compte que des morceaux (*Stück* ou *Würfel Kohle*); l'abattage et le transport du menu (*Kleine Kohle*) ne sont l'objet d'aucun salaire, soit parce que la houille, dans cet état, n'a presque pas de valeur, soit afin d'éviter un contrôle toujours très-difficile lorsqu'il doit porter sur deux

---

(1) La tonne de Prusse, ou 4 scheffels, est une mesure de capacité équivalant à 2.1985 hectolitres.

qualités de combustible. Il en résulte que les prix accordés
sont d'autant plus élevés que la couche fournit comparativement une moins grande quantité de morceaux.

Si la compagnie des haveurs est en outre chargée du transport intérieur de la houille, elle doit entretenir les vases,
les galeries et les voies parcourues. Si l'extraction a lieu
à l'aide du treuil, il arrive assez souvent que ces compagnies ont l'entreprise de cette partie des travaux. Mais
ces opérations sont alors l'objet d'un salaire spécial et tout-
à-fait distinct de celui qui est alloué pour l'arrachement.

Les ouvriers attachés au transport sont payés par les haveurs; ils reçoivent un prix fixé par un tarif, mais ils ne
participent en aucune manière aux chances de l'entreprise,
dont les avantages ou les désavantages incombent aux seuls
membres de la compagnie.

Dans toutes ces mines, de même qu'à Saarbrücken, se
trouvent des ouvriers essayeurs (*Probe haüer*), dont le
travail sert à constater la valeur de l'arrachement.

D'après les observations faites sur l'ensemble des stratifications du bassin, la moyenne des produits d'un mètre
cube de couche en place est de 13 hectolitres de houille
de toute nature; la quantité qu'un ouvrier détache dans sa
journée est de 19 à 20 hectolitres. Le plus grand effet
utile obtenu a été, sous ce dernier rapport, de 39, et
le plus petit, de 8 à 10 hectol.

890. *Kœnigsgrube.*

Cette exploitation a pour objet deux couches : l'une,
dite *Gerhard*, de 5.75 mètres de puissance, dont environ
4.50 mètres d'épaisseur seulement sont arrachés, les autres
bancs étant abandonnés à cause de leur mauvaise qualité.
L'autre, *Heintzmann*, a 3.13 mètres de puissance.

Le boisage présente de grandes difficultés engendrées par la longueur des bois employés.

Percement des galeries d'allongement : hauteur, 2.56 mètres ; largeur, 1.83 mètre.

Deux haveurs avancent de 1.20 mètre dans une journée de 10 heures de travail effectif et produisent 63 hectol. de gros et de menu. Le boisage offre peu de difficultés.

Surface excavée par ouvrier, 1.10 M².

Dépenses.

2 haveurs à fr. 1.50.	fr. 3.00
Huile.	» 0.50
Réparations d'outils	» 0.18
	fr. 3.68

Prix de l'hectolitre, fr. 0.069.

Couche Gerhard. Le banc, en contact avec le toit, dont la puissance est de 0.78 mètre, reste en place, son exploitation ne donnant que de la houille menue. La taille est occupée par six ouvriers divisés en deux postes, qui produisent :

Gros charbon . . . . . hectolitres 126.6	}	158.4 hectolitres.
Menu . . . . » 31.8		

Le prix fait est de fr. 9.43 pour 100 hectolitres de houille en morceaux ; le prix de la journée est donc de fr. 2, dont il faut déduire la fourniture d'huile et celle de poudre, qui s'élève à 0.35 kilog.

La surface excavée est de 0.48 M².

La couche *Heintzmann* est exploitée dans toute sa puissance par quatre ouvriers divisés en deux postes. Ils produisent :

Gros charbon . . . . . hectolitres 79.	}	114 hectolitres.
Menu . . . . » 35.		

Le même salaire que ci-dessus établit le prix de la journée à fr. 1.87. Surface excavée par ouvrier, 0.63 M².

Le dépilage ne donne guère plus de houille que le percement des galeries, parce que la pose du boisage et son enlèvement absorbent un temps considérable.

891. *Mines de Eugenius Glück et de Hoym.*

Couche Caroline. Puissance, 5.75 mètres. Le front de taille, composé de trois gradins droits, est occupé successivement par deux postes de trois ouvriers chacun. Ces six ouvriers produisent :

Gros charbon . . . . hectolitres 118.8 } 158.4 hectolitres.
Menu . . . . » . 39.6 }
Ils reçoivent pour 100 hectolitres de gros charbon . . fr. 9.65
Ils dépensent en poudre, en huile, etc. . . . . » 0.75
────────
reste, fr. 8.90

Prix de la journée, fr. 1.75.
Surface excavée par un haveur, 0.63 M².

Couche Hoym. Puissance, 1.40 mètre en trois bancs séparés par deux intercalations de 0.68 mètre. Exploitation par grandes tailles (*Breitemblick*). Produits d'un haveur :

Gros charbon . . . . hectolitres 5.5 } 11 hectolitres.
Menu . . . . » 5.5 }

Prix de l'arrachement de 100 hect. de gros, fr. 52.70 ; valeur de la journée, fr. 1.80 ; surface excavée, 0.64 M².

Cette couche est d'une exploitation très-difficile, ce qui explique le minime effet utile obtenu.

892. *Sud du pays de Galles (Angleterre).*

Les ateliers de cette localité contiennent deux ouvriers, dont l'un excave la couche et y pratique toutes les entailles nécessaires, pendant que l'autre l'abat et boise la galerie. Il est rare que ces travaux soient payés à la

journée, mais plus fréquemment en raison de la tonne (1)
de houille extraite. Le prix de l'arrachement est majoré
de toute la dépense en huile et en poudre, qui incombe
à l'ouvrier, et de celle du transport des produits de la taille
à la galerie principale, auquel il doit ordinairement pourvoir. Le salaire accordé s'applique tantôt à la totalité
de l'extraction, quelle que soit la nature du charbon,
tantôt au gros seulement; quelquefois, enfin, ce dernier
est affecté d'un prix plus élevé que le menu, dans le but
d'obtenir le plus de blocs possible. Les travaux de préparation
dans la couche, c'est-à-dire le percement des galeries d'allongement, d'aérage, de communication, etc., auxquelles
doit être conservée une largeur rigoureuse dans toute leur
étendue, sont payées par *yard* (0.914 mètre) d'avancement, c'est-à-dire à l'unité linéaire.

Percement des galeries dans le gîte.

Galeries d'allongement. Dimensions : largeur, 1.33 mètre,
hauteur, 1.68 mètre.

Elles reviennent par mètre courant :

Excavation et transport	fr. 8.20
Boisages	» 16.41
Pose des bois	» 2.04
	fr. 26.65

Le boisage n'est pas employé sur toute l'étendue des
galeries d'allongement, mais seulement dans les parties qui
réclament impérieusement ce mode de soutenement.

Galeries destinées à conduire dans les tailles. Le mètre

_____

(1) La tonne, de 21 quintaux, est l'unité de poids employée dans
le pays de Galles pour la mesure de la houille ; elle équivaut à
1197 kilogrammes et contient de 13 à 14 hectolitres, suivant la
pesanteur spécifique du combustible.

courant fr. 8.20. Les galeries de retour de l'air, de 0.91 mètre de hauteur et de largeur, sont payées fr. 4.10.

Travaux d'exploitation.

Couche dite *Red-Vein-Coal.* Puissance, 1.07.

Dans une taille de 3.64 mètres, un haveur avance de 0.91 mètre et produit une excavation de 3.31 M². Un autre ouvrier lui succède pour abattre la houille et achever le travail. Cette couche ne donne, dans ces circonstances, que 2.8 tonnes (soit 37 hectolitres), payés à raison de fr. 3.26 la tonne, ce qui porte le prix de l'hectolitre à fr. 0.246, et celui de la journée, y compris les fournitures d'huile et de poudre, à fr. 4.57. Comme chaque ouvrier dépense de ce chef, fr. 0.83, il lui reste net fr. 3.75.

Mendow-Vein, couche de 2.28 mètres, avec une intercalation schisteuse de 0.15 mètre qui la divise en deux bancs.

Largeur de la galerie, 5.50 mètres; avancement, 0.63 mètre; surface excavée par un ouvrier, 1.73 M². Produit de la taille occupée par deux mineurs, 5.3 tonnes ou 70 hectolitres.

Dépenses.

Arrachement, 5.3 tonnes à fr. 1.66. . . . . fr. 8.80
Transport jusqu'à la voie de niveau, fr. 1.56 . . . . » 8.27
                                                          ____
                                                     fr. 17.07

Prix de revient de l'hectolitre pour l'arrachement seul, fr. 0.1256.

Prix de la journée . . . . fr. 4.399
A déduire, la fourniture d'huile et de poudre. . . . » 0.625
                                                          ____
                                                   reste, fr. 3.774

Big-Vein. Couche de 1.50 à 1.60 mètre de la mine de Clydach. La houille, très-solide, fournit de gros blocs et les roches encaissantes n'exigent pas de boisage.

Dans les galeries de 5.48 mètres de largeur, deux ouvriers, dont l'un have et l'autre abat, arrachent, en une journée de huit heures, 55.5 hectolitres (4.2 tonnes) de gros charbon. L'avancement étant de 0.61 mètre, la surface excavée est de 3.54 mètres carrés.

Three-Quarter-Coal. Couche de 0.91 mètre fournissant de la houille grasse assez tendre. Deux ouvriers produisent en galerie 58 hectolitres (4.7 tonnes) et en dépilage 71.8 hectolitres (5.4 tonnes). La largeur des galeries étant de 5.46 mètres et l'avancement de 0.98 mètre, la surface excavée en un jour est de 5.33 mètres carrés.

Résultat général.

Il est admis qu'en moyenne un mineur abat en une journée de huit heures 25 à 26 hectolitres (2 tonnes de Galles ou 2.394 kilog.) de houille en morceaux, et que l'abattage des couches les plus puissantes de cette localité coûte fr. 1.56 par tonne, tandis que la tonne produite par les couches minces revient à fr. 2.50, ce qui donne une moyenne de fr. 2.03 et, pour l'hectolitre de charbon en gros morceaux, fr. 0.15. Les journées des haveurs et des abatteurs reviennent à fr. 3.75.

893. Comtés de Shrops et de Stafford.

Les ouvriers des ateliers d'arrachement établis dans les couches minces de ces districts sont associés pour l'entreprise de tout le travail, y compris la totalité ou une partie du transport. Chacun d'eux a une fonction spéciale et dont il ne se départit jamais. Ainsi les haveurs excavent parallèlement au plan de la couche et quelquefois pratiquent les coupures perpendiculaires; mais, le plus souvent, ces dernières sont du ressort d'autres ouvriers (*Cutters*) auxquels succèdent les abatteurs (*Brushers*) et les remblayeurs (*Coggers*). Ils sont payés en raison du nombre de tonnes anglaises (kilog. 1015.6) de houille extraite, soit en ne tenant compte que des morceaux, soit le plus souvent en affectant un prix d'autant plus élevé que les produits sont livrés en plus gros blocs.

Les galeries de roulage (*Gate roads*) ont en moyenne une largeur de 1.82 mètre sur une hauteur variable de 1.50 à 2.10 mètres. Elles sont pratiquées à travers les remblais et les menues houilles abandonnées. L'ouvrier arrache le toit ou le mur si la faible puissance de la couche l'exige; il boise et forme, sur les deux côtés de la voie, des murs en pierres sèches qui quelquefois remplacent les boisages. Cet ouvrage, payé à l'unité linéaire, revient en moyenne de fr. 8.24 à fr. 6.32 le mètre courant.

Les voies d'aérage (*Air heads*), percées expressément dans ce but, ont environ 1 mètre de hauteur et autant de largeur. Le prix du mètre courant est de fr. 4.57 à fr. 5.49.

Dans ce district, la production moyenne d'un ouvrier, tant haveur qu'abatteur et remblayeur, est de 5 tonnes 14 cwt., ou de 65 à 68 hectolitres de houille de toute espèce; les prix moyens accordés, y compris le transport, sont les suivants :

	GROS.	GAILLETTES.	MENU.
Par tonne,	fr. 2.29	1.50	1.25
Par hectolitre,	» 0.191	0.108	0.104

894. Mine de Hinkshay.

Upper-Flint-Coal. Puissance, 1.50 mètre.

Deux haveurs, faisant 1 1/4 journée, occupent un front

de taille de 27.3 mètres ; ils avancent de 0.91 mètre. Surface excavée, 24.84 mètres carrés. Deux coupeurs pratiquent, à des distances de 4.30 mètres les unes des autres, des entailles perpendiculaires aux plans de stratification ; puis quatre ouvriers abattent la couche, remblaient l'excavation et pourvoient au transport. Les produits de l'atelier et les salaires sont :

Grosses houilles,	28 tonnes 7 cwt. à fr. 2.34.	. . .	fr.	66.35
Gaillettes,	5 » 14 » » 1.46.	. . .	»	8.32
Menu (1),	8 » 10 » » 1.25.	. . .	»	10.62

42 tonnes 11 (489 hectolitres) . . . fr. 85.29

La dépense établie, au taux normal des journées, aurait été :

Journées de haveurs, 2 1/2 à fr. 3.44. . . .	fr. 8.60		
Idem de remblayeurs et d'abatteurs, 4 à fr. 4.06.	» 16.24	} fr. 31.72	
Idem de coupeurs, 2 à fr. 3.44	» 6.88		
Chargement et transport	» 53.12		

fr. 84.84

Le prix de l'hectolitre pour l'arrachement est de fr. 0.0648.

895. *Mine de Horsehay.*

Yard-coal. Couche d'une puissance de 0.91 mètre au contact de laquelle se trouve une stratification de minerai appelée *Yellow-ironstone*, qui s'exploite en même temps que la houille. Largeur de la taille, 27.30 mètres. Avancement, 0.91 mètre. Surface excavée, 24.84 mètres carrés.

Les produits et les conditions de paîment sont les suivants :

(1) Les houilles se divisent en trois classes : 1°. *Large coals*, ou plus simplement *coals*, gros quartiers; 2°. *Lumps*, blocs de moindres dimensions analogues aux gaillettes belges; 3°. *Slack*, ce qui reste des deux premiers choix, excepté les poussières.

Grosse houille, 15 tonneaux à fr. 2.50. . fr. 37.50 ⎫
Gaillettes,   5   »   1.45. . . »   4.55 ⎬ fr. 47.47
Menu,   4 1/2 »   1.25. . . »   5.62 ⎭

         Tonnes, 22 1/2, soit 270 hectolitres.
Minerai ,   7 1/2 tonn. à fr. 2.50. . fr. 18.75

Personnel employé.

5 haveurs . . . . . . à fr. 3.44 . fr. 10.52 ⎫
5 abatteurs et remblayeurs à » 4.06 . . » 8.12 ⎬ fr. 18.44
Chargement et transport de la houille . » 28.75 ⎭
   Idem   du minerai . . . . . . » 18.75
                                    ―――――――
                                   fr. 65.44

Prix de l'hectolitre de houille, abstraction faite du minerai de fer, fr. 0.068.

896. *Mine de D****, à Coseley.*

Heathen-coal, dont la puissance est de 0.68 mètre, s'exploite par tailles, dans lesquelles cinq haveurs excavent la même surface que ci-dessus. Un chantier fournit :

Grosse houille . 15 tonnes . . à fr. 3.255 . . fr. 48.45
Gaillettes . . . 5   »   » 1.456 . . » 4.35
Menu . . . . 4 tonnes 10 cwt. » 1.25 . . » 5.62
                              ―――――――
        22 1/2 tonnes (260 hectolitres) . . fr. 58.42

Ces 260 hectolitres de houille sont obtenus à l'aide du personnel suivant :

5 haveurs . . . . . . à fr. 4.06 . . fr. 20.30 ⎫
2 abatteurs remblayeurs . à » 4.69 . . » 9.38 ⎬ fr. 29.68
Pour chargement et transport . . . . . » 28.37 ⎭
                                    ―――――――
                                   fr. 58.05

L'hectolitre revient, pour l'arrachement, à fr. 0.1141.

Bottom-coal-mesures, couche composée et exploitée comme on l'a vu ci-dessus.

L'avancement est toujours de 0.91 et le front de taille de 27.30 mètres. — Une taille est occupée par :

5 haveurs . . . . à fr. 4.06 fr. 20.30	}	fr. 43.75
3 abatteurs et remblayeurs . à » 4.69 » 23.45		
Chargement et transport des produits . . » 84.37		

fr. 128.12

Produits.

Grosse houille.	45	tonnes,	à fr. 2.08	. . . .	fr. 93.60
Gaillettes ,	9	»	» 1.45	. . . .	» 13.05
Menu ,	15 1/2	»	» 1.25	. . . .	» 16.88

(740 hectol.), 67 1/2 tonnes . . . . fr. 123.53

Prix de l'arrachement par hectolitre, fr. 0.0591.

897. *Exploitation du minerai de fer.*

White-ironstone. Puissance, 0.98 mètre.

Un haveur occupe une largeur de 8.13 mètres et avance de 0.68 mètre ; il excave donc 5.53 M². Le produit d'une taille de 36.56 mètres est de 15 tonnes (15.234 kil.), payées à raison de fr. 3.75 la tonne . . . fr. 56.25

La dépense, établie d'après le prix des journées, aurait été de :

4 1/2 journées de haveurs à fr. 4.06	fr. 18.27
2 1/2 id. d'abatteurs et remblayeurs à fr. 4.68	» 9.36
Chargement et transport	» 25.62

fr. 53.25

Lower-gubbin-ironstone. Puissance, 0.98 mètre.

Produit d'une taille de même grandeur , tonneaux 5, cwt. 2 (soit 5.687 kilog.), à fr. 9.06 . . fr. 50.73

3 1/2 journées de haveurs à fr. 4.06	fr. 14.21
4 id. de remblayeurs à fr. 4.68.	» 18.72
Chargement et transport	» 17.50

fr. 50.43

898. Sud-Staffordshire. Main-Coal ou Thick-Coal.

Percement des galeries.

Les galeries de roulage (*Gate roads*) ont 2.90 mètres de largeur sur 2.10 à 2.45 mètres de hauteur ; elles sont payées à la mesure linéaire d'avancement.

Lorsque le prix de la journée est fixé à fr. 5.62, le mineur reçoit, par mètre courant, de fr. 9.60 à 11.00. Les galeries d'aérage (*Air heads*) sont payées à raison de fr. 4.10 à 5.48.

Travaux d'exploitation.

Le salaire des haveurs (*Pikemen*) se rapporte à une surface horizontale ou verticale excavée pendant un travail actif et fort pénible dont la durée est de 6 à 8 heures. Cette surface, unité de mesure d'ailleurs fort variable, est appelée *stint*. Le travail accordé à prix fait est ordinairement payé à raison du nombre de stint effectué, chaque ouvrier en faisant 1 1/4, 1 1/2, et les plus laborieux 1 3/4 et même 2 par jour ; mais ces circonstances sont exceptionnelles, quoique les exploitants soient ordinairement satisfaits de cet accroissement de produits, puisque la boisson et la houille qu'ils doivent fournir aux ouvriers ne subissent aucune augmentation de ce chef.

Les mineurs, eu égard aux dangers auxquels ils sont exposés, reçoivent toujours 1/3 ou 1/4 de plus que les ouvriers occupés aux couches minces.

La stratification, dont la composition moyenne a déjà été indiquée, doit être divisée, sous le rapport du prix de l'abattage, en deux parties : les quatre bancs inférieurs, dont l'épaisseur, y compris l'intercalation schisteuse *Hard-stone*, forment une hauteur de 3.38 mètres, et les autres bancs les plus rapprochés du toit, une épaisseur de 5.63 mètres.

Dès la fin du siècle dernier, le stint a été établi de telle façon que, la largeur de la taille comprise entre deux piliers ou un pilier et une paroi étant de 7.312 mètres et la quotité d'avancement de 1.828 mètre, la surface excavée (13.366 M².) formât huit stint de chacun 1.67 M². de havage, plus les entailles verticales et l'abattage des quatre premiers bancs, jusqu'au nerf dit *Hard-stone*. Trois ouvriers font ordinairement ce travail en deux jours.

Les assises supérieures tombent par suite de l'exécution des entailles verticales, mais ce sont les plus difficiles et les plus dangereuses. La surface d'un stint étant fixée, dans ce cas, à 2.08 M²., les 20.58 M². qui restent à entailler exigent 10 journées de coupeurs.

Coût de la main-d'œuvre d'un atelier d'arrachement.

Le prix du stint est de fr. 5.625, y compris l'indemnité accordée pour les chandelles, la bière et les réparations d'outils, indemnité fixée à fr. 0.625.

Huit stint pour les quatre bancs inférieurs . . . . fr.   45.00
Dix   id. de coupures verticales aux bancs du toit. . »   56.25

Les ouvriers suivants travaillent à la journée, dont la durée est de 12 heures :

Cinq briseurs de blocs (*Turners out*) à fr. 5. . . . . fr.   25.00
Dix enfants occupés à retirer le menu des tailles (*Dirt carriers*) et à séparer les houilles des schistes (*Cleauser*) à fr. 1.88 . . . . »   18.80
                                                              ──────────
                                                          fr. 145.05

Les produits de la taille, dans toute la hauteur de la couche, sont de :

Grosse houille (*Coals*). . . . . 798 hectolitres.
Blocs moindres (*Lumps*). 160   »
Menu sans poussières (*Slack*) 240   »
                                          ───────────────
                              hectolitres , 1198

Le prix de l'hectolitre de charbon de toute espèce est de fr. 0.121. Si l'exploitant n'a égard qu'à la grosse houille seule, comme elle doit supporter tous les frais précédents, l'hectolitre revient à fr. 0.181.

La moyenne des produits d'un haveur en une journée est de 66.5 hectolitres.

899. *Mines du duc de Bridgewater*, *près de Worsley* (*Lancashire*) (1).

Le haveur est toujours accompagné d'un traîneur, avec lequel il forme une association et auquel il remet 1/3 du salaire total, le transport jusqu'à une certaine distance étant toujours lié avec l'abattage de la couche. Si le transport est facile et les distances courtes, le traîneur aide le haveur et fait ainsi son apprentissage ; si, au contraire, il est pénible par suite d'un parcours considérable, ou du mauvais état des voies, le haveur prête la main au rouleur ; de cette manière, aucun d'eux ne reste jamais inactif et la communauté est la plus productive possible.

Les rapports existant entre l'exploitant et le mineur offrent aussi l'image d'une association, puisque le salaire est non-seulement en rapport avec la quantité extraite, mais varie encore avec les prix de vente.

La houille extraite est divisée en quatre classes :

1°. Le premier triage à la main (*assorted*) forme le gros.

2°. Ce qui reste de ce triage non encore criblé (*un ridded*), le mêlé.

3°. Ce qui reste sur le crible (*riddeled*), les gaillettes.

---

(1) Extrait du Mémoire publié par MM. Henri FOURNEL et Isidore DYÈVRE.

4°. Le charbon qui a traversé le crible (*slack*), le menu.

Les prix alloués par tonne et par hectolitre de charbon détaché et transporté à une distance de 45.5 mètres , variables d'ailleurs en raison de la puissance de la couche et des difficultés de l'exploitation , sont compris dans les limites suivantes :

NATURE DU TRAVAIL.	GROS.	MÉLÉ.	GAILLE^{tes}.	MENU.	
Galeries (*Strait*).	de fr. 1.67 à 2.70	fr. 1.15 » 2.98	fr. 1.56 » 2.50	fr. 1.04 —	Prix de
Dépilage (*Wide*) .	de fr. 2.08 à 2.92	» 1.46 » 2.60	» 1.87 » 3.02	fr. 1.04 —	la tonne.
Galeries	fr. 0.1744	fr. 0.1248	fr. 0.1624	fr. 0.0832	Moyenne
Dépilage. . . .	» 0.2000	» 0.1624	» 0.1952	» 0.0832	de l'hectol.

Dans certains cas, le haveur reçoit en outre, dans les galeries, une somme en rapport avec le nombre de mètres dont il s'est avancé. Cette somme , variable suivant la nature de l'excavation et les difficultés d'arrachement , peut être évaluée, en moyenne, à fr. 3.20 par mètre courant.

Le triage du charbon au fond de la taille se paie fr. 0.026 par tonne.

Enfin, lorsque la longueur du transport dépasse 45.5 mètres, il est alloué aux ouvriers fr. 0.052 pour chaque relai de 18.20 mètres que le traineur parcourt en sus.

Prix de revient de la couche dite *Fist-seven-feet*, quant à l'arrachement, au triage et au transport.

Abattage et havage	fr.	1.458	la tonne.
Triage	»	0.025	»
Traînage.	»	0.729	»
Avancement { des galeries ascendantes . .	»	0.234	»
id. de communication.	»	0.052	»
	fr.	2.499	»

Soit environ fr. 0.20 l'hectolitre.

900. *Autres mines du Lancashire.*

Haigh, près de Wigan.

Exploitation d'une couche de *cannel coal*, dont la puissance est de 0.80 mètre.

Tous les haveurs d'un même quartier sont associés. Ils abattent la couche ; ils exhaussent les galeries par l'arrachement des roches encaissantes ; fournissent la poudre, s'éclairent et se chargent du salaire des traîneurs employés à faire parvenir les produits de la taille à la chambre d'accrochage.

Un haveur détache, en une journée de 10 heures, 2.3 tonnes de houille (27 à 28 hectolitres), pour chacune desquelles il reçoit fr. 4.27 . . . . . fr. 9.82

Cette somme se distribue comme suit :

Arrachement 2.3 tonnes à fr. 1.66. . . . fr. 3.82 ⎫
Poudre et éclairage . . . . » 1.25 ⎬ 9.82
Transport et ouverture des voies . . . . » 4.75 ⎭

Prix de l'arrachement par hectolitre, environ fr. 0.14.

Largeur des voies, 3.30 mètres ; avancement, 0.76 mètre ; surface excavée par un ouvrier, 2.50 M².

Mine de Eltonhead.

La couche, de 1.52 de puissance, est composée de deux bancs d'une houille fort solide. Le banc inférieur, dont l'épaisseur est de 0.31 mètre, contient du cannel coal ; ses produits, payés à un prix plus élevé que le reste de la couche, sont soigneusement mis de côté.

Un haveur, en une journée de 8 heures, abat 5 1/2 tonnes (66 hectolitres) de houille, pour chacune desquelles il reçoit de fr. 0.762 à 0.948, ce qui porte le prix moyen de l'hectolitre à 0.0606.

901. *Northumberland et Sunderland.*

Le mode le plus généralement usité dans ce dsitrict consiste à payer l'ouvrier haveur d'après le nombre de tonnes ou de corbeilles (1) de houille détachée, sans exiger de lui aucun travail accessoire, pas même le boisage. Les prix s'établissent librement entre le directeur (*Wiever*) et les ouvriers, et restent fixés pendant un assez long espace de temps, à cause de la régularité des couches.

Il arrive aussi quelquefois que les ouvriers contractent avec l'exploitant un engagement de un à deux mois et même d'une année ; alors ils travaillent régulièrement 6 jours par semaine et sont payés, même dans les moments de chômage, à raison de fr. 48.28 à 45 par quinzaine, ou fr. 3.44 à 3.75 par journée de travail.

Les 2 ou 3 ouvriers que contient un chantier d'arrachement sont associés entre eux et se partagent le salaire relatif à la houille exploitée. Pour connaître le nombre de tonnes ou de corbeilles provenant de chaque taille, le rouleur, chargé d'en transporter les produits, indique à l'ouvrier de service sur les galeries principales l'origine de la charge. Celui-ci en prend note sur une planche, puis attache à l'anse de la corbeille une marque consistant ordinairement en une médaille de fer-blanc avec un numéro d'ordre, qui, détachée au jour, est immédiatement remise à l'employé chargé d'en faire le triage et d'en tenir la note, pour former les listes de paiment.

Le salaire moyen des haveurs employés à l'entreprise est de fr. 4.16, dont il faut déduire les dépenses relatives à la poudre et à l'éclairage. Ces objets lui sont fournis par le contre-maître, qui y trouve l'occasion de faire un petit bénéfice.

(1) Une corbeille contient ordinairement 6 quintaux, ou 304.7 kilog.

Les couches d'une puissance moindre de 0.80 mètre sont rarement exploitées. Un ouvrier détache en moyenne de 6 à 6 1/2 tonnes, soit 50 à 55 hectolitres par jour. Le prix accordé par tonne n'est jamais au-dessous de fr. 0.73 et la moyenne est de fr. 1.39.

En général, un mètre cube de houille fournit 15 hectol. de ce combustible détaché de son gîte ; l'abattage de 100 hectolitres exige environ 0.6 kil. de poudre. Enfin un haveur, pouvant enlever en deux mois un pilier de 150 M² dans une couche de 1.82 mètre de puissance, le résultat de son travail journalier est une excavation de 2.90 M² de surface.

Les haveurs ne se préoccupent en aucune manière du boisage des tailles ou des galeries ; ce travail incombe à des ouvriers spéciaux payés par semaine à raison de fr. 22.50. Ils reçoivent, en outre, quelques gratifications pour la suspension des portes d'aérage, l'établissement des grues et autres travaux de charpenterie.

Les *shifters*, chargés de l'exhaussement des galeries, ont quelquefois un engagement mensuel en vertu duquel il leur est payé fr. 3.44 à 3.75 par journée de 8 heures ; mais la plupart du temps ils reçoivent une somme déterminée par le nombre d'unités linéaires d'avancement.

902. *Mine de Z***, située à 11 kilomètres de Newcastle* (1).

Couche dite *Five-quarter-sceau*, d'une puissance de 1.30 mètre, produisant une houille d'excellente qualité, mais dégageant des torrents de grisou.

---

(1) Il est rare que les Anglais consentent à donner quelques documents sur l'économie de leurs mines, sans prescrire comme condition essentielle le plus rigoureux silence sur leur origine.

L'extraction journalière de 256 tonnes, ou 3200 hectol., est fournie par 52 haveurs, ce qui fait, pour chacun d'eux, 4.92 tonnes, ou 61 1/2 hectolitres.

La tonne étant payée à raison de . . fr. 0.83
L'hectolitre revient à . . . . »   0.0664
Les haveurs gagnent, en moyenne . . »   4.08
et excavent une surface de 3.47 M².

L'exhaussement des galeries et le boisage des différentes parties de l'excavation exigent:

2 schifters à fr. 3.75 . . . . fr. 7.50
2 boiseurs. . . . . »   7.50
                                        fr. 15.00

Le coût de la tonne est alors majoré de . fr. 0.0586
et celui de l'hectolitre de . . . . . . »   0.0046

903. Mine de M****, près de Newcastle.

Couche *High-main*, composée comme suit:

1er banc de houille . . . . . . mètres 1.85 ⎫
Houage fort tendre . . . . . . »   0.05 ⎬ mètres 2 63.
Houille de mauvaise qualité. . . . »   0.40 ⎪
Id. de fort mauvaise qualité . . »   0.35 ⎭

L'exploitation n'a pour objet que le banc supérieur, dont la houille est dure et compacte.

Un ouvrier haveur, placé dans une galerie de 1.82 mètre de largeur, avance de 1.22 mètre et excave une surface de 2.22 M². Il arrache 4.70 tonnes métriques, ou 59 hectolitres, tant gros que menu, et reçoit par tonne fr. 0.89, ou, par hectolitre, fr. 0.0756; son salaire journalier est alors de fr. 4.18.

Si la houille menue est abandonnée dans les travaux et que les gros morceaux seuls en soient retirés, les produits du haveur ne sont plus que de 3.3 tonnes, ou 41 hectolitres, pour chacune desquelles on lui paie alors fr. 1.25, et par hectolitre fr. 0.10.

L'ouvrier doit trier le charbon et séparer le gros du menu.

904. *Tanfield.*

Hutton-seam, couche inclinée de 2 à 3 degrés, et composée de deux lits séparés par une intercalation schisteuse.

Banc supérieur	mètre 1.300
Houage	» 0.025
Banc inférieur	» 0.660
	mètre 1.985

Le salaire du haveur, travaillant dans des galeries de 1.82 mètre, est relatif, non-seulement à la quotité de houille abattue, mais encore au nombre d'unités linéaires d'avancement. Cette pratique a pour but de forcer le mineur à produire le maximum de houille en conservant aux galeries la largeur convenue.

Un ouvrier détache, en une journée de 10 à 11 heures, 1.9 tonne ou 24 hectolitres de houille en morceaux et 10 pour cent de menu qui reste dans les travaux.

1.9 tonnes à fr. 1.77	fr. 3.363
0.61 mètre d'avancement à fr. 1.56 le mètre courant .	» 0.957
	fr. 4.320

Prix de revient de l'hectolitre, fr. 0.18.

Le haveur, outre la fourniture de poudre et de chandelles, est chargé de l'entretien de ses outils et du transport de la houille menue dans la partie des travaux désignée par le contre-maître.

905. *Récapitulation des données et des résultats relatifs à l'effet utile des haveurs.*

| DÉSIGNATION DES MINES. | NOMS DES COUCHES. | PUISSANCE DES COUCHES. | PRODUITS | | SURFACE EXCAVÉE | DURÉE DU TRAVAIL. |
			DU MÈTRE CARRÉ	D'UN MINEUR.		
		Mètres.		Hectol.	Mètres carrés.	Heures.
BELGIQUE.						
Liége.						
L'Espérance , à	Dure-Veine . .	0.55	7.6	58	4.95	8
Seraing . .	Houlleux . . .	1.00	15	57.5	4.41	id.
»	Déliée-Veine .	0.60	7.9	28	3.54	id.
»	Malgarnie . . .	1.00	13.6	68.6	5.55	id.
Grand-Bac. . .	Couche no. 5 .	0.80	11.2	50.6	4.90	12
»	Id. » 10 .	0.60	9	33.4	3.71	id.
»	Id. » 8 .	0.80	11	52	4.75	id.
Val-Benoît . . .	Olyphon . . .	1.00	14.8	48	3.25	12
»	Belle-au-Jour .	0.75	11.6	54.8	4.72	id.
La Haye . . .	Dure-Veine . .	0.50	7.5	19.4	2.65	8
»	Grignette . . .	0.62	7.2	33.54	4.64	id.
Le Bonier . . .	Grande-Veine .	0.70	8.1	20.4	2.51	8
Charleroi.						
Le Poirier. . .	Six-Paumes. . .	0.60	8.4	24.5	2.90	11
»	Grand-Forêt . .	0.70	6.5	20.25	3.10	id.
»	Naye-à-Bois . .	0.55	6.5	18	2.85	id.
»	Quatre-Paumes .	0.40	7.5	18	2.40	id.
Le Gouffre. . .	Gros-Pierre . .	0.85	10	34	3.70	12
»	Dix-Paumes . .	0.95	»	38	3.20	id.
Lodelinsart. . .	Crève-Cœur . .	0.75	7.8	37.5	4.78	13
»	Droit-Jet . . .	0.70	7.3	36.5	5	id.
Ardinoises . . .	Noël.	0.90	13.3	56.6	2.75	id.
»	Langin	0.75	11.7	55	2.81	id.
Courcelles-Nord .	Richesse no. 2. .	0.90	9.8	52.5	3.50	12
»	Belle-Veine no. 4.	0.80	8.3	26	5.90	id.
Mines du Centre.						
Sart-Longchamps.	Huit-Paumes . .	0.46	5.7	15	2.62	6 à 7
»	Six-Paumes . .	0.60	7.2	20.8	2.87	id.
»	Grande-Veine. .	0.85	13	32.5	2.47	id.
Bois-du-Luc . .	Veine-du-Fond .	0.98	12.7	34	2.68	id.
»	Gargay	0.75	11.7	31	2.64	id.
»	Grande-Veine. .	0.55	7.3	19	2.59	id.
Couchant de Mons.						
Levant du Flénu.	Grande-Houbarde	0.60	9	39.6	5.91	13
»	Petite-Béchée . .	0.50	7	30.8	4.40	id.

DÉSIGNATION DES MINES.	NOMS DES COUCHES.	PUISSANCE DES COUCHES.	PRODUITS		SURFACE EXCAVÉE	DURÉE DU TRAVAIL.
			DU MÈTRE CARRÉ.	D'UN MINEUR.		
		Mètres.		Hectol.	Mètres carrés.	Heures.
Les Produits .	Brêze . . .	0.48	8	20	2.45	12
»	Carlier . .	0.64	10.5	35	3.36	12
L'Agrappe . .	Couche no. 4 .	0.90	13	38	2.90	13
»	Grande-Séreuse .	1.30	15.15	56	3.60	id.
Mine de Z***.	1ʳᵉ. couche . .	0.48	6.75	28.8	4.26	12
»	2ᵉ. couche . .	0.99	12.50	63	5.20	id.
Grand-Hornu .	Béchée . .	1.25	17	71	4.20	12
»	Houbarde . .	0.62	8.2	28.6	3.47	id.
»	Cossette . .	0.55	8	31.6	3.96	id.
»	Veine-à-Mouches.	0.95	15	43.7	2.90	id.
FRANCE.						
Anzin . . .	Grande-Veine.	0.80	11.2	50	4.50	9 à 10
»	Moyenne-Veine .	0.60	8.4	29.4	3.50	id.
Aniche . . .	1ʳᵉ. couche . .	0.40	5.6	22.4	4.00	10
»	2ᵉ. couche . .	0.50	7	28	4.00	id.
Saône-et-Loire.						
Creuzot. . .	Couche du Creuzot	10.00	—	50	—	8
Blanzy . . .	Lucie, en massif.	12.00	—	18	—	id.
»	Id. en dépilage .	id.	—	54	—	id.
Rive-de-Gier.						
La Grande-Croix.	Grande-Masse.	10 à 15	—	86.5	—	id.
»	Idem . . .	id.	—	78.7	—	id.
»	Idem . . .	id.	—	80.8	—	id.
Saint-Étienne.						
Le Treuil . .	Couche du Treuil.	1.25	—	54	—	10
»	Id. en dépilage .	»	—	63	—	id.
Les Littes . .	Grande-Masse.	5.50	—	55	—	id.
Terre-Noire . .	Idem . . .	»	—	56	—	id.
ALLEMAGNE.						
Bardenberg.						
Guley . . .	Furth . . .	1.60	22	36.6	1.66	8 à 10
»	Id. en dépilage .	»	—	75	3.55	id.
»	Grauweck . .	1.00	12.8	26.6	2.08	id.
»	Id. en dépilage .	»	—	55	4.16	id.
Ath	Gross-Langenberg	1.57	24	26.5	1.08	8
»	Id. en dépilage .	»	—	58.5	1 59	id.
Eschweiler . .	Schlemrich .	1.10	17.5	23	1.97	8
»	En dépilage .	»	—	41.5	5.58	id.
»	Kirschbaum .	0.45	—	6.6	—	id.
»	En dépilage .	»	—	8.2	—	id.

DÉSIGNATION DES MINES.	NOMS DES COUCHES.	PUIS-SANCE DES COUCHES.	PRODUITS DU MÈTRE CARRÉ.	PRODUITS D'UN MINEUR.	SURFACE EXCAVÉE	DURÉE DU TRAVAIL
Westphalie.		Mètres.		Hectol.	Mètres carrés.	Heures.
Saelzer und Neuack.	Fünffusbanck . .	1.60	17	15	0.89	8
»	Knochenbanck .	1 04	11	11.5	1.05	id.
»	Dreckbanck . .	1.40	21	12	0.58	id.
»	Herrmann . . .	1.00	11	15.4	1.59	id.
Graf-Beust. . .	Mathias. . . .	2.66	28	14	0.52	id.
»	En dépilage . .	»	»	27.5	—	id.
»	Catherina . . .	1.50	15	14	0.90	id.
»	18 zölligflötz .	0.47	7.2	7.5	1.04	id.
Langenbrahm. .	Langenbrahm. .	0.86	9.6	10.5	1.09	id.
»	Morgenstern .	1.05	14	12	0.87	id.
»	En dépilage. .	»	»	17	1.17	id.
»	Trotz n°. 1 . .	0.70	10	9.5	0.87	id.
»	En dépilage . .	»	»	12	—	»
»	Hitzberg . . .	1.05	12	11	0.52	»
»	En dépilage . .	»	»	12	—	»
Duvenkamsbank.	Girendelle . . .	0.40	5	9.5	1.84	»
»	(Strebbe) . . .	»	»	10.5	2.08	»
Saarbrücken.						
Gerhard. . . .	Heinrich . . .	1.88	25.5	24	0.51	8
»	En dépilage . .	»	»	31	—	»
Prince-Wilhelm .	Ingersleben . .	2.09	20	16.6	0.73	»
»	En dépilage . .	»	»	17	—	»
Friedrichsthal. .	En galeries . .	1.95	18	12	0.66	8
»	En dépilage . .	»	»	17.7	—	id.
Sultzbach . . .	10e. couche . .	2.65	—	10	—	»
»	En dépilage . .	»	—	13	—	»
»	Couche n°. 15 .	0.70	10	6	0.76	»
»	En dépilage . .	»	»	7.6	—	»
»	Hirtel · . . .	0.78	9	7.3	0.81	id.
Haute-Silésie.						
Königsgrube . .	Gerhard . . .	5.75	—	26.4	0.48	»
»	Heintzmann . .	5.15	—.	28.5	0.65	»
Eugenius-Gluck .	Caroline . . .	5.75	—	26.4	0.65	»
Hoym	Hoym	1.40	—	11	0.64	id.
ANGLETERRE.						
Sud du Pays de Galles . . .	Red-Vein . . .	1.07	11	18.5	3.51	8
»	Mendow-Vein .	2.15	20	55	1.75	id.
»	Big-Vein . . .	1.55	16.6	27.7	1.67	id.
»	Three-Quarter .	0.91	10	29	2.66	»
»	En dépilage . .	»	»	55.9	—	»
Shropshire.						
Hinkshay . . .	Upper-flint . .	1.50	19.6	57.5	2.92	15
Horsehay . . .	Yard-coal . .	0.91	10.8	45	4.16	id.

DÉSIGNATION DES MINES.	NOMS DES COUCHES.	PUISSANCE DES COUCHES.	PRODUITS		SURFACE EXCAVÉE	DURÉE DU TRAVAIL.
			DU MÈTRE CARRÉ.	D'UN MINEUR.		
Staffordshire.		Mètres.		Hectol.	Mètres carrés.	Heures.
Coseley	Heathen-coal . .	0.68	10	57	3.55	id.
»	Bottom-coal . .	2.88	50	74	2.48	id.
Blakemoor. . .	Teen yard. . .	9.10	89.6	66.5	2.25	8
Lancashire.						
Haigh	Cannel-coal . .	0.75	11	27.5	2.50	10
Eltonhead . . .	—	1.52	—	66	—	id.
Northumberland.						
Mine de Z*** .	Five-quarter . .	1.50	17.7	61.5	3.47	10 à 11
Mine de M****.	High-main . . .	1.85	24.7	55	2.22	id.
Tanfield. . . .	Hutton	1.96	22	26.4	1.11	id.

906. *Influence des circonstances de gisement et de la disposition du travail sur l'effet utile des mineurs.*

La comparaison des effets utiles du personnel appliqué à l'arrachement ne peut dériver que de l'appréciation des surfaces havées et entaillées dans l'unité de temps ou de la quotité de houille produite par l'abattage. La considération des surfaces semble se rapporter plus particulièrement aux couches minces et celle des produits aux couches moyennes et puissantes ; mais ces résultats sont soumis à l'influence de nombreux éléments, et ceux-ci, se combinant entre eux, placent les mineurs dans des conditions tellement dissemblables que les produits de leur travail sont compris dans des limites fort écartées. Ces éléments peuvent être divisés en deux catégories : ceux qui, donnés par la nature, dépendent du gisement et des circonstances locales, et les éléments artificiels dérivant de la disposition des tailles, du nombre d'heures de travail, des fonctions plus ou moins compliquées des mineurs, etc.

Dans l'examen des circonstances locales, on doit avoir égard à la texture et à la composition de la couche ; à l'existence ou à l'absence d'un lit de schistes (*houage*) propre au havage; à la position de celui-ci, en contact avec le toit ou le mur, ou intercalé entre deux bancs de houille. En outre, la friabilité de ce lit influe sur l'exé- cution de l'entaille parallèle aux stratifications. De la dureté de la houille dépend la facilité de pratiquer les entailles latérales. L'absence ou la présence des fissures naturelles (*clivage*) et leur caractère plus ou moins déter- miné facilitent la chute des blocs et leur conservation. L'ad- hérence de la couche et du toit, quelquefois nulle, permet à la première de se détacher sans effort ; souvent aussi elle est assez grande, et cette circonstance, jointe à la dureté de la houille, force le mineur à se servir de la poudre, ce qui entraîne une grande perte de temps. Si la présence du grisou interdit l'emploi de cet agent, il faut alors se soumettre à des travaux d'arrachement fort pé- nibles tendant à diminuer notablement l'effet utile.

Les roches encaissantes offrent des éléments qu'il im- porte de faire entrer en ligne de compte; car, si la solidité du toit permet quelquefois de se dispenser de tout boi- sage ou de ne placer qu'un petit nombre d'étais, sa nature ébouleuse force au contraire l'ouvrier à employer une no- table partie de sa journée à le maintenir en place. En- fin, les schistes menus provenant d'un toit disloqué, d'un mur trop tendre ou des intercalations schisteuses, se mêlent au charbon abattu, le salissent et le rendent impropre à la vente ; celui-ci, rejeté dans les remblais, diminue d'autant l'effet utile du haveur.

La puissance des couches joue un rôle important quant à la quantité de houille abattue; c'est à cette circonstance que doit être attribué l'effet utile considérable des piqueurs de St.-Étienne et de Rive-de-Gier, qui, debout devant le front de taille, à l'aise dans tous leurs mouvements, utilisent la totalité de leur force corporelle. Il n'en est pas de même de l'exploitation des couches minces de la bande houillère belge, dans lesquelles le haveur, occupant un espace resserré, à genoux ou couché sur le côté et procédant par de nombreuses entailles, n'obtient, en définitive, qu'une quantité de houille beaucoup moindre. Cependant la production des couches puissantes est loin de se trouver en rapport avec le volume de houille qu'elles contiennent, et l'expérience prouve que les plus avantageuses sont comprises entre 1.50 mètre et 1.80 ou même 2 mètres.

La largeur comparative des tailles est un élément artificiel dont l'influence est assez grande sur la quotité des produits obtenus. Les ateliers étroits réclament proportionnellement un plus grand nombre d'entailles que les ateliers d'une grande largeur; l'ouvrier, agissant dans un espace resserré, n'avance qu'avec difficulté; enfin, la houille, ayant moins de facilité à se détacher, tombe plus rarement par le seul effet de sa propre pesanteur.

La direction de la taille, relativement au clivage ou à l'inclinaison de la couche, est une considération des plus importantes quant à l'effet utile. Si les fissures naturelles sont bien prononcées, une taille conduite normalement à leurs plans fournira des volumes de houille quelquefois doubles de ce qu'il serait possible d'obtenir en marchant parallèlement. Si le clivage, peu déterminé, laisse la direction de la taille à l'arbitraire, les chantiers ascendants offrent une grande supériorité sur les tailles conduites suivant l'allongement de la couche, parce que la houille, sollicitée par l'inclinaison, se détache plus facilement.

Les fonctions variables attribuées aux haveurs troublent les comparaisons relatives aux effets utiles : tantôt le même ouvrier have, abat, boise, remblaie et fait parvenir les produits dans la galerie, ainsi que cela a lieu la plupart du temps en Belgique. Souvent ces fonctions sont remplies par plusieurs classes d'ouvriers, dont les uns havent seulement, d'autres abattent, remblaient et boisent : tel est le mode de travail usité pour les couches minces du Staffordshire et du Shropshire. A Newcastle, le même ouvrier excave et abat, mais il ne boise pas même sa taille. Il en est de même à St.-Étienne et à Rive-de-Gier ; aussi semble-t-il, à l'inspection du tableau précédent, que le mineur allemand occupé à l'arrachement des couches puissantes se trouve dans des conditions d'infériorité très-marquées relativement au piqueur français. Mais il est facile de se convaincre que ce fait n'est pas aussi important qu'il le semble au premier abord, car les travaux accessoires dont le premier est chargé, et principalement les difficultés du boisage, le coupage des voies, etc., absorbent autant de force et de temps que l'arrachement de la houille elle-même, en sorte qu'il faut doubler les résultats obtenus par les Allemands lorsqu'il s'agit de comparer leur effet utile à celui des Français de Rive-de-Gier. Enfin si, comme dans le Lancashire et dans quelques mines allemandes, le trainage est lié à l'arrachement, il est impossible d'apprécier l'influence qu'exerce le haveur aidant le traineur, et réciproquement.

La longueur de la journée est un élément indispensable à l'évaluation de l'effet produit. Celle-ci varie de 6 à 14 heures ; mais le travail obtenu n'est pas en raison de sa durée, car l'ouvrier travaillant 12 heures consécu-

tives doit se reposer au moins une fois, ne fût-ce que
pour prendre un repas, tandis que le mineur occupé pendant un laps de temps plus court travaille sans interruption
et produit des résultats proportionnellement plus grands.

Il n'est guère possible d'indiquer la durée de la journée
la plus convenable à adopter dans les mines de houille, cet
objet dépendant des habitudes contractées dès l'enfance, du
nombre d'heures pris pour règles depuis longues années,
de la nature corporelle du mineur, de ses occupations accessoires et de ses dispositions domestiques. Des journées trop
longues ou trop courtes offrant de graves inconvénients, il
semble que 8 heures soit une moyenne avantageuse à l'effet
utile produit.

907. *Des diverses conditions de travail en usage pour l'arrachement de la houille.*

Il résulte des nombreux exemples donnés ci-dessus, que
les divers modes de travail relativement aux salaires sont
les suivants :

1° L'ouvrage à la journée, toujours limité à quelques
percements accessoires de peu de longueur et aux travaux
d'épreuve.

2° Le travail à tâche réglée par la surface de havage
dans lequel la taille étant donnée, l'ouvrier doit avancer
d'une quantité prescrite, mais variable suivant les difficultés de l'arrachement. Cette méthode, usitée dans la plupart
des mines de Liége, de Charleroi et du Centre du Hainaut,
n'offre pas à l'exploitant toutes les garanties désirables,
aucune classe d'ouvriers n'ayant d'intérêt à contrôler le travail
des autres classes. Au contraire, moins le haveur produit
de houille, moindre est la besogne incombant aux ouvriers

accessoires, en sorte que tout le personnel d'une mine forme une ligue destinée à tromper les surveillants.

Pour atténuer les abus inhérents à ce système, les chefs mineurs mesurent la profondeur des entailles avant la sortie des haveurs de la mine. Ils doivent avoir le soin d'opérer eux-mêmes, car, s'ils laissent faire les ouvriers, le plus adroit d'entre eux saisit la règle destinée à cet objet, la porte obliquement dans l'excavation et fait croire à un avancement complet, lorsqu'il en manque une assez forte partie. Ce moyen, quoique grossier, réussit plus souvent qu'on ne le pense, l'ouvrier agissant avec assurance, promptitude et dans un milieu obscur.

Enfin, le chef mineur ou ses aides doivent s'assurer avec soin si les remblais ne contiennent pas de houille, ou si cette dernière n'est pas souillée par des schistes, car l'ouvrier, n'ayant aucun intérêt à ce que ces deux substances soient séparées, fait ordinairement peu d'attention à cet objet si important.

Le salaire des ouvriers montois est ordinairement déterminé par le nombre de mètres carrés de surface excavée ; mais, comme le personnel appliqué au transport intérieur est payé en raison du nombre de vases extraits, les mineurs sont placés (429) dans une position telle que leur intérêt les oblige à se contrôler mutuellement et que la plupart des inconvénients signalés ci-dessus disparaissent nécessairement.

3° L'ouvrage à tâche réglée par l'avancement comprend l'arrachement du combustible, l'ouverture des galeries et quelquefois le transport partiel ou total des produits. Il est alloué aux ouvriers entrepreneurs une certaine somme par unité linéaire d'avancement, et, comme la mesure de l'excavation se fait sur une longueur assez considérable, ils ne peuvent employer les ruses dénoncées ci-dessus. Cependant ils n'ont aucun intérêt à

ce qu'il ne reste pas de houille dans les remblais, ce qui
est un inconvénient, mais ce mode peut être considéré
comme une transition, un terme intermédiaire employé
utilement pour vaincre l'esprit de routine et amener insensiblement le mineur à l'un des modes suivants, qui semblent
préférables.

Le travail à l'*unité linéaire* est indispensable dans le
percement des galeries d'une section déterminée, et le
lecteur a vu ce mode se présenter fréquemment dans les
mines d'Angleterre, où quelquefois il est l'objet d'un double
salaire, l'un relatif au volume de houille abattue, l'autre
à l'avancement.

4° Les travaux payés en raison du nombre d'unités de
mesure de capacité ou de poids. Dans les bassins houillers
du Centre et du Midi de la France, cette unité est la *benne*,
contenant un nombre déterminé d'hectolitres ; dans les districts de la Ruhr, le mineur emploie le *scheffel ;* en Silésie,
la tonne de Prusse ; à Saarbrücken, cette unité est le *fuder*
(30 quintaux de Prusse), et enfin, dans la plupart des districts houillers de l'Angleterre, c'est la tonne anglaise,
pesant 1015.6 kilogrammes.

Cette condition de paiment semble avantageuse à l'exploitant en ce que la surveillance intérieure porte exclusivement sur les détails techniques, tels que la direction à
donner aux tailles, les moyens de se préserver des accidents, etc. Il n'est besoin d'aucun contrôle pour vérifier
l'avancement. L'intérêt de l'ouvrier s'opposant à ce qu'il reste
de la houille dans les remblais, il suffit de s'assurer si le
charbon est dans un état satisfaisant de propreté, opération facile, puisqu'elle se fait au jour. Il existe d'ailleurs des
pénalités destinées à prévenir cet abus. Ainsi, dans certaines
localités, si le combustible est mêlé d'une trop grande
quantité de schistes, l'ouvrier ne reçoit aucun salaire ;

si la quantité en est minime, il est tenu de le nettoyer lui-même, ou, s'il s'y refuse, ce travail est effectué par des enfants, dont le prix de la journée est déduit du salaire.

Le lecteur a vu comment agissent les Anglais pour compter le nombre de corbeilles sortant de chaque taille, car chacun travaille pour son propre compte. C'est ici le lieu d'observer combien la disposition des travaux par petites tailles, contenant deux ou trois ouvriers au plus, travaillant indépendamment des autres mineurs, est plus favorable à l'effet utile du haveur que les grandes tailles, en ce sens que, dans le premier cas, les ouvriers inactifs ne reçoivent qu'un salaire proportionné à leur travail réel, tandis que, dans le second, les paresseux, cachés et inaperçus dans le nombre, absorbent une partie du salaire des hommes actifs, qui, dès lors, n'ont plus un aussi grand désir de pousser le travail avec vigueur.

En tout pays, les gros blocs ont une plus grande valeur que les morceaux de grosseur moyenne, et ceux-ci, que le menu ou les poussières. Il importe donc partout d'exciter le mineur à produire le plus de gros possible. En Belgique, où la totalité de l'extraction peut être vendue, l'exploitant s'est peu occupé d'associer les mineurs aux bénéfices résultant des soins qu'il leur impose à ce sujet et de l'attention qu'ils doivent avoir pour atteindre ce but. Mais lorsque, comme en certaines parties de l'Angleterre, l'objet principal est de se procurer exclusivement des gros morceaux, le salaire ne porte que sur ces derniers, sans accorder aucune indemnité pour les autres qualités. Si toutes peuvent être vendues, mais à des prix fort écartés les unes des autres, il est établi une échelle graduée pour les salaires; ceux-ci sont alors d'autant plus élevés que les morceaux sont plus gros; un certain prix est attribué au menu lui-même.

5°. Enfin, il existe un dernier mode, modification du précédent ; il comporte également un prix fait pour l'unité de mesure de capacité ou de poids et comprend l'arrachement, les travaux accessoires, le transport sur une partie ou la totalité de la distance à parcourir, l'établissement et l'entretien des voies perfectionnées. Ce mode semble avantageux, mais il ne dispense pas d'examiner, avant son adoption, si chaque ouvrier est employé de manière à produire le maximum d'effet utile ; si les haveurs n'auront pas trop souvent à s'occuper du transport ; si les rouleurs ou les traîneurs auront constamment leurs forces et leur temps employés, et si, accidentellement, ils pourront prêter assistance aux ouvriers appliqués aux travaux accessoires. Sans ces conditions, une semblable disposition n'offrirait aucun avantage.

VI°. SECTION.

TRANSPORT INTÉRIEUR.

908. *Effet utile des moteurs appliqués au transport intérieur.*

Dans l'action des moteurs sur les vases de transport, il convient de distinguer l'effet dynamique de l'effet utile. En effet, ce dernier est représenté par la quantité de houille transportée à une distance donnée dans l'unité de temps (une journée), tandis que le premier se compose de cet effet utile, plus le transport de la voiture elle-même, et de toutes les résistances inhérentes qui s'opposent au mouvement de l'appareil. Or, l'effet utile, le seul profitable à l'exploitant et le seul que, par conséquent, il veuille payer, est l'objet principal auquel il convient de s'attacher dans la détermination du mode à adopter. Mais malheureusement il est impossible d'établir aucune règle générale, parce que tout dépend de circonstances nombreuses, combinées entre elles de diverses manières. C'est ainsi que la grandeur des relais attribués aux moteurs, les soins dont les routes naturelles ou perfectionnées sont l'objet, la construction plus ou moins parfaite des vases de transport, la capacité des voitures relativement aux distances à parcourir, ont une grande influence sur l'effet utile obtenu. C'est ainsi qu'il faut aussi tenir compte de la hauteur des galeries, d'où résulte la facilité plus ou moins grande de l'ouvrier à développer ses forces, et de

la charge qui , comparée au moteur, fait voir si elle
est ou non en rapport avec celui-ci. Ces bases d'appréciation sont encore compliquées par la considération
des limites variables de la sphère d'activité, c'est-à-dire
des distances où doit s'effectuer le transport, et de la quantité de matières à transporter ; en sorte que tel vase,
très-convenable pour une certaine sphère, perdra ses
avantages s'il est appliqué à une sphère plus grande ou
plus petite.

Le mineur, dans l'impossibilité absolue de décider *à priori*
le système de transport le plus avantageux, peut avoir recours
à l'expérience, et, en se plaçant autant que possible dans
des circonstances semblables, à la comparaison des sommes
dépensées, pour opérer le transport de certaines quantités
de houille avec diverses voitures et différents modes. C'est
en partie pour lui fournir des bases propres à déterminer approximativement le système le plus convenable
à essayer dans les circonstances données qu'ont été recueillis
les nombreux exemples suivants.

Dans tous les cas, l'effet utile du transport à l'intérieur
est toujours moindre que celui de l'extérieur ; cette circonstance peut être attribuée aux nombreux circuits auxquels sont presque toujours astreints les moteurs parcourant
les mines, à la force absorbée par les fréquents changements de direction, au peu de consistance du sol ou au
défaut de régularité dans la pose des rails, à la difficulté
de maintenir ces derniers dans un état de propreté constant,
aux temps d'arrêt et aux obstacles qui se présentent à
chaque instant. Enfin, si le lecteur tient compte des difficultés provenant du peu de hauteur et de largeur des
galeries, de la courte distance des relais et de la position
gênée dans laquelle se trouve la plupart du temps le
moteur, il ne s'étonnera pas des différences considérables

qu'il observe entre les effets utiles du transport dans les mines et à la surface.

Le poids ou le volume de la houille multiplié par la distance à parcourir est l'expression en usage pour désigner l'effet utile des hommes et des chevaux. Ce produit est un nombre d'hectolitres ou de kilogrammes transportés à un mètre et rapportés, pour plus de facilité, à l'hectolitre ou à la tonne transportés à 100 mètres de distance. Ces unités sont désignées respectivement par les signes H^{100m} et T^{100m}, ou plus simplement H^{100} et T^{100}.

909. *Province de Liége. Mine de l'Espérance.*

Les trois couches en exploitation produisent :

Mal-garnie, située à 450 mètres de l'accrochage, hectolitres, 460
Dure-veine, à 500 » » » 740
Déliée-veine, à 300 » » » 270

Tonnes, 136.7 hectolitres; 1470

Effet utile à produire : 6580 H^{100} ou 611.94 T^{100}.

Le transport s'effectue à l'aide de huit chevaux, dont cinq se reposent, tandis que les cinq autres travaillent pendant quatre heures consécutives. Les voitures, contenant 6 hectolitres (558 kilog.), parviennent au pied des chantiers d'exploitation; chaque cheval traîne un convoi de 5 ou 6 wagons, suivant l'état des voies, et fait environ six voyages par jour.

Frais de transport.

8 chevaux à fr. 2.50 . . . . fr. 20.00
5 conducteurs de chevaux à fr. 2.30. . . . . » 11.50
8 chargeurs à la taille devant déplacer, replacer les voitures et former le convoi, à fr. 2.30 . . . . » 18.40
5 enfants pour nettoyer les voies . . . . » 2.40

fr. 52.30

Effet utile d'un cheval, H^{100} 822.5 = T^{100} 76.49.

Prix de l'hectolitre pour toute la distance, fr. 0.0556
Idem H^{100} = fr. 0.00794; T^{100} = fr. 0.0936

910. *Puits du Grand-Bac.* (*Concession du Val-Benoît.*)

La moyenne d'un mois a été une extraction journalière de 2454 hectolitres, transportés à des distances comprises entre 300, 500 et même 600 mètres. Les wagons ont une contenance de huit hectolitres et chacun de ceux-ci pèse 93 kilogrammes.

L'effet utile total a produire était de
$$11260 \text{ H}^{100} \text{ ou } 1047.18 \text{ T}^{100}.$$

Opération effectuée par

20 hiercheurs au prix moyen de fr. 1.74 . . . . . fr.   34.80
Et 13 chargeurs. . . . . . . » 1.92 . . . . . »   24.96

Total. fr.   59.76

Prix de l'hectolitre pour toute la distance, fr. 0.0243.
Id. H^{100}, fr. 0.0055; T^{100}, fr. 0.0570.

Effet utile de chacun des 33 ouvriers appliqués au transport :
$$341 \text{ H}^{100} \text{ ou } 31.7 \text{ T}^{100}.$$

Effet utile des 20 hiercheurs :
$$562 \text{ H}^{100} = 52.55 \text{ T}^{100}.$$

Le travail d'un chargeur s'élève en moyenne à 24 wagons (192 hectolitres), dont 1/5° rempli à la pelle et le reste par la manœuvre des trémies des cheminées. Celui d'un traîneur est évalué à 70 voitures ou 560 hectolitres transportés à 100 mètres. La durée de la journée du personnel appliqué à ces manœuvres est de 10 à 11 heures.

911. *Puits du Val-Benoît. Concession du même nom.*

Les produits de cette mine s'élèvent en moyenne à 1250 hectolitres par jour et sont l'objet d'un transport mixte, effectué en partie à bras d'hommes et en partie par des chevaux. Les hiercheurs conduisent des wagons de 8 hectolitres sur certaines voies horizontales; ils les chargent et font le service des plans automoteurs. La durée de leur journée est de 10 à 11 heures, ce qui constitue une journée et demie. Les chevaux conduisent des convois de sept wagons (56 hectolitres) sur les grandes voies horizontales; trois de ces animaux suffisent et au-delà pour le travail à effectuer, mais un quatrième est entretenu dans l'éventualité d'une extraction plus considérable.

Conditions du transport à bras d'hommes.

COUCHES.	PRODUITS.		VOIES HORIZON-TALES.	PLANS AUTOMO-TEURS.	EFFET UTILE.	
	HECTOL.	TONNES.			H^{100}	T^{100}
Graway . .	216	20.74	550	»	1144.8	109.92
Belle-au-Jour.	556	34.18	40	»	142.4	13.67
Id.	180	17.28	40	30	126	12.09
Olyphon . .	498	47.80	180	30	1045.8	100.38
	1250	120.00	—	—	2459.0	236.06

Dépenses. 11 chargeurs-hiercheurs à fr. 3.15 . . . fr. 34.65
Prix de l'hectolitre pour le parcours entier. . . . » 0.0277
Id. H^{100} = fr. 0.0140; T^{100} = fr. 0.1468.

Effet utile d'un ouvrier :

$$223.5 \ H^{100} = 21.4 \ T^{100}.$$

Transport par chevaux.

PRODUITS.		LONGUEUR DU PARCOURS.	EFFET UTILE.	
HECTOLIT.	TONNES.		H^{100}	T^{100}
216	20.74	540	1166.4	112
556	34.18	522	1858.3	178.5
180	17.28	522	943.4	90
498	47.80	3142	6683.2	641.5
1250	120.00	—	10651.3	1022.00

Dépenses.

5 chevaux à fr. 2.60 . . . . fr.   7.80
5 gardes-convois à fr. 2 . . . . »   6.00
5 enfants pour éclairer la marche à fr. 1.10 . . . . »   3.50
2 chargeurs à fr. 2.10 . . . . »   4.40
                                                ――――――
                                            fr. 21.50

Prix de l'hectolitre pour toute la distance , fr. 0.0172.
   Id.   H^{100} = fr. 0.0020. T^{100} = fr. 0.0210.
Effet utile d'un cheval :

$$3550 \; H^{100} \text{ ou } 340 \; T^{100}.$$

Les deux chargeurs ci-dessus indiqués remplissent les
voitures , que les chevaux traînent directement de l'une des
tailles au puits d'extraction.

912. *La Nouvelle-Haye.*

Les moteurs du transport intérieur sont les hommes et
les chevaux. Ceux-ci fonctionnent dans les galeries principales , tandis que les premiers font le service des voies
supérieures et des plans automoteurs. Ainsi, par exemple,
lorsque deux ateliers , désignés par les n°s. 8 et 9, sont
installés l'un au-dessus de l'autre , les produits du plus
élevé sont transportés à bras d'hommes jusqu'à la tête du
plan automoteur, qui, desservi par les mêmes hiercheurs ,
offre une voie facile pour les conduire sur le niveau immédiatement inférieur. Arrivés à ce point , les wagons sont
réunis à ceux de la taille n°. 8 ; tous ensemble, après
un parcours horizontal variable , franchissent le second
plan automoteur et atteignent la galerie principale , où
ils sont repris par les chevaux. Souvent les houilles
doivent traverser ainsi trois plans inclinés et quelquefois
seulement un seul.

Les ateliers pourvus d'un chargeur spécial doivent produire au moins 18 wagons (120 hectolitres). Si la distance de parcours des hiercheurs est trop courte, ou la quotité des produits trop faible pour que le temps de ces ouvriers soit convenablement utilisé, le chargement leur incombe.

Conditions du transport à bras d'hommes.

ATELIERS DE GRIGNETTE.	NOMBRE DE WAGONS.	HECTOL. DE HOUILLE.	VOIES HORIZON-TALES.	PLANS AUTOMO-TEURS.	EFFET UTILE.	
					H^{100}	T^{100}
		Hect.	Mètres.	Mètres.		
N°. 9. . . .	50	200	200	37	474	44.08
N°. 8. . . .	10	67	400	»	268	24.92
Produits réunis.	(40)	(267)	10	147	419	59.88
N°. 11 . . .	50	200	150	80	460	42.78
	70	467	—	—	1621	151.66

Personnel.

N°. 9. 1 chargeur . . . . fr. 2.00
—   2 hiercheurs à fr. 2.50 . . . . » 5.00
N°. 8. 2 hiercheurs, faisant aussi fonctions de chargeurs » 5.00
N°. 11. 1 chargeur . . . . » 2.00
—   1 hiercheur . . . . » 2.50

7 ouvriers, coûtant. . . . . fr. 16.50

Effet utile de chaque ouvrier, 251 H^{100} ou 21.8 T^{100}.
Prix, H^{100} = fr. 0.0102. T^{100} = fr. 0.1088.

Les wagons ou berlaines contiennent 6 2/3 hectolitres, de 93 kilog. chacun. Les hiercheurs font 15 voyages à une distance moyenne de 330 mètres.

Transport par chevaux.

PRODUITS.	NOMBRE DE WAGONS.	HECTOL. DE HOUILLE.	MÈTRES DE PARCOURS.	EFFET UTILE.	
				H^{200}	T^{200}
De Grignette .	70	467	100	467	43.43
	50	552	220	750.4	67.95
De Dure-veine.	36	234	520	1216.8	113.16
	8	51	480	91.8	8.54
	164	1084	—	2506	233.06

Dépenses.

4 chargeurs à Dure-Veine.	fr.	8.00
3 chevaux à fr. 2.50	»	7.50
3 gardes-convois à fr. 2.	»	6.00
3 enfants pour éclairer la marche	»	3.00
	fr.	24.50

Effet utile d'un cheval , H^{100} 835 ou T^{100} 77.67.
Prix, H^{100} = fr. 0.00977 ; T^{100} = 0.10512.

Un de ces animaux, traînant un convoi de deux, trois ou quatre berlaines, suivant les circonstances, parcourt 18 fois une distance moyenne de 250 mètres.

913. *Le Bonier.*

Les moteurs du transport intérieur sont des hommes faits occupés à traîner sur des voies de fer des voitures contenant 8 hectolitres ou 800 kilog. ; souvent, dans les galeries difficiles, ils sont aidés par de jeunes ouvriers destinés à pousser le vase par derrière. Les hiercheurs sont, en outre, chargés de la manœuvre des plans automoteurs.

Trois ateliers fournissent 576 hectolitres, répartis comme suit :

TAILLES.

		1re	2e	3e
Produits	hectol.	118	172	286
Idem.	tonnes	11.8	17.2	28.6

Distances parcourues :

Voies supérieures . .	mètres	360	165	250
Plans automoteurs. .	»	30	30	40
Voies inférieures . .	»	330	330	124
	Total,	720	525	394

Effets utiles :

H^{100}.	849.6	903	1116.8
T^{100}.	85.0	90.3	112.7

Personnel.

Chargeurs à la taille,	3 journées à fr. 2. . . . fr. 6.00
Hiercheurs de première classe,	5 » » 2.25. . . » 11.25
Idem de seconde,	7 1/2 » » 2. . . . » 15.00
Idem de troisième,	6 1/2 » » 1. . . . » 6.50
Journées, 22	Somme, fr. 38.75

Effet utile d'un ouvrier, H^{100}, 130 ou T^{100}, 13.
Prix de l'hectolitre pour le parcours, fr. 0.0672.
Idem $H^{100} = 0.0154$; $T^{100} = 0.1545$.

914. District de Charleroi. Mine du Poirier.

Dans cette mine, où les circonstances de gisement ne permettent pas d'exploiter régulièrement et où les voies horizontales sont interrompues par des plans inclinés (*défoncements*), les fonctions des ouvriers appliqués au transport sont assez fréquemment confondues. C'est ainsi que les chargeurs des vases et les *tourteurs*, destinés à remorquer la houille le long des défoncements, doivent quelquefois, en outre, la conduire à une certaine distance horizontale.

La difficulté de se procurer des hiercheurs en nombre suffisant force aussi l'exploitant à employer des jeunes gens de 13 à 14 ans appartenant aux deux sexes. Les efforts de deux de ces enfants, appliqués à une seule voiture, sont considérés comme équivalant à l'effet utile d'un homme fait, dont ils reçoivent la moitié du salaire. C'est ainsi que les tailles de *Grand-Forêt* sont desservies par 10 hiercheurs, comptés comme 5 ouvriers ordinaires.

Conditions du transport dans la fosse St.-Louis.

Six-paumes. Deux tailles produisent respectivement 152 et 118 hectolitres; le transport horizontal sur des voies de 234 et 379 mètres est interrompu par un plan incliné de 20 mètres.

Effet utile.	234 mètres.	$\times$ 152 hectolitres	$=$ 355	H^{100}
	379 »	$\times$ 118 »	$=$ 447	»
Grand-forêt.	290 »	$\times$ 162 »	$=$ 469.8	»

Naye-à-bois. Chaque atelier produit 108 hectolitres.

1re. taille, 195 mèt. de voie de niveau, et 20 mèt. de défoncement .	215 mètres.	$\times$ 108 hectolitres	$=$ 232.2
2e taille. . .	295 »	$\times$ 108 »	$=$ 318.6
3e id. . . .	225 »	$\times$ 108 »	$=$ 143

Quatre-paumes. Deux tailles.

Transport interrompu par 20 mètres de défoncement. .   163 mètres $\times$ 180 hectolitres $=$ 293.4

Total,   2259.0 H^{100}

Personnel appliqué au transport.

Chargeurs,	8 à fr. 1.50	fr. 12
Hiercheurs,	4 à » 1	» 4
id.	7 à » 1.20	» 8.40
id.	10 comptés comme 5, à fr. 0.60 . . .	» 6
id.	5 à fr. 1.50	» 7.50
Tourteurs,	5 à » 1.50	» 7.50

Total, 54 personnes recevant fr. 45.40

Effet utile de chaque ouvrier, 66.5 H^{100}, ou 6.65 T^{100}.

Prix de la tonne à 100 mètres, fr. 0.200.

Ce minime effet utile doit être attribué à un transport assez considérable de produits stériles, à la faible contenance des vases (2.6 hectolitres) employés sur des voies difficiles à entretenir, et surtout à l'absorption considérable de force résultant de l'emploi des défoncements.

· La longueur des relais et le nombre de vases transportés, quoique fort difficiles à établir, peuvent cependant être évalués à 150 mètres et 50 voitures.

915. *Le Gouffre. Puits n°. 3.*

Les produits de l'arrachement, ou 1002 hectolitres combles, pesant chacun 100 kilog., sont transportés à une distance moyenne de 700 mètres par 26 ouvriers tant hiercheurs que chargeurs. Deux d'entre eux desservent les deux plans inclinés et sont assistés par le rouleur, au moment où il amène la voiture de la taille.

Dépense du personnel affecté au transport.

10 ouvriers à fr. 1.45.		fr.	14.50
5 » » 1.40.		»	7.00
8 » » 1.55.		•	10.80
3 » » 1.50.		»	5.90
26 ouvriers		fr.	56.20

Effet utile de chacun d'eux : H^{100}, 269.7 $= T^{100}$ 26.97.

Prix de l'hectolitre pour toute la distance, fr. 0.0561.

Idem H^{100} 0.00516 ; T^{100} 0.05161.

Les journées sont de 11 heures de travail effectif. La contenance des voitures est de 7.2 hectolitres ; elles sont en tôle et pèsent 250 kilogrammes.

916. *Lodelinsart. Puits n°. 7.*

Le transport des produits des couches *Masse* et *Droit-jet* a lieu sur un parcours moyen de 412 mètres, y compris un plan automoteur de 50 mètres installé dans la première couche et un autre de 32 mètres, dans la seconde. Les voitures ont une contenance de 3.5 hectolitres. L'extraction ayant pour objet 1034 hectolitres (de 100 kilóg.), soit 103.4 tonnes, l'effet utile total à produire est de 4.260 H^{100}.

Dépense (1).

3 chargeurs et 12 hiercheurs à fr. 1.20. . . . . . fr, 18.00
3 aides chargeurs et 12 haytes à fr. 0.80. . . . . . » 12.00
                                                   ———————
                                                   fr. 30.00

Effet utile d'un hiercheur et de son aide : H^{100} 284 ; T^{100} 28.4.
Prix de l'hectolitre pour toute la distance, fr. 0.0728.
        Idem H^{100}, fr. 0.0070 ; T^{100}, fr. 0.0704.

Les voitures contiennent 350 kilogrammes de houille ; la tâche qu'il est de règle d'imposer à un hiercheur et à son hayte est de transporter 100 voitures à 100 mètres de distance.

La galerie à travers bancs a 370 mètres de longueur ; elle est parcourue par deux chevaux de très-petite taille, travaillant successivement 6 heures par jour et traînant un convoi composé de 10 voitures ; soit 35 hectolitres. L'effet utile de chacun d'eux est de H^{100} 1674.

Deux chevaux à 2 fr. . . . . fr. 4.00
Un conducteur et un aide . . . . » 2.00
                                                   ———————
                                                   fr. 6.00

Prix de l'hectolitre à 370 mètres de distance, fr. 0.0066
Id. H^{100} 0.00358 ; T^{100} fr. 0.0358.

---

(1) Le personnel du transport est formé de jeunes gens de 15 à 17 ans appelés *hiercheurs*, et d'autres de 12 à 14 ans désignés sous le nom de *haytes*. Les premiers tirent et les seconds poussent la voiture. On regarde généralement deux de ces agents de transport comme équivalant, quant à la force et au salaire, à un traîneur dans la force de l'âge.

917. *Les Ardinoises. Puits St.-Pierre.*

Noël. Produit, 660 hectolitres.

1re taille. 400 mètres de voies horizontales interrompues par un plan automoteur. Produit, 220 hectolitres.

2e et 3e tailles. 312 mètres et cinq plans automoteurs. Produit, 440 hectolitres.

Effet utile, 880 $+$ 1372.8 $=$ 2252.8 H^{100}.

Personnel. 5 chargeurs à fr. 1.40 . . . . fr. 4.20
      6 haytes aux plans automoteurs à fr. 1 . . » 6
      8 hiercheurs à fr. 1.40 . . . . » 11.20
      3 haytes à fr. 0.85 . . . . » 2.55

    20 ouvriers   fr. 23.95

Effet utile de chacun d'eux, 112.64 H^{100} = 11.26 T^{100}.
Prix de l'hectolitre pour tout le parcours, fr. 0.036.
    Id.   H^{100} = fr. 0.0106, T^{100} = 0.1063.

Langin. Quatre tailles produisent 792 hectolitres.

792 hectolitres $\times$ 315 mètres = 2494.8 H^{100}.

Personnel. 4 chargeurs à fr. 1.40 . . . . . . fr. 5.60
      6 hiercheurs à » 1.20 . . . . » 7.20
      6 haytes à » 0.85 . . . . . . » 5.10

    16 ouvriers.   fr. 17.90

155.9 H^{100} étant l'expression de l'effet utile de chaque ouvrier, il est facile de voir l'influence des plans automoteurs de la couche Noël. Dans les deux cas, les relais sont, en moyenne, de 105 mètres et le nombre de voyages de 90. La contenance des wagons est de 440 kilog., ou 4.4 hectolitres. La durée des journées est de 12 à 13 heures.

918. *Courcelles-Nord. Puits n° 3.*

Les haveurs devant amener les produits des gradins dans les galeries principales, le transport a lieu exclusivement sur des voies horizontales ; celles-ci sont desservies par huit chevaux traînant deux et quelquefois trois wagons , dont la contenance est de 6 1/2 hect. (650 kilog.) Chaque gradin ou taille montante comprend un chargeur, et les ateliers de niveau , un chargeur d'un prix plus élevé et son hayte.

Richesse n° 3 , une taille de niveau :

150 hectolitres $\times$ 730 mètres. . . . . . . $=$ 949 H^{100}

Belle-Veine n° 5, quatre gradins :

325 hectolitres $\times$ 830 mètres. . . . . . . $=$ 2697.5 »

Belle-Veine n° 4, trois gradins :

390 hectolitres $\times$ 850 mètres. . . . . . . $=$ 3315 »

Richesse n° 2 , une taille de niveau et quatre gradins :

650 hectolitres $\times$ 700 mètres. . . . . . . $=$ 4550 »

1495   11511.5 H^{100}

Dépenses affectées au transport.

Entretien de 8 chevaux , fr. 2.60 . . . . fr. 20.80

8 conducteurs [à fr. 1.20 . . . . » 9.60

14 chargeurs à fr. 1.20 . . . . » 16.80

2 haytes à fr. 0.90 . . . . » 1.80

Total, fr. 49.00

Effet utile d'un cheval, 1459 H^{100}, ou 143.9 T^{100}.

Prix du parcours total, l'hectol. fr. 0.0328.

H^{100} fr. $= 0.0043$, $T^{100} = 0.0426$.

Les relais sont de 550 mètres et la moyenne des voyages 50.

919. *Centre du Hainaut. Sart-Longchamps et Bouvy.*

Il est de règle, dans cette localité , qu'un rouleur , enfant de 10 à 13 ans, tirant sur une galerie de niveau , conduise le produit de la taille , quel qu'il soit , à une distance de 70 mètres. Dans les voies ascendantes, tournant brusquement ou obstruées par des portes d'aérage, la longueur est réduite proportionnellement à la pente et aux difficultés.

La contenance des voitures est d'environ 2.50 hectolitres.

Puits nº. 4. Couche de Huit-Paumes.

Le transport de 90 hectolitres, ou 8.28 tonnes, à une distance de 390 mètres, y compris un plan incliné de 40 mètres, exige :

1 chargeur à la taille . . . . fr.	0.90
5 meneurs sur costeresse . . . . »	4.00
2 ouvriers affectés au service du plan incliné (*clinqueurs*), l'un à fr. 0.80, l'autre à fr. 0.90 . . . . »	1.70
8 ouvriers. fr.	6.60

Puits Bonne-Espérance. Couche de Six-Paumes.

Longueur de transport : 240 mètres, y compris deux plans automoteurs de 55 et de 40 mètres :

1 chargeur à la taille . . . . fr.	0.90
2 meneurs . . . . »	1.60
4 ouvriers aux plans automoteurs . . . . »	3.40
7 ouvriers. fr.	5.90

Produits : 125 hectolitres, ou 11.5 tonnes.

Puits nº. 3. Grande-Veine.

Distance à parcourir : 250 mètres, dont un plan automoteur de 40 mètres. Produits : 130 hectol., ou 11.96 tonnes :

1 chargeur à la taille . . . . fr.	0.90
4 meneurs sur costeresse . . . . »	3.20
2 ouvriers pour le plan automoteur . . . . »	1.70
7 ouvriers. fr.	5.80

Résultat du transport dans les trois couches.

DÉSIGNATIONS.	HUIT-PAUMES.	SIX-PAUMES.	GRANDE-VEINE.
Effet utile d'un ouvrier exprimé en H^{100}	44	43	46.4
Idem en T^{100}	4.05	3.94	4.27
Prix de l'hectolitre pour la totalité de la distance . .	0.0733	0.0407	0.0446
Idem par H^{100}	0.0188	0.0197	0.0178
Idem par T^{100}	0.2044	0.2137	0.1939

Effet utile moyen : H^{100} 44.4 ; T^{100} 4.08.

Prix moyen H^{100} 0.0188 : T^{100} 0.2040.

Ce transport, peu avantageux, est effectué par des enfants qui ne travaillent que 6 à 7 heures par jour.

920. *Plan incliné remorqueur.*

Le plan incliné établi dans les travaux du puits n°. 4 de la même mine a 120 mètres de longueur et une inclinaison de 25 degrés. La tête en est située à 32 mètres de la chambre d'accrochage ; il est destiné à desservir un champ d'exploitation dont la durée probable est de 3 ans.

Les convois sont formés de trois voitures contenant 1.05 hectolitre chacune. La machine en remorquerait facilement quatre si l'espace trop restreint compris entre le tambour et la tête du plan incliné n'y mettait obstacle. Cependant, comme la durée de l'ascension, y compris le temps absorbé pour accrocher et recueillir les vases, n'est que de 4 minutes, il serait encore possible de transporter 1600 hectolitres, plus les débris de schistes qui ne peuvent trouver place dans les excavations ; mais les ateliers ne fournissant que 1040 hectolitres (95.68 tonnes), c'est sur cette quotité que doivent être établis les calculs relatifs à l'effet utile.

Frais d'établissement.

Creusement de la chambre . . . . fr.	280.00
Boisages et cadre de support de l'appareil . . . . »	430.00
Maçonnerie de la chaudière et conduit de dégagement des fumées à une distance de 170 mètres . . . . . »	1.400.00
Machine à vapeur de six chevaux . . . . »	4.500.00
Montage et frais divers. . . . . »	250.00
Roulettes de conduite établies sur le sol. . . . . »	120.00
2 chaînes de 390 kilog. à 88 fr. le quintal métrique. »	343.20
	fr. 7.343.20

Après trois années de service, la machine, les chaines et les roulettes vaudront encore au moins fr. 3.543.20.

Différence: 3,800 fr., qui, par amortissement à 5 p. c., font par jour une somme d'environ fr. 4.75.

Consommation.

150 kilog. de coke à fr. 15 p. c. . . . . fr.	2.25
150 » de déchets de coke à fr. 5 . . . . »	0.75
Graisse, huile et étoupes . . . . »	1.20

Personnel.

Il se trouve constamment un accrocheur au pied de la vallée, et, à son sommet, deux ouvriers destinés à recueillir les wagons et à les conduire à l'accrochage. Ces ouvriers, travaillant par poste de huit heures, sont au nombre de 9; on les paie à raison de fr. 1.50 par taille, et, comme 11 de ces dernières sont constamment en activité, ils reçoivent :

11 ateliers à fr. 1.50 . . . . fr.	16.50
5 machinistes-chauffeurs à fr. 1.92. . . . . »	5.76
	fr. 31.21

Effet utile suivant la longueur de la vallée : Il^{100}, 1248; T^{100}, 114.81.
Suivant la hauteur verticale (50 mètres) :   »   520;   »   47.84.

Prix de l'hectolitre sur toute la distance, non compris les 32 mètres de galerie horizontale, fr. 0.03.

Idem de H^{100}, fr. 0.025 ; de T^{100}, fr. 0.2718.

On considère, dans cette mine, la dépense de combustible comme nulle, parce que la vapeur et le courant d'air chaud qui se dégagent par l'un des puits remplacent avec avantage un foyer ventilateur dont la consommation coûtait fr. 4.

921. *Bois-du-Luc. Puits St.-Amand.*

Le produit journalier de six tailles établies dans trois couches est de 1228 hectolitres, ou 110.5 tonnes. La houille, descendant le long des plans inclinés, parvient sur la voie principale, où de jeunes ouvriers de 10 à 14 ans la transportent à l'accrochage dans de petites voitures contenant 2.5 hectolitres. Ils sont payés à raison de fr. 0.80 et ont pour tâche de porter 240 hectolitres à une distance de 75 à 80 mètres en une journée de 8 heures. Lorsque les produits des ateliers n'atteignent pas le chiffre ci-dessus, la longueur des relais est augmentée en raison inverse de la houille abattue.

Couche dite *Veine-du-Fond* : deux tailles produisent 476 hectolitres, ou 42.84 tonnes. Le plan automoteur a 50 mètres de longueur et les voies de niveau 600 mètres.

Personnel employé.

2 chargeurs à la taille à fr. 1 . . . . fr.	2.00
2 ouvriers appliqués aux freins des plans automoteurs (*Tourteurs*) . . . . »	2.00
16 traîneurs à fr. 0.80 . . . . »	12.80
20 ouvriers.	fr. 16.80

Les couches Gargay et Grande-Veine produisent, l'une
372 hectolitres, l'autre 380. Les plans automoteurs ont
50 mètres de longueur ; leurs pieds sont situés à une
distance de 360 mètres du puits.

Personnel employé dans les deux couches.

8 chargeurs à la taille et tourteurs . . . . fr. 8.00
16 traîneurs parcourant chacun 90 mètres . . . . . » 12.60
_____
24 ouvriers.   fr. 20.60

Résultat du transport.

	GARGAY.	GRANDE-VEINE.
Effet utile d'un ouvrier. H^{100} . . .	178.5	128.4
Idem id. T^{100} . . .	16.56	11.56
Prix de l'hectolitre pour la distance. fr.	0.0224	0.0275
Id. par H^{100} . . .	0.0047	0.0067
Id. par T^{100} . . .	0.0322	0.0742

Effet utile, H^{100} 153.5 ; T^{100} 14.06. Prix, H^{100} 0.0057 ;
T^{100} 0.0652.

922. Emploi des poneys et des ânes.

Les poneys, petits chevaux écossais en usage dans les
mines d'Angleterre , ont été récemment introduits en
Belgique. Il en est de même des ânes, que les mineurs
de St.-Étienne avaient jugé trop indociles pour pouvoir
être employés. Voici les effets utiles constatés à la mine
du Bois-du-Luc sur ces deux espèces de moteurs animés.

Les poneys coûtent, en moyenne, fr. 230; la valeur
de leur harnachement est de fr. 28. Chacun d'eux traîne
un convoi composé de huit voitures contenant 3 1/2 hectolitres, soit 28 hectolitres d'un seul trait.

Deux de ces animaux transportent, en une journée de
10 à 11 heures, 700 hectolitres de 100 kilogrammes à
une distance de 480 mètres.

Effet utile : 3,360 H^{100} ; 336 T^{100}.

Nombre de voyages de chacun d'eux, 12 à 13.

Dépenses.

6 chargeurs à fr. 1.20 . . . . fr. 7.20

1 conducteur . . . . » 1.20

Entretien des poneys, fr. 0.89 . . . . » 1.78

                                    fr. 10.18

Prix du parcours pour un hectolitre, fr. 0.0145.

H^{100} = fr. 0.006 ; T^{100} = fr. 0.060.

Le prix moyen des ânes est de fr. 80, et leur harnachement de fr. 28. La durée de la journée est la même que ci-dessus.

Quatre de ces animaux suffisent au transport de 1950 hectolitres à une distance de 450 mètres, ce qui donne pour l'effet utile de chacun d'eux :

2194 H^{100} ou 219.4 T^{100}.

Dépenses.

16 chargeurs à fr. 1.20 . . . . fr. 19.20

4 conducteurs à fr. 1.20. . . . . » 4.80

4 ânes à fr. 0.52 . . . . » 2.08

                                    fr. 26.08

Coût de l'hectolitre pour toute la distance, fr. 0.0134.

H^{100} = fr. 0.0114 ; T^{100} = fr. 0.1144.

Les convois traînés par les ânes sont composés de six wagons contenant chacun six hectolitres. Ils effectuent 28 voyages lorsque la longueur des relais est de 225 mètres.

923. Couchant de Mons. Levant de Flénu.

Les ouvriers sont payés en raison du nombre de cuffats, dont la houille a été transportée sur les voies thiernes et sur la partie de la costeresse inaccessible aux chevaux.

Le reste du parcours s'effectue à l'aide de ces derniers. Les voitures contiennent 4 1/2 hectolitres de houille, pesant 337.5 kilogrammes.

Puits n°. 15.

Distance des tailles à la chambre d'accrochage, 540 mèt.; extraction journalière, 12 douzaines de cuffats (de 21 hectolitres), soit 3024 hectolitres, ou 226.8 tonnes.

Le transport à bras, sur une distance de 175 mètres, est entrepris par 29 esclauneurs, recevant 5.40 fr. par douzaines de cuffats.

12 douzaines à fr. 5.40 la douzaine. . . . . fr.	64.80
9 chargeurs à la taille à fr. 2 . . . . »	18.00
fr.	82.80

Les chevaux parcourent une distance moyenne de 365 mètres en traînant des convois (rames) composés de huit voitures.

Les dépenses sont :

2 1/2 journées de chevaux à fr. 2 . . . . fr.	5.00
2 conducteurs à fr. 1.60 . . . . »	3.20
1 palefrenier . . . . »	1.45
2 jeunes gens à la suite des convois . . . . »	1.60
1 accrocheur de voitures . . . . »	1.05
5 avanceurs de voitures au puits . . . . »	4.20
fr.	16.50

TRANSPORT

	A BRAS D'HOMMES.	PAR CHEVAUX.
Effets utiles d'un ouvrier et d'un cheval. . . . . H^{100} 139.3	4415
T^{100} 10.4	551
Prix d'un hectolitre à la distance totale. fr. 0.0274	0.0054
Id. par H^{100} 0.0156	0.0037
Id. par T^{100} 0.2086	0.0498

Puits n°. 17.

Extraction, 2400 hectolitres (10 douzaines de cuffats), ou 180 tonnes. 26 esclauneurs, employant les voitures désignées ci-dessus , transportent ces produits à une distance moyenne de 152 mètres, à raison de fr. 7.50 la douzaine de cuffats.

10 douzaines de cuffats à fr. 7.50 la douzaine	fr.	75
9 chargeurs à la taille à fr. 2	»	18
	fr.	93

Transport par chevaux sur un parcours moyen de 200 mètres :

2 chevaux	fr.	4.00
1 palefrenier	»	1.25
1 conducteur.	»	1.60
3 avanceurs de voitures au puits à fr. 1.40	»	4.20
1 suiveur de rames.	»	0.80
1 accrocheur de voitures.	»	0.90
	fr.	12.75

TRANSPORT

		A BRAS D'HOMMES.	PAR CHEVAUX.
Effets utiles d'un ouvrier et	H¹⁰⁰	104	2400
d'un cheval.	T¹⁰⁰	7.817	180
Prix de	H¹⁰⁰ fr.	0.0255 fr.	0.0026
Id. de	T¹⁰⁰ »	0.3398 »	0.0354

Prix total par hectolitre pour le parcours entier , fr. 0.0440.

Puits n°. 19.

Extraction, 2400 hectolitres (10 douzaines de cuffats), ou 180 tonnes. Le transport à bras d'hommes a lieu, sur une distance de 110 mètres, par 20 esclauneurs, payés à raison de

7 fr. la douzaine de cuffats.	fr.	70
9 chargeurs à la taille à fr. 2	»	18
	fr.	88

Parcours des chevaux , 500 mètres.

3 chevaux à fr. 2	fr.	6
1 palefrenier	»	1.25
2 conducteurs à fr. 1.60	»	3.20
3 avanceurs de voitures au puits	»	4.20
2 suiveurs de rames à 0.80	»	1.60
1 accrocheur de voitures	»	0.90
	fr.	17.15

TRANSPORT

		A BRAS D'HOMMES.	PAR CHEVAUX.
Effets utiles d'un ouvrier et	H^{100}	91	2400
d'un cheval exprimés en .	T^{100}	6.83	180
Prix de	H^{100} fr. 0.0333		0.00258
Id. de	T^{100} » 0.4444		0.03170
Prix du parcours total, soit 410 mètres	0,04380		

Travaux accessoires liés avec le transport.

Chargeages.

Entretien journalier	fr.	0.46
2 enfants occupés à ramasser la houille qui tombe des voitures, à 0.72	»	1.44
1 ouvrier pour graisser les voitures.	»	0.90
1 Id. pour raccommoder ces dernières	»	0.80
	fr.	3.60

Entretien des chemins de fer.

1 ouvrier, *jambot de poli*, appliqué à nettoyer la voie	fr.	0.90
6 ouvriers ordinaires à 0.72	»	4.32
	fr.	5.22

Chemins de fer placés dans les costeresses et les voies thiernes, 730 mètres à fr. 5.40 . . . . fr. 2482.

Amortissement compté à 10 p. c. par an (310 jours). . . . . » 0.80

Ces dépenses sont à répartir sur la totalité de l'extraction quotidienne,

924. *Mine des Produits.*

Contenance des voitures, 4.5 hectolitres, ou 337.5 kilog.

Les produits de la couche *Brèze*, provenant du puits n° 19, s'élèvent à 1125 hectolitres; ils sont transportés à bras d'hommes, sur une longueur moyenne de 250 mèt., par des rouleurs travaillant à la journée; cette opération exige :

6 chargeurs à la taille à fr. 1.90.	fr. 11.40
5 esclauneurs de 1re classe à fr. 2.50.	» 12.50
12 id. de 2e classe à fr. 1.40.	» 16.80
3 pousseurs ou reteneurs à fr. 1.20.	» 3.60
3 esclauneurs sur le bouveau à fr. 1.60.	» 4.80

29 ouvriers   fr. 49.10

Effet utile de chaque ouvrier, H^{100} 97; T^{100} 7.

Prix de l'hectolitre pour toute la distance, fr. 0.0436.

Id. H^{100} fr. 0.0174, T^{100} 0.2326.

La couche *Carlier*, produisant 675 hectolitres, ou 50.6 tonnes, est l'objet d'un transport mixte. Celui-ci a lieu d'abord dans une galerie ascendante de 50 mèt., à l'aide de chevaux; puis à bras d'hommes sur une voie horizontale de 220 mètres.

Vallée. 2 chevaux à fr. 2.		fr. 4
1 palefrenier.		» 1.80
1 conducteur.		» 1.60
1 suiveur de rames		» 0,80
		fr. 8.20
Costeresse. 3 esclauneurs de 2e classe à fr. 1.40 . .	fr. 4.20
3 Id. de 3e id à » 1.20 . .	» 3.60
2 chargeurs à la taille . . à » 1.90 . .	» 3.80
		fr. 11.60

Effet utile, chevaux, H^{100} 169 T^{100} 12.6

Id.   hommes,   »   126.5   »   9.5

Prix de (chevaux) H^{100} fr.   0.0243 T^{100} 0.1620

Id.   (hommes)   »   »   0.0114   »   0.1527

Voici les résultats du transport intérieur effectué, dans d'autres puits de la même Société, sur des voies en partie horizontales et en partie inclinées de 8 à 10 degrés.

		PUITS Sᵗ-JOSEPH.	PUITS Nᵒ 20.
Parcours horizontal. . . .	mètres	212	167
Id. en voies thiernes .	»	123	123
Produits en hectolitres. . .	»	1670	2100
Id. en tonnes	»	138.6	174 3
Nombre de wagons transportés .	»	390	480
Contenance de ceux-ci. . .	hectol.	4 1/3	4 1/3
Nombre d'esclauneurs . . .	»	38	44
Effet utile, total	H^{100}	5594.5	6090
Id.	T^{100}	464.5	566.4
Effet utile d'un ouvrier . .	H^{100}	147	138.4
Id. id. . .	T^{100}	12.2	12.9

Pour rendre ces résultats comparables avec les données précédentes, il faut augmenter le personnel appliqué au transport de 9 chargeurs à la taille, dans le premier cas, et de 11 dans le second , ce qui réduit les effets utiles à

$$H^{100}\ 119\ =\ T^{100}\ 9.87\ \text{pour le puits St.-Joseph.}$$
$$\text{Et}\quad 110.7\ =\ \text{»}\quad 103.00\ \text{pour le n}^\text{o}.\ 20.$$

925. Hornu et Wasmes.

L'extraction est de 1620 hectolitres (10 douzaines de cuffats contenant chacun 13.5 hectolitres), ou 129.6 tonnes. Les voitures renferment 2.7 hectolitres , ou 216 kilog.

Le transport à bras a lieu sur 43 mètres de galeries inclinées et 93 mètres de voies de niveau. Total, 136 mètres.

Les tailles du Levant et du Couchant sont desservies par :

16 esclauneurs à fr. 2	fr.	32.00
5 idem à fr. 1.50	»	7.50
5 ouvriers appliqués à la manœuvre des freins . . .	»	5.00
8 chargeurs aux tailles à fr. 1.70	»	13.60
34 ouvriers.	fr.	58.10

Les chevaux parcourent 430 mètres en trainant un convoi de 8 voitures dont la houille pèse 1728 kilogrammes.

4 chevaux à fr. 2 . . . . fr.	8.00
1 palefrenier . . . . »	1.70
3 conducteurs à fr. 1.50. . . . . »	4.50
3 avanceurs de voitures au puits à fr. 0.45 la douzaine de voitures ; pour 10 douzaines . . . . »	4.50
1 accrocheur de rames. . . . . »	0.70
fr.	19.40

TRANSPORT

Effet utile des hommes et des chevaux.	A BRAS.	PAR CHEVAUX.
H¹⁰⁰	65	1741
T¹⁰⁰	5.2	159.52
Prix de H¹⁰⁰, fr.	0.0263 fr.	0.0028
Id. de T¹⁰⁰, »	0.5296 »	0.0548

Dépenses accessoires.

Chaque taille étant pourvue d'un plan automoteur, le frein doit être avancé après un certain laps de temps. Un ouvrier, dont le salaire est de 1 fr. par jour, est chargé de trois de ces appareils. Si le frein n'est pas remonté, il faut ajouter un manœuvre du même prix pour avancer les produits de la taille au chargeur de voitures.

En outre, la totalité de l'extraction exige l'emploi de :

2 ouvriers pour nettoyer les freins . . . . fr.	2.00
2 graisseurs à fr. 1.10 . . . . »	2.20
1 ramasseur de charbon. . . . . »	0.65
1 jambot de poli . . . . »	0.90
4 jambots ordinaires à fr. 0.72 . . . . »	2.88
fr.	8.63

926. *L'Agrappe et Grisœuil. Puits Grand-Trait.*

32 esclauneurs transportent à une distance moyenne de 520 mètres, soit en voies thiernes, soit en costeresse,

1680 hectolitres (7 douzaines de cuffats), ou 151.2 tonnes,
à l'aide de voitures contenant 3.65 hectolitres.

Les ouvriers reçoivent 14 fr. par douzaine de cuffats . . fr. 98.00
8 chargeurs à fr. 1.60 . . . . » 12.80

fr. 110.80

Effet utile de chacun des 40 ouvriers, H^{100} 134.4 ; T^{100} 12.09.
Prix de H^{100}, fr. 0.0206 ; T^{100}, fr. 0.2290.

Chaque esclauneur gagne environ 3 fr. par jour en
travaillant 12 heures pleines.

927. *Mine de Z****.

Dans cette exploitation, les produits d'une tranche
supérieure sont conduits le long des voies thiernes et des
costeresses, ou galeries de niveau, jusqu'au sommet des
plans automoteurs. Après avoir franchi ces derniers, les
voitures parviennent à la chambre d'accrochage traînées
par des hommes ou des chevaux.

	PUITS A.	PUITS B.
Extraction	hect. 2248	hect. 2275

Transport à bras d'hommes :

Longueur { Voies thiernes .	mèt.	80	mèt.	80
du parcours. { Idem costeresses .	»	230	»	80
Total ,	mèt.	310	mèt.	160
Chargeurs à la taille.	11.	fr. 17.60	10.	fr. 16
Esclauneurs.	27.	» 66.15	25.	» 60
Pousseurs (aidant les esclauneurs).	6.	» 6.60	4.	» 4.40
		fr. 90.35		fr. 80.40

Effet utile d'un ouvrier, 158 H^{100} = 14.22 T^{100} 93 H^{100} = 8.37 T^{100}

Transport par chevaux :

Parcours horizontal	»	400
Chevaux	»	4. fr. 10.40
Conducteurs.	»	4. » 9.20
Palefrenier	»	1. » 2.30
Jambots	»	8. » 5.20
		fr. 27.10

Effet utile d'un cheval . . . . $2275 \text{ H}^{100} = 204.75 \text{ T}^{100}$

Plans automoteurs :

Longueur du parcours . . . . mèt. 30		mèt. 60
Cayateurs appliqués au frein . . 2. fr. 3.00		2. fr. 2.90
Dépense totale . . . . fr. 98.95		fr. 110.40
Effet utile d'un ouvrier, $537 \text{ H}^{100} = 30.34 \text{ T}^{100}$		$682 \text{ H}^{100} = 61.42 \text{ T}^{100}$
Prix de l'hect. pour tout le parcours. » 0.0440		» 0.0485

La contenance des voitures est de 4 1/2 hectolitres, soit 405 kilogrammes.

928. *Mine du Grand-Hornu.*

Les houilles, provenant comme ci-dessus de l'exploitation d'un *soutement* supérieur, sont l'objet de trois opérations dont voici le détail :

Transport à bras d'hommes.

Cinq esclauneurs conduisent 107 voitures, ou 428 hectolitres, jusqu'à la tête du plan incliné. Leur parcours a pour objet une distance moyenne de 70 mètres sur des voies inclinées de 9 à 10 degrés, plus une longueur horizontale de 75 mètres. Ils reçoivent fr. 0.0375 par hectolitre extrait,

Dépense.

Cinq esclaucurs . . . . fr. 16.05
Deux chargeurs (1) . . . . » 3.60

Prix de revient, fr. 0.0435.

L'effet utile est de 122.4 H^{100} = 10.4 T^{100}. Le prix d'une journée de 15 heures est de fr. 3.21. Le nombre de voyages effectués par les esclaucurs est de 21 à 22. La consommation d'huile est, pour cette catégorie d'ouvriers, de 0.1601 kil., valant fr. 0.1347.

Plan automoteur.

Cette galerie, inclinée de 18 degrés, a une longueur de 75 mètres. Chaque jour elle livre passage à 200 voitures (800 hectolitres) réunies trois par trois. Le service en est fait par le personnel suivant :

A la tête. $\begin{cases} \text{Un conducteur du treuil (cayat). . . . fr. 1.10} \\ \text{Un accrocheur de chariots . . . . . . » 1.10} \end{cases}$

Au pied . $\begin{cases} \text{Un accrocheur . . . . » 1.00} \\ \text{Deux avanceurs de chariots à fr. 1.80 . . » 3.60} \end{cases}$

fr. 6.80

Effet utile de chaque ouvrier, 120 H^{100} = 10.2 T^{100}.

Prix de l'hectolitre, fr. 0.0085.

Transport par chevaux.

Au pied de la galerie inclinée les voitures, formées en convois (rames) contenant 24 hectolitres, sont conduites par des chevaux parcourant à chaque voyage une distance de 540 mètres.

Effet utile d'un cheval, 2160 H^{100} = 183.6 T^{100}.

Nombre de voyages, 33 à 34.

(1) Une fille très-robuste remplit ces fonctions. Elle doit, pour un salaire de fr. 1.80, charger 50 à 55 voitures de 5 hectolitres.

929. *Département du Nord. Anzin.*

Puits Ernest.

Les trois tailles de *Moyenne-veine* produisent 176 hecto-litres combles (19.36 tonnes) transportés à une distance moyenne de 212 mètres. *Grande-veine* fournit 400 hecto-litres ou 44 tonnes, qui doivent parcourir 320 mètres.

L'effet utile total est de H^{100} 1653 ; T^{100} 181,85.

15 rouleurs, hommes faits, chargent et conduisent les voitures ; il leur est alloué fr. 2.30 par jour.

Effet utile d'un ouvrier, H^{100} 110.5 ; T^{100} 12.15.
Prix de H^{100}, fr. 0.0208 ; T^{100}, fr. 0.2288.

Il est admis en principe qu'un rouleur peut transporter en une journée 490 hectolitres, à l'aide de voitures con-tenant 1.75 hectolitres, à la distance de un *terme* ou 25 mètres ; mais il ne doit pas les charger. Ordinaire-ment 8 à 9 termes forment un relai.

Ultérieurement des chevaux ont été introduits dans la mine, lorsque la distance à parcourir n'était encore que de 250 mètres. Deux de ces moteurs étaient appliqués au transport de 700 hectolitres ou 77 tonnes. Chacun d'eux fait 20 voyages en traînant un convoi de 10 voi-tures ou 17.5 hectolitres.

Nourriture et entretien de deux chevaux . . . . . fr. 4.50
Deux conducteurs-palefreniers à fr. 2.30 . . . . . » 4.60
3 chargeurs spéciaux à fr. 2.30 . . . . » 6.90
————
fr. 16.00

Effet utile d'un cheval. H^{100} 875 ; T^{100} 96.25.
Prix de H^{100}, fr. 0.0091 ; T^{100}, fr. 0.0853.

930. *Aniche.*

Les produits sont transportés sur les voies supérieures, des tailles aux cheminées, par des hiercheurs conduisant dans leur journée 360 hectolitres à une distance de 15 à 18 mètres. Les houilles, en arrivant au pied des cheminées, s'écoulent dans des voitures contenant 2 hectolitres de 108 kilog. et sont transportées sur la galerie principale par des ouvriers dont la tâche consiste à faire 180 voyages, les relais étant de 40 mètres.

Transport de 360 hectolitres ou 38.88 tonnes.

DISTANCES PARCOURUES.		H^{100}.	T^{100}.
Voies supérieures. . . . mètres 30		108	111.66
Galerie principale . . . » 410		1476	159.4
		1584	171.06

Les hiercheurs, hommes faits, employés à ce transport, doivent, en outre, charger les voitures ; ils sont au nombre de 14 et reçoivent fr. 2.30. . . fr. 32.20

Prix de l'hectolitre pour tout le parcours, fr. 0.0893.
Idem H^{100}, fr. 0.0203 ; T^{100}, fr. 0.1882.

931. *Département de Saône-et-Loire.*

Le Creuzot.

Transport à la brouette. Cinq ouvriers, chargeant les vases, conduisent 448 hectolitres de houille à une distance de 46 mètres et reviennent avec des remblais.

Effet utile pour le charbon, H^{100} 41.2 ; T^{100} 3.296.
5 rouleurs à fr. 1.70 . . . . fr. 8.50
Prix, H^{100} fr. 0.0412 ; T^{100} fr. 0.5161.

Montchanin.

Les distances à parcourir sont peu considérables ; les brouettes ne contiennent que 0.75 hectolitres, ou 60 kilogrammes de houille. Les produits d'un poste (80 bennes de 5 hectolitres), ou 400 hectol. transportés à 100 mètres, exigent :

2 ouvriers à la charge à fr. 1.50 . . . . fr. 3.00
5 rouleurs (un par relai de 20 mètres). . . . . . » 7.50
———
7 hommes.   fr. 10.50

Effet utile par ouvrier, H^{100}, 57; T^{100}, 4.59.

Prix, H^{100}, fr. 0.02625; T^{100}, fr. 0.32812.

Les relais sont de 20 mètres; mais le plus rapproché du point de chargement est primitivement moindre, parce qu'il s'allonge à mesure que le tas de houille diminue. Il en est de même pour le relai le plus rapproché du puits où le manœuvre doit vider la brouette, opération qui exige du temps et l'emploi d'une force plus grande.

Blanzy.

On employait il y a quelques années, au puits de l'Ouche n°. 1 , des traîneaux tirés à bras d'hommes et contenant 1 1/3 d'hectolitre. Une extraction de 450 hectolitres, ou 36 tonnes, transportés à 100 mètres de distance, réclamait :

5 traîneurs à fr. 2 . . . . fr. 10.00
1 cantonnier à fr. 1.50 . . . . » 1.50
———
6 ouvriers.   fr. 11.50

Effet utile par ouvrier, H^{100}, 75; T^{100}, 6.

Prix, H^{100}, fr. 0.0255; T^{100}, fr. 0.3194.

Chaque traîneur faisait 60 voyages et chargeait 90 hectolitres en une journée de huit heures.

932. Mine de Montceau.

Puits St.-Pierre.

Dans cette localité, où les voies, percées dans une couche de grande puissance, sont spacieuses et constamment horizontales, les bennes d'extraction sont placées sur des trains de voitures, et des hommes les conduisent des ateliers à la chambre d'accrochage.

Le chargement et le transport de 26 bennes par deux rouleurs à une distance moyenne de 200 mètres forment ce que les mineurs désignent sous le nom de *roulage*. Ces 26 bennes sont comptées seulement pour 25 , à cause des débris de schistes qui doivent être retirés de la houille. La benne de 6 hectolitres combles, ou 7.5 hectolitres ras, contient en moyenne 600 kilogrammes de houille ; un roulage consiste en 150 hectolitres , ou 15 tonnes.

Dépenses de 4 roulages , ou 750 hect. ras à 200 mètres :

8 rouleurs à fr. 2	fr. 16.00
1 cantonnier à fr. 2 . . . . . :	» 2.00
2 *approcheurs*.	» 5.62
11 ouvriers.	fr. 23.62

Effet utile par ouvrier, H^{100}, 156.5 ; T^{100}, 10.9.
Prix de l'hectolitre pour toute la distance , fr. 0.0315.
         Idem H^{100}, fr. 0.016 ; T^{100}, fr. 0.200.

Les ateliers n'étant pas toujours à proximité des points de chargement, les houilles doivent être *approchées ;* opération qui se paie à raison de fr. 0.015 par hectolitre comble pour un parcours de 10 à 20 mètres. Mais , comme la quotité de charbon qui doit être approchée n'est jamais que la moitié de l'extraction, chaque hectolitre revient à 0.0075 fr. pour tout le parcours et 0.00365 par distance de 100 mètres.

Puits des Communautés.

Transport à bras d'hommes au moyen de voitures de même contenance que ci-dessus. Deux rouleurs font au moins 25 voyages à une distance moyenne de 250 mètres et chargent chacun 75 hectolitres combles.

Six roulages, ou 1125 hectolitres ras (15 tonnes), exigent :

12 rouleurs à fr. 2. . . . . fr. 24.00
1 cantonnier boiseur . . . . » 2.00
5 approcheurs . . . . » 6.74

16 ouvriers.   fr. 26.00

Effet utile par ouvrier, H_{100}, 175.7 ; T^{100}, 14.06.

Prix de l'hectolitre pour toute la distance, y compris l'approchage, fr. 0.0291.

Idem H^{100}, fr. 0.0124 ; T^{100}, 0.1555.

Dans les circonstances favorables, les rouleurs font 30 et 31 voyages à 300 mètres de distance ; leur nombre ainsi réduit à dix, l'effet utile devient H^{100}, 160 ; T^{100}, 16.

Au-delà de 300 mètres le chargement s'effectue par un ouvrier supplémentaire : alors, 300 bennes étant roulées à 400 mètres, trois hommes produisent chacun un effet utile de 240 H^{100}. Des distances plus grandes réclament l'emploi de chevaux.

Puits Lucie n°. 2.

Un cheval, en 8 heures de travail, fait 25 voyages à 500 mètres en traînant après lui 4 voitures contenant 6 hectolitres combles ou 7.5 hectolitres ras.

Effet utile, H^{100}, 3750 ; T^{100}, 300.

Cet effet est produit à l'aide de :

4 chargeurs à fr. 2   . . . . fr.   8.00
1 palefrenier conducteur . . . . »   1.50
1 verseur au puits . . . . »   1.50
1 cheval   . . . . »   3.00
1 cantonnier . . . . »   2.00

                                          fr. 16.00

L'hectolitre à 500 mètres revient à . . . . . . fr. 0.0213
     Id.   100   »   »   . . . . . . » 0.0043
La tonne. . . . . » 0.0555

Le cheval parcourt 25,000 mètres, tant à vide qu'à plein ; quoiqu'il soit doué d'une force médiocre, il a transporté plus tard la même quotité de houille sur une distance de 600 mètres, ce qui faisait un parcours de 30,000 mètres en une journée de huit heures.

933. *Rive-de-Gier.*

L'instabilité du sol des galeries est une des causes principales pour lesquelles le transport par traîneaux, malgré son minime effet utile, est encore fort répandu dans cette localité.

Les traîneaux ou bennes à patins de 1.5 à 2 hectolitres contiennent 120 à 160 kilogrammes de houille, suivant l'état des voies. Contenance moyenne, 1.75 hectolitre ou 140 kilogrammes.

Le traîneur, faisant 30 voyages de 200 mètres chacun, transporte 52.5 hectolitres en une journée de 10 à 12 heures. Son effet utile est donc de :

$$H^{100} \ 105 \ ; \ T^{100} \ 8.4.$$

Comme il reçoit de fr. 5 à fr. 3.75 par jour, le coût de l'hectolitre à 200 mètres est, en prenant le salaire moyen, de fr. 0.0666.

$$H^{100}, \ \text{fr.} \ 0.0333 \ \text{et} \ T^{100} \ 0.4166.$$

Dans les circonstances très-défavorables, les bennes à patins ne contiennent que 1/2 à 1 hectolitre, et, en moyenne, 0.75 hectolitre. Le traîneur ne transporte alors que 22.5 hectolitres à 200 mètres.

Effet utile, 45 H^{100} ; 3.6 T^{100}.
Prix : H^{100}, fr. 0.0777 ; T^{100} 0.9722.

Comme les traîneurs sont difficiles à se procurer, qu'ils sont indociles et se rebellent fréquemment, les exploitants emploient les chevaux autant que possible, malgré leur minime effet utile et quelles que soient, dans ces localités, les difficultés inhérentes à ce mode de transport.

Dans les galeries mal aérées, dont le sol est rendu irrégulier par suite du soulèvement du mur, les chevaux traînent des vases contenant 2.5 hectolitres du poids de 200 kilogrammes; ils font 16 voyages et transportent 40 hectolitres, ou 5.2 tonnes, à 330 mètres de distance.

Effet utile, H¹⁰⁰ 152; T¹⁰⁰ 10.56.

Dépenses :

1/4 de journée d'un chargeur à fr. 2.25	fr. 0.56
Un cheval avec son palefrenier	» 4.00
Un conducteur ou toucheur	» 1.50
	fr. 6.06

Prix de l'hectolitre à 330 mètres de distance, fr. 0.1515.
H¹⁰⁰, fr. 0.0459; T¹⁰⁰ 0.5738.

Dans les galeries où le traînage est plus facile, les vases contiennent 3 hectolitres de 240 kilogrammes. Un cheval, faisant 20 voyages, transporte 60 hectolitres à 330 mètres de distance.

Effet utile, H¹⁰⁰ 198; T¹⁰⁰ 15.8.

La dépense étant de fr. 6.25, conformément au détail ci-dessus, à l'exception du chargeur, qui emploie un tiers de journée, l'hectolitre à 330 mètres revient à fr. 0.1041.

H¹⁰⁰, fr. 0.0315; T¹⁰⁰ 0.5945.

934. St.-Étienne, mine du Treuil.

Le transport à bras d'hommes est comme ci-dessus l'objet d'une tâche réglée consistant en un certain nombre de vases conduits à une distance déterminée.

Puits Valery.

Le transport à bras d'hommes se fait au moyen de traîneaux d'une contenance de 1.5 hectolitre (125 kilog.).

Plusieurs galeries ascendantes réclament l'adjonction de pousseurs, auxquels est alloué un salaire de fr. 1 (1).

Pour charger et transporter 450 hectolitres, ou 37.5 tonneaux, à une distance moyenne de 120 mètres, il faut :

6 traîneurs à fr. 3	fr.	18.00
3 pousseurs à fr. 1.	»	3.00
9 ouvriers	fr.	21.00

Effet utile de l'un d'eux, H^{100} 50 = T^{100} 4.16.
Prix : H^{100}, 0.0388 ; T^{100} 0.4666.

Puits du Treuil.

Transport mixte de 900 hectolitres, ou 75 tonnes, à 400 mètres.

10 traîneurs à fr. 2.75.	fr.	27.50
2 chevaux à fr. 3	»	6.00
1 palefrenier-conducteur	»	2.00
13 agents du transport	fr.	35.50

Effet utile par individu, H^{100} 277 ; T^{100} 23.
Prix de l'hectolitre à 400 mètres, fr. 0.0394.
H^{100}, fr. 0.0098 ; T^{100} 0.1183.

935. *Gagne-Petit*, concession de *Terre-Noire*.

L'extraction journalière de trois puits, s'élevant à 1950 hectolitres, ou 168.8 tonnes, est l'objet d'un transport mixte.

A bras d'hommes.

Chaque traîneur charge sa voiture, qui contient 1.75 hectolitre (145 kilog.), et fait 56 voyages sur un parcours de 90 mètres.

8 traîneurs de 1re classe à fr. 3	fr.	24.00
12 » 2e » » 2.70	»	32.40
20 ouvriers	fr.	56.40

(1) Le salaire de cette classe d'ouvriers est réellement de fr. 1.50, les traîneurs devant distraire en leur faveur fr. 0.50 sur le prix de leur journée.

Effet utile, H^{100} 87.75; T^{100} 7.256.

Prix de l'hectolitre pour toute la distance , fr. 0.0289.

H^{100}, fr. 0.0321; T^{100} 0.3897.

Emploi des chevaux sur les galeries principales.

Chaque cheval parcourt en moyenne 190 mètres, et fait 25 voyages en traînant un poids de 440 kilog. ou 5.25 hectolitres.

15 chevaux à fr. 2.20 . . . . fr. 33.00

15 palefreniers-conducteurs à fr. 2.50 . . . . . . » 37.50

fr. 70.50

Effet utile d'un cheval, H^{100} 247. T^{100} 20.4.

Prix, H^{100} fr. 0.0190; T^{100} fr. 0.2316.

Id. pour la distance totale de 280 mètres , fr. 0.0650.

936. *Transport sur chemins de fer.*

Ce mode n'a été adopté dans les mines de St.-Étienne que très-tard; il s'y propage actuellement avec rapidité et finira par se substituer entièrement au traînage. La moyenne des résultats obtenus sur des voies à divers états d'entretien sont tels qu'un rouleur conduisant une voiture de 5 hectolitres ou, en poids, 400 kilog., fait 38 voyages en parcourant 200 mètres, d'où résulte un effet utile de H^{100} 380; T^{100} 30.4.

Un cheval, en une journée de huit heures, transporte 675 hectolitres, ou 54 tonnes, à une distance de 350 mètres. Il fait 30 voyages avec des voitures à bennes chargées de 22.5 hectolitres ou 1.8 tonne. Son effet utile est de H^{100} 2562.5; T^{100} 189.

Une grande longueur de parcours et des vases d'une capacité notable ont fait obtenir dans ces districts des résultats fort avantageux. Ainsi, à la mine de Roche-la-Molière, un rouleur conduit 40 voitures contenant 7.5 hectolitres, ou 600 kilog. de houille, à 252 mètres de distance, sur des voies dont la pente est de 0.002 mètre par mètre :

Effet utile, H^{100} 696; T^{100} 55.68.

A la mine du Janon, un cheval traîne sept trains de voitures chargés chacun de quatre bennes; celles-ci, qui ont servi au transport à bras dans les galeries secondaires, contiennent 1 7/8 hectolitre ou 150 kilog. Les convois sont composés ainsi de 52.5 hectolitres ou 4.2 tonnes, et comme le cheval fait 20 voyages en parcourant 550 mètres, son effet utile est de :

$$H^{100} \; 5775; \; T^{100} \; 462.$$

957. District de la Wurm (Prusse-Rhénane).

Mine de Guley.

Puits Élise.

Quatre tailles produisent 435 hectolitres ou 41.5 tonnes transportées dans des voitures contenant 2.7 hectolitres à une distance de 250 mètres dont 90 sur plans inclinés automoteurs. Le personnel employé se compose de :

12 rouleurs (Schlepper) à fr. 1.20 . . . . fr.	14.40
2 chargeurs (Füller) dont un pour deux tailles . . »	2.80
3 ouvriers (Bremser) pour les plans automoteurs. . »	3.60
17 ouvriers	fr.	20.80

Effet utile, H^{100} 64; T^{100} 6.07.

Prix, H^{100}, fr. 0.0191 ; T^{100} fr. 0.2015.

Puits dit Alte-Schacht.

Transport à bras d'hommes sur des voies pratiquées au milieu du gîte et à l'aide de chevaux dans la galerie à travers bancs. Les produits de quatre tailles, 270 hecto-litres ou 25.65 tonnes, franchissent une distance de 430 mètres sur des galeries horizontales et 60 mètres de plans inclinés à l'aide de voitures de même contenance que celles du puits Élise et du personnel suivant :

16 rouleurs à fr. 1.20 . . . . fr.   19.20
2 chargeurs aux tailles à fr. 1.40 . . . . »   2.80
2 ouvriers appliqués au service des plans automoteurs . »   2.40

20 ouvriers.   fr.   24.40

Effet utile, H^{100} 68.8; T^{100} 6.54.

Prix, H^{100}, fr. 0.0177; T^{100}, fr. 0.1865.

La houille, arrivée au point de jonction du gîte et de la galerie à travers bancs, est transvasée dans des voitures d'une capacité double (5.4 hectolitres); celles-ci sont conduites au puits par un cheval appelé à parcourir 250 mètres :

Effet utile, H^{100} 675; T^{100} 64.12.

Dépenses.

Un cheval . . . . fr.   2.00
Un palefrenier-conducteur. . . . . »   1.40

                                 fr.   3.40

Prix, H^{100}, fr. 0.005; T^{100}, fr. 0.055.

Mine de Hoheneich.

Le transport s'exécute sur des chemins de fer et dans les voitures représentées par les figures 17-20 (pl. XLI). Pour 1100 hectolitres, ou 104.5 tonnes, transportés à une distance moyenne de 250 mètres, on emploie :

8 chargeurs à la taille à fr. 1.325 . . . . fr.   10.60
10 rouleurs à fr. 1.125 . . . . »   11.25

18 ouvriers   fr.   21.85

Effet utile, H^{100} 152.7; T^{100} 14.5.

Prix, H^{100}, fr. 0.00794; T^{100}, fr. 0.08562.

938. *Saelzer und Newack* (*district de la Ruhr*).

Conditions du transport.

Les voitures contiennent 3.3 hectolitres à demi combles, ou 363 kilogrammes.

DÉSIGNATION DES COUCHES.	PRODUITS		DISTANCES PARCOURUES.	SALAIRES PAR 100 HECTOL.
	EN HECTOL.	EN TONNES.		
			Mètres	
1. Fünffusbanck .	30	330	752	fr. 3.63
2. Knochenbanck.	23	25.30	627	» 4.86
3. Herrmann . .	30.8	33.83	1672	» 6.80

Résultats.

PRIX DE LA JOURNÉE.	EFFET UTILE		PRIX DE	
	H^{100}	T^{100}	H^{100}	T^{100}
1. fr. 1.09	225.6	24.82	fr. 0.0048	fr. 0.0439
2. » 1.12	144.2	15.86	» 0.0077	» 0.0706
3. » 1.045	257.5	28.52	» 0.0040	» 0.0369
Moyennes . .	209.0	23.00	0.0055	0.0505

Le minime effet utile du rouleur appliqué au transport des produits de Knochenbanck doit être attribué à ce que la majeure partie de son parcours a lieu sur des voies en bois.

Le transport des produits de la couche Herrmann exige deux rouleurs, qui, en aucun cas, ne chargent les voitures.

939. *Graf-Beust.*

Conditions du transport.

Les wagons ont même contenance que ci-dessus.

DÉSIGNATION DES COUCHES.	PRODUITS		DISTANCES PARCOURUES	SALAIRES PAR 100 HECTOL.
	EN HECTOL.	EN TONNES.		
			Mètres	
1. Mathias . . .	44	4.51	606	fr. 4.54
2. Catherina . .	28	2.03	656	» 4.77
3. Albert et 18				
Zœllig Fleetz .	40	4.40	209	» 2.73

Résultats.

PRIX DE LA JOURNÉE.	EFFET UTILE		PRIX DE	
	H^{100}	T^{100}	H^{100}	T^{100}
1. fr. 1.24	165.6	18.22	fr. 0.0075	fr. 0.0680
2. » 1.33	185.7	20.21	» 0.0072	» 0.0658
3. » 1.09	83.6	9.20	» 0.0130	» 0.1184
Moyennes . .	144.3	15.87	0.00925	6.0840

Le traineur charge lui-même les voitures et les conduit sur des voies en bois établies dans toutes les galeries accessoires.

940. *Langenbrahm.*

Le lecteur a déjà vu , dans la section consacrée à l'arrachement de la houille , que les haveurs sont chargés du transport des tailles au pied de la vallée , en sorte qu'il n'est pas possible de considérer ce travail isolément.

Plan incliné.

Cette galerie, sur laquelle 550 hectolitres de houille (1) sont remorqués, en une journée de 8 heures, a une longueur de 156 mèt. Elle est desservie par un câble rond, en fil de fer, dont le diamètre est de 0.022 mètre et le poids de 248.34 kilogrammes. Comme sa valeur est de fr. 365.06, et qu'il sert à l'extraction de 137.444 hectolitres ou 15,120 tonnes, les prix de l'hectolitre et de la tonne sont respectivement de fr. 0.0027 et 0.0241.

Usure des cordes, 550 h. $\times$ fr. 0.0027 . . . . . . fr.	1.48
Consommations et réparations d'une machine à vapeur de 8 chevaux . . . . »	3.75
1 machiniste (salaire mensuel) . . . . »	2.00
1 tiseur (*Schürer*) . . . . »	1.43
2 ouvriers recueillant les voitures à la tête du plan incliné »	2.00
	fr. 10.66

Effet utile du remorqueur, H^100 858; T^100 94.38.
Prix de l'hectolitre remorqué de bas en haut, fr. 0.0194.

Transport horizontal.

De la tête du plan incliné aux magasins situés sur les rives de la Ruhr la distance est de 1045 mètres; les rouleurs la franchissent en tirant des wagons de 5.5 hectolitres (0.6 tonne); ils font sept voyages et reçoivent fr. 2.73 pour 100 hectolitres. La quotité de houille transportée étant de 38.5 hectolitres, le salaire de la journée s'élève à fr. 1.05, indépendamment du chargement.

Effet utile, H^100, 402; T^100 44.25.
Prix, H^100, fr. 0.0026; T^100, fr. 0.0237.

941. *Duvenkamsbanck.*

Un rouleur, partant des chantiers auxquels conduit la première diagonale, parcourt 167 mètres pour atteindre

(1) En cas de vente, ce chiffre peut s'élever à 880 hectolitres.

les magasins de la Ruhr. Il conduit 12 wagons contenant
5 hectolitres, ou 0.55 tonnes, et reçoit fr. 2.73 pour
100 hectolitres. Le prix de la journée est ainsi porté à
fr. 1.64, somme sur laquelle il faut prélever la valeur
de l'éclairage et de l'huile appliquée à la lubréfaction des
roues des voitures.

Effet utile, H^{100} 100; T^{100} 11.
Prix de H^{100}, fr. 0.0164; T^{100}, fr. 0.1500.

Les chantiers de la seconde diagonale sont situés à
313 mètres du dépôt. Les rouleurs, faisant 10 voyages,
transportent 50 hectolitres en huit heures, et, comme ils
reçoivent fr. 3.18 pour 100 hectolitres, leur journée revient
à fr. 1.54.

Effet utile, H^{100} 156.5; T^{100} 17.22.
Prix de H^{100}, fr. 0.0098; T^{100}, fr. 0.0890.

Moyenne des deux résultats précédents :

H^{100} 128; T^{100} 14.11.
H^{100}, fr. 0.0131; T^{100}, fr. 0.1195.

942. *Saarbrücken.*

Le transport sur les voies principales, remis à un entrepreneur particulier, doit être distingué du transport
dans les galeries accessoires, dont les haveurs sont ordinairement chargés. Le personnel employé aux travaux
de cette dernière catégorie est divisé en trois classes : les
ouvriers de la première conduisent des voitures et reçoivent
fr. 1.25 ; ceux de la deuxième et de la troisième, auxquels sont alloués des salaires respectifs de fr. 1 et 0.81,
emploient des brouettes.

Lorsque le transport sur les voies principales se fait à
bras d'hommes, le nombre de voitures à charger et à transporter en un temps donné est fixé d'après la longueur
du parcours. S'il en manque une seule, le traîneur est

passible d'une amende égale à la valeur du quart de sa journée.

943. Mine dite Caroline Stollen, à Dutweiler.

Transport à bras d'hommes à l'aide de voitures, contenant 5.5 hectolitres ou 515 kilog., qui, des tailles, se rendent directement aux magasins établis à la surface du sol. Ces vases, après avoir parcouru 300 mètres sur les voies d'exploitation, descendent le long d'un plan automoteur de 80 mètres et franchissent un espace de 500 mètres sur la galerie d'extraction.

Une quotité de 665 hectolitres, ou 61.8 tonnes, exige, pour le chargement aux tailles et le transport dans les galeries supérieures :

```
6 rouleurs à fr. 1.25. . . . . . . . . . . . fr.  7.50
2 ouvriers attachés au plan automoteur  . . . . . »  2.18
6 rouleurs dans la galerie d'extraction . . . . . . »  7.50
———                                                 ————
14 ouvriers                                    fr. 17.18
```

Chaque rouleur fait 20 voyages à 500 mètres comme à 300, parce que, dans le premier cas, il n'a pas de voitures à charger. On sait d'ailleurs que les ouvriers appelés à circuler sur les voies d'exploitation sont au compte des haveurs.

Effet utile, H^{100} 418, T^{100} 58.8.
Prix de l'hectolitre pour un parcours de 880 mètres, fr. 0.0258.
Id. H^{100} 0.0029, T^{100} 0.0316.

944. Mine Gerhard.

Les produits de cette mine sont d'abord conduits à la brouette sur les diagonales, puis chargés dans des voitures et transportés jusqu'aux magasins situés à une certaine distance de l'orifice de la galerie d'extraction.

> 3 brouetteurs chargent et transportent à 50 mètres de distance 220 hectolitres (20.6 tonnes) et reçoivent . . . . fr. 3.27
> 2 ouvriers occupés à charger les voitures à fr. 1.09 . . » 2.18

Ce personnel est au compte des haveurs. Le reste du travail est adjugé à un entrepreneur spécial, qui emploie un cheval pour conduire la quotité ci-dessus désignée à une distance de 2450 mètres, soit dans la mine, soit au jour. Il reçoit :

> Fr. 0.30 par tonne métrique (fr. 0.455 par *füder* de 1345 kilog), soit pour 20.6 tonnes 6.18

Un cheval fait quatre voyages en traînant simultanément 10 wagons de 5.5 hectol. Charge d'un convoi, H. 55, T. 5.15.

> Effet utile des brouetteurs, H^{100} 36.6, T^{100} 3.43
>   Id.   du cheval . .   »   5390   »   504.7
> Prix de l'hectolitre pour tout le parcours.   fr. 0.0329
>   Id. H^{100} fr. 0.0021, T^{100} 0.0226.

945. *Haute et Basse-Silésie.*

Les résultats suivants sont la moyenne d'un grand nombre d'observations faites dans les mines de houille silésiennes, relativement à l'effet utile des divers modes de transport.

Traînage sur le sol des galeries.

Contenance des vases, 0.89 hect. (76 kilog.). Un ouvrier charge et conduit 45 traîneaux, ou 40 hectolitres (3.42 tonnes), à une distance moyenne de 94 mètres.

> Effet utile, H^{100} 37.6, T^{100} 5.21.

Chemins de fer.

Voies horizontales et rails saillants. Contenance des voitures, 4.4 hectolitres (569.6 kilog.). Le parcours étant de 209 mètres, un rouleur fait 60 voyages en une journée de 9 heures. Il transporte, par conséquent, 264 hectolitres, ou 22.18 tonnes, sans s'occuper du chargement.

Effet utile, H^{100} 551.76; T^{100} 46.56.

Lorsque les voies sont en partie ascendantes et formées de rails plats, le rouleur, ne faisant plus que 50 voyages dans les mêmes circonstances, ne déplace que 220 hectol., ou 18.48 T., d'où résulte :

Un effet utile de H^{100} 459.8; T^{100} 38.62.
Moyenne . . . » 505.78; T^{100} 42.49.

Emploi des chevaux.

Convoi formé de trois voitures chargées de 13.2 hectol. (1108.8 kilog.). Un cheval fait 23 voyages à une distance de 418 mètres et transporte 303.6 hectol. ou 25.5 tonnes.

Effet utile, H^{100} 1269; T^{100} 106.59.

Ce dernier résultat, peu satisfaisant, doit être attribué à la minime charge des convois. Cependant les exploitants n'osent pas la majorer dans la crainte que le transport ne soit retardé par les fréquents contournement et changements de voie, et par suite de l'impossibilité où ils se trouvent d'entretenir assez soigneusement les chemins de fer, constamment détruits par les pieds des chevaux.

Navigation souterraine.

Mine dite *Fuchsgrube*, près de Waldenburg, en Basse-Silésie.

Les produits, transportés à bras d'hommes sur les galeries d'exploitation et, à l'aide de plans automoteurs, sur les voies inclinées, parviennent dans la voie navigable, dont le parcours est d'environ 1463 mètres. Les chargeurs placent dans chaque bateau dix caisses contenant ensemble 29.7 hectolitres. Chaque batelier, faisant 3 voyages en deux journées de 10 heures et conduisant simultanément six bateaux, transporte en un jour 267.3 hectolitres ou 22.45 tonnes. Leur point d'arrivée est un bassin creusé à la surface du sol, où des déchargeurs s'emparent de la houille pour la conduire à sa destination.

Effet utile, H^{100} 3910 ; T^{100} 328.44.

Les bateliers, entrepreneurs de ce transport, reçoivent fr. 1.70 par 100 hectolitres de houille extraite ; chacun d'eux reçoit donc une somme de fr. 4.54, sur laquelle il doit prélever les salaires du nombreux personnel occupé au chargement et au déchargement, plus les dépenses occasionnées par l'huile d'éclairage.

Prix de l'hectolitre pour toute la distance, fr. 0.017.
Id. H^{100} fr. 0.0011 ; T^{100} fr. 0.0138.

946. Landore, sud du pays de Galles (Angleterre).

Cette mine de houille est située sur le canal de la Tawe, à 3 kilomètres au nord de Swansea.

Le transport dans les galeries secondaires, dont la longueur moyenne est de 42 mètres, s'effectue à bras d'hommes dans de petits vases contenant 0.73 hectolitre. Ces vases sont ensuite transvasés dans des voitures de 9 hectolitres (812.52 kilog.), qui, réunies au nombre de 4 ou 5, forment des convois conduits par les chevaux jusqu'au pied du puits et sur une distance de 1570 mètres. Chacun de ces derniers fait 6 à 8 voyages en une journée de huit heures.

Une extraction de 2250 hectolitres (en poids 203.15 tonnes) exige :

Sur les galeries secondaires : 18 jeunes traîneurs à fr. 1.875. fr. 33.75

Sur les galeries principales : 12 jeunes gens occupés au transbordement, à fr. 1.875 . . . . . . » 22.50
10 chevaux à fr. 3.75 . . . . » 37.50 } » 78.75
10 conducteurs-palefreniers à fr. 1.875 . » 18.75

Quotité transportée par ouvrier . . . . . . 75 hectolitres.
Id.   Id.   par cheval. 225   »

Effets utiles $\left\{\begin{array}{l}\text{D'un traîneur, } H^{100} \quad 52.5; \ T^{100} \quad 4.7 \\ \text{D'un cheval,} \quad » \quad 3332.5; \ » \quad 318.9\end{array}\right.$

Prix de l'hectolitre.

	DISTANCE TOTALE.	H^{100}	T^{100}
Traîneurs . .	(42 mètres)	fr. 0.015	0.0357	0.3954
Chevaux. .	(1570 »)	» 0.035	0.0016	0.0176

947. Mine de Clydach, située à 8 kilomètres au nord de Swansea.

Le transport a lieu d'abord sur des diagonales, dont la longueur moyenne est de 63 mètres, à l'aide de petites voitures contenant 0.82 hectolitre qui, parvenues sur la voie principale, sont versés dans d'autres voitures plus grandes ; un cheval conduit ces dernières à l'orifice de la galerie d'extraction.

Sept chevaux, faisant chacun 35 voyages en huit heures, font parcourir 460 mètres à l'extraction, composée de 3368 hectolitres ou, en poids, 305 tonnes. Chaque convoi est formé de deux voitures contenant 13.75 hectolitres.

Dépenses :

7 chevaux à fr. 3.75. . . . . fr. 26.25
7 conducteurs à fr. 1.88 . . . . » 13.16
18 chargeurs pour transborder . . . . » 33.84
                                                        fr. 73.25

Effet utile, H^{100} 2213; T^{100} 199.
Prix de l'hectol. à 460 mètres, fr. 0.0217.
Id. H^{100} fr. 0.0047; T^{100} 0.0325.

A peu de distance de l'orifice de la galerie d'extraction, se trouve un plan incliné au pied duquel se trouve l'origine d'un chemin de fer de 4 kilomètres, destiné à conduire les produits de la mine au canal de la Tawe.

948. *Staffordshire.*

Transport des produits de la couche *Teen yard* dans la mine de Blakemoor, près de Dudley.

Un cheval traîne, dans les compartiments de la mine, un seul *skip* d'une contenance de 7.5 hectolitres (650 kil.). Sur les galeries principales, deux de ces voitures sont réunies et conduites jusqu'au pied du puits. Un parcours moyen de 350 mètres et une extraction de 812 hectol., ou 68 tonnes, exigent :

3 chargeurs (*loaders*) payés à la tâche et gagnant, d'après le détail ci-dessous. . . . . fr. 11.62
2 chevaux et 1 palefrenier . . . . »   6.54
2 conducteurs (*drivers*) à 3.12. . . . . »   6.24
fr. 24.40

Effet utile d'un cheval, H^{100} 1421; T^{100} 119.
Prix de H^{100}, fr. 0.0086; T^{100}, fr. 0.1025.

Les motifs d'un résultat si peu satisfaisant sont la faible charge et le petit parcours.

Les chargeurs sont payés à prix fait et par tonne, suivant les qualités de houille extraites. Ainsi, dans l'exemple précédent, trois ouvriers ont chargé en une semaine :

Tonnes 128   de grosse houille à fr. 0.23 . . . . . fr. 29.44
»   116.8 de gailletteries à fr. 0.18 ". . . . . » 21.02
»   107.6 menu à fr. 0.128 . . . . » 13.75
»   57.6   Id. pour les machines 0.054. . . . »   4.92
»   17.25 de *brazils*   0.203. . . . . »   3.58
407.25   fr. 69.71

Ainsi chacun de ces ouvriers a transporté 68 tonnes par jour et, par conséquent, son salaire moyen a été de fr. 3.87 pour 12 heures de travail.

949. *Lancashire* (1).

Navigation souterraine à Worsley.

Le transport sur le niveau moyen où passent les produits de toute la mine exige l'emploi de 40 bateaux (*M. Boats*) montés par six haleurs. Il sort tous les jours de cette galerie environ 4570 hect. ou 365.6 tonnes, en sorte que le travail de chaque ouvrier a pour objet 761 hect. ou 60.9 tonnes.

La distance moyenne à parcourir étant de 3809 mètres, l'effet utile est de H^{100} 29010 $=$ T^{100} 2520.8.

Prix du transport par tonne et pour la distance totale :

Chargement (travail à forfait) . . . . fr. 0.05128
Halage (les haleurs sont payés à raison de fr. 16.25 par semaine) . . . . » 0.04448

La tonne, fr. 0.09577
L'hectolitre, » 0.00766

H^{100}, fr. 0.0002 ; T^{100}, fr. 0.0025.

L'extraction des produits de l'étage inférieur entraîne les dépenses suivantes :

Les haleurs du canal inférieur sont payés par tonnes pour une distance moyenne de 400 mèt. et à raison de fr. 0.1559
L'accrochage des vases coûte de fr. 0.0513 à fr. 0.1026, et en moyenne. . . . . » 0.0769
Le machiniste reçoit, suivant l'activité plus ou moins grande du transport, de fr. 0.0768 à fr. 0.1279 . . . » 0.1023

A reporter , fr. 0.3351

Report ,	fr.	0.3331

L'ouvrier qui recueille les tonnes à l'orifice du puits ,
de fr. 0.1026 à fr. 0.1794. . . . . » 0.1410

Enfin, le transport sur l'étage moyen comme ci-dessus. » 0.0449

Prix par tonne,	fr.	0.5190
Idem par hect. ,	»	0.0414

pour une distance d'environ 2400 mètres.

H^{100}, fr. 0.00985 ; T^{100}, fr. 0.0123.

950. *Districts du Nord de l'Angleterre.*

Dans toutes les mines de ces localités , le mode de transport est mixte , c'est-à-dire qu'il est effectué à bras d'hommes ou par chevaux de petite taille sur les voies secondaires et par chevaux plus forts ou par machines à vapeur sur les voies principales. Dans l'emploi des hommes, les conventions entre l'exploitant et les entrepreneurs ont pour objet le transport et le chargement de vingt corbeilles (*corves*), ou vingt *tubs*, à une distance déterminée, en ajoutant à la somme principale une somme supplémentaire pour chaque distance excédant la longueur primitivement fixée. Tous les traîneurs d'un même quartier s'associent et reçoivent , lors du partage, un salaire en rapport avec leurs forces ou leur effet utile.

951. *Mine de Z****, près de Newcastle.*

Emploi des rouleurs.

18 ouvriers (*putters*) chargent et transportent à 81 mèt. 3200 hect. ou 256 tonnes de houille. Chacun d'eux fait 46 à 47 voyages en tirant une corbeille contenant 3.8 hect. (304.68 kilog.).

Effet utile ; H^{100} 144 ; T^{100} 11.5.

Dépense.

856 corbeilles ou 41.8 vingtaines de corves à fr. 1.61 . fr. 67.298
Prix de la journée de 12 heures. . . . . » 3.73
Idem de l'hectolitre à 81 mètres , fr. 0.021.
Idem H^{100}, fr. 0.0259; T^{100}, fr. 0.3245.

Service des chevaux sur les galeries principales.

La quotité transportée doit parcourir une distance de 670 mètres pour arriver au puits ; elle exige 9 chevaux faisant 16 voyages par jour. Les convois sont formés de six corbeilles déposées sur des trains de voitures.

Effet utile d'un cheval, H^{100} 2382; T^{100} 190.56.

Dépense.

3 ouvriers aux grues à fr. 2.81 . . . . fr.   8.43
9 chevaux à fr. 3.23 . . . . » 29.07
9 conducteurs-palefreniers à fr. 1.45 . . . . » 13.05
                                                  ─────────
                                                   fr. 50.55

Prix de H^{100}, fr. 0.00235 ; T^{100}, fr. 0.0294.

952. Tanfield , à l'ouest de Newcastle.

La capacité des corbeilles est de 2.86 hect. (228.8 kil.)

Emploi des hommes.

Les rouleurs font 38 voyages en 12 heures sur une distance de 146 mètres ; ils reçoivent fr. 1.98 par vingtaine de corbeilles, ce qui porte leur salaire à fr. 5.76 par jour.

Quotité transportée par un rouleur, 108.7 hect. = 8 69 tonnes.
Effet utile , H^{100} 158.7 ; T^{100} 12.69.
Prix de H^{100}, fr. 0.0257 ; T^{100} 0.2964.

Chevaux.

Un cheval traîne un convoi de huit corbeilles attachées à la suite les unes des autres et contenant 22.88 hect. (1830.4 kilog.); il fait huit voyages de chacun 1520 mèt.

Quotité transportée par un cheval, 183 hect. : 14.64 tonnes.
Effet utile, H^{100} 2781; T^{100} 222.5.

Pour une extraction de 704 corbeilles contenant 161 tonnes métriques, il faut :

11 chevaux à fr. 3.23	fr.	35.53
11 conducteurs à fr. 1.45	»	15.95
4 ouvriers aux grues (*cranemen*) à fr. 2.81	»	11.24
4 aides (*helpers up*) à fr. 1.56	»	6.24
	fr.	68.96

Prix de H^{100}, fr. 0.00223; T^{100}, fr. 0.0281.

953. Hetton, près de Sunderland, comté de Durham.

Transport sur les voies secondaires.

Deux voitures en fer (*tubs*), dont la contenance est de 5.8 hect. (464 kilog.), sont placées sur des trains (*rolley*); ceux-ci, liés deux à deux, portent 23.2 hectolitres et forment des convois circulant sur les voies principales.

Un cheval fait 6 voyages en 12 heures, en parcourant chaque fois 1680 mètres.

Quotité transportée en totalité, 139.2 hectolitres : 11.136 tonnes.
Effet utile d'un cheval, H^{100} 2338; T^{100} 187.08.

Le cheval, son conducteur et l'entretien des voies coûtant fr. 5.68, le prix de l'hectolitre pour toute la distance est de fr. 0.0408,

Et H^{100}, fr. 0.00243; T^{100} fr. 0.03037.

Galerie inclinée.

Pour remorquer les produits sur un plan incliné de 1280 mètres de longueur dont la pente moyenne est de 2 degrés, on emploie une machine à vapeur de la force de 36 chevaux. Un convoi composé de huit voitures chargées chacune de trois corbeilles, ou 52.8 hectolitres (4.4 tonnes), est remorqué sur des rails saillants en fonte en 16 minutes, y compris le temps nécessaire à l'accrochage et au décrochage des voitures. L'extraction journalière étant de 2640 à 5080 et, en moyenne, 2860 hectolitres, un cheval-vapeur produit en 16 heures, et dans ces circonstances, un effet utile de :

$$H^{100} \ 1017 \ ; \ T^{100} \ 84.7.$$

Auparavant les produits étaient conduits par des chevaux traînant des voitures d'une contenance de 6.6 hectolitres. Ils faisaient 10 voyages par jour ; en sorte que, pour transporter la quantité ci-dessus énoncée, il aurait fallu, si toutefois l'opération eût été possible, 30 à 35 chevaux. Il est inutile de comparer les prix de l'hectolitre dans les deux modes, la supériorité du premier sur le second est trop évidente.

954. *Pelton-sur-la-Tyne* (1).

Les produits de cette mine s'élèvent ordinairement à 500 tonnes ; ils peuvent être portés à 700 ; mais, au moment de l'observation, le ralentissement de la vente avait forcé l'exploitant à les réduire à 250 tonnes, ou environ 2800 hectolitres.

(1) Rapport de M. CHAUDRON sur les mines de Newcastle. *Annales des Travaux publics de Belgique*, tome X, page 1.

Le transport s'effectue dans des wagons contenant 355 kilogrammes, ou environ 4 hectolitres. Des poneys, au nombre de 24, circulent des ateliers aux voies principales, sur lesquelles les vases sont ensuite traînés par quatre chevaux ordinaires. Ceux-ci les conduisent à la grande galerie, où ils sont remorqués par une machine fixe. Le prix d'achat d'un poney est d'environ 200 fr.; celui des chevaux de plus grande taille, de 5 à 600.

Effet utile des poneys.

Chacun de ces moteurs fait 40 à 45 voyages par jour en traînant un wagon à une distance de 200 à 250 mètres. Si la moyenne de ce travail est 42 wagons transportés à 250 mètres, l'effet utile sera :

$$586 \text{ H}^{100} ; 34.5 \text{ T}^{100}.$$

Dépense.

Un chargeur à la taille. . . . . fr.	»
Nourriture du poney. . . . . »	0.63
Un enfant-conducteur. . . . . »	0.63
	fr. 1.26

Coût : $\text{H}^{100} = $ fr. 0.0034 ; $\text{T}^{100} = 0.0382$.

Chevaux ordinaires.

Ceux-ci, appliqués au service des voies principales, traînent des convois de 8 wagons (32 hectol.); ils font 30 voyages, la longueur des relais étant de 200 mètres.

Effet utile : $1920 \text{ H}^{100} = 170.4 \text{ T}^{100}$.

Dépense.

Entretien et nourriture du cheval. . . . . fr.	2.50
Salaire moyen du conducteur . . . . »	2.20
	fr. 4.70

Prix de $\text{H}^{100} = 0.0024$; $\text{T}^{100} = 0.0275$.

955. *Mine de M****, près de Newcastle.*

Les tubs, étant attachés les uns aux autres sur les galeries principales où ils circulent sans intermédiaires, dispensent d'avoir recours aux grues et réalisent ainsi une économie notable. La contenance de ces vases est de 330 kilog. ou 4.1 hectolitres.

Les produits de l'un des quartiers de la mine, chargés dans 168 voitures (55.44 tonnes), sont transportés sur les voies accessoires, dont la longueur moyenne est de 91 mètres, par quatre rouleurs auxquels est alloué fr. 1.87 pour 20 tubs.

8.2 vingtaines à fr. 1.87 . . . . fr. 15.70
Valeur de la journée de 12 heures. . . . . » 3.92

Les rouleurs font 42 voyages et transportent 172 hectolitres ou 13.86 tonnes.

Effet utile, H^{100} 156.5; T^{100} 12.6.
Prix de H^{100}, fr. 0.0250; T^{100}, fr. 0.3111.

Les convois formés sur les galeries principales sont de huit tubs et contiennent par conséquent 32.8 hectolitres (2.64 tonnes). Un cheval en conduit sept à une distance de 1609 mètres.

Dépense.

3 chevaux et leur palefrenier . . . . fr. 12.62
3 conducteurs. . . . . » 4.68
                                                  ⎯⎯⎯⎯
                                                  fr. 17.30

Effet utile, H^{100} 3694; T^{100} 297.
Prix de H^{100}, fr. 0.0016; T^{100}, fr. 0.0194.

956. *Tableau des effets utiles des êtres animés appliqués au transport souterrain* (1).

DÉSIGNATION DES MINES.	ESPÈCE DU MOTEUR.	CHARGES		NOMBRE DE VOYAGES	LONGUEUR DES RELAIS.	EFFET UTILE.	
		EN HECTOL.	EN KILOG.			H^{100}.	T^{100}.
BELGIQUE.							
Liége.							
L'Espérance . .	Chevaux .	33	2838	5 à 6	415	822.5	69.85
Grand-Bac. . .	Hommes .	8	744	70	140	341	31.7
Val-Benoit. . .	Hommes .	8	768	28	140	223.5	21.4
»	Chevaux .	56	5576	12 à 13	500	3550	340
La Haye . . .	Hommes .	6.7	623	16	330	231	21.8
»	Chevaux .	20	1860	18	230	835	77.67
Le Bonier. . .	Hommes .	8	800	12	200	130	13
Charleroi.							
Le Poirier. . .	Jeun. gens	2.6	260	20	130	60.5	6.05
Le Gouffre. . .	Hommes .	7.2	720	57	100	269.7	26.97
Lodelinsart. . .	2 enfants .	3.5	350	75	160	284	28.40
»	Chevaux .	35	3500	13	570	1674	167.40
Les Ardinoises .	Jeun. gens	4.4	440	90	105	112.6	11.26
Courcelles-Nord .	Chevaux .	16	1600	50	550	1439.0	143.90
Centre.							
Sart-Longchamps.	Enfants .	2.5	230	46	60	44.4	4.08
Bois-du-Luc . .	Jeun. gens	2.5	225	96	75	153.5	14.06
»	Poneys. .	28	2800	12 à 13	480	1680	168
»	Anes . .	36	3600	28	225	2194	219.4
Couchant de Mons.							
Levant du Flénu.	Hommes .	4.5	337.5	23	175	139.3	10.4
Puits n°. 15 . .	Chevaux .	36	2700	34	365	4415	331
Puits n°. 17 . .	Hommes .	4.5	337.5	20	152	104	7.817
»	Chevaux .	27	2025	44	200	2400	180

(1) Les résultats consignés dans les deux dernières colonnes, étant le quotient de la division de l'effet utile total par le nombre d'ouvriers rouleurs et chargeurs appliqués au transport, ne peuvent être en concordance avec les éléments renfermés dans les colonnes précédentes, à moins que les moteurs ne soient des chevaux ou que le chargement des voitures ne soit effectué par les traîneurs.

DÉSIGNATION DES MINES.	ESPÈCE DU MOTEUR.	CHARGES		NOMBRE DE VOYAGES	LON- GUEUR DES RELAIS.	EFFET UTILE.	
		EN HECTOL.	EN KILOG.			H¹⁰⁰.	T¹⁰⁰.
Puits n°. 19 . . .	Hommes .	4.5	337.5	27	110	91	6.83
»	Chevaux .	27	2025	30	300	2400	180
Mine des Produits.	Hommes .	4.5	337.5	22	125	97	7
»	Chevaux .	9	675	38	50	169	126.5
»	Hommes .	4.5	337.5	25	150	126.5	9.5
Puits St.-Joseph .	Id. . .	4 1/3	374	10	335	119	9.87
Puits n° 20 . . .	Id. . .	id.	id.	11	290	110.7	10.3
Hornu et Wasmes	Hommes .	2.7	216	28	136	65	5.2
»	Chevaux .	21.6	1728	19	430	1741	139.32
L'Agrappe . . .	Hommes .	3.65	328.5	28	160	134.4	12.09
Mine de Z*** . .	Hommes .	4.5	405	18	310	158	14.22
»	Chevaux .	56	5240	16	400	2275	204.75
Grand-Hornu . .	Hommes .	4	340	21 à 22	143	122.4	10.4
»	Chevaux .	24	2040	33 à 34	540	2160	183.6
FRANCE.							
Anzin	Hommes .	1.75	192.5	66	95	110.5	12.15
»	Chevaux .	17.5	1925	20	250	875	96.25
Aniche	Hommes .	2	216	180	40	144	15.55
Creuzot. . . .	Brouetteurs	0.75	60	120	46	41.2	5.3
»	Id. . .	id.	id.	533	20	57	4.59
Blanzy	Rouleurs .	1.33	106.6	60	100	75	6
Montceau . . .	Id. . .	7.5	600	25	200	136.3	10.9
»	Chevaux .	id.	id.	id.	125	175.7	14.6
»	Id. . .	30	2400	id.	500	3750	300
Rive-de-Gier . .	Traîneurs .	1.75	140	50	200	105	8.4
»	Id. . .	0.75	60	id.	id.	45	3.6
»	Chevaux .	2.5	200	16	550	132	10.56
»	Id. . .	3	240	20	id.	198	15.8
Saint-Étienne.							
Treuil	Traîneurs .	1.5	125	50	120	50	4.16
Idem . . .	Traîneurs et chevaux.	—	—	—	—	277	23
Gagne-Petit. . .	Traîneurs .	1.75	145	56	90	87.75	7.24
»	Chevaux .	5.25	440	25	190	247	20.4
Moyenne des observations.	{ Rouleurs .	5	400	38	200	580	30.4
	{ Chevaux .	22.5	1800	30	350	2362.5	189
Roche-la-Molière.	Rouleurs .	7.5	600	40	232	696	55.68
Janon	Chevaux .	25.5	4200	20	550	5775	462
ALLEMAGNE. *District de la Wuhrm.*							
Guley	Rouleurs .	2.7	256.5	27	80	64	6.07

DÉSIGNATION DES MINÉS.	ESPÈCE DU MOTEUR.	CHARGES		NOMBRE DE VOYAGES.	LONGUEUR DES RELAIS.	EFFET UTILE.	
		EN HÉCTOL.	EN KILOG.			H^{100}.	T^{100}.
Guley . . .	Rouleurs .	2.7	256.5	25	112	68.8	6.54
»	Chevaux .	10.8	1026	id.	250	675	62.12
Hoheneich. . .	Rouleurs .	2.7	256.5	100	125	152.7	14.5
Distr. de la Ruhr.							
Saelzer und Neuack.	Rouleurs .	3.5	363	8 à 9	752	225.6	24.82(1)
»	Id. . .	»	»	6 à 7	627	144.2	15.86 »
»	Id. . .	»	»	9 à 10	1672	257.5	28.52 »
Graf-Beust. .	Rouleurs .	3.5	363	12 à 13	606	165.6	18.22
»	Id. . .	»	»	8 à 9	656	183.7	20.21
»	Id. . .	«	»	12 à 13	209	83.6	9.20
Langenbrahm.	Rouleurs .	5.5	600	7	1045	402	44.25(2)
Duvenkamsbanck.	Id. . .	5	550	12	167	100	11.00 »
»	Id. . .	5	550	10	313	156.5	17.22
Saarbrücken.							
Dudweiler. . .	Rouleurs .	5.5	515	20	{ 500 / 500	418	38.8
Gerhard. . .	Brouetteurs	0.75	70	98	50	36.6	3.45
»	Chevaux .	55	5150	4	2450	5390	504.7
Silésie . . .	Traineurs.	0.89	76	45	94	37.6	3.21
»	Rouleurs .	4.4	369.6	60	209	551.76	46.56
»	Id. . .	id.	id.	50	»	459.8	38.62
»	Chevaux .	13.2	1108.8	25	418	1269	106.59
Fuchsgrübe . .	Haleurs .	267.5	22450	1 1/2	1463	5910	528.44
ANGLETERRE.							
Sud du Pays de Galles.							
Landore. . . .	Traineurs.	0.73	63.7	171	42	52.5	4.7
»	Chevaux .	40.5	3656	6 à 8	1570	5552.5	318.9
Clydack. . . .	Chevaux .	13.75	1237.5	35	460	2215	199
Staffordshire.							
Blakemoor. . .	Chevaux .	7.5	650	54	175	1421	119
Lancastre.							
Worsley . . .	Haleurs .	761	60.9	1	3809	29010	2320.8

(1) Ce sont les haveurs qui chargent les wagons.
(2) Les rouleurs prennent les voitures chargées à la tête du plan incliné.

DÉSIGNATION DES MINES.	ESPÈCE DU MOTEUR.	CHARGES		NOMBRE DE VOYAGES	LON-GUEUR DES RELAIS.	EFFET UTILE.	
		EN HECTOL.	EN KILOG.			H¹⁰⁰.	T¹⁰⁰.
Northumberland et Sunderland.							
Mine de Z*** . .	Rouleurs .	3.8	304.68	46 à 47	81	144	11.5
»	Chevaux .	22.8	1828.08	15 à 16	670	2382	190.5
Tanfield. . . .	Rouleurs .	2.86	228.8	38	146	1587	12.69
»	Chevaux .	22.80	1830.4	8	1520	2781	222.5
Hetton	Chevaux .	23.2	1856	6	1680	2338	187.08
Pelton	Poneys. .	4	335	42	230	386	34.3
»	Chevaux .	32	2840	30	200	1920	170.4
Mine de M*** .	Rouleurs .	4.1	330	42	91	156.5	12.6
»	Chevaux .	32.8	2640	7	1609	3694	297

957. *Variations dans l'effet utile du transport intérieur.*

Les effets utiles, ou le produit des poids par les distances, varient, ainsi qu'on vient de le voir, dans des limites fort écartées. Ces différences sont justifiées par un grand nombre de circonstances dont les principales sont :

La mobilité du sol qui tend à disloquer les voies perfectionnées et à provoquer des déraillements. Une partie de la force motrice, ainsi absorbée en pure perte, force le mineur d'avoir recours au traînage par suite de l'impossibilité où il se trouve de maintenir la stabilité des routes. Il en est de même des voies mal entretenues ou construites avec des rails trop faibles.

Les dimensions des galeries jouent un rôle important. Lorsqu'elles ont une hauteur suffisante, le rouleur, n'étant pas obligé de se courber vers le sol, se trouve dans une position aisée qui lui permet de développer toute sa force et de l'appliquer à la charge à transporter. En outre, le diamètre des roues, qui alors peut être assez considérable,

facilite le transport. Mais c'est surtout quant à la capacité
des vases que se fait sentir sur l'effet utile l'influence des
galeries élevées. En effet, le moteur, devant absorber une
partie de sa force musculaire pour se transporter lui-même,
ne peut parcourir qu'une distance déterminée, dont la
moitié s'applique au retour à vide. Comme cette distance
reste la même, quelle que soit d'ailleurs la contenance des
vases, si le mineur a le soin de faciliter le roulage par
une construction convenable des voies et des voitures,
ces dernières ayant respectivement des capacités exprimées
par 1, 2 et 3, l'effet utile du même moteur sera également comme 1, 2 et 3, c'est-à-dire deux et trois fois
plus considérable dans les deux derniers cas que dans le
premier. Ceci s'applique principalement aux chevaux dont
le fardeau à l'intérieur des mines est rarement en relation
avec la force corporelle, et desquels on n'exige presque
jamais tout l'effort dont ils sont susceptibles.

Les pentes des galeries; la rectitude plus ou moins grande
des voies; l'état de la mine sous le rapport de l'aérage;
le poids des voitures qui, s'il est trop considérable, absorbe
en pure perte une notable partie de la force du moteur;
des essieux, plus ou moins bien lubréfiés, sont aussi des
causes fort influentes pour l'économie du transport.

Dans la comparaison des effets utiles produits par les
rouleurs, il importe d'examiner si ces derniers chargent
et déchargent eux-mêmes les vases de transport, opération
qui consomme une partie du temps d'autant plus grande
que les distances sont plus rapprochées. Il faut également
observer à qui incombent l'établissement et la réparation
des voies, c'est-à-dire, si des cantonniers spéciaux sont employés, ou si le personnel occupé au transport se charge
de ce travail.

Le tableau précédent démontre à l'évidence la supériorité

du roulage avec voies en fer sur le traînage, quel qu'en soit le moteur.

Dans les courtes distances, les hommes sont préférables aux chevaux, parce que, dans l'emploi de ces derniers, les difficultés de tourner dans un espace resserré, le temps perdu pour attendre que le chargement soit complet, pour l'attelage et le dételage aux deux extrémités du parcours, diminuent considérablement l'effet utile. Cependant, en certaines localités, les difficultés de se procurer des rouleurs, l'esprit peu docile et fort enclin à la rébellion de cette catégorie d'ouvriers, engagent fréquemment les exploitants, malgré les désavantages des courtes distances, à leur substituer les chevaux, dont les exigences ne sont jamais à craindre.

Quelle est la limite au-delà de laquelle les frais de traction par chevaux excèdent ceux des rouleurs? C'est ce qu'il est impossible de déterminer d'une manière générale. Ce calcul ne peut avoir lieu que pour chaque cas spécial, en comparant, à effet utile égal, le salaire des uns et la dépense très-variable des autres. Toutefois, cette limite est généralement regardée comme comprise entre 500 et 400 mètres.

Pour les grandes distances, les chevaux sont évidemment les moteurs les plus économiques. En outre, le transport s'effectuant plus rapidement, l'extraction est majorée.

Dans l'emploi des galeries navigables, les frais de traction sont très-minimes; mais ce mode, auquel peut être substitué le transport sur voies de fer à la surface, n'offre pas de supériorité sur ce dernier. Des dispositions locales particulières et des travaux préparatoires fort coûteux ont d'ailleurs empêché ce système de se propager.

VIIᵉ. SECTION.

EXTRACTION; ÉPUISEMENT.

958. *Emploi du treuil.*

Des observations relatives aux effets utiles obtenus, dans le district de Charleroi, par l'application des hommes aux treuils à engrenage, ont été recueillies par M. Godin, sous-ingénieur des mines à Liége.

DÉSIGNATION DES MINES.	NOMBRE DE MANOEU- VRES.	DURÉE DE LA JOURNÉE.	PROFON- DEUR DE L'EX- TRACTION.	CHARGE A ÉLEVER.	NOMBRE DE VASES.	EFFET UTILE D'UN OUVRIER.	
Charleroi.		heures.	mètres.	kilog.		K¹⁰⁰.	
Aiseau	2	10	50	45	180	2025	
Bois-du-Roi . .	4	11	41	120	170	2090	
Beaulet . . .	2	10	26	34	200	2184	a)
Appaumée. . .	5	8	12	130	400	1248	b)
Idem. . . .	5	8	12	260	335	2090	c)
Réunion du Nord.	4	9	40	80	100	800	
Soleilmont . .	1	9	15	100	72	1080	
Idem. . . .	1	9	28	75	44	924	d)
Bonne-Espérance.	5	10	35	100	150	1550	
Mal et Pichefel .	4	9	31	100	120	950	
Martinet . . .	5	11	35	150	120	2100	
Idem. . . .	2	10	44	60	102	1346	e)
Benne-sans-Fosse.	4	12	35	160	204	2056	
Idem. . . .	4	11	35	160	150	2100	f)
Idem. . . .	5	11	35	200	150	2000	
Trieu de la Motte	5	11	40	170	90	2040	
Idem. . . .	2	10	40	60	96	1152	g)
Huy, près de Liége							
La Baume. . .	4	12	70	90	80	1260	
Heymonet. . .	4	8	82	60	140	1722	
Burton. . . .	4	12	70	45	90	709	h)
Idem. . . .	4	12	50	45	160	900	

Observations. — *a*). Épuisement de l'eau. — *b*), Fonçage d'un puits. — *c*). Idem. Extraction d'eau et de sables aquifères. — *d*) *e*). Extraction peu active. — *f*). Travaux extraordinaires. — *g*). Extraction peu active. — *h*). Les femmes appliquées à des treuils simples étaient très-fatiguées.

Les dix-neuf premières observations donnent une moyenne de 1615 K^{100} pour l'effet utile d'un ouvrier travaillant pendant 9 3/4 heures.

Les expériences suivantes de M. le bergmeister Bœbert [1] donnent une moyenne de 1500 K^{100} ; elles se rapportent à une journée de huit heures.

DÉSIGNATION DES MINES.	NOMBRE DE MANOEUVRES	PROFONDEUR DE L'EXTRAC- TION.	CHARGE A ÉLEVER	NOMBRE DE VASES.	EFFET UTILE.
		Mètres.	Kilog.		K^{100}
Erzgebirge. Kurprinz Friederich	2	39.60	51.6	120	1226
Lobejün (Mausfeld) Glücklich verein. .	3	27.72	214.6	50	1485
Eisleben (Mausfeld) Zahenstœdter . . .	3	108.90	46.2	90	1509
Caroline	3	73.26	38.0	120	1114
Schaafbreiter . . .	4	104.94	103.2	65	1760
Gerhard	4	116.82	Id.	60	1808
District de Holzberg.	4	142.56	Id.	50	1838
Idem d'Ahlsdorf .	4	118.80	Id.	60	1839

[1] *Archiv von Karsten*, 2ᵉ. série, tome VI.

M. Navier avait fixé ce chiffre à 1728 K^{100} pour un travail de huit heures ; M. Gueniveau à 1550 ; M. Belidor à 1500. Aux mines de Blanzy, il est difficile d'obtenir 900 K^{100} pour une journée de huit heures (1).

Dépenses d'extraction.

Dans le second exemple, relatif à la mine du Bois-du-Roi, les frais d'extraction de 20.4 tonnes, ou 230 hectolitres, s'établissent comme suit :

Un accrocheur au puits occupé partiellement au transport intérieur. . . . . fr. 1.80
Quatre tireurs à fr. 1.50. . . . . » 6.00
Un brouetteur . . . . » 1.50
Une corde de 50 mètres de longueur et de 0.03 mètre de diamètre, pesant 62.5 kilog. à fr. 1.25, fr. 78.125; sa durée étant de 225 jours de travail, la dépense de chacun de ces derniers est de . . . . » 0.35
                                            —————
                                            fr. 9.65

Prix de revient : l'hectolitre pour toute la distance, fr. 0.0419. H^{100}, fr. 0.1023; T^{100}, fr. 1.1543.

959. *Emploi des machines à molettes.*

Les expériences suivantes, également dues à M. Godin, ont pour objet l'extraction de la houille ou de l'eau dans quelques mines du district de Charleroi (2).

---

(1) *Annales des Mines*, 1843, 4ᵉ. livraison, page 79.
(2) Depuis l'époque de ces observations (1844) la majeure partie des appareils à chevaux ont été remplacés par des machines à vapeur.

DÉSIGNATION DES MINES.	NOMBRE DE CHEVAUX	DURÉ DE LA JOURNÉE.	PROFON-DEUR DU PUITS.	CHARGE A ÉLEVER.	NOMBRE DE VASES.	EFFET UTILE.
		heures.	mètres.	kilog.		K¹⁰⁰.
Beaulet . . .	2	9	80	400	46	7360
Petit-Houilleur.	2	10	88	290	90	11484
Bois-du-Roi . .	3	11	100	580	70	13533
Amercœur . .	3	12	165	400	57	12321
Caillette . . .	1	10	56	350	50	7840
Falnuée . . .	1	7	18	500	90	8100
Mambourg . .	3	8	140	600	35	9300
Bois-des-Vallées	3	12	36	470	216	13416
Idem . . .	3	12	50	470	216	18533
La Hestre-Ste.-Hélène. . .	2	6	131	350	31	7106
Mariemont. Abel.	2	7	123	400	54	8364
Id. St.-François.	3	7	165	400	41	9020
Sacré-Madame .	3	6	132	600	28	7392
Sart-lez-Moulins	2	7	70	400	61	8540

La moyenne de l'effet utile d'un cheval travaillant 8.8 heures par jour est donc de 10200 K¹⁰⁰.

Les expériences de M. Bœbert viennent confirmer ce résultat. Elles se rapportent à l'extraction, par manéges à deux chevaux, de quelques puits du district d'Eisleben.

DÉSIGNATION DES MINES.	PROFONDEUR DE L'EX-TRACTION.	CHARGE A ÉLEVER.	NOMBRE DE VASES.	EFFET UTILE.
	mètres.	kilog.	»	K¹⁰⁰.
Schaafbreiter . . .	104.94	31.6	38	10288
Gerhard	116.82	id.	id.	11453
District de Holzberg .	142.56	id.	34	12495
Idem d'Ahlsdorf .	118.80	id.	56	11054

Ainsi, le travail utile du cheval excède constamment 10000 K^{100}. En outre, ces expériences, étant comparées à celles du second tableau, font voir que l'effet utile de l'homme appliqué à l'extraction s'élève à un sixième de celui du cheval.

Antérieurement M. Navier avait donné 11664 K^{100} pour une journée de huit heures. D'après M. Daubuisson l'effet utile de traction du cheval appliqué à une machine à molettes était compris entre 9900 et 11880 K^{100} pour le même espace de temps. Enfin, M. Hachette (*Traité des Machines*) avait trouvé 11230 K^{100} pour l'épuisement des eaux de maraicher à une profondeur de 32 mètres.

Dépenses d'un manége à deux chevaux.

L'extraction est de 210 hectolitres (18900 kilog.), d'une profondeur de 110 mètres, avec des vases contenant 3.5 hectolitres ou 315 kilog. de houille.

Effet utile d'un cheval, H^{100} 115.2 ; T^{100} 10.38.

Une corde de 144 mètres de longueur, pesant 302.4 kilog., coûte fr. 578 et dure 15 mois ou 375 jours . . . . . fr.	1.00
Une journée d'accrocheur au puits. . . . . »	1.80
Deux chevaux. . . . . »	4.00
Un chasseur de chevaux . . . . »	1.50
Deux receveurs de cuffat, brouetteurs . . . . »	5.00
	fr. 11.30

Prix de revient de l'hectolitre pour toute la hauteur, fr. 0.0538. H^{100}, fr. 0.0490 ; T^{100}, fr. 0.5443.

960. *Machines à vapeur. Travail utile.*

Le tableau suivant a pour but de faire connaître le poids du combustible consommé par les machines à vapeur d'extraction relativement aux effets utiles obtenus. La dernière colonne contient le travail d'un kilog. de houille, c'est-à-dire le nombre de kilogrammes élevés à 100 mètres (K^{100}). La charge des vases, objet de la 3e colonne, est quelquefois exprimée par deux valeurs ; cette circonstance est relative aux appareils opérant simultanément l'extraction de l'eau et de la houille.

Travail utile dérivant de la combustion d'un kil. de houille (1).

Nº D'ORDRE.	DÉSIGNATION DES MINES.	PROFON-DEUR DES PUITS.	QUOTITÉ EX-TRAITE.	CHARGE DES VASES.	HOUILLE BRÛLÉE.	EFFET UTILE.
		mètres.	tonnes.	kilog.	kilog.	K^{100}.
	Charleroi.					
1	Courcelles-Nord nº 1.	151	150.120	1000	1266	154
2	Id. nº 3.	140	195.490	1000 et 700	1715	160
3	Chauwe-à-Roc . .	518	91.507	900 et 650	2041	142
4	Ste.-Suzanne. . .	150	148.480	600	1650	155
5	Gouffre nº 3. . .	265	125.000	700 et 760	2000	165
	Centre du Hainaut.					
6	Bascoup nº 1 . .	172	47.200	400	580	215
7	Id. nº 2 . .	227	55.200	400	500	250
8	Mariemont, l'Etoile.	200	81.200	700	1000	162
9	Id. Ste.-Cécile.	212	51.735	400	800	157
10	Carnière	225	97.000	760 et 400	1098	200
	Huy.					
11	Val-Notre-Dame .	112	555.000	450 et 900	2800	215
	Liége.					
12	Bonne-Fortune . .	350	81.000	900	1000	285
13	Bonier.	505	100.000	1000	1500	205
14	Batterie	170	67.500	500	900	127

Moyenne, 180.

(1) Observations recueillies par M. GODIN.

Ainsi, la moyenne de ces observations prolongées pendant un, deux et même trois mois, est de 180 K^{100} et peut s'élever à 283.

M. Tredgold regarde 210 comme un maximum. D'après les expériences de M. Combes, faites antérieurement à 1824, les machines des mines de Valenciennes, alimentées d'une houille de qualité inférieure, produisent de 210 à 220 K^{100}, mais un combustible meilleur lui a fait obtenir 310 et 320. Enfin, M. Burat (1) indique, pour les machines à vapeur à haute pression et sans condensation, 30 et 45 dynamodes, soit 300 et 450 K^{100}.

La cause de ces variations réside non-seulement dans l'état des machines observées et dans les conditions plus ou moins exceptionnelles de leur emploi ; mais encore dans l'irrégularité de leur marche et la fréquence des interruptions ; dans la qualité plus ou moins énergique de la houille brûlée, et, enfin, dans l'inconstance des efforts réclamés de l'appareil, qui tantôt n'extrait que de la houille et de l'eau, tantôt doit élever, en outre, des matières stériles ou pourvoir à l'introduction des ouvriers et à leur sortie. Or, si cette première série de travaux est d'une évaluation facile, il n'en est pas de même de la seconde, qui, nécessairement, n'est pas comprise dans les résultats du tableau. Toutefois, ces derniers ont un caractère d'utilité, puisqu'ils permettent à l'exploitant d'apprécier approximativement la quotité de houille que doit absorber un appareil donné, et de se livrer à la recherche des causes d'une consommation anormale. En effet, si A exprime le poids de l'extraction journalière et H la profondeur du puits, il suffit de poser

$$x = \frac{A \cdot H}{100 \times 180} = \frac{A \cdot H}{18000}$$ pour obtenir la valeur du

combustible réclamé par le moteur.

(1) *Géologie appliquée*, page 427.

961. Consommation annuelle des appareils à vapeur.

Machine de la force de 50 chevaux.

Huile épurée (Éclairage	205	kil.			
de colza. (Lubréfaction des organes	102	»	à fr. 0.85	fr.	260.95
Huile dite de pied-de-bœuf . . .	27	»	à » 0.75	»	20.25
Suif	36	»	à » 1.10	»	39.60
Graisse noire pour engrenages . .	43.5	»	à » 0.90	»	39.15
Savon	9.75	»	à » 0.48	»	4.68
Chanvre	19.75	»	à » 1.20	»	23.70
Étoupes	79	»	à » 0.70	»	55.30
Cordages et tresses	22	»	à » 0.85	»	18.70
Minium.	21	»	à » 0.80	»	16.80
				fr.	479.13

L'année contenant 300 jours de travail, le coût de l'appareil pour chaque jour est de fr. 1.60.

Machine d'extraction d'une force nominale de 20 chevaux.

Huile d'éclairage. kilog. 66. }		110 kil. à fr. 0.85	fr.	93.50
Id. pour lubréfier les organes. 44. }				
Suif. . . . 15 kilog. à fr. 1.10.	»	16.50
Savon . . . 5.75 » à » 0.48.	»	2.76
Chanvre . . 18.5 » à » 1.20.	»	22.20
Étoupes . . 36 » à » 0.70.	»	25.20
Minium . . 8 » à » 0.80.	»	6.40
Graisse noire pour engrenages , 38 kilog. à fr. 0.90. . .	»	34.20
Huile de pied-de-bœuf. . . 16 » à fr. 0.75. . .	»	12.00
Soit, par jour de travail, fr. 0.729.		fr.	212.76

Machine d'épuisement.

Appareil à traction directe d'une force effective de 170 chevaux. Consommation pendant le cours d'une année :

Huile de colza. (Éclairage ,	222	kilog. à fr. 0.80.	. fr.	177.60
(Graissage ,	22	Id. à » » . .	»	17.60
Graisse noire , 209.5 kilog. à fr. 0.90		»	118.55
		A reporter ,	fr.	313.75

			Report , fr. 513.75
Suif	99.5	à fr. 1.10	. . . » 109.45
Savon	9	à » 0.48	. . . » 4.32
Chanvre	69	à » 1.20	. . . » 82.80
Étoupes.	64.5	à » 0.70	. . . » 45.15
Minium pour mastic. . . .	13	à » 0.80	. . . » 10.40

fr. 565.87

La machine ayant travaillé constamment, la dépense
s'est élevée par jour à fr. 1.55.

962. *Dépenses de l'extraction par machines à vapeur.*

Appareil à cylindre horizontal.

Cet appareil, de la force de six chevaux, extrait en
huit heures, d'une profondeur de 125 mètres, 130 tonnes
contenant 4 hectolitres ou, en poids, 360 kilog.; elle
réclame par jour :

Un accrocheur au puits.	fr. 1.80
Deux receveurs et brouetteurs	» 5.00
Un machiniste.	» 2.20
Un chauffeur	» 1.50
5 hectolitres de houille menue à fr. 0.40.	» 2.00
Huile, étoupes, graisse, etc.	» 1.15
Cordes, 175 kil. valant fr. 218.75; durée, 500 jours .	» 0.72

fr. 12.37

Prix de l'hectolitre pour toute la hauteur, fr. 0.0238.

H^{100}, fr. 0.01903. T^{100}. fr. 0.2114.

Grand-Hornu. Puits n°. 6.

Les produits sont extraits à l'aide de cuffats et d'une machine de la force de 60 chevaux. Ils proviennent de deux
chambres d'accrochage situées à 314 et 350 mètres de profondeur, s'élèvent à 13 1/2 douzaines de cuffats, soit 5200
hectolitres par jour, et donnent lieu aux dépenses suivantes :

A l'intérieur.

4 chargeurs au cuffat (*envoyeurs*), payés à raison de
fr. 0.90 la douzaine de cuffats . . . . fr. 12.00
Un jambot de poli (il nettoie la chambre d'accrochage). » 0.75
2 accrocheurs de chariots (enfants de 10 à 13 ans) . . » 1.60

Au jour.

2 *moulineuses* (elles recueillent les cuffats). . . . . » 2.00
10 *cliqueuses* (elles repoussent la houille sur les cribles),
à fr. 0.90 . . . . » 9.00
Un conducteur de grues, pour renverser les cuffats . . » 0.90
Un machiniste . . . . » 2.30
Un chauffeur (*tiseur*) . . . . » 1.80

Consommations.

Huile d'éclairage . . . . » 0.64
Houille, 57 hectolitres à 0.40 . . . . » 22.80
Huile, chanvre, étoupes, etc. . . . . » 2.14
Cordes durant, en moyenne, 500 jours, et valant fr. 6500;
dépense par jour. . . . . » 15.00
                                                  ───────
                                                  fr. 68.93

Coût de l'hectolitre . . . . fr. 0.0215

Mine du Bois-de-Boussu.

Dépense résultant de l'extraction de 2000 hectolitres
(par cuffat de 16 1/2 hectolitres), y compris le criblage et
le chargement des wagons de transport extérieur.

Main-d'œuvre.

Un chef de place à fr. 2.50. . . . . fr. 2.50
Deux gardes à fr. 1.25 . . . . » 2.50
Un machiniste . . . . » 2.50
Un chauffeur (*tiseur*) . . . . » 1.50
Six *moulineuses* pour recevoir le cuffat . . . . . » 6.60
Quatre *tourneurs* ou mesureurs de charbon . . . . . » 8.00
Un *dégaïlleteur*, pour retirer les gros blocs . . . . » 0.60
Six ramasseurs de pierres à 0.60 . . . . » 3.60
Un porteur de grosse houille . . . . » 1 00
                                          A reporter, fr. 28.80

Report , fr. 28.80

Un bordeur de wagons. . . . . » 1.20
Un graisseur de wagons , porteur de bois. . . . . » 1.25
Chargeurs au cuffat à fr. 0.85 la douzaine de cuffats de
16 1/2 hectolitres ou à fr. 0.42 les cent hectolitres . . » 8.40

Consommations.

Houilles , 40 hectolitres de fines à fr. 0.50. . . . . . » 20
Huile de pied-de-bœuf , 0.5 kilog. à fr. 1.20. . . . . » 0.60
Graisse de wagons et de machine , 2 kilog à fr. 0.17. » 0.34
Usure des cordes payée à forfait à raison de fr. 0.80 la
douzaine de cuffats à 221 mètres de profondeur , 10 1/10
douzaines à fr. 0.80. . . . . » 8.08
Idem des cuffats en fer , quatre vases pesant 2200 kil. à
fr. 48 p. c. , 1056 fr. pour 280 jours de travail , pour un jour. » 3.80

fr. 72.47

Soit, pour cent hectolitres, fr. 3.123.

La Nouvelle-Haye, près de Liége.

L'extraction à l'aide de cages contenant deux berlaines
de 6 2/3 hectolitres et les travaux accessoires destinés à
mettre les houilles en magasin, donnent lieu aux dépenses
suivantes :

Main-d'œuvre.

Deux accrocheurs au bure, à fr. 2.30 . . . . . . fr. 4.60
Deux receveurs au jour (*Rascoyeux*) à fr. 1.90 . . . . » 3.80
Un cheval pour transporter les produits sur la halde . . » 2.50
Un conducteur . . . . » 1.50
Un homme à fr. 1.90 et 5 femmes à fr. 1 culbutent les
vases et mettent la houille en tas . . . . » 6.90
Deux chefs-ouvriers (*maculaires*) entassent les gros blocs » 4.00
Séparation mécanique des schistes , 2 ouvriers à fr. 1.70 . » 3.40
Nettoyeurs de charbon , 15 petites filles à fr. 0.60 . . . » 9.00
Machinistes, deux à fr. 2.335 . . . . » 4.67
Un chauffeur à fr. 1.83 . . . . » 1.83

Consommations.

Huile et graisse. . . . . fr. 1.48
Objets divers. . . . . » 0.14
Houille , 58 hectolitres à fr. 0.40 . . . . » 23.20

fr. 67.02

L'extraction journalière étant de 1080 hectolitres, chacun de ceux-ci revient à fr. 0.067.

Les travaux intérieurs fournissent 240 hectolitres de schistes (36 berlaines), qui, ne trouvant pas à se loger, doivent être tirés au jour et conduits à destination.

963. *Travail des hommes, des chevaux et des machines à vapeur sous le rapport économique.*

Application des hommes au treuil.

L'extraction en dix heures de 30 tonnes (334 hectolitres) de houille d'une profondeur de 70 mètres exige un effet utile de 21000 K^{100}, c'est-à-dire l'application au treuil de 13 manœuvres capables de développer individuellement un effort de 1615 K^{100}.

13 manœuvres à fr. 1.50, travaillant une année ou
300 jours . . . . fr. 5850.00
Usure des cordes dans le même laps de temps . . . » 156.25

fr. 6006.25

Machines à chevaux.

L'emploi d'un manége entraine les dépenses suivantes :

Entretien, amortissement et chances de mortalité de deux
chevaux pendant 365 jours . . . . fr. 1825.00
Un conducteur-palefrenier à fr. 2. . . . . » 730.00
Pour les cordes. . . . . » 273.00

fr. 2828.00

L'extraction, étant portée à 40 tonnes (445 hectolitres), exigerait, d'une part :

14 manœuvres, dont le coût annuel est de . . . . fr. 7650.00

D'autre part :

3 chevaux, à fr. 2.50, pendant 365 jours . . . . fr. 2737.50
Un palefrenier à fr. 2 . . . . » 730.00

fr. 3467.50

Si l'extraction n'a pour objet que de faibles quantités de houille, ou les déblais peu abondants du fonçage d'un puits; si, d'ailleurs, la profondeur est peu considérable, le treuil est aussi avantageux que la machine à molettes; mais, dès que le volume de la matière à élever devient notable, dès que la profondeur dépasse 40 ou 50 mètres, les chevaux prennent un grand avantage. Il existe toutefois pour ces derniers une limite (environ 100 mètres) au-delà de laquelle l'effet utile diminuant sensiblement, leur action doit être remplacée par celle de la vapeur.

Chevaux.

Ainsi, par exemple, l'extraction de 60 tonnes (667 hectolitres) de houille d'une profondeur de 100 mètres peut donner lieu à l'emploi d'un manége auquel seraient appliqués six chevaux divisés en deux postes de 8 heures.

Frais de premier établissement.

Achat et montage d'une machine à molettes . . . . . fr. 2000.00
Six chevaux vieux ou aveugles à 200 fr. . . . . . . » 1200.00

fr. 3200.00

Entretien annuel et amortissement des chevaux.

Six chevaux à fr. 2.50 par jour . . . . fr. 5475.00
Deux conducteurs-palefreniers à fr. 2.00 pour 375 jours. » 1460.00
Dépense en cordes d'extraction . . . . » 351.75

fr. 7286.75

Machines à vapeur.

Le même travail sera effectué en 12 heures par une machine de la force de six chevaux-vapeur, dont la dépense sera :

8 hectolitres menu charbon à fr. 0.40 . . . . fr. 3.20
Un machiniste . . . . » 2.20
Un chauffeur . . . . » 1.50
Entretien de l'appareil . . . . » 1.00

fr. 7.90

Ce qui fait pour 300 jours de travail. . . . . . . fr. 2370.00
Cordes usées dans le même temps. . . . . » 351.75
fr. 2721.75

La différence entre le coût annuel des deux appareils suffit au remboursement complet de la machine à vapeur en moins de deux ans. En outre, l'exploitant consommera les charbons de rebus, au lieu d'acheter le foin, l'avoine, la paille, etc. Il n'aura plus à entretenir des chevaux, dont le travail est limité et qui, du reste, sont exposés à une foule d'accidents et de maladies.

964. Coût de l'épuisement d'un mètre cube d'eau.

Les deux appareils d'épuisement mis en parallèle sont :
1° Une vieille machine de Newcomen, dont le piston a un diamètre de 2.406 mètres, une course de 2.40 mètres et donne de 7 à 9 coups par minute. Elle fait fonctionner onze pompes exclusivement soulevantes et prend les eaux à une profondeur de 320 mètres au moyen de tuyaux de 0.27 mètre de diamètre.
2° Une machine de Watt de construction plus récente. Le piston, travaillant dans un cylindre de 2.15 mètres de diamètre, fournit 5 à 5 1/2 excursions complètes avec une course de 3.06 mètres. Ce moteur met en jeu dix pompes à pistons plongeurs, dont les tuyaux ascendants ont 0.36 mètre de diamètre et vont chercher l'eau à une profondeur de 400 mètres.

TRAVAUX ET CONSOMMATION.	MACHINE DE NEWCOMEN. DÉPENSE		MACHINE DE WATT. DÉPENSE	
	ANNUELLE.	PAR M³.	ANNUELLE.	PAR M³.
	Fr.	Fr.	Fr.	Fr.
Main-d'œuvre. . .	7515.00	0.0331	15274.00	0.0371
Combustible . . .	15578.00	0.0705	18520.75	0.0517
Huile et graisse . .	257.50	0.0012	1521.00	0.0042
Fers.	198.40	0.0009	1517.50	0.0042
Bois	419.50	0.0019	1571.40	0.0044
Objets divers . . .	1115.00	0.0050	2985.20	0.0084
Fournitures des ateliers	426.50	0.0019	960.50	0.0027
Transport par chevaux	1401.10	0.0064	1070.70	0.0030
Total de la dépense.	26708.80	0.1210	41420.85	0.1157

Pour comparer ces résultats, il suffit de ramener le coût d'un mètre cube d'eau à une profondeur uniforme pour les deux appareils, en choisissant, par exemple, 520 mètres, hauteur de l'élévation du premier d'entre eux. Il en résulte pour la dépense du premier fr. 0.1210 et pour celle du second fr. 0.0925, c'est-à-dire une différence d'environ un quart.

VIIIᵉ. SECTION.

FRAIS GÉNÉRAUX ; PRIX DE REVIENT ; VENTE.

965. *Administration , direction et surveillance.*

Il ne reste plus qu'à analyser les dépenses relatives à ces objets et les redevances dues à l'État ou au possesseur du sol, puisqu'il suffit de signaler, sans se livrer à aucun développement, les autres frais provenant des locations ou des acquisitions de terrains , des procès , des actes notariés , des escomptes et des remises accordés aux acheteurs, de l'intérêt des capitaux , des caisses de secours et de prévoyance, etc.

En Belgique , le personnel de l'administration d'une mine de houille est fréquemment composé :

D'un conseil d'administration , dont les cinq membres reçoivent, comme indemnité de déplacement et de perte de temps , un jeton de présence ou un tantième sur les bénéfices ;

D'un directeur-gérant chargé de la surveillance générale sur tous les employés. La vente des charbons, la correspondance , la poursuite des procès et les transactions extérieures sont dans ses attributions. Seul il est en rapport avec le conseil d'administration , dont il reçoit les ordres immédiats. Ses honoraires consistent en une somme fixe, plus un tantième pour cent sur les bénéfices nets de l'exploitation ;

D'un ingénieur ou d'un conducteur des travaux , auquel

est confiée la direction de la partie technique de l'exploitation. Ses honoraires, moins élevés que ceux du directeur-gérant, sont déterminés de la même manière.

Les bureaux comprennent un agent-comptable faisant fonction de caissier, un teneur de livres et un nombre de copistes en rapport avec le travail exigé.

Un géomètre-dessinateur dresse les plans de l'intérieur et de la surface.

Un ou deux receveurs, suivant la disposition des magasins de houille, perçoivent le prix des ventes locales, et, à jour fixe, en déposent le montant au bureau central.

Un magasinier tient la note des entrées et des sorties et fait les acquisitions de bois, de fourrages, etc. Un aide-magasinier surveille les garçons de magasin et délivre les matériaux.

Enfin, le personnel comprend quelquefois un contrôleur, dont les fonctions consistent à surveiller les agents préposés à la vente, à s'assurer de l'inscription immédiate de la houille vendue et à vérifier les poids, les mesures ou les dimensions et les qualités des matériaux achetés par le magasinier.

Ce nombreux personnel est exigé pour certaines mines constituées d'une manière grandiose. Mais un grand nombre d'établissements houillers sont plus modestes, car deux ou plusieurs de ces fonctions sont réunies entre les mains d'un même individu. Ainsi, souvent une seule personne est en même temps directeur-gérant, ingénieur et quelquefois même dessinateur-géomètre ; le teneur de livres fait les copies ; un seul magasinier suffit, et les fonctions de contrôleur sont réparties entre le directeur et les divers receveurs.

En France et dans les parties de l'Allemagne régies par le Code civil français, les mines sont administrées et dirigées de la même manière.

En Silésie, en Westphalie et dans tous les districts situés à l'est du Rhin, la direction des mines est concentrée entre les mains d'administrations dont les employés sont nommés par le gouvernement. A la tête de chaque division se trouve un directeur-général (*Bergamt-director*); il est assisté de plusieurs ingénieurs (*Bergmeister*), dont les fonctions varient, l'un s'occupant exclusivement de la partie judiciaire, un autre de la construction des machines, et d'autres, enfin, étant plus particulièrement préposés à l'aménagement de la richesse minérale et à la direction des travaux souterrains. Vingt ou vingt-cinq puits, suivant leur importance, sont réunis sous la surveillance d'un directeur des travaux (*Berggeschworen* ou *Obersteiger*); celui-ci communique directement ses instructions au conducteur des travaux (*Steiger*) placé par l'administration à chaque siége d'exploitation.

Les bureaux du bergamt comprennent des teneurs de livres, des caissiers, des contrôleurs, des géomètres pour le lever des plans intérieurs, des dessinateurs et, enfin, des employés spéciaux (*Schicht-meister*), chargés de marquer les journées des ouvriers attachés aux mines.

Les honoraires de ce personnel dirigeant sont payés par les exploitants au moyen de certaines redevances dont il sera fait mention ultérieurement.

La direction des mines du nord de l'Angleterre est confiée à des inspecteurs en chef (*Head viewers*), hommes ordinairement très-capables par leurs connaissances théoriques et pratiques. Comme leur surveillance s'exerce simultanément sur plusieurs mines, ils doivent se transporter successivement dans chacune de celles qui leur sont confiées. En leur absence, ils sont remplacés par des sous-inspecteurs (*Under viewers*), qui exécutent les ordres des viewers, visitent les travaux et déterminent le salaire des ouvriers. Dans les mines de quelque importance, se trouvent ordinairement deux sous-inspecteurs, dont l'un s'occupe exclusivement des travaux souterrains, tandis que l'autre a sous sa surveillance les machines, les chemins de fer, les bâtiments et toutes les opérations du jour.

Les bureaux sont composés, comme partout ailleurs, de teneurs de livres, de copistes, de dessinateurs, etc., en nombre proportionné à l'étendue et à l'importance des travaux.

966. *Redevances dues à l'État et au possesseur de la surface du sol.*

Le *droit régalien* attribue à l'État (1) la propriété exclusive des richesses minérales renfermées dans le sein de la terre. Dans les pays où cette législation est en vigueur, le souverain, seul propriétaire et seigneur des mines, transmet son droit aux exploitants moyennant une redevance de laquelle le possesseur de la surface est complètement exclu ; car il ne peut revendiquer que les indemnités relatives aux dommages causés par l'exploitation. C'est dans ce sens que le droit allemand est rigoureusement interprété dans toutes les mines situées à l'est du Rhin.

En Angleterre, au contraire, excepté les mines d'étain du Cornwall et celles de plomb du Derbyshire, le droit régalien étant inconnu, les mines appartiennent au propriétaire du sol ; celui-ci les exploite sans permission, les afferme, les vend, en use et en abuse comme de toute autre propriété.

L'examen de ces deux modes extrêmes démontre à l'évidence que le dernier n'est pas plus dans l'intérêt de

—————————————

(1) Quelquefois ces droits sont inhérents à certaines seigneuries.

la conservation et du sage aménagement de la richesse minérale , que dans celui de l'exploitant ; car le possesseur de la surface n'a égard , dans ces circonstances, qu'à son propre avantage, tandis que le but du souverain, en Allemagne , est la conciliation des intérêts généraux et de chaque individu en particulier. Un tel état de choses n'aurait pu se maintenir en Angleterre sans réduire les mines à l'état le plus languissant , si les trésors souterrains n'eussent été pour ainsi dire inépuisables ; si le développement de l'industrie et du commerce n'avait donné une grande valeur aux produits des mines de houille , et, surtout, si la propriété des terres eût été divisée ; car une grande surface doit se trouver concentrée dans les mêmes mains pour qu'il soit possible d'exploiter d'une manière avantageuse sous l'empire de semblables coutumes.

Pendant longtemps le droit régalien a été en usage en France. La province de Hainaut (Belgique) y était également soumise ; le prince ou les seigneurs hauts-justiciers délivraient des permissions d'exploiter moyennant une redevance (*entrecens*). Il en était de même dans les provinces rhénanes ; mais, dans le pays de Liége, la propriété du sol entraînait celle de la mine. Ce droit pouvait être loué moyennant une indemnité appelée *droit de terrage* ; il pouvait également être aliéné ; alors la propriété du sol était séparée de celle du dessous.

Telles étaient les coutumes locales lorsque la loi de 1810, applicable à la France , à la Belgique et aux provinces rhénanes , est venue établir un état intermédiaire entre le système allemand et le système anglais. En effet, quoique la loi régalienne soit déclarée en vigueur dans ces localités, le législateur reconnaît cependant aux possesseurs de la surface des droits sur les mines concédées ; mais, ne les définissant pas, il livre à l'arbitraire cette importante appréciation, en déclarant qu'ils seront réglés par l'acte de concession. Ce manque de franchise dans la loi, qui a eu plusieurs fois des conséquences fâcheuses, vient de ce que le législateur a été forcé d'adopter deux principes contraires, en attribuant à l'État la propriété des mines, sans vouloir se mettre en opposition trop flagrante avec l'article 552 du Code civil, promulgué antérieurement et en vertu duquel « la propriété du sol emporte la propriété du dessous. »

967. *Redevances auxquelles sont soumises les mines régies par la loi française du* 21 *avril* 1810.

Par cette loi, l'État se réserve la surveillance des mines et impose aux exploitants deux redevances à son profit :

1°. Une redevance fixe de fr. 10 par kilomètre carré. Cet impôt semble avoir pour but de limiter la trop grande étendue des concessions et de grever le mode défectueux de concessions par couches.

2°. Une redevance proportionnée aux bénéfices nets de l'exploitation. La quotité en est déterminée par le budget de l'État (1); mais elle ne peut s'élever au-dessus de 5 p. c. du produit net imposable.

3°. Un décime pour franc, formant un fonds de non-valeur destiné à venir au secours des exploitants victimes de pertes ou d'accidents. L'emploi de cette partie de la redevance a changé d'objet en France et en Belgique ; mais il a été maintenu en Allemagne.

L'assiette de la redevance proportionnelle n'est indiquée d'une manière assez claire, ni dans la loi elle-même, ni dans les décrets et instructions postérieurs, pour qu'il

_____

(1) Le taux se réduit, en Belgique, à 2 1/2 p. c., plus 10 centimes additionnels.

n'y ait pas eu fréquemment et qu'il n'y ait pas encore
matière à contestation. En effet, tout repose sur la manière de comprendre l'expression *produit net imposable;*
car celle-ci, n'étant pas définie, peut s'appliquer aussi bien
aux bénéfices réels qu'à la somme résultant de la différe-
rence entre la valeur vénale des produits bruts et les
frais d'extraction, sans tenir compte des dépenses de premier établissement, telles que : creusement de puits, de
galeries à travers bancs, installations de machines, travaux
de recherches, etc.

Le dernier de ces systèmes se trouve actuellement presque
partout en vigueur, quoique les exploitants aient eu plusieurs fois l'occasion de prouver que souvent des mines
sans bénéfices, et même des mines en perte, pouvaient être
astreintes à payer la redevance proportionnelle.

Dans la fixation de la redevance due aux possesseurs
de la surface, la loi de 1810 réserve à ces derniers
tous leurs droits acquis quant aux concessions accordées,
et décide, en outre, que, pour les concessions futures,
ils recevront en nature une indemnité proportionnée aux
produits de l'exploitation. Dans la province de Liége, où
cette redevance était autrefois portée au 100e. et au 80e.
du produit brut, elle se réduit actuellement à une certaine somme payée successivement aux divers possesseurs
du sol, à mesure que les travaux se portent en-dessous
des diverses propriétés, ou à une rente annuelle exigible
pendant toute la durée de la mine et qui s'élève de
fr. 0.42 à fr. 1.06 (20 à 50 cents des Pays-Bas) par
hectare.

Dans la province de Hainaut, les seigneurs hauts-justiciers ayant la plupart du temps aliéné leurs droits aux
exploitants, ceux-ci ne sont tenus à aucune redevance
envers les propriétaires de la surface.

Le gouvernement français, quant au département de la Loire, a été beaucoup plus large envers les possesseurs du sol qu'on ne l'a été en Belgique et dans la Prusse-Rhénane. Voici, par exemple, les taux des indemnités payées à ces derniers par les concessionnaires des mines de Firminy et qui s'appliquent à presque toutes les exploitations du bassin.

PROFONDEURS.	PUISSANCE DES COUCHES.			
	2 mèt. et au-dessus.	2 à 1 m.	1 à 0.50.	au-dessous de 0.50.
A ciel ouvert. . .	1/4	1/6	1/8	1/16
Jusqu'à 50 mètres.	1/6	1/9	1/12	1/24
de 50 à 100. .	1/8	1/12	1/16	1/32
100 » 150. .	1/10	1/15	1/20	1/40
150 » 200. .	1/12	1/18	1/24	1/48
200 » 250. .	1/14	1 21	1/28	1/56
250 » 500. .	1/18	1/24	1/32	1/64
au-delà de 500. .	1/20	1/30	1/40	1/80

(PAR PUITS.)

La redevance est réduite de 1/3 lorsque l'exploitation a lieu par remblais, pourvu que ceux-ci occupent 1/8 de l'espace excavé. Elle doit être livrée en nature ou en argent, suivant la volonté des propriétaires; mais, une fois qu'ils ont déclaré comment ils voulaient la percevoir, ils ne peuvent changer le mode tant qu'il s'agit de la couche en exploitation au moment de la déclaration.

En général, le taux de cette prétendue indemnité est comprise entre 1/8 et 1/10 du produit brut pour Saint-Étienne et s'élève de 1/10 à 1/14 pour Rive-de-Gier. Les conventions antérieures à la promulgation de la loi ont été respectées; les redevances sont alors de 1/6 et dépassent quelquefois ce chiffre.

Cette dérogation à la loi de 1810, qui cependant con-
sacre le droit régalien, cette faiblesse du gouvernement
envers les propriétaires du sol, ont eu les résultats les plus
déplorables, car, de 1824 à 1844 (1), l'extraction ayant
été de 18,300,000 tonnes métriques, la part des tréfonciers s'est élevée à 1,521,000 tonnes, ils ont réalisé
au prix moyen de vente, fr. 7.40, un bénéfice de
fr. 11,254,600, lorsque les exploitants éprouvaient des
pertes considérables. En 1841, des 5,104,800 tonnes
extraites, 481,800 ont été vendues avec un bénéfice de
fr. 390,000 (ou fr. 0.87 par tonne) et 623,000 avec
une perte de fr. 850,000 (fr. 1.30 par tonne). Cependant les possesseurs du sol ont reçu leur cote-part, quoique
n'ayant fait aucune avance de fonds et n'ayant été exposés
à aucune chance de perte. Ils ont ainsi grandement con-
tribué à la ruine des exploitants.

Les mines prussiennes situées sur la rive gauche du
Rhin sont également sous l'empire de la loi de 1810.
L'article 36, concernant le décime pour franc destiné à
former un fonds de secours, a été maintenu.

En tenant compte de ce dixième additionnel, il se trouve
que l'impôt est, en moyenne, de 5 à 5 1/2 pour cent du
produit net imposable et la redevance fixe de 11 francs
par kilomètre carré.

Le gouvernement prussien a établi par ordonnances
quelques impôts accessoires, dont ne parle pas la loi
de 1810, tels que des taxes de perception fixées à 5 p. c.
du produit de l'impôt et une indemnité en faveur des
géomètres. Ces dispositions portent définitivement la redevance proportionnelle à 5.77 pour cent du produit net et
la redevance fixe à fr. 11.42 par kilomètre carré.

(1) *De la Houille*, par M. Amédée Burat, page 415.

Quant à l'indemnité accordée aux tréfonciers par l'acte
de concession, elle est de fr. 0.03 à 0.06 par hectare et
quelquefois de fr. 0.125 à 0.75. Comme, dans ces districts,
la propriété est fort divisée, les sommes sont la plupart
du temps si minimes qu'elles ne peuvent être perçues.

Ainsi la mine dite *Centrum*, à Eschweiler, quoique
occupant une grande surface, n'effectue qu'un seul paiement
de cette espèce à l'un des possesseurs du sol, auquel elle
compte annuellement la modique somme de fr. 3.75.

968. *Impôt sur les mines situées à l'est du Rhin.*

Le droit régalien y étant en usage dans toute sa rigueur,
les redevances des mines se paient au souverain seul.
Celles-ci sont de différentes espèces :

1°. La dîme (*Zehnte*), ou la dixième partie du *produit
brut*, c'est-à-dire de la recette provenant de la vente de
la houille, est considérée comme une quote-part de la
jouissance de la mine cédée par le souverain au concés-
sionnaire. Elle est pour l'État une source de revenus considérables. En 1847, le seul district d'Essen et de Werden,
ayant produit 6,270,000 hectolitres, a payé de ce chef
fr. 631,826, ou fr. 0.1007 par hectolitre de houille extraite.

Cet état de choses a été gravement modifié dans le
royaume de Prusse par une disposition de la loi du 12 mai
1851, qui transforme le dixième en un vingtième, c'est-
à-dire réduit l'impôt de moitié. Mais un accroissement très-
notable dans la quotité de l'extraction et dans les prix de
vente tend à ramener les choses dans leur état primitif.

Comme les remises, les crédits et d'autres détails, en
faisant varier les prix de vente, base essentielle de cette
redevance, créaient de la confusion et des difficultés d'ap-

préciation, les gouvernements d'Allemagne n'ont trouvé
d'autre moyen, pour opérer d'une manière équitable, que
de faire établir par les administrations des mines la valeur
vénale des houilles et de publier annuellement des tableaux
contenant la taxe des prix pour chaque mine et chaque
qualité. Tout exploitant qui veut contracter un marché à
un prix inférieur à celui qui a été fixé pour l'année doit
obtenir une autorisation spéciale sans laquelle il ne peut
lui être tenu compte de cette réduction dans l'appréciation
de la recette.

Autrefois, dans les districts de la Ruhr, on regardait
cette taxe comme offrant l'avantage de protéger le consommateur contre les exigences des exploitants et de placer
les diverses mines dans des conditions identiques, en com-
pensant, par une réduction de prix, l'état d'infériorité de
certains établissements défavorablement situés sous le
rapport des débouchés. Tant que les mines ont été en
petit nombre et que leurs produits se sont écoulés par les
mêmes voies, cette nivellation a été praticable ; mais depuis
l'établissement de nombreuses routes, de chemins de fer
et autres voies de communication, il n'a plus été possible
de coordonner ces divers éléments avec quelque exactitude,
et les administrations ont dû négocier avec les exploitants
pour fixer la taxe annuelle, en cherchant, autant que
possible, à concilier les divers intérêts opposés.

En Silésie, la redevance s'applique à la totalité de la recette ; en Westphalie, le vingtième frappe l'excès du produit
brut sur deux autres taxes indiquées ultérieurement.

2°. Les parts franches (*Freikuxgeld*) ont été longtemps
perçues dans les districts de la Ruhr. Elles avaient autrefois pour objet une part des bénéfices ; mais une ordonnance de 1786 les a converties en une redevance fixe de
fr. 1.03 par cent hectolitres (2 2/9 pfennige par tonne de

Prusse) de charbon extrait. Cette taxe a été abolie par la loi de 1831.

3°. La redevance fixe (*Recessgeld*), par le paiment de laquelle l'exploitant déclare rester en possession de la mine et s'opposer à ce que cette dernière redevienne domaine de l'Etat. Cet impôt peut être assimilé à celui de même nom qu'institua la loi française de 1810 ; il doit être acquitté trimestriellement, que la mine soit en activité ou en état de chômage. Si l'exploitant reste une année sans le payer, il peut être dépossédé en vertu d'une simple ordonnance de l'administration des mines (*Bergamt*). Il se rapporte à l'unité de surface et s'élève trimestriellement à environ fr. 2-73 par hectare (7 silbergros 6 pfennige par *fundgrube*). Quant aux galeries d'exploitation, elles sont grevées d'une rente de fr. 1.878 par trimestre ou de fr. 7.51 par année.

4°. Redevance trimestrielle (*Quatembergeld*). En Silésie, cet impôt se paie tous les trois mois, comme suit :

Pour chaque puits d'extraction :

a. D'une mine en bénéfice. . . . . . fr. 24.375

b. D'une mine où les pertes et les bénéfices se balancent . . . . » 16.25

c. D'une mine en perte où l'extraction est notable . . . . » 8.125

     Idem   où elle est peu active . » 3.75

En Westphalie, cette redevance, appelée *Messgeld*, est payée expressément pour l'entretien de l'administration des mines. Elle se rapporte à la quotité de houille extraite et s'élève à environ fr. 2.10 par 100 hectolitres (4 4/9 pfennige par tonne de Prusse).

C'est la redevance trimestrielle et les parts franches qui, dans les districts de la Ruhr, sont déduites de la recette ayant le calcul du vingtième.

5°. La redevance trimestrielle supplémentaire ne s'applique qu'aux districts silésiens. Elle consiste en 1/48 sur les bénéfices des mines et appartient au Bergamt.

6°. Il existe encore un assez grand nombre de taxes accessoires (*Gebühre und Sporteln*), destinées à payer les membres de l'administration des mines. Elles offrent une assez grande confusion, s'appliquant, les unes, à une localité, les autres à une autre; se rapportant tantôt à une mesure de surface, tantôt à la quotité d'extraction ou aux bénéfices, et ne produisant, pour la plupart, que des sommes sans importance.

Les unes se rapportant à l'inscription des journées s'élèvent à $\dfrac{5}{288}$ du salaire des mineurs (6 1/4 pfennige par thaler); d'autres ont pour objet les honoraires des géomètres, basés sur le nombre d'heures de travail ou sur les angles mesurés et sur les stations effectuées dans la mine, etc. Plusieurs d'entre elles ont été supprimées.

Quant aux redevances dues aux tréfonciers, elles se bornent à une indemnité relative à la privation de la jouissance de leurs terres et au dommage qu'entraîne le fonçage des puits. En Silésie, elles se prélèvent sur les bénéfices de la mine; ainsi, cette dernière étant divisée en 128 parties, 122 sont attribuées aux exploitants et les six autres réparties comme suit :

2 aux possesseurs de la surface ;

2 à l'entretien de l'église et de l'école ;

2 à la caisse des pauvres mineurs.

Dans le bassin de la Ruhr, le propriétaire du sol a le choix entre une indemnité pécuniaire fixée par experts, ou la perception d'une taxe annuelle appelée *Tradde*, consistant en 1/65 ou 1/130 du produit brut, suivant la nature du terrain sur lequel le puits d'extraction a été foncé. L'exploitant cherche à se soustraire à cette charge, en s'établissant sur un fond qui lui appartienne.

Les galeries d'extraction sont exemptes de toute indemnité.

969. *De la location des mines en Angleterre.*

Dans toute l'Angleterre, les mines sont exploitées par le propriétaire (*Landslord*); mais plus souvent elles sont données à bail par ce dernier à un ou à plusieurs locataires, dont la rente ou redevance porte le nom de *Royalty.*

Dans les districts du Nord, le tréfoncier reçoit annuellement une somme fixe pour une quotité d'extraction également déterminée ; cette somme ne diminue pas avec l'extraction, mais elle s'accroit, au contraire, lorsqu'on dépasse la quotité fixée. Les baux s'établissent pour 20 ou 40 ans.

Le taux de la redevance varie entre 1/10 et 1/20 du prix de vente établi auprès des puits; il est moindre que dans les autres bassins anglais, à cause de la difficulté d'atteindre les couches et de l'immense développement des travaux. Cependant, malgré cette circonstance, les prix des baux atteignent quelquefois des chiffres fort élevés : c'est ainsi que la mine de Hetton paie annuellement une somme de plus de 190,000 fr. Il est généralement admis que la Royalty, dans le district de Newcastle, est comprise entre fr. 0.175 et 0.583 par tonne anglaise (1015,6 kilog.). Sur la Tyne, elle s'élève de fr. 0.25 à 1.55. Enfin, la moyenne des districts de la Tyne, de la Wear et de la Tees est de fr. 0.52 à 0.62.

Les grands propriétaires, dont les mines donnent un revenu considérable, ont des agents (*Cheek viewers*) attachés à la surveillance des exploitations ; ils visitent les travaux, en dressent les plans, afin de comparer l'espace excavé avec

la quôtité de houille extraite annoncée par l'exploitant, et
de prévenir ainsi les fraudes trop considérables. Ils contraignent aussi les exploitants à enlever le maximum de
houille possible, afin que la rente due au propriétaire dure
longtemps. C'est à cette surveillance que doit être attribuée
une partie des grandes améliorations introduites depuis
40 ans dans l'art des mines en Angleterre.

Le Lancashire offre deux méthodes propres à fixer la
redevance. Tantôt, c'est une espèce de dîme que le tréfoncier
prélève sur le produit brut ou sur le prix de vente, et qui
quelquefois s'élève au cinquième de l'extraction. Tantôt,
en se basant sur des données expérimentales, les parties
évaluent combien une certaine surface doit fournir de
houille, eu égard au système d'exploitation. L'exploitant,
faisant l'acquisition de la couche lorsque celle-ci est encore
renfermée dans les entrailles de la terre, court le risque
de rencontrer un terrain stérile ou disloqué et des obstacles
imprévus qui s'opposent à l'exécution des travaux; dans
tous les cas, il doit avancer une somme qui portera intérêt
jusqu'à l'épuisement du gîte. Il résulte d'un assez grand
nombre d'observations que l'acquisition d'une partie de
couche s'élève en moyenne à 1/5 du prix de vente; mais celui-
ci est calculé à 18 ou 20 p. c. au-dessous des prix établis.

C'est aussi de cette manière que les exploitants du Staffordshire font l'acquisition de la couche dite *Teenyard*, pour
laquelle ils paient une somme égale à 1/5 ou 1/6 de la
valeur du combustible. Quelquefois aussi la redevance est
basée sur le nombre de tonnes extraites. Quant aux
couches minces gisant à la partie septentrionale du bassin,
il est d'usage que l'achat de la richesse minérale ait pour
base l'unité de mesure des terres ou l'*acre*, équivalant à
4040 mètres carrés. La combinaison des données contenues dans une série de tableaux publiés par M. Thomas

Smith (1) donnent les résultats suivant pour chaque acre de surface :

Bénéfice de l'exploitant . . . . . . fr. 166,270
Royalty . . . . » 90,856

Soit, pour cette dernière, environ 50 p. c. du produit net.

Dans le pays de Galles, le propriétaire reçoit une somme déterminée pour chaque tonne de houille extraite, quelle que soit la qualité du combustible ou sa valeur vénale. La permission d'exploiter s'étend à tout un district et n'est accordée que pour 99 ans; elle s'applique également à un champ déterminé, sans fixer d'époque pour l'épuisement de la concession. La redevance varie de 1/5 à 1/11 du prix de vente. Dans le Pembrokshire, elle est quelquefois de 1/4 ; mais, dans le Montmouthshire, les tréfonciers, désireux de favoriser le développement des mines, se contentent de 1/12 à 1/24 du prix de vente aux puits. Le contrat stipule ordinairement une condition d'extraction minimum ; si celle-ci n'atteint pas la limite fixée, la totalité de la redevance est également payée; en sorte que le moment où elle est la plus accablante coïncide avec l'époque où l'exploitation est peu importante, soit par manque de débit, soit à cause d'obstacles ou d'accidents imprévus, etc.

Ainsi, les entrepreneurs anglais exposent leurs capitaux aux chances les plus hasardeuses sans pouvoir se promettre des avantages en rapport avec les risques qu'ils courent ; tandis que le possesseur du sol, sans se donner aucune peine, sans rien exposer, perçoit 5 à 10 p. c. du produit brut et jouit de la majeure partie des bénéfices résultant d'une entreprise heureuse et de circonstances industrielles favorables.

Ces charges, quelque exorbitantes qu'elles soient, ne

(1) *The Miner's guide*, pages 79-83.

grèvent pas seules les mines anglaises : l'exploitant est
encore soumis aux exigences arbitraires des possesseurs
du sol quant à la permission de passer sur les terres qui
séparent la mine des lieux d'embarquement. Cette permission est l'origine d'une rente (*Way-leave*) basée sur la
distance parcourue et sur le nombre de tonnes transportées. Ainsi les possesseurs du sol des environs de Newcastle
se sont arrogé le droit de prélever de 3.5 à 26 centimes
par tonne de houille et par mille (1609 mètres) parcouru :
la moyenne est de fr. 0.208 ou 0.60 par lieue, et la rente
la plus forte s'élève à fr. 4.68 par tonne anglaise transportée
à l'embarcadère.

Enfin, jusqu'en 1852, les mines d'Angleterre ont été
libres de toute redevance envers l'État ; mais, à cette époque,
sir Robert Peel, leur appliquant l'*income-taxe* comme à
toutes les industries, les greva d'un impôt de 3 p. c.
(7 deniers par livre sterling) sur le produit net. Cet impôt a produit :
De 1842 à 1845, par année, 2,081,387 livres sterlings.
De 1848 à 1850   id.   2,434,268   id.

970. *Eléments des prix de revient.*

Le prix de revient de la houille est le coût de l'unité
de capacité ou de poids (hectolitre ou tonne) de ce combustible. Cet objet est de la plus grande importance : il
offre le moyen de reconnaître périodiquement les réductions qu'il est possible de faire subir aux prix de vente,
en cas de concurrence ; seul, il peut servir à déterminer
s'il y aura perte ou bénéfice dans l'entreprise d'un percement préparatoire ; enfin, c'est l'un des éléments nécessaires pour établir la valeur d'une partie ou de la totalité
d'une concession. Les bases de ce travail ne sont autres

que les données contenues dans les sections précédentes, qui, réunies à d'autres éléments, forment un ensemble soumis à une nouvelle division en rapport avec le but que l'extracteur se propose.

Les dépenses d'exploitation offrent deux catégories générales :

Les frais *directs ou proportionnels*, qui augmentent et diminuent en raison de la quotité de houille extraite.

Les frais *fixes ou généraux*, toujours invariables, quelle que soit la quotité de combustible extrait.

Les frais directs se subdivisent en trois classes : la main-d'œuvre, les matériaux et les dépenses accessoires.

1°. *La main-d'œuvre* comprend :

a) L'arrachement de la houille, le remblayage, le boisage ou le muraillement.

a') L'ouverture des galeries, le passage des dérangements et, en général, tous les percements dans le gîte et dans les roches encaissantes.

b) Le transport intérieur, c'est-à-dire le chargement à la taille, le transport à bras d'hommes, par chevaux, sur plans inclinés ou sur plans automoteurs, et le personnel nécessaire à l'établissement, à l'entretien et au nettoyage des voies naturelles ou perfectionnées.

c) L'extraction : les accrocheurs au puits, les décrocheurs à la surface, les brouetteurs. Pour les machines à molettes : les chevaux, les conducteurs de ces derniers et leurs palefreniers. Pour les machines à vapeur : les machinistes et les chauffeurs.

d) Le transport à la surface des matériaux et celui de la houille jusqu'aux magasins établis pour la vente : manœuvres pour charger et décharger les wagons; frais de traction : chevaux, voituriers, palefreniers, vétérinaires, etc.

e) Les travaux professionnels, tels que charpentiers, menuisiers, forgerons, tonneliers, charrons, maçons, terrassiers, etc., en tant que leur travail s'applique à l'exploitation et au transport du combustible.

f) Le personnel appliqué à la vente, au criblage des produits, au triage des pierres, au chargement des voitures et des bateaux.

g) La surveillance exercée par les maîtres-mineurs, les marqueurs et les autres employés, tant au jour qu'à l'intérieur.

h) Les réparations des machines d'extraction, des routes ordinaires, des chemins de fer, etc.

2°. *Les matériaux et le matériel :*

j) Bois en grume : baliveaux, perches et étançons ; bois sciés, tels que planches, lattes, madriers, etc.

k) Briques, chaux, sable, cendres, pavés, etc.

l) Fers de diverses espèces pour armer les voitures et les vases d'extraction, pour confectionner les outils, réparer les machines, les chemins de fer, etc. Acier, clous, cuivre, pelles, etc.

m) Poudre de mine, mèches de sûreté, minium, étoupes, chanvre, etc.

n) Huile d'éclairage, chandelles, graisses pour les voitures et les machines.

o) Cordes ; leur amortissement.

p) Lampes, matériaux de réparations pour les lampistes ; objets divers, tels que paniers d'osier, mesures de vente, balais, etc.

q) Charbon consommé par les machines d'extraction, les foyers d'éclairage et de chauffage.

3°. *Les frais accessoires.*

r) Amortissement des machines, quel que soit leur usage,

des puits, des galeries à travers bancs, des chambres d'accrochage et des autres travaux préparatoires.

s) Redevance proportionnelle due à l'État et aux tréfonciers.

t) Indemnité de déplacement accordée aux administrateurs des Sociétés charbonnières lorsqu'ils reçoivent un tantième pour cent sur les bénéfices.

u) Versements effectués dans les caisses de prévoyance ou de secours.

v) Escomptes et changes de place ; remises et autres dépenses dérivant de bonifications faites aux acheteurs.

x) Service médical : chirurgiens, médecins et pharmaciens, lorsque leur salaire est proportionnel au nombre d'ouvriers employés.

Les frais fixes ou généraux ont pour objet :

A) La direction : honoraires du directeur-gérant, des ingénieurs et des conducteurs des travaux.

B) Les bureaux, comprenant l'agent-comptable, le teneur de livres, le contrôleur, les copistes, le géomètre et les dessinateurs.

C) Les agents employés à la vente, le magasinier, les garçons de bureau.

D) Les frais de bureau, l'huile d'éclairage, le combustible pour les foyers, etc.

E) Les frais de voyages relatifs aux procès, aux rapports de la direction avec les diverses administrations gouvernementales et à la vente des produits.

F) Les dommages causés à la surface, la location ou les intérêts des terrains servant de magasin, d'embarcadères, de routes, etc.

G) Les gratifications et pensions ; les procès, actes notariés, redevances fixes dues à l'État et aux possesseurs du sol.

H) Les réparations et l'entretien des puits, des galeries

à travers bancs et des galeries percées dans le gîte ; des chambres d'accrochage et des autres excavations intérieures.

J) Les réparations des bâtiments construits à la surface du sol.

K) L'épuisement : amortissement des appareils, réparations, main-d'œuvre et consommations.

L) Entretien et nettoyage de la galerie d'exhaure.

M) Ventilation artificielle par foyers ou par machines.

N) Amortissement des dépenses de premier établissement, savoir : des travaux de recherche , des machines, des bâtiments, des routes ordinaires, embarcadères, chemins de fer, etc., et quelquefois du prix d'acquisition de la mine , s'il y a lieu.

971. *Observations sur les données précédentes.*

Le travail des hommes d'état, tels que les charpentiers, les forgerons, etc. , s'applique également à l'exploitation de la houille, aux travaux préparatoires et à l'entretien ou à l'accroissement du matériel de service. Pour reconnaitre à laquelle de ces trois opérations doivent être imputées les dépenses de cette nature, on forme, sous le nom d'*ateliers*, un établissement pourvu d'une comptabilité spéciale. Le chef de ces ateliers est chargé de tenir la note du nombre de journées faites pour chacune des trois divisions, auxquelles sont ouverts des comptes particuliers.

Un grand nombre de mines fort importantes ont adopté une marche différente. Les ateliers achètent aux magasins les matériaux nécessaires, puis ils vendent à la mine les ustensiles et les outils confectionnés. Dans tous les cas , les livres sont tenus comme ils le seraient si les fournitures étaient faites à des établissements étrangers à l'atelier.

En Allemagne et en Angleterre, les dépenses des travaux préparatoires entrent en totalité dans les prix de revient et sont immédiatement amorties. Aussi le mineur a-t-il le soin de répartir ces travaux de la manière la plus uniforme que possible. En Belgique et dans plusieurs bassins français, ces dépenses forment un capital qui doit être amorti dans un temps déterminé, d'après la quotité de charbon que l'exploitant suppose pouvoir extraire. Il en est de même des machines, des bâtiments, des chemins de fer, des cordes d'extraction, etc. Ces calculs d'amortissement donnent lieu à l'emploi de la formule connue :

$$a = \frac{A \, r \, (1 + r)^n}{(1 + r)^n - 1},$$

dans laquelle A exprime la somme à amortir ;

n la durée de l'objet exprimée en années ;

r l'intérêt de 1 franc ;

a la somme annuelle de l'amortissement.

En faisant $r = 1/20$ (5 p. c.), la formule devient :

$$a = \frac{\dfrac{A}{200} \left(\dfrac{21}{20} \right)^n}{\left(\dfrac{21}{20} \right)^n - 1}.$$

Quant aux magasins, ils achètent les matériaux nécessaires, puis les revendent à la mine et aux ateliers au fur et à mesure des besoins.

L'épuisement est compris dans les frais généraux, puisque l'eau affluente est indépendante de la quotité de houille extraite. Dans une concession renfermant plusieurs puits, ces frais sont répartis sur chacun d'eux par parties égales, tant sur les siéges en creusement que sur les excavations en plein rapport.

· Les frais de voyage, les gratifications, les procès, les

redevances, etc., qui se présentent d'une manière irrégulière et souvent après des périodes assez longues, peuvent être pris dans l'année précédente ; si les prix de revient se font tous les mois, la somme est divisée en douzièmes.

La houille absorbée par les machines et les foyers peut être déduite de la quantité extraite pendant la période objet du calcul. Elle peut également se placer dans la section des consommations, en lui attribuant une valeur dérivant du prix de revient de l'hectolitre dans le mois précédent.

L'intérêt du capital de premier établissement, les remises et les escomptes accordés aux consommateurs n'affectent pas toujours le prix de revient ; souvent les derniers sont portés en déduction du prix de vente et le premier est retranché du bénéfice au moment du règlement annuel des comptes. Cependant il est bon d'introduire ces dépenses dans les prix de revient, en portant l'intérêt du capital dans les frais généraux et les charges commerciales dans les frais proportionnels.

L'établissement mensuel des prix de revient suffit dans la plupart des cas ; cependant quelques ingénieurs les font par quinzaine ou même par semaine. Chaque puits en extraction est l'objet d'un calcul spécial appliqué à une couche ou même à une seule taille, si l'exploitant veut se rendre compte d'une variation observée dans les dépenses et reconnaître des abus qu'il présume devoir exister.

972. *Exemple d'un prix de revient.*

Le tableau suivant, application des principes exposés ci-dessus, donnera lieu à quelques déductions importantes. Il se rapporte à une concession possédant trois puits, par

chacun desquels sont annuellement extraits 540,000 héc-
tolitres ou, par jour, 1300 (162 tonnes).

Dépenses occasionnées par l'un de ces puits pour une
extraction mensuelle de 45,000 hectolitres.

Frais directs ou proportionnels.

Arrachement . . . . fr.	5480.25
Transport intérieur . . . . »	4395.75
Extraction . . . . »	1615.00
Transport extérieur , vente . . . . »	3625.00
Hommes d'état. . . . . »	230.00
Surveillance . . . . »	285.00
Réparation des machines et des routes . . . »	162.20

Main-d'œuvre.

fr. 15793.20

Bois divers. . . . . fr.	2320.78
Fer, acier, clous, etc. . . . . »	112.48
Huile, graisse, poudre. . . . . »	698.60
Cordes, étoupe, chanvre . . . . »	180.20
Pièces pour la machine d'extraction. . . . . »	16.60
Combustible . . . . »	562.50
Fournitures pour les voies de communication . »	227.25
Objets divers . . . . »	60.24

Matériaux.

fr. 4178.65

Redevances et indemnités . . . . fr.	72.50
Caisse de prévoyance . . . . »	78.00
Escomptes , remises , etc. . . . . »	645.00
Amortissement des travaux préparatoires. . . »	1126.20

Dépenses accessoires.

fr. 1921.70

Frais généraux.

Direction, comptabilité, bureaux, un tiers de la totalité, fr.	555.40
Frais de voyages, commis-voyageur. . . . . . . »	520.00
Machine d'épuisement, un tiers de la dépense. . . »	541.30
Détérioration, intérêt ou location des terres. . . . »	402.06
Réparation des galeries, des puits et des bâtiments . »	914.02
Amortissement du capital de premier établissement . »	2126.42

fr. 4859.20

Prix de revient de l'hectolitre :

Main-d'œuvre. . . . . fr. 0.35096 ⎞
Matériaux . . . . . . » 0.09285 ⎬ fr. 0.48651
Dépenses accessoires. . » 0.04270 ⎠
Frais généraux . . . . » 0.10895
_____
fr. 0.59546

973. *Influence du chiffre de l'extraction sur les résultats pécuniaires d'une mine de houille.*

Première question.

Déterminer, relativement aux dépenses proportionnelles et fixes, quels doivent être les produits d'un puits donné pour n'entrainer ni perte ni bénéfice ?

Si a représente le prix moyen de vente du combustible,

b les frais directs d'un hectolitre,

m les dépenses générales pendant une période donnée,

et x le nombre d'hectolitres à extraire,

La relation entre ces diverses données sera :

$$x(a - b) - m = 0, \text{ d'où } x = \frac{m}{a - b}.$$

Remplaçant les lettres par les chiffres trouvés ci-dessus, et supposant un prix de vente de 0.75 fr. pour la moyenne des diverses qualités, il vient :

$$x(0.75 - 0.48651) - 4859.20 = 0.$$

et $x = 18440$ hectolitres;

c'est-à-dire que, pour atteindre ce but, l'extraction devra s'élever à ce volume en un mois (25 jours de travail), ou à 737 hectolitres par jour. Toute variation en plus ou en moins entrainera du bénéfice ou de la perte.

Deuxième question.

Combien faut-il extraire mensuellement pour réaliser un bénéfice de n francs ?

La relation devient :

$$x (a - b) - m = n,$$

d'où $x = \dfrac{m + n}{a - b}$;

Si n est successivement égalé à 4000 , 6000 et 8000 fr.,
les résultats seront respectivement :

$$x = \begin{cases} 35621 \text{ hectol.} \\ 41211 \quad \text{»} \\ 48801 \quad \text{»} \end{cases} \text{par mois, et} \begin{cases} 1345 \text{ hectol.} \\ 1648 \quad \text{»} \\ 1952 \quad \text{»} \end{cases} \begin{array}{l} \text{par} \\ \text{jour.} \end{array}$$

La *raison* de la progression des bénéfices est plus
grande que celle de la série qui exprime les quotités d'extraction, parce que les frais généraux restent les mêmes,
quel que soit, d'ailleurs, le volume de houille extraite.
On peut donc dire d'une manière absolue que l'exploitant doit s'efforcer d'obtenir de chaque puits d'une concession la quantité de charbon la plus forte possible,
puisque tel est le moyen de réaliser le maximum de bénéfice.

Cette quantité varie suivant les localités. En France,
en Allemagne et dans la partie orientale du bassin belge,
le maximum est compris entre 800 et 1800 hectolitres
par jour. Dans les mines de houille du Couchant de Mons,
elle atteint ordinairement 2500 , 5000 et quelquefois
3500 hectolitres. Ce chiffre n'est dépassé que dans le nord
de l'Angleterre, où 5800 à 6000 hectolitres forment l'extraction d'un seul puits, sur lequel fonctionne simultanément deux machines d'extraction.

La principale cause qui tend à augmenter les avantages
d'une extraction forte et rapide est relative aux réparations
des excavations. En effet, si l'exploitant, qui, dans les
circonstances ordinaires, reste dix ans, par exemple, pour
enlever une partie de couche, peut, en prenant quelques
mesures convenables, réduire à cinq ans la durée de cette

opération, il est évident que les réparations des galeries seront diminuées de plus de moitié, puisqu'elles auront pour objet les premières années de l'opération pendant lesquelles le terrain, encore solide, se maintient avec peu de frais, tandis que, pendant les dernières, les roches, plus disloquées et les éboulements plus menaçants, exigent des moyens de soutenement plus énergiques.

Cependant les produits d'une mine, placée d'ailleurs dans les conditions les plus avantageuses, sont toujours limités par la consommation ou la vente. L'exploitant ne doit en aucune manière franchir les bornes imposées par les circonstances; car, jeter sur le carreau des quantités considérables de houille, renoncer à l'intérêt des sommes dépensées et subir les pertes inhérentes à la détérioration du combustible, est une opération des plus désastreuses.

Une dernière déduction de ce qui précède démontre l'avantage que trouve l'exploitant à réduire autant que possible le nombre des siéges en activité : ainsi, par exemple, si deux puits peuvent lui procurer autant de produits que quatre, il doit se borner au premier nombre, parce qu'alors il se soustrait à la nécessité de doubler le nombre des machines d'extraction, des surveillants, etc. Enfin, ce qui a déjà été dit sur l'importance de n'exploiter simultanément qu'une seule couche et d'éviter la dispersion des tailles se trouve entièrement confirmé.

974. *Subdivision de la main-d'œuvre et des consommations.*

L'objet des prix de revient n'est pas seulement de diriger les exploitants dans la fixation des prix de vente, en leur indiquant la limite extrême des concessions qu'ils peuvent faire aux acheteurs, mais encore de leur fournir des bases convenables pour l'appréciation des circon-

stances économiques de l'exploitation, de leur permettre de
se rendre compte des moindres détails et, par conséquent,
de leur faciliter la surveillance des travaux. Pour atteindre
ce but, les prix de revient ne doivent plus consister en
groupes de chiffres auxquels sont appliquées des désignations générales, mais offrir tous les éléments de la main-
d'œuvre et des consommations divisés par catégories. Ces
éléments, qui d'ailleurs se réduisent aux nombreux renseignements exposés dans les sections précédentes, sont
consignés par les contre-maîtres, les marqueurs et les
magasiniers sur des feuilles ou des registres accessoires,
d'où ils sont extraits pour être réunis et disposés en tableaux, forme la plus convenable aux investigations.

Les prix de revient sont établis par semaine, par quinzaine ou par mois. Ils renferment toutes les subdivisions
du travail; la destination des objets de consommation y
est nettement indiquée; enfin, les dépenses ne s'appliquent
pas à la totalité de l'extraction, mais spécialement aux produits de chaque taille, afin que l'ingénieur reconnaisse
les lieux où se commettent les abus et voie d'un coup d'œil
les parties infructueuses de la mine.

Les tableaux ci-annexés ont pour objet les prix fictifs des
produits de quatre couches exploitées par deux puits. Ils se
rapportent à une période d'une semaine ou de six jours
de travail, et sont précédés de tableaux semblables au
moyen desquels il est possible de comparer les prix obtenus à diverses époques. La couche est suffisamment
indiquée par le numéro de l'atelier. L'examen peut être
facilité par des colonnes spéciales affectées à la puissance
des couches; à leur rendement par mètre carré; à la hauteur
des tailles et aux produits d'un haveur. Enfin, la main-
d'œuvre et les consommations du jour forment des chapitres
spéciaux.

A l'aide d'une série de tableaux de ce genre, l'ingénieur appelé à se rendre compte des travaux d'une mine
peut percer dans les plus petits détails économiques et arrêter les abus au moment où ils tendent à s'implanter.
Il compare d'abord le prix actuel de l'abattage avec le coût
de la même opération effectuée antérieurement. La différence,
s'il s'en trouve, a pour origine un accroissement de la valeur
du salaire ou une diminution de l'effet utile du haveur.
La première cause étant prévue, il passe immédiatement à
la seconde. Or, l'effet utile peut diminuer avec le rendement
du mètre carré de surface excavée, résultant d'une réduction dans la puissance de la couche ou de charbons
projetés dans les remblais par nécessité ou par négligence.
Une descente sur les lieux peut seule mettre l'ingénieur sur
la voie du mal et lui permettre d'appliquer le remède.

Dans les travaux marchandés, le quotient de la somme
reçue par le nombre de journées établit la valeur de ces
dernières et fait voir si les salaires sont trop élevés ou
trop bas. Si l'ingénieur les trouve en désharmonie avec les
prix fixés dans la localité, il leur fait subir des augmentations
ou des diminutions, mais avec l'attention de faire entrer en
ligne de compte la durée et l'activité du travail. Trop de
précipitation à cet égard lui ferait perdre ses ouvriers ou
tout au moins les découragerait. Il est d'ailleurs d'une bonne
direction de faire porter les économies sur les objets maté-
riels et de ne toucher aux salaires qu'avec les plus grandes
précautions.

Le contrôle du boutage, du remblayage et du chargement
à la taille est facilité par la connaissance de l'effet utile
que peuvent produire les mineurs d'âge et de sexe différents
appliqués à ces travaux. La division de l'extraction par le
nombre de journées permet à l'exploitant de s'assurer si les
ouvriers ont été suffisamment occupés.

HAVAGE , ABATTAGE.					
ATELIERS.	PRODUITS.	SURFACE.	PRIX DU M².	JOURNÉES.	H.
—	Hectol.	M².	Fr.	—	Centimes.
No. 1	4992	903.6	0.60	216	10.66
» 2	5844	824.4	0.65	216	9.22
» 3	5040	567.0	0.80	180	9.00
» 4	5400	562.8	0.48	108	4.99

REMBLAYAGE.			CHARGEMENT A LA TAILLE.		
JOURNÉES.	PRIX.	H.	JOURNÉES	PRIX.	H.
—	Francs.	Centimes.	—	Francs.	Centimes.
72	0.95	1.37	36	1.60	1.15
72	1.10	1.35	36	»	0.98
54	1.00	1.07	36	»	1.14
57	1.20	1.26	36	»	1.07

PLANS AUTOMOTEURS.			CHARGEMENT AU PUITS.		
JOURNÉES.	SOMMES.	H.	JOURNÉES.	PRIX POUR 100 H.	H.
—	Francs.	Centimes.	—	Francs.	Centimes.
30	40.80	0.81	24	0.50	0.50
30	42.60	0.73			
—	—	—	24	0.50	0.50
—	—	—			

Consommations à l'intérieur.

BOIS DE VOIE.		FAUSSES BEILES.		ÉTANÇONS.	
Mètres.	Francs.	Mètres.	Francs.	Mètres.	Francs.
259	43.20	864	138.24	234	70.20
560	57.60	792	126.72	»	»
756	120.96	648	103.68	»	»
864	138.24	504	80.64	»	»

BOUTAGE.			OUVERTURE DES GALERIES.			
JOURNÉES.	PRIX.	H.	JOURNÉES.	AVANCEM.ᵗ	PRIX DU MÈT.	H.
—	Francs.	Centimes.	—	Mètres.	Francs.	Centimes.
56	0.95	0.68	72	69.00	2.25	3.11
56	1.10	0.67	72	63.60	2.50	2.72
56	1.10	0.78	54	65.40	1.30	1.68
56	0.95	0.64	72	72.72	2.00	2.69

TRANSP.ᵗ PAR HOMMES.			TRANSPORT PAR CHEVAUX.			
DISTANCES	JOURNÉES.	H.	DISTANCES	JOURNÉES.	SOMME.	H.
Mètres.	—	Centimes.	Mètres.	—	Francs.	Centimes.
160	54	2.75	540	42	63.00	0.58
180	72	3.00				
109	54	3.00	610	42	63.00	0.60
170	72	3.25				

VOIES DE FER.		RÉPARATIONS.		SURVEILLANCE.		
JOURNÉES.	H.	JOURNÉES.	H.	PER-SONNEL.	SALAIRES.	H.
—	Centimes.	—	Centimes.	—	Francs.	Centimes.
24	0.49	18	0.36	6	116	1.07
18	0.38	12	0.26	6	116	1.11

Consommations à l'intérieur.

BEILES.		TOTAL.	H.	HUILE.		TOTAL.
Mètres.	Francs.	Francs.	Centimes.	Kilog.	Centimes.	Centimes.
144	58.88	290.52	5.82	84.0	0.69	30.24
»	»	383.40	6.56			28.92
»	»	333.72	6.62	66.8	0.57	26.71
»	»	327.96	6.07			23.39

L'ouverture des galeries, travail toujours payé à l'unité linéaire d'avancement, donne lieu à l'examen du prix de la journée pour lequel il convient d'agir , comme on vient de le voir , pour l'arrachement de la houille.

La surveillance du transport doit être basée sur des expériences préalables propres à fixer le nombre d'hectolitres ou de tonnes que le moteur peut conduire à cent mètres , eu égard à l'état des voies. L'effet utile de chaque ouvrier rouleur doit correspondre au résultat de l'expérience ; autrement il est permis de conclure que les relais mal disposés engendrent des pertes de temps auxquelles il s'agit de porter remède. Un transport à forfait exige la recherche de la valeur des journées de chaque catégorie d'ouvriers , pour la comparer avec les prix établis pour les autres catégories. Une augmentation dans les prix de revient du transport correspond à un accroissement des salaires ou du personnel. Ce dernier , ne pouvant être motivé que par de plus grandes distances ou par la détérioration des voies , attirera nécessairement l'attention de l'exploitant.

Toutes les économies réalisables sur les objets de consommation doivent être tentées, sans préjudice toutefois de la sécurité des ouvriers. Pour les bois, une augmentation dans le prix de revient de l'hectolitre correspond à un abus, à moins que les roches encaissantes n'aient pris un caractère plus ébouleux qu'auparavant. C'est une circonstance dont il faut s'assurer. Quant à l'huile d'éclairage, la connaissance de la consommation par heure de travail de chaque catégorie d'ouvriers conduit à celle de la somme totale à dépenser, en sorte qu'il est facile de découvrir si une quantité, quelque minime qu'elle soit, de cette substance a été détournée de sa destination. Il en est de même des graisses préparées pour les vases de transport, dont l'usage est en raison directe du nombre de wagons transportés et de la distance parcourue.

Ce qui précède suffit pour faire voir au lecteur la manière de s'y prendre quant à la surveillance sur la main-d'œuvre et les consommations. De plus longs détails seraient inutiles et fastidieux, puisque les opérations de contrôle, tant au jour qu'à l'intérieur, sont partout les mêmes.

975. *Evaluation du capital des mines de houille.*

Ce calcul, très-délicat, est sujet à une multitude de chances d'erreurs; celles-ci proviennent de l'incertitude où se trouve l'exploitant chargé d'établir la valeur d'une richesse minérale enfouie dans les entrailles de la terre et qu'il ne connaîtra bien qu'au moment où elle aura complètement ou partiellement disparu. Un semblable travail, pour avoir quelque exactitude, exige beaucoup de discernement et une étude approfondie de la localité; car elle ne peut avoir lieu que par analogie, en prenant pour base les travaux exécutés antérieurement dans les terrains objets de l'exploration et dans les terrains limitrophes, ou des travaux de recherche, s'il s'agit d'une mine nouvelle.

Le cubage de la houille supposée exister dans le périmètre de la concession ne peut avoir pour objet que les couches rencontrées par puits ou par galeries à travers bancs et dont le prolongement ne laisse aucun doute. Les stratifications que l'ingénieur présume se trouver au-dessous des points reconnus ne peuvent être prises en considération, parce que leur extraction éventuelle se lie à des travaux futurs dont il est impossible d'apprécier les difficultés. Enfin, la puissance totale de la houille sur laquelle il est permis de compter est une moyenne des observations faites en divers points de la surface.

Quant aux concessions isolées dans des districts peu ou point explorés, on ne peut considérer comme réellement acquises que les couches reconnues, et cela seulement pour la surface sous laquelle a eu lieu la recherche par sondages, par puits ou par galeries. Cette restriction diminue considérablement l'importance des résultats.

L'explorateur examine attentivement l'état des couches sous le rapport de leur composition, de leur régularité et des circonstances propres à déterminer le volume de houille résultant de l'exploitation d'une surface donnée. Les dislocations du terrain attirent son attention; il leur fait une large part dans ses appréciations, tant pour les pertes de houille que pour les percements coûteux dont ces parties stériles doivent être l'objet.

Il s'assure des qualités de la houille : si elle est maigre, demi-grasse ou grasse et propre à la fabrication du coke ; il en recherche la valeur vénale, l'état de pureté plus ou moins satisfaisant et les proportions de gros et de menu. Le gisement contient-il des charbons de deux espèces? il en constate les qualités relatives.

L'explorateur s'enquiert des volumes de houille qui pourront être annuellement livrés à la vente, eu égard aux exploitations voisines, à la consommation locale et aux besoins de l'exportation; si une rivière, un canal, une route ou un chemin de fer peuvent favoriser le transport du combustible; il en tient bonne note. Il agit de même si l'avenir fait espérer l'augmentation du débit, ou s'il peut craindre, au contraire, que ce débit ne diminue ou ne reste stationnaire. Si, avec la possibilité d'établir un grand nombre de siéges d'exploitation, il peut prévoir, pour un temps plus ou moins éloigné, un accroissement dans les besoins de combustible, résultat du développement de l'industrie ou des exportations, il peut alors compter sur des bénéfices croissants. Mais ces prévisions ne peuvent être mises en ligne de compte que quand leur réalisation a pour objet un avenir très-prochain ; autrement le calcul se base exclusivement sur l'état commercial existant au moment de l'évaluation.

Un exemple suffira pour rendre sensible la manière de procéder à l'évaluation des mines de houille. Soit donc une concession de 320 hectares, dans laquelle a été constatée l'existence de 18 couches exploitables sur une profondeur de 400 mètres. Ces stratifications, réunies et considérées comme occupant toute la surface, offrent une puissance en houille pure de 11.50 mètres. Les excavations existantes équivalent à 1/10 des couches reconnues. Quelle peut être la valeur approximative d'une semblable concession, qui, possédant trois sièges d'exploitation et une machine d'exhaure, est actuellement en pleine exploitation ?

Après avoir acquis quelque certitude relativement à la vente annuelle, l'ingénieur déduira de cette connaissance et des circonstances locales le nombre de puits à maintenir en constante activité. Si, par exemple, cette vente s'élève à 1,080,000 hectolitres et si le gisement permet d'en extraire 540,000 par un seul puits, il est évident que deux de ces derniers suffisent à la consommation (1). Un champ d'exploitation de 2400 mètres, suivant la direction, et 300 sur l'inclinaison, ou une surface de 72 hectares, produira :

$$720,000 \ M^2 \times 11.50 \text{ mètres} = 8,280,000 \ M^3.$$

(1) Un troisième puits, loin d'être inutile, rend de grands services en ce que chacun des siéges peut être mis successivement en préparation par des travaux de fonçage, pendant que les deux autres produisent l'extraction demandée sans aucune interruption.

Mais l'expérience de l'exploitation antérieure ayant prouvé que 1/5 de ce volume est absorbé par les pertes résultant de l'irrégularité des couches, des intercalations schisteuses, des dérangements, etc., il reste 6,624,000 M³, qui, en comptant le foisonnement comme 10 : 15, produisent définitivement 9,936,000, ou 99,360,000 hectolitres.

L'extraction annuelle de chaque siége devant être de 540,000 hectolitres, le champ d'exploitation de deux puits pourra fournir des produits pendant une période de 92 ans. Or, la surface totale de la concession est de 320 hectares; une quantité équivalent à 1/10 en a été enlevée; il en reste donc 280, c'est-à-dire pour quatre périodes de 92 ans, ou pour 368 ans.

Si l'état des choses est tel que le prix de revient soit de fr. 0.60 et le prix moyen de vente de fr. 0.75, il sera permis de réaliser un bénéfice de fr. 0.15 à l'hectolitre; le produit de la concession en une année sera de fr. 162,000 et la recherche de la valeur de la mine revient à la question suivante :

Quel est le capital qui serait remboursé en 368 ans par le paiment d'une somme annuelle de 160,000 fr. ?

Ici se rencontre la difficulté de déterminer le taux de l'intérêt auquel doit être placé le capital. Ce ne sera certes pas 5 pour cent, car quel capitaliste voudrait exposer son argent dans une opération régie par de semblables conditions financières? Ne sait-il pas à combien de chances sont soumises les propriétés de cette nature? N'a-t-il pas à craindre la rencontre de terrains stériles, quoique les recherches aient fait espérer l'existence de la houille sur le prolongement des parties de couches exploitées; les interruptions de travail et les dépenses d'un coup de feu, d'une inondation, etc.; les prévisions trompées relativement aux dépenses des travaux préparatoires; enfin, la multitude des chances auxquelles sont exposées les mines de houille. Évidemment, il voudra recevoir non-seulement l'intérêt de la somme exposée, mais il exigera l'amortissement de celle-ci dans un temps peu éloigné, et, en outre, un tantième pour cent qui lui donne la garantie de couvrir les déficits résultant des accidents, des crises commerciales, etc., en sorte que l'intérêt ne pourra être moindre de 7 à 10 pour cent, suivant les chances plus ou moins avantageuses de l'exploitation future.

Si, dans l'exemple actuel, le taux choisi est de 10, la formule d'amortissement (1) indiquera pour capital fr. 1,599,999.99, etc., soit 1,600,000, à moins de 1/10 de centime près, c'est-à-dire le capital simple de l'annuité 160,000 fr. à 10 pour cent; car, pour un espace de temps qui dépasse trois siècles et demi, la fraction constitutive de l'amortissement est si petite qu'elle peut être considérée comme nulle.

Ce résultat suggère deux observations remarquables. Dans l'évaluation d'une concession, les stratifications inférieures non reconnues peuvent être négligées sans inconvénient, pourvu que les couches accessibles de dessus puissent fournir à l'extraction pendant un certain laps de temps (150 à 200 ans); car la somme calculée sur de semblables

---

(1) Cette formule est la suivante, dans laquelle ont été employées les mêmes désignations que ci-dessus :

$$A = \frac{a\,(1 + r)^n - a}{r\,(1 + r)^n} \; ;$$

En faisant $r = \frac{1}{20}$ (5 p. c.), on a :

$$A = \frac{a\left(\frac{21}{20}\right)^n - a}{\frac{1}{20}\left(\frac{21}{20}\right)^n} \quad \text{ou} \quad A = 20\,a - 21\,a\left(\frac{20}{21}\right)^n + 1 \; ;$$

si $r = 1/100$, $A = 10\,a - 11\,a\left(\frac{10}{11}\right)^n + 1.$

bases, portant intérêt pour le reste des siècles, suffit à indemniser le propriétaire primitif de la mine, quel que soit en profondeur le développement de la richesse minérale.

Secondement. En matière financière, une concession pouvant fournir à l'extraction pendant 200 ans, par exemple, vaut presque autant qu'une autre dont la durée est de cinq à six cents ans, si toutefois les produits annuels des deux mines sont égaux. Une concession ne vaut le double ou le triple d'une autre que quand il est possible d'y établir un nombre double ou triple de siéges d'exploitation. En un mot, ce n'est pas la durée plus ou moins grande d'une mine qui en fait la valeur, mais la quotité de houille qu'elle peut fournir annuellement.

Dans l'exemple d'évaluation choisi ci-dessus, la concession, divisée en quatre parties, donne lieu à quatre périodes d'exploitation. Il a été projeté de préparer successivement chaque partie des travaux sans attendre l'époque de l'épuisement de la partie en exploitation et de subvenir à ces dépenses de premier établissement au moyen des amortissements accumulés pendant la période précédente. Mais s'il n'existe pas de travaux qui permettent l'extraction immédiate du combustible; s'il est nécessaire de creuser d'autres puits; si leur nombre est insuffisant ou leurs accessoires incomplets, il faut avoir égard à ces circonstances, afin d'introduire de nouveaux éléments dans les calculs.

Et d'abord, dans l'exemple actuel, le prix de revient s'est élevé à fr. 0.60 parce que l'amortissement des travaux de premier établissement, existant au moment de la prise de possession, est entré en ligne de compte; mais comme, dans la seconde supposition, il n'en existe pas, le coût de l'hectolitre se réduit à fr. 0.55. Le prix de vente étant, comme ci-dessus, de fr. 0.75, le bénéfice annuel sera :

10,800,000 × 0.20 = fr. 216,000, et le prix de la concession de fr. 2,160,000, dont il faut déduire :

1°. Les travaux de premier établissement de la première période, travaux effectués au fur et à mesure des besoins, et dont l'intérêt composé sera compté à 5 pour cent jusqu'au moment où la mine deviendra productive.

2°. L'intérêt composé (également à 5 p. c.) de la somme de fr. 2,160,000 pendant la durée des travaux préparatoires, si toutefois le paiment de la mine s'effectue au comptant.

Quant à la première réduction, s'il résulte des explorations et des calculs qu'il faille dépenser, dans l'espace de cinq ans, une somme de fr. 800,000 divisée par parties égales, l'ingénieur cherchera ce que devient cette dernière à l'époque indiquée, en employant la formule d'intérêt composé :

$$A = \frac{a\,(1 + r)\,[\,(1 + r)^n - 1\,]}{r}$$

dans laquelle, faisant $a = 160{,}000$; $n = 5$ et $r = 1/20$, il trouve

$$21{,}160{,}000 \left[\left(\frac{21}{20} \right)^5 - 1 \right] = 878{,}851 \text{ fr.}$$

Si les sommes à fournir chaque année sont dissemblables, il aura recours à la relation suivante :

$$A = a\,(1 + r)^n + b\,(1 + r)^{n-1} + c\,(r + 1)^{n-2} \ldots\ldots\ldots K\,(1 + r)$$

dans laquelle a, b, c, etc., expriment les sommes successivement placées pendant la 1re., la 2e., la 3e., etc., année.

Le second terme à soustraire est l'intérêt composé de fr. 2,160,000 pendant cinq ans à 5 p. c., somme égale à fr. 596,768.

Ces opérations étant effectuées, il reste pour la valeur nette de la concession . . . . fr. 684,381

La comparaison de ce résultat avec le précédent fait voir combien les travaux , soit par eux-mêmes, soit par la durée de leur exécution , exercent d'influence sur la valeur d'une concession, et combien il est désavantageux d'allonger cette période de préparation, puisque les frais s'accroissent par l'accumulation des intérêts composés.

976. *Prix de revient de quelques bassins houillers.*

Les exemples suivants expriment la moyenne approximative des prix de revient de la houille.

Dans cette appréciation ne sont pas comprise les mines qui , par une direction mal entendue ou un gisement trop défavorable, se trouvent dans des conditions exceptionnelles.

Les intérêts du capital ont été passés sous silence, afin de rendre les résultats comparables ; car, non-seulement la majorité des exploitants ne tiennent aucun compte de cet objet ou s'en réservent la connaissance exclusive ; mais encore, la fixation du capital, lorsqu'il a lieu , est pour plusieurs houillères l'objet d'évaluations la plupart du temps fort exagérées.

Ces nomenclatures ne comprennent pas les escomptes , les frais de voyage, d'agence, etc., concernant le mouvement commercial des exploitants. Il en est de même du transport à la surface, de l'entretien des routes et des chaussées et des frais d'embarquement. La moyenne de ces dépenses a été indiquée toutes les fois qu'il a été possible de le faire , mais accessoirement et en dehors des prix de revient généralement établis pour la houille rendue sur la margelle des puits.

Enfin, il convient d'observer qu'en Belgique , le charbon brûlé pour les machines et les foyers prend place dans les objets de consommation , tandis que , dans les autres pays, il est déduit de l'extraction et ne figure pas dans les prix de revient.

977. *Mines belges.*

Province de Liége.

		HECTOL.	TONNEAU
Personnel de l'intérieur.	Surveillance. . . . . . . fr.	0.0120	fr. 0.126
	Arrachement, boisage, etc. . . »	0.1603	» 1.705
	Ouverture des galeries. . . . »	0.0318	» 0.338
	Transport . . . . »	0.0255	» 0.250
	Réparations . . . . »	0.0254	» 0.270
	Travaux divers. . . . . . »	0.0106	» 0.113
	Idem préparatoires. . . . »	0.0157	» 0.167
Personnel du jour.	Extraction et ventilation . . . »	0.0210	» 0.225
	Epuisement . . . . »	0.0081	» 0.086
	Travaux professionnels . . . »	0.0314	» 0.334
	Personnel de la vente . . . »	0.0324	» 0.344
	Transports au jour. . . . . »	0.0118	» 0.125
	Surveillance . . . . »	0.0060	» 0.063
Consommations, Frais divers.	Bois divers . . . . »	0.0813	» 0.865
	Huiles et graisses . . . . . »	0.0122	» 0.150
	Fer, acier, fonte . . . . . »	0.0030	» 0.032
	Objets divers . . . . . . »	0.0146	» 0.155
	Charbon . . . . »	0.0487	» 0.518
	Amortissement du matériel . . »	0.0135	» 0.143
	Direction, frais de bureau, impôts, caisse de prévoyance, etc. »	0.0437	» 0.465
		fr. 0.6070	fr. 6.458

Ces données se rapportent aux houilles grasses et demi-grasses, dont l'hectolitre pèse, en moyenne, 94 kilog. L'exploitation des houilles anthraciteuses donne lieu à une réduction de 8 à 10 pour cent.

Quelques mines possèdent des chemins de fer destinés au transport des produits à la surface; un plus grand nombre sont réduites à l'emploi des routes ordinaires;

enfin, la majeure partie de l'extraction est vendue sur le carreau de la mine. D'où il résulte que le coût du transport extérieur est très-variable et presque impossible à établir quant à la moyenne.

L'emploi des bois est considérable en raison de l'exploitation des couches droites.

Charleroi.

L'hectolitre est compté pour 100 kilogrammes.

		HECTOL.	TONNE
Main-d'œuvre.	Surveillance	fr. 0.0082	fr. 0.082
	Arrachement et travaux accessoires	» 0.1458	» 1.458
	Chargement et transport . . .	» 0.0966	» 0.966
	Travaux divers	» 0.0120	» 0.120
	Idem préparatoires. . . .	» 0.0280	» 0.280
	Extraction	» 0.0250	» 0.250
	Exhaure	» 0.0265	» 0.265
	Travaux de la surface . . .	» 0.0270	» 0.270
	Idem professionnels . . .	» 0.0150	» 0.150
Consommations.	Bois	» 0.0654	» 0.654
	Huiles, graisses, goudron, etc.	» 0.0153	» 0.153
	Fer, Acier, fonte, etc. . . .	» 0.0098	» 0.098
	Cordes, cordages, chanvre, etc.	» 0.0021	» 0.021
	Poudre.	» 0.0040	» 0.040
	Paille, avoine, foin, etc. . .	» 0.0155	» 0.155
	Objets divers	» 0.0097	» 0.097
	Combustibles.	» 0.0140	» 0.140
Frais divers.	Amortissement du matériel. .	» 0.0150	» 0.150
	Redevances, impôts, procès, etc.	» 0.0125	» 0.125
	Direction, frais de bureau, etc.	» 0.0590	» 0.590
		fr. 0.5860	fr. 5.860

Cette nomenclature est relative aux houilles maigres et demi-grasses. Les grasses, dont le gisement est affecté de nombreuses dislocations, exigent beaucoup de bois et de percements dans les roches encaissantes; le prix de revient de ces qualités s'élève en moyenne à fr. 7.15.

Quelques exploitations de ce district possèdent des voies en fer pour conduire les produits aux lieux d'embarquement; mais la plupart d'entre elles sont réduites à l'emploi des routes ordinaires et au transport par chevaux. Ce mode peut s'élever par tonne à. . . . . . fr. 0.80

La moyenne des frais d'embarquement est de   »   0.26

fr.   1.06

Centre du Hainaut.

		HECTOL.	TONNEAU
Travaux intérieurs.	Travaux préparatoires . . . . fr.	0.0310	fr. 0.323
	Arrachement . . . . »	0.0625	» 0.651
	Formation des voies . . . . . . »	0.0250	» 0.260
	Transport souterrain. . . . . . »	0.0586	» 0.610
	Entretien des galeries . . . . »	0.0140	» 0.146
	Travaux divers. . . . . »	0.0309	» 0.322
	Surveillance. . . . . »	0.0048	» 0.050
Travaux extérieurs.	Extraction . . . . »	0.0233	» 0.243
	Épuisement . . . . »	0.0252	» 0.262
	Ouvriers du jour et travaux professionnels . . . . »	0.0527	» 0.549
	Surveillance. . . . . »	0.0031	» 0.032
Consommations.	Bois . . . . »	0.0680	» 0.708
	Fer, acier, fonte. . . . . . . »	0.0070	» 0.073
	Huiles et graisses . . . . . . »	0.0085	» 0.088
	Objets divers . . . . »	0.0064	» 0.066
	Combustibles . . . . »	0.0240	» 0.250
Frais divers.	Direction, frais de bureau, etc. . »	0.0300	» 0.312
	Impôts, redevances, dommages . . »	0.0150	» 0.156
	Frais extraordinaires . . . . . »	0.0042	» 0.046
		fr. 0.4942	fr. 5.147

Le poids de l'hectolitre est de 96 kilogrammes.

Les frais de transport de la houille des puits aux embranchements du canal de Charleroi sont, en moyenne, de fr. 0.20 à 0.40. Ils s'élèvent, pour atteindre le bassin de Mons, à fr. 1.80.

Couchant de Mons.

		HECTOL.	TONNEAU
À l'intérieur.	Surveillance. . . . . fr.	0.0080	fr. 0.096
	Arrachement et travaux accessoires . »	0.1025	» 1.254
	Ouverture des galeries . . . . . »	0.0440	» 0.550
	Transport intérieur . . . . . . »	0.0785	» 0.943
	Entretien des excavations . . . . »	0.0250	» 0.301
	Travaux divers. . . . . »	0.0070	» 0.084
	Idem préparatoires . . . . . »	0.0105	» 0.127
Au jour.	Surveillance. . . . . »	0.0030	» 0.036
	Criblage et emmagasinage . . . . »	0.0010	» 0.012
	Réparations d'outils . . . . . . »	0.0030	» 0.056
	Travaux divers. . . . . »	0.0030	» 0.036
	Transport des matériaux. . . . . »	0.0020	» 0.024
Consommations.	Machine d'extraction . . . . . . »	0.0200	» 0.241
	Bois . . . . »	0.0486	» 0.586
	Fer, acier, fonte, etc. . . . . »	0.0079	» 0.095
	Huiles et graisses . . . . »	0.0345	» 0.416
	Cordages et cordes . . . . . . »	0.0172	» 0.207
	Charbons. . . . . »	0.0121	» 0.146
	Ustensiles et outils . . . . . . »	0.0069	» 0.083
	Voiturages pour les magasins . . . »	0.0036	» 0.043
Frais divers.	Amortissement du matériel. . . . »	0.0301	» 0.362
	Exhaure (main-d'œuvre et consommations) . . . . »	0.0340	» 0.410
	Direction, frais de bureau, redevances, contributions, etc. . . . . . »	0.0428	» 0.516
	fr.	0.5449	fr. 6.564

Ce prix de revient se rapporte à l'hectolitre des houilles du Flénu, dont le poids est de 85 kilog. Celui des charbons gras est plus élevé d'environ 1/10, en raison de la nature généralement moins solide des roches encaissantes, des nombreux dérangements à traverser, etc. Il atteint, en moyenne, le chiffre de fr. 7.25.

Le coût du transport de la margelle des puits au canal de Mons à Condé est de fr. 0.85 par mille kilog. Les frais de mise en magasin et de chargement des bateaux s'élèvent à fr. 0.50, mais ils sont supportés par les acheteurs.

978. *Bassins français.*

Mine d'Aniche (*département du Nord*).

L'hectolitre comble est considéré comme pesant 110 kilogrammes.

		HECTOL.	TONNE
Travaux intérieurs.	Surveillance . . . . fr.	0.025	fr. 0 227
	Arrachement. . . . . »	0.090	» 0.818
	Coupage du mur . . . . . . »	0.079	» 0.718
	Remblayage . . . . »	0.075	» 0.681
	Transport intérieur. . . . . . »	0.055	» 0.500
	Entretien des galeries, des puits et des cuvelages. . . . . »	0.060	» 0.545
Travaux du jour.	Extraction. . . . . »	0.051	» 0.464
	Epuisement . . . . »	0.015	» 0.118
	Travaux de forge. . . . . . . »	0.017	» 0.154
	Charpentiers, tonneliers, scieurs, etc. »	0.094	» 0.854
	Personnel occupé de la vente. . . »	0.025	» 0.227
Consommations. Frais divers.	Boisage de soutenement et de cuvelages. . »	0.134	» 1.218
	Fers, rails, clous, acier, pelles, etc. »	0.081	» 0.736
	Huiles, graisses, suif, etc. . . . . »	0.065	» 0.590
	Cordages et objets divers . . . . . »	0.061	» 0.554
	Briques, chaux, sable, etc. . . . »	0.006	» 0.054
	Caisse de prévoyance. . . . . . »	0.014	» 0.127
	Employés supérieurs . . . . . »	0.024	» 0.217
	Frais de bureau, etc. . . . . . »	0.050	» 0.272
	Impositions, redevances, etc. . . . »	0.013	» 0.118
		fr. 1.012	fr. 9.202

Aux mines d'Anzin, l'hectolitre, de même poids que ci-dessus, revient à 70 ou 75 centimes, soit de fr. 6.48 à 6.94 la tonne. Cette grande différence entre deux localités si voisines doit être attribuée à la hauteur des morts-terrains d'Aniche et aux grands volumes d'eau à épuiser.

Rive-de-Gier (département de Saône-et-Loire).

Le poids de l'hectolitre est de 80 kilogrammes.

		HECTOL.	TONNE
À l'intérieur. Surveillance	fr. 0.0080	fr. 0.100
Picage et remblayage	» 0.0917	» 1.146
Boisage et entretien des galeries . .	» 0.0435	» 0.544
Transport souterrain	» 0.0750	» 0.937
Au jour. Surveillance	» 0.0057	» 0.071
Extraction	» 0.0326	» 0.408
Épuisement	» 0.0400	» 0.578
Réparations des machines	» 0.0011	» 0.014
Travaux professionnels et autres salaires.	» 0.0271	» 0.340
Consommations. Bois, planches, etc.	» 0.1001	» 1.251
Fer, acier, rails, etc.	» 0.0030	» 0.037
Huiles et graisses	» 0.0053	» 0.066
Cordes et cordages.	» 0.0275	» 0.344
Ustensiles et outils	» 0.0512	» 0.640
Poudre	» 0.0080	» 0.100
Consommation de machines. . . .	» 0.0031	» 0.039
Frais divers. Dommages causés aux propriétés de la surface	» 0.0012	» 0.015
Droits des possesseurs du sol. . .	» 0.0430	» 0.537
Impôts, procès, etc.	» 0.0350	» 0.437
Administration et direction	» 0.0250	» 0.313
	fr. 0,6271	fr. 7.839

L'élévation de ces prix de revient, relativement à ceux de Saint-Étienne, a pour origine les frais relatifs à l'épuisement des eaux, un emploi considérable de bois et l'exécution de la plupart des travaux à la journée, à cause des dangers inhérents à ces exploitations, des éboulements, des fréquents changements de gîte, etc.

Saint-Étienne.

L'hectolitre pèse de 80 à 85 kilogrammes, soit, en moyenne, 83.5 kilogrammes,

		L'HECTOL.	LA TONNE
Main-d'œuvre.	Arrachement, remblayage	fr. 0.0945	» 1.129
	Entretien des galeries et boisages. .	» 0.0168	» 0.201
	Transport souterrain	» 0.0718	» 0.860
	Extraction	» 0.0121	» 0.145
	Épuisement	» 0.0066	» 0.079
	Surveillance.	» 0.0057	» 0.068
	Travaux divers.	» 0.0149	» 0.179
	Forgerons	» 0.0129	» 0.155
	Tonneliers, charpentiers, etc. . .	» 0.0107	» 0.123
Consommations. Frais divers.	Bois	» 0.0191	» 0.229
	Huiles et graisses	» 0.0055	» 0.066
	Poudre	» 0.0020	» 0.024
	Cordes et cordages.	» 0.0055	» 0.065
	Fer, acier, objets divers	» 0.0103	» 0.123
	Entretien des machines.	» 0.0036	» 0.043
	Caisse de secours, dommages de ter- rains, procès, etc.	» 0.0241	» 0.289
	Droits des possesseurs du sol. . .	» 0.0315	» 0.377
	Direction, frais de bureau, etc. .	» 0.0157	» 0.188
		fr. 0.3629	fr. 4.346

979. Districts de la Prusse.

Les détails suivants, empruntés aux documents recueillis par l'administration des mines d'Essen, représentent la moyenne du prix de revient d'une année pour toutes les mines du district.

Les deux premières colonnes renferment le prix des houilles, quelle que soit leur qualité ; l'une d'elles se rapporte à la tonne métrique, l'autre à la tonne de Prusse, mesure de capacité équivalant à 4 scheffeln (219.84 litres). Comme cette mesure est toujours comble, elle pèse de 240 à 245 kilog., d'où résulte, pour l'hectolitre, un poids moyen de 110 kil. Les colonnes suivantes ont pour objet, d'une part, les houilles grasses et demi-grasses placées dans les mêmes conditions d'exploitation ; de l'autre, les houilles anthraciteuses, dont le coût est moins élevé, comme partout ailleurs.

SUBDIVISIONS.	TONNE DE PRUSSE.	TONNE MÉTRIQUE.		
	MOYENNE GÉNÉRALE.		CHARBONS	
			GRAS ET DEMI-GRAS.	ANTHRA-CITEUX.
Travaux préparatoires . . .	0.1958	0.809	0.755	0.522
Arrachement, transport, etc. .	0.3507	1.452	1.704	1.346
Travaux de forge.	0.0464	0.192	0.256	0.091
Bois	0.1689	0.695	1.180	0.417
Maçonneries	0.0086	0.035	0.020	»
Ustensiles	0.0160	0.066	0.090	0.076
Huiles et graisses.	0.0018	0.007	0.004	0.012
Poudre	0.0068	0.028	0.020	0.038
Cordes et cordages	0.0121	0.050	0.054	0.023
Machines d'extraction . . .	0.0227	0.093	0.157	0.068
Idem d'épuisement	0.1735	0.715	0.307	0.157
Réparations des bâtiments. .	0.0535	0.221	0.078	0.006
Direction et surveillance . .	0.0341	0.143	0.220	0.130
Redevances à l'État	0.1094	0.452	0.525	0.348
Idem aux possesseurs du sol.	0.0044	0.018	0.016	0.023
Dommages causés aux propriétés	0.0246	0.101	0.110	0.089
Frais de l'administ. des mines.	0.0116	0.048	0.046	0.049
Caisse de prévoyance. . . .	0.0128	0.053	0.062	0.036
Frais extraordinaires. . . .	0.0451	0.186	0 222	9.051
Totaux.	1.2988	5.364	5.806	3.502

Observations. Tous les frais des travaux préparatoires effectués pendant la période qu'embrasse le prix de revient entrent dans ce dernier. Le mineur allemand n'établit pas d'amortissement pour cet objet ; il en est de même de l'usure des outils et des ustensiles. Le charbon consommé dans l'établissement est déduit de l'extraction.

La fourniture d'huile incombant aux ouvriers, la somme portée aux prix de revient ne peut être que fort minime.

La moyenne des charbons maigres est, de même qu'en Belgique, moins élevée que celle des charbons gras et demi-gras. Cette circonstance résulte non-seulement des mêmes causes, mais, en outre, de ce qu'une grande partie des premiers, étant extraits par galeries, permettent à l'exploitant de se soustraire aux frais des machines d'extraction et d'épuisement. Enfin, la moyenne des prix de revient de tout le district est plus rapprochée des houilles grasses que des maigres, parce que les dernières sont extraites en quantités beaucoup moindres que les premières.

Il y a 15 ou 16 ans les prix de revient des districts de Saarbrücken étaient compris entre fr. 5.90 et 4.40 l'hectol. Actuellement, par suite de l'augmentation des salaires, ces prix se sont élevés à fr. 5.40. Tel est également le coût du charbon dans les bassins de la Wurm et de la Basse-Silésie. Les exploitants de la Haute-Silésie les produisent à un prix légèrement inférieur.

Le tableau suivant fait connaître, pour quelques-unes des principales mines du district d'Essen, le rapport de la houille abattue à la consommation de diverses substances.

DÉSIGNATIONS.	SCHÖLER-PAD.	HAGEN-BECK.	HELENA.	GRAF BEUST.	SAELZER UND NEUACK.
Bois. Mètres cubes.	1068	890	956	1124	1215
Fer . . . Kilog.	2890	1659	8107	2816	9974
Poudre. . . »	210	2210	1750	940	594
Huile de navette.Lit.	4609	8552	5860	4525	7577
Idem de baleine. »	143	56	»	84	101
Suif . . . Kilog.	405	153	287	239	194
Goudron . . »	12	106	52	18	»
Chanvre . . »	610	169	262	101	42
Extraction. . hect.	303,833	577,960	404,061	455,409	552,552

Moyenne de la consommation du bois dans les bassins carbonifères de la Prusse (1).

DISTRICTS.	BOIS EMPLOYÉS POUR 100 M⁵ DE HOUILLE.	PRIX DU MÈTRE CUBE.	COUT PAR HECTOLITRE.
	M⁵.	francs.	francs.
Essen-Werden.	1.97	57.80	0.074
Bochum.	5.02	27.25	0.082
Saarbrücken	1.75	19.55	0.054
Haute-Silésie	5.55	9.58	0.052
Basse-Silésie	4.96	8.48	0.042
La Saale.	2.48	58.58	0.095
Tecklenbourg	2.57	20.25	0.112
Moyennes	2.87	23.07	0.067

980. *Bassins anglais.*

Sud du Pays de Galles.

Voici, d'après le *Journal des Mines* (2) anglais, le prix de revient de la tonne de houille du sud du Pays de Galles, dont le poids est de 1197 kil.

(1) *Die Bergwerke in Preussen*, page 78.
(2) *Mining-Journal*, novembre 1846.

	TONNE	
	GALLOISE.	MÉTRIQUE.
Abattage de fr. 1.97 à 2.29 ; moyenne . fr.	2.280	fr. 1.905
Transport à l'intérieur . . . . . . »	0.416	» 0.347
Travaux accessoires . . . . »	0.832	» 0.695
Boisages . . . . »	0.104	» 0.087
Entretien des puits et des galeries . . »	0.312	» 0.260
Dépenses diverses ; frais extraordinaires. »	0.324	» 0.271
Frais généraux. . . . . »	0.234	» 0.195
Royalty . . . . »	1.250	» 1.044
	fr. 5.752	fr. 4.804
Transport au rivage . . . . fr.	1.432	fr. 1.197
Way-Leave (droit de passage). . . . »	0.313	» 0.261
Frais d'embarquement . . . . . . »	0.634	» 0.530
	» 2.379	» 1.988
Prix de la houille mise en bateau. . . fr.	8.131	fr. 6.792

Frais d'extraction. / Transport extérieur.

District de Newcastle.

Les prix de revient de ces localités sont divisés en deux catégories, suivant qu'ils ont pour objet des houilles tendres ou dures (*soft or hard coal*), les frais d'arrachement des premiers étant ordinairement à ceux des seconds comme 2 est à 3 (1).

Les données suivantes expriment la moyenne approximative des prix de revient des houilles tendres pendant le cours de l'année 1853, époque de salaires assez élevés. Ces prix se rapportent à la tonne anglaise (1015.6 kil.), qui peut être confondue avec la tonne métrique.

(1) Les charbons tendres comprennent les combustibles propres à la forge et à la fabrication du gaz (*caking or gas coal*).

Travaux intérieurs (*Underground*).	Arrachement de la houille . . . fr. 0.030	
	Transport intérieur . . . . . » 0.467	
	Percement de galeries. . . . . » 0.107	1.947
	Travaux divers . . . . » 0.196	
	Surveillance . . . . » 0.147	
Travaux du jour (*Aboveground*).	Extraction. . . . . » 0.198	
	Épuisement . . . . » 0.080	
	Criblage et nettoyage . . . . . » 0.032	0.666
	Chargement des wagons . . . . » 0.037	
	Travaux professionnels . . . . » 0.275	
	Surveillance . . . . » 0.024	
Consommations (*Materials employed*).	Bois. . . . . » 0.284	
	Huiles et graisses . . . . . . » 0.140	0.693
	Objets divers. . . . . » 0.269	
Frais divers (*Miscellaneous expences*).	Direction . . . . » 0.220	
	Royalty . . . . » 0.572	
	Frais extraordinaires . . . . . » 0.037	0.857
	Maisons d'ouvriers . . . . . . » 0.003	
	Service médical . . . . » 0.003	

Totalité des frais jusqu'à la margelle des puits , fr. 4.163

Les charbons durs coûtant. . . . . fr. 5.940
La moyenne est de . . . . » 5.031
Transport au bateau et *Way-Leave* . . . . » 1.875

Total. . . . fr. 6.926

M. Buddle évaluait le prix des houilles mises en bateau à 15 ou 25 schellings par chaldron de Newcastle, c'est-à-dire de fr. 6.25 à 10.40.

M. le sous-ingénieur Chaudron porte à fr. 2.72 seulement le coût de la tonne dans une mine de houille de ces districts. Mais l'exploitation dont il parle se trouve, ainsi qu'il le dit lui-même, dans des conditions exceptionnelles, tant par les circonstances de gisement et par la nature tendre de la houille, que par la manière dont les travaux intérieurs sont établis. Ce prix ne peut donc être regardé que comme l'expression d'un minimum.

981. *De l'unité de mesure employée pour la vente de la houille.*

Dans la province de Liége, le combustible est divisé en deux classes, d'après le volume des fragments dont il est formé. Les plus gros portent le nom de *houille*; le menu, dans lequel restent tous les morceaux dont le poids n'excède pas 5 kilogrammes, est appelé *charbon*.

Sur la rive gauche de la Meuse, l'unité de mesure pour la vente est le *coffre*, caisse parallélipipédique dont la contenance, autrefois de 15 hectolitres (1 1/2 stère), est actuellement de 18 et même de 20. La ville est alimentée par des voituriers conduisant le combustible dans des tombereaux plus ou moins combles, suivant l'abondance ou la rareté de la houille. L'unité, sur la rive droite, est la voiture dite de Meuse, contenant 24 hectolitres.

Les agents préposés à la vente pour surveiller l'exactitude de la mesure portent le nom de *Maculaires*.

Le combustible, dans le district de Charleroi, se divise en trois classes. Les plus gros blocs, triés à la main, portent le nom de *gros* ou de *houille*; le reste forme du *tout venant*, divisé, lorsque le commerce l'exige, en *gailletteries* et en *menu*.

L'unité de mesure pour la vente aux fosses est la brouette, dont la contenance est de 4 hectolitres plus ou moins combles. Sur les canaux, c'est la tonne métrique; mais l'exploitant se dispense de peser la houille en se fiant à la jauge officielle des bateaux, qui cependant n'est pas toujours exacte, quoique vérifiée par les employés du gouvernement.

Le personnel attaché à la surveillance de la vente

consiste en *agents de fosses*, en *tireurs-vendeurs* et en *tireurs-contrôleurs*.

La division des produits, dans les mines du Centre du Hainaut, est analogue à celle de Liége. L'unité de mesure pour la grosse houille est le *mille* (1000 livres ou 500 kil.); le pesage s'effectue, sur des balances ordinaires, par pesées de 250 kilogrammes. Celle du menu gailleteux est l'hecto-litre, vase cylindrique en tôle, en bois, et plus généralement en osier, dont les dimensions sont : hauteur, 0.51 mètre; diamètre, 0.50 mètre.

Quatre ou cinq hectolitres, suivant les localités, forment un *muid*.

Le mesurage de la houille et son chargement sur les voitures s'effectuent, par les ouvriers mineurs, dans l'inter-valle de leurs travaux ; ils reçoivent de l'acheteur une indemnité de fr. 0.05 par hectolitre de menu gailleteux, et de fr. 0.25 par mille de gros.

Les surveillants de la vente, appelés *gardes-mesure*, reçoivent un salaire fixe et une indemnité sur le produit du mesurage.

La classification du charbon, dans les mines du Couchant de Mons, est la suivante : les *gaillettes* sont les plus gros blocs triés à la main ; les *gailletteries*, composées de fragments dont le poids varie entre 0.5 kilog. et 5 kilog. ; les *fines*, qui traversent les claies dont les barreaux sont écartés de 0.03 mètre ; enfin, les *forges gailleteuses* sont un mélange de ces trois qualités dans des proportions don-nées. C'est ainsi qu'elles sont au cinquième lorsqu'elles con-tiennent 3/5 de fines, 1/5 de gaillettes et 1/5 de gailletteries.

Les *chefs de place* surveillent la vente aux fosses.

Dans cette localité, de même que dans toute la Belgique, les expéditions par bateaux se font à la tonne métrique.

En France, l'hectolitre et la tonne métrique sont les

unités de mesure presque généralement admises. Il existe toutefois quelques mesures locales dont le bassin de Saint-Étienne fournira un exemple.

Dans cette contrée, le charbon est divisé en *pérat* ou gros fragments ; en *chapelé* ou *grêle*, morceaux moins gros, et en *menu*, composé des plus petits fragments.

La vente se fait à la benne, dont le poids est :

Pour le pérat,   150 kilog. ⎫
Pour le chapelé, 120   »   ⎬ Moyenne, 125 kilog.
Et le menu,   106   »   ⎭

En Prusse, la vente de la houille donne ordinairement lieu à trois classes de produits : la grosse houille (*Stücke*), le menu gailleteux (*Grus mit Brocken*), et le charbon tel qu'il sort du puits (*Melirte*).

L'unité de mesure pour la vente est le *Scheffel*, équivalant à 54.9 litres, et la tonne de 4 scheffels, 219.7.

Le district de Saarbrücken forme une exception : le *Fuder* (30 quintaux de Prusse, ou 1543.8 kilog.), généralement en usage, est une mesure correspondant à 17.5 hectolitres.

Dans le nord de l'Angleterre, les charbons sont passés au crible ; les barres en sont écartées de 0.01 mètre, pour les produits secs, et de 0.03 lorsqu'ils sont humides. Quelquefois la houille est vendue telle qu'elle sort de la mine. Dans les grandes exploitations, la vente a lieu au *chaldron*, contenant 53 quintaux anglais (1), ou 3003 kil. (environ 57 hectolitres). Cette mesure se rapporte aux charbons expédiés pour Londres. La vente au détail se fait au *Bushel* (mesure de Winchester), vase cylindrique

_____

(1) Dans l'achat des marchandises encombrantes, le quintal est de 120 à 125 livres, et non de 112, poids légal.

dont les dimensions doivent être les suivantes : diamétré, 0.495 mètre ; hauteur, 0.203 mètre. Lorsque le vase est comble, sa contenance approximative est de 47.7 litres.

Dans le Lancashire, l'unité de mesure est la tonne anglaise. Il en est de même dans le Staffordshire et le Shropshire, où les charbons sont divisés en gros (*Coals*); intermédiaires (*Lumps*), et en menu (*Slack*). Dans le Yorkshire et la partie limitrophe du Cumberland on emploie le *Load*, contenant 3 bushel, ou 1.45 hectolitre.

Les mineurs gallois se servent, pour les exportations, d'une mesure appelée *Wey*, qui dérive du bushel.

56 bushel forment un chaldron, ou 18.3 hectolitres ;

6 chaldrons forment un wey, ou 109.8 hectolitres ; considérés comme formant un poids de 10 tonnes (10156.5 kilogrammes).

Le lecteur voit, d'après ce qui précède, que la houille est vendue à l'unité de mesure ou à l'unité de poids. Ces deux modes sont presque autant en usage l'un que l'autre, quoique les inconvénients, les abus et même les fraudes inhérentes à la mesure de capacité soient, pour les acheteurs comme pour les vendeurs, un motif de préférer le dernier de ces systèmes.

982. *Valeur relative des différentes espèces de houille.*

Les charbons doivent être divisés suivant les usages auxquels ils conviennent et suivant l'effet qu'ils peuvent produire. Ainsi, les houilles grasses sont plus ou moins propres à la fabrication du coke et donnent un rendement différent ; d'autres, appliquées aux travaux de la forge, sont plus ou moins capables de former la voûte. Parmi les houilles demi-grasses employées pour le chauffage domestique, les unes laissent pour résidu des cendres blanches qui, en raison de leur extrême légèreté, se répandent dans les appartements, qu'elles salissent ; d'autres, dont les cendres sont brunes et fort pesantes, n'offrent pas cet inconvénient. Les différentes couches produisent des blocs en quantité variable, circonstance à laquelle le consommateur s'attache fortement. Enfin, parmi les charbons maigres, les uns possèdent plus de carbone que les autres et sont plus propres, par ce fait, à la cuisson des briques et de la chaux, puisque l'emploi d'une quotité moindre de combustible permet de produire un résultat semblable à celui qu'il serait possible d'obtenir d'une autre couche également maigre.

Dans ces circonstances, il n'y a pas d'inconvénient à classifier les divers charbons d'une même catégorie et de désigner, par exemple, ceux qui sont propres au coke, en leur appliquant l'épithète de première, de seconde et de troisième qualité, parce que, destinés au même usage et par conséquent comparables entre eux, ils offrent plus d'avantages les uns que les autres. Mais, accoler cette dénomination à l'ensemble des houilles grasses, demi-grasses et maigres, lorsqu'aucune comparaison n'est possible entre des combustibles dont les propriétés sont entièrement différentes, est un usage à faire disparaître dans l'état actuel des sciences industrielles.

Cet abus, au moins quant à la Belgique, dérive probablement de ce que l'exploitation des houilles maigres est plus facile et moins coûteuse que celle des houilles grasses ; en outre, ces dernières, en moins grande quantité, sont plus recherchées depuis le moment où l'industrie métallurgique a reçu de si grands développements ; et surtout de ce que les consommateurs, les jugeant d'après la manière dont elles se comportent dans les foyers domestiques, se donnent le tort de les classifier d'une manière absolue. Tous les combustibles, quelle que soit leur nature, sont bons lorsqu'ils sont appliqués avec discernement à l'usage auquel ils sont propres ; ils sont désavantageux dans le cas contraire ; car, si la houille maigre est impropre à la fabrication du coke, elle est aussi la plus convenable pour la cuisson des briques et de la chaux. Les brasseurs n'obtiendraient que de mauvais résultats de l'emploi du charbon de forge pour la torréfaction des grains, et la houille propre au coke serait détestable à faire brûler sur des grilles de machines à vapeur, qu'elle encrasserait et finirait par obstruer. Donc les houilles doivent être classées d'après l'opération industrielle à laquelle elles se rapportent ; puis, dans chaque division générale, elles doivent porter la désignation de 1re., 2°. et 3e. qualité, relativement à l'effet utile que produisent les diverses variétés dans des opérations industrielles identiques.

CHAPITRE VIII.

APPLICATION DU CALCUL A L'ART DES MINES.

PREMIÈRE SECTION.

INSTRUMENTS ET RELEVÉ DANS LA MINE.

983. *Utilité des plans de mine.*

La représentation exacte des travaux souterrains est in-dispensable pour le mineur désireux de se maintenir dans le périmètre qu'il lui est permis d'exploiter ; c'est le seul moyen de se prémunir contre les dangers de porter ses excavations en dessous d'édifices d'une grande valeur, dont il pourrait compromettre l'existence, et d'éviter par là des procès longs et coûteux ; de se tenir en garde contre d'anciens travaux inondés ou infestés de gaz délétères ; en un mot, d'éviter l'attaque des points dangereux renfermés entre les limites d'une concession. Ce procédé le dispense de rapporter à la surface les relevés faits à l'intérieur ; opérations longues par elles-mêmes et qu'il faut toujours recommencer en partant du point initial. Seul il peut donner une idée exacte de l'allure des stratifications, de la position et de la direction des dérangements; de l'aménagement de la couche et des procédés employés pour l'exploiter. Les plans seuls peuvent faire apprécier d'un coup d'œil la manière dont l'aérage a été conduit, les différentes circonstances du transport et indiquer les moyens de diminuer son parcours; car toutes ces opérations exigent la connaissance de l'intégrité des travaux, et ce n'est pas en les parcourant qu'il parvient à en saisir l'ensemble, mais en consultant les plans généraux et les plans de détail.

Un travail effectué dans un milieu obscur, dans des positions incommodes et dans des excavations qui, par leurs innombrables sinuosités, ne peuvent être aperçues que successivement et les unes après les autres, rendent le levé des plans de mine beaucoup plus difficile que celui des plans de la surface.

984. *Angles et lignes à mesurer.*

Une mine de houille se compose d'une série d'excavations ascendantes, descendantes et de niveau, la plupart du temps sinueuses et à sections variables. Lorsque le géomètre se propose d'en reproduire l'image réduite ou d'acquérir les données nécessaires pour exécuter un percement, il considère ces sinuosités comme des lignes brisées, en coïncidence avec l'axe des galeries et comprenant entre elles des angles dont la graduation est fort variée. Le sommet de chacun de ces angles, dépendant en grande partie du choix de l'opérateur, est le point où il installe son instrument et qu'il désigne sous le nom de *station* (1).

---

(1) Ce terme se rapporte également à la distance comprise entre deux haltes consécutives,

Pour déterminer la position de ces diverses lignes, il les rapporte à deux plans fixes et il mesure successivement :

1°. Leur longueur, ou la distance qui sépare deux stations consécutives.

2°. La direction, c'est-à-dire l'angle compris entre la projection des lignes et un plan vertical fixe, ou entre deux lignes en contact.

3°. L'inclinaison ou l'angle que forment les lignes et le plan horizontal.

Si la galerie a été percée en ligne droite, la longueur, n'étant limitée que par la distance à laquelle la lumière cesse d'être visible, peut être assez considérable ; mais, si l'axe de courbure de la galerie a été tracé avec un petit rayon, les lignes sont d'autant plus courtes que la direction change plus brusquement.

La direction se mesure à l'aide d'une boussole, d'un graphomètre ou d'un théodolite souterrain. L'inclinaison est déterminée par un demi-cercle gradué indépendant de ces instruments ou lié avec eux.

On choisit ordinairement, pour station initiale ou point de départ général des opérations, le centre ou le bord d'un puits d'extraction. Les opérations partielles ont aussi leur point de départ particulier, qui n'est autre que le point d'arrivée du dernier levé, dont la position doit toujours être facile à retrouver. Souvent un carrefour de la mine, l'intersection de deux galeries ou des entailles faites sur des bois de revêtement, etc., servent à faire reconnaître ces points de repère.

Le géomètre en possession des trois éléments ci-dessus indiqués pour toute l'étendue de la mine, se trouve en mesure d'en dresser le plan et les coupes, c'est-à-dire de projeter les diverses lignes sur un plan horizontal et

sur un ou deux plans verticaux ; car le premier et le
dernier de ces trois éléments donnent lieu à un triangle
rectangle, dans lequel sont connus l'un des angles aigus
et l'hypothénuse, ou la distance comprise entre deux stations. Le second élément, ou la direction, détermine la
position du triangle dans l'espace.

Il ne doit pas négliger, pendant ces opérations, de
prendre note des circonstances les plus remarquables ; les
unes figureront sur le dessin, et les autres seront inscrites
sur un registre consacré à cet objet.

985. *Observations à recueillir.*

L'ingénieur mesure la section des galeries ; il indique
leur mode de revêtement et prend la hauteur des tailles
ou des divers gradins. Il mesure, en passant, la largeur des
crains, des failles, des étranglements et des autres accidents, dont il relève la direction. Il tient note des diverses stratifications traversées par les puits et les galeries
à travers bancs ; de l'épaisseur des schistes et des grès ;
de la puissance et de l'inclinaison des couches ; de leur
composition, c'est-à-dire de la qualité de la houille qu'elles
renferment, du nombre de lits dont elle est formée, du
nombre et de l'épaisseur des intercalations schisteuses ou
autres ; de la nature de ses produits : si elle tombe en
fragments ou en menu ; de l'état de l'aérage et de l'affluence
du gaz ; des coups de sonde, de leur longueur et de leur
direction ; des points où se dénotent les venues d'eau ; de
l'époque où elles ont jailli et de l'augmentation ou de la
diminution de leur volume.

Il s'assure de la nature solide ou éboule du toit ; s'il
contient des cloches ou s'il s'affaisse seulement ; il constate
si les écrasées se font par larges plaques ou par menus
fragments, et le degré de résistance que peuvent offrir des

bois d'un équarrissage donné. Le mur attire également son attention ; il observe s'il se gonfle et se soulève ; il indique la profondeur dont il doit être entaillé pour donner aux galeries une hauteur suffisante. Il consigne les motifs de l'abandon des tailles arrivées à la limite de la concession, arrêtées par un dérangement qu'il croit ne pas devoir percer, ou, enfin, parvenues en-dessous d'édifices dont il craint de compromettre la solidité. Il n'oublie pas d'indiquer les époques du dégagement plus ou moins abondant de gaz grisou ; en un mot, il tient note exacte de toutes les circonstances dont il importe, dans l'intérêt futur de l'exploitation, de conserver le souvenir.

986. *Mesure des lignes.*

La distance comprise entre deux stations se mesure parallèlement au sol de la galerie ou immédiatement sur ce dernier. L'instrument le plus généralement employé est une chaîne en laiton (1) dont la longueur est de 10 mètres, y compris les deux poignées attachées aux extrémités. Elle est composée de 50 mailles principales ; chaque mètre est indiqué par un anneau rond et le milieu de la chaîne par un petit appendice. Les fractions au-dessous de 0.20 mètre sont appréciées à l'aide d'une règle divisée en centimètres.

Lorsque les distances à mesurer sont fort grandes, le géomètre emploie des fiches, comme le font les arpenteurs travaillant à la surface du sol.

Les chaînes présentent l'avantage de ne pas changer de longueur par suite des alternatives de sécheresse et d'humidité ; mais les petits anneaux circulaires qui réunissent les

(1) La boussole rend indispensable l'emploi de ce métal. D'autres instruments permettent l'usage de chaînes en fer.

grandes mailles, sujets à se replier sur ces dernières, rac-
courcissent la mesure. Ces repliements, désignés en Belgique sous le nom de *voleurs*, sont prévenus par l'emploi
de deux ouvriers (1) dont l'un marche en avant en tirant
la chaîne, tandis que le second, en la faisant passer tout
entière dans sa main, reconnaît ainsi au contact si un
anneau est replié sur une maille, et le remet en place. Ces
altérations se renouvellent chaque fois que la chaîne a été
accumulée sur elle-même ; mais si la disposition des lieux
permet de la tenir tendue, les voleurs ne sont pas à craindre.
L'opérateur a le soin de vérifier de temps en temps l'exactitude de sa mesure, et d'examiner attentivement si quelque
maille n'a pas été courbée par l'usage, ce qui tendrait
également à exagérer la longueur des lignes. Enfin, il reste
en arrière pour jalonner son instrument et la lumière
placée à la station suivante, afin de prévenir les porte-
chaînes s'ils s'écartent de la ligne droite comprise entre les
deux points.

Les opérations destinées à déterminer les percements
exigeant un plus grand degré d'exactitude, il convient
de substituer à la chaîne des règles en bois d'une longueur
déterminée et en nombre suffisant pour mesurer toutes
les lignes. L'opérateur est pourvu de deux broches en
cuivre de diamètres égaux, qu'il fait enfoncer dans le sol
des deux stations et entre lesquelles il fait poser les règles
bout à bout, en suivant une ligne rigoureusement droite.
Chacune d'elles est comptée pour sa valeur et l'excédant
se mesure avec une autre règle plus petite divisée en
centimètres, sans oublier d'ajouter au total le diamètre de
l'une des broches.

La méthode allemande consiste à tendre parallèlement

_____

(1) Les chefs d'ateliers sont ordinairement chargés de ces fonctions.

au sol un cordeau fixé aux boisages, en choisissant autant que possible les points d'attache alternativement sur les deux parois de la galerie. Une règle sert ensuite à mesurer la longueur comprise entre les deux points. Les cordeaux en chanvre sont d'un bon usage, mais la soie est préférable en ce que, plus solide, elle peut être tendue plus fortement; la courbure en devient ainsi moins sensible.

987. De la boussole à pied.

Cet instrument, appliqué à la mesure des angles de direction, est fondé sur la propriété de l'aiguille aimantée. Celle-ci, dont la direction vers un point voisin des pôles de la terre est constante, détermine la position d'un plan vertical fixe auquel se rapportent toutes les directions partielles des galeries. La boussole ordinaire (fig. 5 et 6, pl. LXXV) est formée d'une boite carrée en bois AB contenant un limbe C argenté mat, afin d'éviter la réverbération de la lumière et de faciliter ainsi la lecture des degrés. Le diamètre du limbe est de 0.12 à 0.15 mètre; la circonférence en est divisée en degrés et quelquefois en demi-degrés. La division en 360 est la plus usitée; mais il est plus commode d'employer la division décimale en 400 degrés, quand ce ne serait que pour pouvoir reconnaître immédiatement dans quel quart de cercle se trouve l'aiguille au moment de l'observation. Un pivot fixé au centre du limbe reçoit une aiguille aimantée $m\,n$, mobile, convenablement équilibrée et dont on a eu le soin de bleuir l'extrémité septentrionale n, en laissant blanche la partie opposée m, qui se dirige vers le sud.

La chappe conique ménagée vers le centre (1) de gravité de l'aiguille contient une parcelle de cornaline, d'agate, de grenat ou mieux de calcédoine. Le poli dont ces pierres sont susceptibles atténue les frottements et empêche l'aiguille de devenir *paresseuse*. Le dessus de la boîte est percé d'une ouverture circulaire fermée à l'aide d'un verre; celui-ci est maintenu en place par un anneau de métal *d d* faisant ressort contre les parois. Pour empêcher l'aiguille de se détériorer pendant les fréquents changements de place auxquels est exposé l'instrument, il suffit d'en prévenir les oscillations en soulevant une tige d'arrêt *e*, à l'aide d'une petite vis *f* dont la tête se trouve au-dessous ou au-dessus de la boîte; un disque, fixé à l'extrémité de la tige, enveloppe le pivot, et quelques tours de vis, forçant la chappe à s'élever, appliquent l'aiguille contre la glace. En desserrant la vis, l'aiguille reprend sa liberté et se place dans le méridien magnétique.

Sur l'un des côtés de la boîte est installée une lunette ou une alidade *g h*, à laquelle est attaché un demi-cercle en laiton *k k*, divisé en deux fois 90 degrés, à partir du point marqué par le fil à plomb, lorsque le diamètre est de niveau. Ces deux objets, solidaires l'un de l'autre, peuvent se mouvoir simultanément, mais seulement suivant un plan vertical. Enfin, une aiguille *i*, libre à son point de suspension, c'est-à-dire au centre du cercle, joue le rôle de fil à plomb. Lorsque le rayon visuel, dirigé par la lunette ou l'alidade, est horizontal, l'aiguille se place sur le 0 du demi-cercle; lorsqu'il s'abaisse ou s'élève, l'aiguille indique le nombre de degrés compris par l'angle d'inclinaison du sol de la galerie.

(1) L'attraction magnétique force, dans nos climats, la partie nord de l'aiguille à s'incliner vers l'horizon. Pour résister à cette tendance, il convient d'augmenter le poids de sa partie blanche.

g', h' représentent les deux extrémités de l'alidade ; chacune d'elles est percée de deux trous : l'un, fort petit et rond ; l'autre, carré avec deux fils en croix. Cette disposition permet de diriger à volonté le rayon visuel en avant ou en arrière sans retourner la boussole.

Une douille o attachée à la boîte sert à fixer cette dernière sur un trépied de faible hauteur, afin de pouvoir installer l'instrument dans les plus petites galeries. Un genou permet de ramener la boussole dans un plan horizontal.

La notation de la boussole est essentielle à observer, car elle se fait de deux manières. La ligne $N S$ (*Nord*, *Sud*), tracée sur le limbe parallèlement à l'axe optique de l'alidade ou de la lunette, est recoupée à angle droit par une autre ligne indiquant l'est et l'ouest du méridien magnétique. Si l'observateur tient la boussole en plaçant le point S contre sa poitrine et le point N en avant, E pourra se trouver à la droite et O à la gauche ; alors les degrés comptés en marchant du nord à l'est, puis au sud et à l'ouest, c'est-à-dire suivant la marche du soleil, constituent la *notation directe*. Mais si le point E se trouve à gauche et O à droite, c'est-à-dire s'ils sont placés en sens inverse de la position réelle des points cardinaux, et si l'accroissement du nombre des degrés a lieu de droite à gauche, la *notation* est *inverse*.

Le sens de la graduation n'influe en rien sur l'exactitude ou la promptitude des opérations, car l'invention de la notation inverse n'a eu d'autre objet que d'obtenir directement et à première vue la désignation des directions cherchées. Par exemple, si, dans une boussole annotée directement, l'aiguille indique 320 degrés à l'ouest du méridien magnétique, la vraie direction sera le complément à 360, outre le renversement du point cardinal, et l'opérateur devra lire 40° à l'est, comme cela arrive par l'effet de la no-

tation inverse. Il est facile de se rendre compte de cette
anomalie : l'aiguille aimantée restant toujours dans le plan
du méridien magnétique pendant les différentes évolutions
auxquelles est soumis le limbe gradué, les notations indiquées ne sont pas l'expression de la place qu'elle occupe,
mais bien de la valeur de l'angle du méridien et de la
direction cherchée ; or, que l'origine de la numération soit
le point N ou l'extrémité bleue de l'aiguille, c'est une circonstance indifférente, si toutefois l'observateur attribue à
celle-ci ce qu'indique le premier, c'est-à-dire 360° ou 400°,
et au point N le nombre de degrés de l'aiguille. Tels sont
les motifs de la commodité de l'inversion.

988. *Boussole à suspension de Cardan* (1).

La boussole ordinaire offre quelques inconvénients que
les constructeurs ont cherché à faire disparaître dans ces
derniers temps. Le principal consiste dans la difficulté
de placer le limbe suivant un plan horizontal et dans le
temps perdu pour cette opération sans cesse renouvelée et
toujours imparfaite. Pour porter remède à cet inconvénient,
M. Lambert a appliqué aux boussoles portées par un trépied le procédé de suspension de Cardan, appliqué depuis
longtemps aux boussoles marines et aux boussoles suspendues dont les Allemands se servent pour le levé des plans
souterrains.

La boîte circulaire AB pivote sur deux pointes m,n,
prolongement de la ligne OE, et qui pénètrent dans un

(1) L'idée première de cette disposition appartient à M. LAMBERT,
aspirant-ingénieur au corps royal des mines. L'exécution et les perfectionnements de détails, sont dus à M. DEHENNAULT, constructeur
d'instruments de mathématiques, à Fontaine-l'Évêque.

cercle concentrique GF ; celui-ci, également mobile sur deux pivots f,g, disposés suivant la ligne NS, repose sur une pièce arquée $IJJ'K$. A la boîte est attachée une masse en laiton M destinée à porter le centre de gravité du système au-dessous des points de suspension. Deux alidades, ab, cd, superposées et ajustées sur le côté du cercle extérieur FG parallèlement à la ligne NS, entraînent dans leur mouvement un demi-cercle d'inclinaison LO muni d'un fil à plomb P. La figure 3 représente les extrémités des alidades percées chacune de deux ouvertures, afin de viser en avant et en arrière sans retourner la boussole.

Un contre-poids Q dont on peut faire varier le centre de gravité maintient le système en équilibre. Par suite de cette disposition, si le centre de gravité de la masse se trouve dans l'axe de support de l'aiguille, la boîte, quelle que soit la position de l'instrument, est toujours dans un plan horizontal, tandis que le limbe d'inclinaison reste constamment vertical. Le cercle, formant châssis, est supporté par deux branches arquées et réunies, en-dessous du centre de l'instrument, sur une douille V que reçoit le trépied.

La mobilité de cet appareil ne permettrait pas de pointer avec l'alidade, s'il n'était muni d'une vis qui, s'appuyant sur un étrier h, établit une liaison entre le cercle extérieur et la pièce arquée. La vis de pression o sert à empêcher les mouvements d'oscillation de la boîte dans son transport d'une station à la suivante.

Cette boussole est d'un excellent usage ; l'auteur de ces lignes a employé l'une des premières qui soient sorties de l'atelier M. Dehennault, et il l'a toujours trouvée très-convenable sous le rapport de la promptitude, de la facilité et de l'exactitude des résultats.

989. *Emploi des instruments ci-dessus décrits.*

Le centre de la station est marqué par une broche en
cuivre implantée dans le sol, par une petite pierre ou par
tout autre objet d'un petit volume que l'opérateur fait coïncider, à l'aide d'un fil à plomb, avec le centre du limbe (1);
il oriente la boussole en mettant la ligne NS parallèlement à l'axe de la galerie et le point N, ou 360°, en avant,
afin que l'alidade ou la lunette se trouve à sa droite.

S'il emploie une ancienne boussole, il établit le limbe
de niveau aussi bien que cela lui est possible. S'il opère
au moyen d'une boussole perfectionnée, il relâche la vis
d'arrêt et la boite se place spontanément suivant un plan
horizontal. Dans les deux cas, il vérifie si l'aiguille ou
le fil à plomb du demi-cercle d'inclinaison marque 0°.
Pendant ce temps, l'un des servants, après avoir pris la
hauteur de l'alidade au-dessus du sol, s'est porté à la
station suivante, où il a placé un bâton dans une position
verticale et appliqué une lampe à la hauteur voulue. Alors
l'opérateur braque la lunette et cherche à amener l'objet
lumineux dans le champ de celle-ci, ce qui exige quelque
peu d'adresse et de pratique. Ordinairement il y parvient
en éclairant l'extrémité antérieure de l'alidade; mais ce
procédé est sujet à des difficultés et à des lenteurs. Celui

---

(1) Dans le but d'éviter les erreurs d'excentricité, on peut faire
coïncider le centre du cercle d'inclinaison avec la broche indica-
trice de la station; mais il faut en même temps orienter la boussole,
c'est-à-dire diriger l'alidade vers la lumière et disposer les choses
de telle façon qu'un faible mouvement de l'instrument suffise pour
amener le rayon visuel sur la station suivante; un peu d'expérience met l'opérateur à même de se placer convenablement du
premier coup.

qui écrit ces lignes a trouvé plus convenable de faire tourner l'instrument avec lenteur en lui conservant sa position horizontale, jusqu'à ce que le reflet de la lumière placée à la station suivante produisit une ligne lumineuse sur la lunette ou sur l'alidade, dont la surface supérieure avait été préalablement bien polie ; comme, dans cet instant, ces objets se trouvaient à peu près dans le plan vertical de la lampe sur laquelle était dirigé le rayon visuel, il suffisait de faire pivoter la lunette pour que le point lumineux tombât dans son champ, où il était fixé à l'intersection des deux fils de l'objectif.

Le géomètre lit successivement les degrés d'inclinaison sur le demi-cercle, et ceux de direction qu'indique la partie bleue de l'aiguille ; il apprécie à la vue les demis et même les quarts de degré ; puis il fait procéder à la mesure de la longueur comprise entre les deux stations. Après chaque observation, et avant de déplacer l'instrument, il a le soin de serrer l'aiguille contre le verre, en la soulevant au moyen de la vis de pression.

Lorsque le point de départ est un puits, l'impossibilité d'y placer la boussole le force à commencer par la 2ᵉ. station , qu'il rattache à la première par *un coup d'arrière.* Pour cela, il vise sur une lumière installée au centre du puits en agissant en tout contrairement à ce qu'il aurait fait si le coup eût été direct ; ainsi l'alidade est placée à gauche pour lire la graduation sur la partie bleue de l'aiguille, ou à droite pour lire la valeur de l'angle sur la partie blanche. C'est à ce dernier moyen qu'il a recours pour les boussoles munies d'une lunette. Les degrés d'inclinaison se prennent également en sens inverse, et il applique l'indication *montante* à ceux qu'il trouve *descendants* et vice-versà.

Dans les travaux qui doivent se faire avec grande promptitude, il suffit de s'arrêter exclusivement aux stations paires; alors deux coups de boussole sont donnés; l'un en avant, l'autre en arrière, en agissant comme ci-dessus.

990. *De la boussole suspendue.*

Cet instrument (fig. 8 et 9, pl. LXXV), dont les Allemands se sont servis de temps immémorial pour le levé des plans de mine, se compose d'une boite en laiton ab pivotant dans un cercle concentrique cd et formant suspension d'après le mode de Cardan. Le cercle est lié avec un support demi-circulaire ABC en laiton; celui-ci, prolongé de chaque côté de la boîte, forme deux branches évasées mn qui se terminent à leur partie supérieure par deux crochets f, g recourbés en sens inverse l'un de l'autre. Le pli des deux crochets, les points d'attache du cercle et la ligne $N.S$ du limbe se trouvant dans le même plan quand l'instrument est suspendu au cordeau h, le cercle concentrique de la boîte forme un plan incliné parallèle à la ligne des crochets; et la ligne NS de la boussole, disposée horizontalement, s'installe parallèlement à la direction de la galerie. Le limbe est divisé en 24 heures; souvent aussi en deux fois 12 heures, de telle sorte que les divisions descendent du nord au sud de chaque côté du limbe. Les *heures du matin* sont situées à l'orient, et les *heures du soir* à l'Occident. Chaque heure est divisée en 15°; mais la subdivision de ceux-ci en demis ou en quarts de degrés dépend du diamètre du limbe.

Le demi-cercle d'inclinaison (fig. 7, pl. LXXV) est indépendant de la boussole. Il est muni d'un léger fil à plomb et se termine, comme le support de cette dernière, par deux crochets de suspension.

Le géomètre qui doit opérer avec ces instruments pro-
de la manière suivante : Il tend fortement un cordeau
entre deux points pris, autant que possible, sur les
parois opposées de la galerie et parallèlement au sol ;
il suspend par ses crochets le demi-cercle d'inclinaison
à deux points situés à égale distance des extrémités du
cordeau. Les angles observés sont sensiblement égaux à
ceux que forme l'horizontale et la tangente à la courbe
formée par le cordeau. La moyenne arithmétique de ces
angles exprime l'inclinaison de la distance sur le plan
horizontal.

Il passe alors à la détermination de la position du
plan du cordeau relativement au méridien magnétique.
Pour cela, il suspend la boussole en un point quelconque de ce cordeau avec l'attention de mettre en avant
le point N de la ligne NS. Lorsque les oscillations de
l'aiguille n'ont plus qu'une faible amplitude, il lit la valeur
de l'angle formé par le méridien magnétique et la direction du cordeau ; puis il mesure ce dernier avec une règle et
inscrit, comme ci-devant, toutes ces données sur un carnet.

Les boussoles de cette espèce ne sont, certes, ni commodes, ni expéditives ; les points d'attache manquent souvent
dans les mines, d'où les clous et les broches en fer doivent
être proscrits ; le cordeau, soumis à une forte tension,
se rompt fréquemment, et il faut une patience toute allemande pour supporter ces retards et ces contre-temps.

Quelques personnes regardent ce mode comme applicable
aux travaux exécutés dans les galeries fort basses ; mais
il est à observer que partout où un homme passe il est
possible d'installer une boussole à trépied de faible hauteur,
aussi facilement que de tendre un cordeau et y suspendre
les instruments.

991. *Causes d'erreurs provenant de l'emploi de la boussole.*

La boussole, malgré les reproches dont elle est depuis longtemps l'objet , est généralement admise pour le levé des plans et même pour la détermination des percements souterrains. Des ingénieurs fort distingués ont proposé à plusieurs reprises d'y substituer les graphomètres ou les théodolites souterrains ; mais les motifs de cette substitution sont-ils suffisants ? C'est ce dont il est permis de douter si l'on considère la multiplicité des opérations auxquelles le géomètre doit s'astreindre dans l'emploi des instruments proposés. Comme , d'un autre côté , il est possible , en prenant quelques précautions essentielles , d'anéantir plusieurs causes d'erreurs inhérentes à l'emploi de la boussole , et de tenir compte des autres pour en détruire l'effet par des corrections ultérieures , cet instrument offre , en définitive , une exactitude suffisante pour tous les cas qui se présentent dans les mines de houille. Enfin , son usage si commode , la promptitude et la simplicité des opérations lui feront nécessairement accorder la préférence dans la plupart des circonstances.

Les causes d'erreurs sont au nombre de quatre :

1°. Elles sont accidentelles et proviennent de la déviation de l'aiguille influencée par une clef, un couteau ou tout autre objet en fer que l'opérateur ou ses aides ont négligé de retirer de leurs poches ; par l'action attractive d'un outil abandonné sur la voie, d'une lampe suspendue aux parois, ou même d'un clou enfoncé dans un bois de la galerie ;

2°. Elles résultent de la construction défectueuse de l'instrument ;

3°. De l'influence des chemins de fer.

4°. Enfin, des variations auxquelles l'aiguille aimantée est soumise, suivant les années, les saisons, les heures de la journée et l'état plus ou moins électrique de l'atmosphère. Toutes ces déviations, sauf la dernière, sont régies par des lois bien connues.

La boussole peut se soustraire à la première cause d'erreur avec des précautions et de l'attention. Les moyens d'obvier aux autres sont l'objet des paragraphes suivants.

992. *Vérification de la boussole.*

Il est rigoureusement impossible que le constructeur fournisse des instruments exempts de tout défaut. L'opérateur doit donc étudier avec soin celui qu'il se propose d'employer; le rejeter si les imperfections reconnues ne sont pas de nature à être corrigées, et les observer avec soin lorsqu'il est possible d'en tenir compte.

Il recherche d'abord si la graduation du limbe est uniforme. Dans ce but, il prend entre les deux pointes d'un compas les cordes correspondantes à des arcs de 12, 15, 20, etc., degrés; il les applique sur toute la circonférence, à partir de 360 degrés; puis, reculant successivement le point de départ d'un degré à droite, il répète cette opération autant de fois qu'il se trouve de degrés compris dans l'arc déterminé par l'ouverture du compas. Les incorrections dans la graduation, quelque légères qu'elles soient, suffisent pour proscrire l'instrument; car non-seulement celui-ci ne peut servir si les résultats de l'observation doivent être soumis au calcul, mais encore ces erreurs, dénotant le peu de soin apporté dans sa confection, font pressentir l'existence d'autres défauts plus difficiles à constater.

Le géomètre observe le jeu de l'aiguille sur son pivot au moment où il en approche un morceau de fer. Il la juge dans de bonnes conditions si les oscillations en sont vives, rapides et régulières ; si leur amplitude décroit insensiblement et, enfin, si l'aiguille reprend exactement sa place primitive. Mais des oscillations lentes et paresseuses exigent qu'il en recherche la cause. Il examine, à l'aide d'un verre grossissant, la cavité conique de la chappe, dont il expose les parois à l'action des rayons de la lumière, afin de s'assurer si elles n'ont pas perdu leur poli ou si le fond de la cavité n'offre pas une surface trop grande. Dans ce dernier cas, quoique l'aiguille oscille fort bien, elle est exposée à changer à chaque instant de centre de gravité et cesse d'être comparable à elle-même. S'il ne trouve pas de défauts dans la chappe, il examine le pivot, dont la pointe peut être émoussée ; alors il le dévisse, lui fait une pointe convenable et le recouvre d'une goutte d'huile d'olive. Enfin, les défauts peuvent provenir d'une perte de la vertu magnétique, qu'il renforce par l'emploi des procédés décrits dans les ouvrages spéciaux sur cet objet.

Le géomètre, dans le but de reconnaitre les défauts d'excentricité, fait tourner la boussole sur une table de niveau ; il amène successivement la partie nord de l'aiguille sur un grand nombre de points de la circonférence et s'assure si la partie sud correspond à la notation diamétralement opposée ; ainsi, la première, coïncidant avec 360 degrés, la seconde doit indiquer 180 degrés, etc. Mais il est rare que le constructeur soit assez heureux pour implanter la capsule de calcédoine de telle façon que le centre de gravité de l'aiguille tombe sur la ligne droite, qui en réunit les deux extrémités, et pour faire coincider exactement l'axe du pivot et le centre du limbe. L'une ou l'autre de ces opérations est défectueuse et quelquefois toutes les deux (1). Mais il est facile de corriger ce défaut d'excentricité en lisant la graduation aux deux extrémités de l'aiguille et en prenant la moyenne. En effet, soit un limbe gradué (fig. 17, pl. LXXVI) dont le centre est en c. Si aucun défaut d'excentricité n'existe, la ligne droite qui unit les pointes de l'aiguille prenant la position $a\,a'$, il suffit simplement de lire l'indication de l'angle $N\,c\,a$ (70°); mais ci cette même droite, portée parallèlement à elle-même de c en d, se place en $b\,b'$, le résultat sera la valeur de l'arc $N\,b$ (71° 1/2), qui cependant ne peut être confondu avec le premier. Alors si la lecture de la graduation aux deux extrémités de l'aiguille donne, d'un côté, $N\,b$ trop grand de ab, de l'autre $N\,b\,b'$ (248° 1/2) trop petit de $a'b'$, il est évident que la moyenne de ces arcs établit une compensation capable d'anéantir l'erreur ; car les deux arcs ab et $a'b'$ compris entre parallèles sont égaux et de signes contraires.

L'uniformité des indications exigeant que la valeur des angles se rapporte constamment à l'une ou à l'autre partie de l'aiguille, à la partie nord, par exemple, comme le veut l'usage, il suffit d'un petit calcul pour établir cette notation moyenne. Si la partie bleue de l'aiguille indique un arc moindre que 180°, le calculateur retranche 180° du chiffre indiqué par la partie sud ; il ajoute le reste au degré de la partie nord et prend la

(1) Il est toujours possible de distinguer le défaut d'excentricité provenant d'un pivot mal implanté, de celui qui dérive d'une fausse position de la chappe. Dans ce dernier cas, l'erreur est constamment la même sur toute la circonférence du limbe; tandis que, dans le premier, elle est à son maximum, lorsque le diamètre, passant par l'axe du pivot, est perpendiculaire à l'aiguille, et nul quand les deux diamètres se confondent.

moitié de la somme. Les notations indiquées ci-dessus lui donneraient :

$$248° 1/2 - 180° = 68° 1/2$$
$$71 \ 1/2$$
$$\overline{140}$$

Dont la moitié est 70° degrés.

Si, au contraire, l'arc de la partie nord est compris entre 180° et 360°, il ajoute 180° à la notation indiquée par la pointe sud et en prend la demi somme. Supposant la figure renversée :

La pointe nord indique   248° 1/2
La pointe sud 71 1/2 + 180   231 1/2
$$\overline{500}$$

dont la moitié 250 exprime la valeur réelle de l'arc cherché.

Il peut arriver que l'axe de figure de l'aiguille ne coïncide pas avec son axe magnétique ; par exemple ab (fig. 18, pl. LXXVI) peut former un angle avec mn, expression du méridien magnétique. Or, comme les pointes de l'aiguille indiquent la valeur de l'arc observé, tandis qu'au contraire cette valeur doit être prise sur l'axe mn, il en résulte que, suivant les circonstances, on lira un arc Nm trop grand ou trop petit d'une quantité am. L'appréciation de cette erreur peut avoir lieu soit en comparant l'instrument avec un autre dont la vérification a été faite, soit en le plaçant sur une ligne méridienne bien déterminée, pour observer la coïncidence exacte du nord de l'aiguille avec le point 360. Cet inconvénient offre, du reste, peu de gravité, si surtout l'arc de déviation am conserve la même valeur pour les diverses positions de l'aiguille ; car cette erreur se portant sur toutes les déterminations et dans le même sens, le résultat consiste en un léger déplacement du méridien magnétique sur le plan général, déplacement d'un demi degré au maximum et, la plupart du temps, seulement de quelques minutes.

Le défaut de parallélisme entre le rayon visuel et la ligne *NS* est une source d'erreurs dont le géomètre cherche à se garantir. Pour reconnaître ce vice de construction, il emploie une alidade accessoire, qu'il place sur la ligne *NS*, prolongée et tracée dans ce but sur la boîte; il vise dans le lointain sur deux lignes verticales séparées par une distance égale à l'espace compris entre l'axe de la lunette et la ligne *NS*. La ligne de droite étant amenée au point de croisement des deux fils de la lunette attachée à l'instrument, la ligne de gauche doit tomber sur les fils de l'alidade, si le parallélisme a été bien observé. Dans le cas contraire, il remédie à ce défaut à l'aide des vis de rappel, si toutefois l'instrument en est muni. Les boussoles à caisse en bois, n'en possédant pas et, par conséquent, ne se prêtant pas à ces corrections, présentent une imperfection capable d'en faire repousser l'emploi.

993. *De la déclinaison de l'aiguille aimantée.*

Le plan du méridien magnétique forme, avec celui du méridien vrai, un angle variable, suivant les époques, et dont l'observation a fait connaître les lois. Cet angle est désigné sous le nom de *déclinaison* de l'aiguille aimantée.

Avant l'année 1663 (1) cette aiguille deviait à l'est

(1) Ces documents sont extraits de l'excellent Mémoire publié par M. Quetelet, dans les *Annales des Travaux publics de Belgique*, sous le titre de : *Emploi de la boussole dans les mines*. Tome 1er., 1843, p. 247. Voyez aussi l'*Annuaire de l'Observatoire de Bruxelles* pour l'année 1847, page 280.

du méridien. A cette époque, elle se dirigea quelque
temps vers le nord, puis elle s'écarta vers l'ouest. En
1814, elle semble avoir atteint le maximum de son excur-
sion occidentale, au moment où elle formait, avec le
méridien astronomique, un angle de 22°. 34 qui, depuis
ce temps, a sensiblement diminué et diminue encore tous
les jours. Ces angles variables constituent *la variation
séculaire du magnétisme terrestre*, dont les effets ne sont
sensibles qu'après un long espace de temps. Cette diminution
n'est pas régulière; elle n'était dans l'origine que de 3 à 4
minutes par an, tandis qu'en 1846 elle a été d'une valeur
double, c'est-à-dire de 8' environ.

En outre, l'observation a fait reconnaître des *variations
diurnes*, c'est-à-dire des écarts plus ou moins grands de
l'aiguille aimantée, suivant les instants choisis dans une
période de 24 heures. Ainsi, dans nos climats, l'excur-
sion maximum à l'ouest a lieu vers une heure de l'après-
midi, puis elle diminue progressivement jusqu'à onze
heures du soir; alors, à peu près stationnaire pendant
le reste de la nuit, elle recommence à augmenter vers
huit heures du matin. C'est donc pendant le jour, entre
8 heures du matin et 8 heures du soir, que les variations
diurnes sont les plus considérables. Elles ne sont pas les
mêmes dans des climats différents, et elles diffèrent aussi
suivant les mois de l'année où se font les observations;
ainsi la variation diurne est à peu près triple au printemps
et en été de ce qu'elle est pendant l'hiver.

Le tableau suivant, dressé par M. Quetelet, donne,
heure par heure, les déclinaisons moyennes et les variations
précédées de leurs signes, c'est-à-dire les écarts de la déclinaison moyenne du jour déduits des nombres qui précèdent.

TABLEAU *A.*

HEURES.	DÉCLINAISON.		VARIATIONS ou ÉCART DE LA DÉCLINAISON MOYENNE.	
	Matin.	Soir.	Matin.	Soir.
0	57.52	55.62	— 2'. 16".7	+ 4'. 35".6
1	57.46	55.40	— 2. 5 .7	+ 5. 23 .2
2	57.39	55.47	— 1. 48 .5	+ 5. 28 .1
3	57.26	55.72	— 1. 20 .3	+ 4. 13 .9
4	57.31	56.19	— 1. 51 .1	+ 2. 31 .9
5	57.40	56.60	— 1. 50 .7	+ 1. 2 .9
6	57.49	56.93	— 2. 10 .2	— 0. 8 .7
7	57.56	57.14	— 2. 27 .4	— 0. 54 .2
8	57.44	57.26	— 1. 59 .5	— 1. 20 .3
9	57.15	57.41	— 0. 56 .4	— 1. 52 .8
10	56.62	57.44	+ 0. 58 .6	— 1. 59 .3
11	56.06	56.50	+ 3. 0 .1	— 2. 12 .4
Moyennes :	57.22	56.56	— 1'.12".1	+ 1'.12".2

Moyenne générale , 56.89.

Les deux dernières colonnes du tableau indiquent la quantité dont il faut augmenter ou diminuer la déclinaison moyenne de chaque jour pour avoir la déclinaison vraie à une heure donnée.

Les nombres suivants, toujours d'après le même auteur, indiquent le rapport de la variation diurne de chaque mois à celle de l'année.

TABLEAU *B.*

Janvier . . . 0.60	Mai 1.23	Septembre . . 1.03
Février . . . 0.84	Juin 1.40	Octobre. . . 0.84
Mars. . . . 1.10	Juillet . . . 1.29	Novembre . . 0.52
Avril. . . . 1.45	Août. . . . 1.21	Décembre . . 0.50

994. *Correction des erreurs provenant des variations de l'aiguille.*

Malgré cette complication de variations auxquelles l'ai-guille aimantée est soumise, on peut, puisque les lois de la déclinaison sont connues, déterminer, pour une époque et pour une heure quelconques, la valeur réelle de l'angle compris entre le plan du méridien magnétique et celui du méridien réel.

Voici les moyens proposés par M. Quetelet pour des localités peu différentes de Bruxelles.

Dans la correction de la variation séculaire, on peut admettre qu'au 1er. janvier 1844 la déclinaison moyenne de l'aiguille a été de 21° 16'. Si la variation, prise comme constante, est supposée être de 8' par an, la décli-naison moyenne, après un nombre t d'années, sera de 21° 16' — 8ᵇ × t. Ainsi la détermination de cette va-leur au 1er. octobre 1846 se déduira de la manière suivante :

Déclinaison de 2 ans. . . 8' × 2 — 16'
Idem de 9 mois . . . . 6 $\Big\}$ 22'

Ces 22 minutes, retranchées de 21°. 16', donnent 20°. 54' pour la moyenne de la déclinaison diurne. Si l'expérimentateur veut tenir compte de l'heure de la journée et de l'influence de la saison, il emploira les deux ta-bleaux ci-dessus. S'agit-il, par exemple, de rechercher la déclinaison pour la même époque à 4 heures après-midi, il voit, par le tableau *A*, que la variation diurne, à cette heure de la journée, est de + 2'. 51".9, valeur qui, réduite en fractions décimales de minutes, donne + 2'. 55. Ce nombre, multiplié par le coefficient 0.84 (tableau *B*), expression du rapport de la variation diurne du mois

d'octobre à celle de l'année, produit 2'.125 , qu'il ajoute
à la déclinaison moyenne séculaire 20°. 54', et il trouve
définitivement 20°. 56'.125.

Outre ces variations, d'autres, se déclarant brusquement
et à l'improviste, font, dans certains cas, dévier l'aiguille
de plus d'un degré. La science n'a pu en constater ni les
causes, ni les lois. L'observation en fait reconnaître tout
au plus une ou deux par mois ; alors elles se manifestent
à différentes reprises et généralement pendant plus de 24
heures. Comme il serait impraticable d'observer une boussole fixe pendant le levé des travaux intérieurs, et de
mesurer ainsi l'amplitude des aberrations accidentelles, le
géomètre ne s'en préoccupe jamais. Cependant il pourrait, dans certaines circonstances, avoir recours à l'observatoire le plus voisin, où elles ne passent jamais inaperçues.

Au premier abord, il paraîtra peut-être singulier de
tenir compte de variations d'une aussi faible amplitude,
tandis que, dans les mines, les plus petits arcs susceptibles d'être appréciés avec certitude ne sont pas moindres
de 0°.25 ou 15 minutes. Cependant, comme il est
indispensable de tenir compte de la variation séculaire
au moins pour l'année pendant laquelle le levé s'effectue ;
comme la déclinaison moyenne sera indiquée, la plupart
du temps, par un nombre fractionnaire, et comme, en
ajoutant à ce dernier la fraction relative à la variation
diurne, il peut arriver très-fréquemment que le résultat
de l'addition soit, sinon un nombre entier (c'est-à-dire
dont l'expression la plus petite soit 1/4 de degré), au
moins une valeur qui s'en rapproche beaucoup, on se
convaincra que très-souvent les opérations ultérieures seront simplifiées, tout en acquérant un plus grand degré
de certitude. Si, par exemple, un géomètre avait besoin
de la déclinaison magnétique au 1er. juillet 1846, à midi,

il trouverait, en ne tenant compte que de la variation séculaire, un angle de 20°. 55'.34, qui ne peut être porté sur le papier; mais s'il fait entrer en ligne de compte la variation diurne et l'influence des saisons, il aura 21°. 0'68, nombre qu'il peut considérer comme entier. Il sera donc d'une grande importance d'inscrire en tête des angles relevés, non-seulement l'année et la date de l'opération, mais encore l'indication des heures pendant lesquelles elle a eu lieu.

995. *Autre procédé de correction.*

Le géomètre peut éviter tous ces calculs s'il a eu le soin de déterminer le plan du méridien astronomique par une ligne verticale tracée sur l'un des murs des bâtiments qui entourent le puits, et par un point (situé à une certaine distance) dont il fixe irrévocablement la position au moyen d'une forte broche en cuivre enfoncée dans le sol. La lunette de la boussole étant placée à l'aplomb de la broche, si la ligne verticale tracée sur le bâtiment tombe à l'intersection des deux fils, la lunette est dans le plan du méridien vrai Dans cette position, l'arc observé donne non-seulement la déclinaison de l'aiguille pour l'année, l'heure et la saison, mais il comprend, en outre, la valeur des perturbations accidentelles, si, en cet instant, l'une d'elles altère la déclinaison; de plus, les erreurs relatives à la non-coïncidence de l'axe magnétique et de l'axe de figure de l'aiguille sont entièrement supprimées. Le géomètre devra s'astreindre à répéter deux fois cette observation avec la boussole dont il se sert dans la mine; la première : avant de descendre dans les travaux, et la seconde immédiatement après en être sorti ; la moyenne des deux sera l'arc dont il se servira pour rapporter son levé sur le papier. Mais si une différence trop sensible entre les deux observations lui donne à penser que, pendant le cours du travail, il est survenu une variation accidentelle, la première moitié des opérations sera affectée de l'arc observé avant la descente, et la dernière moitié de celui qu'il a lu après sa sortie de la mine.

996. *Influence des chemins de fer sur la boussole.*

Les chemins de fer, en si grand usage dans les mines de houille, ont, sur l'aiguille, une influence perturbatrice tendant à altérer notablement l'angle de déclinaison. Cette influence est attribuée au magnétisme terrestre, qui, agissant, sur les rails, les transforme en autant d'aimants juxtaposés et en contact par leurs pôles de noms contraires. M. Combes (1), dans des expériences faites sur le chemin de fer construit par M. Laignel aux Champs-Élysées, près de Paris, a constaté les résultats suivants :

Tous les rails, quelle que soit leur position, sont doués de la propriété polaire; mais celle-ci est d'autant plus développée que la direction de la voie se rapproche davantage de celle du méridien magnétique. Une boussole suspendue à six mètres de distance des rails indiquait 84 degrés, tandis que, placée verticalement au-dessus, la graduation n'était plus que de 83 degrés et 15 minutes : telle a été la déviation maximum au degré d'approximation que comporte cet instrument. Dans la partie de la voie où la route était perpendiculaire au méridien magnétique, les indications de la boussole, placée à 4 mètres de

---

(1) *Annales des Mines*, 3ᵉ série, tome IX, page 99.

distance des rails, ou directement au-dessus, ont été respectivement de 329 3/4 et 329 degrés. Si l'instrument est
installé seulement à 0.40 mètre au-dessus de la voie, les
déviations peuvent s'élever à 7 1/2 degrés. Enfin, les
actions les plus énergiques se dénotent aux points de contact de deux bandes contiguës.

Comme les rails, objets de ces expériences, consistaient
en lames de fer de 0.035 mètre de hauteur, et 0.007
mètre d'épaisseur seulement ; comme la voie courbe n'était
dirigée, dans le plan du méridien, que sur une faible partie de son étendue, circonstance peu favorable au développement de la propriété magnétique, il est à présumer
que les routes établies dans les mines causent des perturbations beaucoup plus considérables encore.

Pour anéantir complètement les erreurs provenant de la
déviation de l'aiguille par l'action des rails, il n'est plus
permis de rapporter la direction des galeries au plan du
méridien magnétique ; mais il faut prendre directement la
valeur de l'angle compris entre les deux lignes droites,
qui réunissent trois stations consécutives ; l'aiguille aimantée est alors assimilée aux lunettes de repère dont sont
pourvus quelques instruments de géologie et d'arpentage.
Chaque station est le lieu de deux observations, l'une en
visant en arrière sur le point précédent, l'autre en avant
sur celui qui suit. Ainsi c (fig. 14, pl. LXXVI) étant la
station où l'on opère, b et a indiquant les deux autres,
et cm la direction de l'aiguille altérée par le chemin de
fer, l'opérateur, pointant successivement en avant sur b et
en arrière sur a, lira en m la valeur des deux angles bcm,
acm, dont la somme sera l'angle bca. L'indication sera
exacte si l'aiguille aimantée a constamment conservé sa
direction malgré les divers mouvements de rotation impri-
més à l'instrument pendant la mesure des deux angles,

Pour remplir cette condition , il suffit de s'abstenir de déplacer le centre de la boussole , afin que l'action perturbatrice des rails soit constante sur l'aiguille.

Les annotations, dans le carnet, des deux indications de
l'aiguille seront les éléments à ajouter ou à retrancher ,
suivant les circonstances , pour obtenir la valeur de l'angle
bca, ainsi que cela sera indiqué dans la section suivante.

Le pointage en avant et en arrière exige l'emploi de
trois trépieds semblables , disposés de manière à supporter
alternativement la boussole et les lampes. Les servants chargés de les placer sont , comme à l'ordinaire , munis d'une
règle, avec laquelle ils prennent la hauteur de la lunette
au-dessus du sol , afin de fixer la flamme des lampes à la
même hauteur. Lorsque l'observation des angles et la mesure des longueurs sont achevées, l'instrument est enlevé
sans toucher à son trépied ; et la lampe, qui était en a, lui
est substituée ; la lampe b cède sa place à l'instrument,
et le trépied vacant en a est transporté en d, où il est
surmonté de la lampe prise en b.

Dans ces circonstances , les angles d'inclinaison mesurés
deux fois donnent, par leur moyenne , un plus grand
degré d'exactitude.

Peu importe la position de la lunette relativement à
l'observateur ; mais s'il a commencé à la placer à sa droite,
par exemple, il doit persévérer à la maintenir dans cette
position pendant tout le cours du travail. Si la localité
le forçait à se départir de ce principe, il devrait tenir
note de cette circonstance dans la colonne d'observations
du carnet ; toute négligence à cet égard entraînerait une
confusion inévitable lors des calculs préparatoires exigés
pour la confection des plans.

997. *Théodolite souterrain en usage dans quelques*
mines métalliques d'Allemagne.
(Fig. 4-13, pl. LXXVI.)

Le théodolite se compose de deux parties, la base et
le corps de l'instrument, qui, à chaque opération, se séparent l'une de l'autre.

La figure 4 de la planche LXXVI est une vue de face
de l'instrument complet. La figure 5, une vue latérale
du même objet, moins le support. Les figures 8 et 9
sont des projections horizontales de la base et du limbe.
Enfin, les figures 6, 7, 10, 10bis, 11, 12 et 13, représentent divers détails.

La base contient les organes suivants :

b a b, support (fig. 4, 5 et 9) composé d'un disque
en laiton et de trois bras recourbés latéralement ; chacun
de ces derniers est pourvu d'une vis *c* pointue et aciérée à
son extrémité, afin de fixer l'instrument sur un étai horizontal ou sur la tête d'un piquet planté en terre. Cette
partie serait remplacée par une douille analogue à celle
de la figure 1re. de la planche **LXXV**, si l'instrument
devait être porté par un trépied.

d d, e e, disques circulaires vissés sur la pièce *a* et au
milieu desquels vient se loger une sphère *g* constituant
le genou de l'instrument.

h, prolongement cubique du genou ; *i*, plaque rectangulaire qui lui est superposée.

k, k, k, k, tiges traversées par des vis de pression pouvant s'appliquer contre la partie *h* de la tige.

m, m, m, m, vis de pression normales à la sphère
et disposées pour prévenir les oscillations.

n, appendice de la boîte sphérique auquel est attaché
un plomb *o*.

p, p et s, s (fig. 4, 5 et 10), tringles métalliques destinées à imprimer au corps de l'instrument un léger mouvement de gauche à droite, d'avant en arrière, et réciproquement, à l'aide des vis de rappel t et t'.

q, q (fig. 4 et 10bis), disque circulaire portant à son centre une tige v filetée à sa partie supérieure. Ce disque est lié avec le châssis au moyen des pièces r, r, engagées à coulisse en-dessous des tringles s, s. Pour produire un mouvement de va-et-vient horizontal, il suffit de faire tourner, soit la vis t attachée d'un côté aux tringles s, s, et de l'autre au disque q, soit la vis t' qui, unissant le parallélogramme i et la tringle s, force les tiges p, p à glisser sur i. Telle est la base, dont toutes les pièces doivent offrir une grande solidité.

Après l'avoir fixée sur un étai ou sur un trépied, le disque $q q$ est installé, suivant un plan horizontal, au moyen d'un petit niveau à bulle d'air (fig. 13), muni latéralement d'un petit anneau dans lequel passe la tige v. L'opérateur, agissant alors simultanément sur deux des vis l, l diamétralement opposées, c'est-à-dire serrant l'une et relâchant l'autre, force la tige du genou et, par suite, tout le système à s'incliner dans le sens indiqué par le niveau. Après quelques tâtonnements, le disque $q q$ étant horizontal, tous les dérangements sont prévenus en serrant les vis m, m, m, m.

Les limbes ou cercles gradués et leurs accessoires forment la partie supérieure ou le corps de l'instrument; ils sont exprimés par les figures 4, 5, 6, 7 et 8.

$w w$, manchon cylindrique (représenté isolément dans les figures 11 et 12), de même diamètre que le disque $q q$; au centre se trouve implanté un tube vertical traversé par la tige v et dont la partie supérieure est filetée.

$a^{\scriptscriptstyle\mathrm{t}}$, $a^{\scriptscriptstyle\mathrm{t}}$, limbe azimutal (1) gradué, servant à déterminer la direction des galeries.

x, z, appendices, liés l'un au manchon w, l'autre au limbe $a^{\scriptscriptstyle\mathrm{t}}$. Ils sont traversés par une vis de rappel y capable d'imprimer au limbe un mouvement fort lent.

$d^{\scriptscriptstyle\mathrm{t}}$, $d^{\scriptscriptstyle\mathrm{t}}$, règle de l'alidade dont chaque extrémité, munie d'un vernier, se prolonge au-dehors en deux bras symétriques $e^{\scriptscriptstyle\mathrm{t}}$, $e^{\scriptscriptstyle\mathrm{t}}$. Le limbe et la règle sont mobiles autour du tube cylindrique w.

Les vis de rappel $g^{\scriptscriptstyle\mathrm{t}}$, $g^{\scriptscriptstyle\mathrm{t}}$ traversent librement l'extrémité de l'un des bras $e^{\scriptscriptstyle\mathrm{t}}$ et s'engagent, par leurs filets, dans des blocs m, m. En desserrant les vis de pression $f^{\scriptscriptstyle\mathrm{t}}$ $f^{\scriptscriptstyle\mathrm{t}}$, l'alidade se meut librement sur le limbe; mais, si l'une d'elles étant serrée, l'opérateur tourne la vis correspondante $g^{\scriptscriptstyle\mathrm{t}}$, l'alidade ne peut recevoir qu'un mouvement fort lent et peu sensible.

$b^{\scriptscriptstyle\mathrm{t}}$, $c^{\scriptscriptstyle\mathrm{t}}$, sont deux écrous dont le premier est fixé sur la tige v et l'autre sur le tube du manchon w; lorsque $b^{\scriptscriptstyle\mathrm{t}}$ est libre et $c^{\scriptscriptstyle\mathrm{t}}$ serré, le limbe horizontal et la règle, réunis avec le manchon, tournent tous ensemble; en desserrant $c^{\scriptscriptstyle\mathrm{t}}$, l'alidade peut seule se mouvoir sur le limbe $a^{\scriptscriptstyle\mathrm{t}}$.

$h^{\scriptscriptstyle\mathrm{t}}$ $h^{\scriptscriptstyle\mathrm{t}}$, support vertical du demi-cercle d'inclinaison $i^{\scriptscriptstyle\mathrm{t}}$ $i^{\scriptscriptstyle\mathrm{t}}$ et de l'alidade $n^{\scriptscriptstyle\mathrm{t}}$ $n^{\scriptscriptstyle\mathrm{t}}$.

Dans la figure 7, expression de la partie postérieure de l'instrument, le lecteur peut voir une pince et sa vis de pression $l^{\scriptscriptstyle\mathrm{t}}$, plus une vis de rappel $m^{\scriptscriptstyle\mathrm{t}}$. La vis $l^{\scriptscriptstyle\mathrm{t}}$ étant desserrée, le cercle d'inclinaison se meut librement autour de son axe; si, au contraire, elle est serrée, on ne peut

---

(1) L'*azimuth* est l'angle compris entre le méridien du lieu et le plan vertical passant par le centre d'un astre ou d'un objet quelconque.

lui communiquer qu'un petit mouvement à l'aide de la vis de rappel.

n' n' (fig. 4 et 6), alidade portant à chacune de ses extrémités deux pinules mobiles sur leurs charnières ; celles de l'intérieur *o'*, *o'* ont deux fils croisés au centre d'une ouverture circulaire ; celles des extrémités *p'*, *p'* sont simplement percées d'un petit trou. Cette disposition permet de viser en avant et en arrière sans retourner le limbe horizontal ou sa règle.

z', niveau à bulle d'air servant à corriger les défauts d'horizontalité que n'aurait pas indiqués le premier niveau.

Les limbes, dont le diamètre est d'environ 0.23 mètre, sont divisés en demi-degrés ; l'arc des nonius, embrassant 59 degrés, est divisé en 60 parties et, dès lors, tient compte des minutes.

En Allemagne, où cet instrument est usité, il est ordinairement accompagné de trois bases et de deux *mires* ou *voyants*. Ceux-ci consistent en disques de fer-blanc percés à leur centre d'une ouverture circulaire ; deux lignes, l'une verticale, l'autre horizontale, divisent les disques en quatre secteurs, dont deux sont coloriés en blanc et les deux autres en noir. Ces mires, derrière lesquelles on fait tenir une lampe, sont supportées par des douilles installées sur la tige *v* des bases uniformes de l'instrument.

998. *Emploi du théodolite souterrain.*

Supposant que dans le relevé d'une galerie *a b c d* (fig. 15, pl. LXXVI), il s'agisse de mesurer l'angle *b c d*. Le graphomètre est installé en *b* ; à chacune des stations *a* et *c*, se trouve une base surmontée d'une mire. La base et la mire sont enlevées du point *a* et placées en *d* ; l'autre mire passe de *c* en *b* et l'instrument de *b* en *c*.

Après avoir rectifié, s'il y a lieu, la position horizontale de ce dernier à l'aide du niveau de l'alidade, l'opérateur fait coïncider la ligne de foi des verniers avec les 0•. des limbes horizontaux et verticaux; puis il serre la vis de pression f' pour éviter toute déviation de la règle d' d'. Laissant alors quelque liberté à l'écrou b', il fait tourner l'appareil jusqu'à ce que le mouvement horizontal du limbe azimutal, combiné avec le mouvement vertical du demi-cercle d'inclinaison, fasse tomber le rayon visuel sur la mire placée en b; puis, pour amener la coïncidence parfaite de la lumière et du point de croisement des fils, il met en jeu les vis de rappel y et m'. Le limbe horizontal ne devant plus quitter sa position, il desserre l'écrou c' et les vis de pression f' f'. L'alidade seule se trouvant libre de se mouvoir, il lui fait décrire l'arc b c d et amène l'orifice lumineux du point d à l'intersection des fils en répétant la manœuvre indiquée ci-dessus. Chaque angle d'inclinaison étant relevé deux fois, il en résulte les données nécessaires pour prendre une moyenne arithmétique.

Le centre de chaque station est déterminé par un fil partant du faite de l'excavation et dont le plomb P (fig. 5) doit toujours coïncider avec la pointe v, centre du limbe. C'est pour amener cette coïncidence que la base de l'instrument contient les tringles p, p, s, s (fig. 10) destinées à communiquer à ce dernier un mouvement de va-et-vient horizontal. Mais ces manœuvres, fort longues, n'apportant qu'un faible accroissement dans l'exactitude des résultats, peuvent être supprimées. Alors, pour approprier l'instrument aux méthodes usitées en Belgique, il suffit de remplacer le support a et ses bras recourbés par une douille capable d'être engagée sur un trépied.

On peut indifféremment se servir de trois bases ou d'une seule; mais, dans ce dernier cas, les mires sont disposées de manière à pouvoir se placer sur les trépieds, et la manœuvre a lieu de la manière indiquée ci-dessus, lorsque l'aiguille de la boussole est considérée comme ligne de repère.

999. *Déterminer à priori les angles formés par la direction de la galerie et le méridien magnétique ou réel.*

Les angles azimutaux trouvés sont formés par deux directions consécutives ; ce sont des éléments qui permettent de conclure par le calcul l'angle horizontal compris entre le plan vertical de chaque direction et un plan passant par le méridien magnétique ou vrai, ou toute autre ligne fixe. Toutefois, si la première distance est orientée, c'est-à-dire si la valeur de l'angle qu'elle forme avec le méridien magnétique, par exemple, est connue, il est possible d'obtenir directement et sans aucun calcul la valeur des angles formés par chaque distance et la direction normale.

Soit ab (fig. 15) une première ligne soustraite, par sa position, aux influences magnétiques et dont la direction peut être déterminée à la boussole. Celle-ci, placée en b, donne par son alidade, dirigée de b en a, la valeur de l'arc $NkSa = N'vS'g$. Alors le théodolite étant installé en b, la ligne de foi du vernier est amenée sur la graduation correspondante à ba, et l'on pointe sur a; puis, tournant l'alidade suivant $gN'v$, jusqu'à ce que le rayon visuel coïncide avec bc, la graduation indiquée par le vernier sera la valeur de l'arc $N'v$ comprise entre la distance bc et le méridien $N'S'$. En effet, si, dès l'origine, l'alidade pointée sur a indique sur le limbe la graduation de ba trouvée à la boussole,

l'instrument se trouve dans la position où il aurait été
si le 0°. de la règle horizontale et du limbe avait été
placé dans le plan du méridien magnétique , et si la
règle seule eût parcouru l'arc $N'S'g$; continuant le
mouvement après que le 0°. de l'alidade sera tombé sur
celui du limbe , ces deux points se trouveront de nouveau dans le méridien ; poursuivant encore jusqu'à ce
que le rayon visuel et la distance bc se confondent , la
lecture du degré sur le limbe donnera la valeur de
l'arc $N'v$ compris entre bc et le méridien $N'S'$.

Le géomètre , en déplaçant l'instrument , serre suffisamment les écrous a' et b' (fig. 4), afin que la graduation
indiquée par le vernier reste invariable. En outre , il
le transporte de manière que l'alidade reste parallèle à
elle-même , c'est-à-dire, qu'en pointant de c en b elle
soit comme elle était lorsqu'il pointait de b en c ; en
sorte que , ne subissant pas de retournement , la pinule
oculaire de la station b devienne pinule objective à
la station c. En voici le motif : lorsque le théodolite
était en b , la partie antérieure de l'alidade exprimait
l'arc $N'v$, et sa partie postérieure , $N'S'g'$ plus grand
que 180°. ; l'instrument étant transporté en c , le rayon
visuel se confond avec cb ; l'alidade , censée avoir décrit l'arc $N''S''r$, vient dans le plan du méridien lorsque 0°. coïncide avec le 0°. du limbe ; et enfin , au
moment où l'axe optique est dirigé suivant cd , l'angle
lu est $N''cd$. Ce parallélisme conservé à l'alidade a eu
pour effet d'augmenter l'angle azimutal de la station
précédente de 180°. , c'est-à-dire de donner à la ligne
cb la graduation de la ligne bg' et non bc.

Le géomètre opère avec plus de promptitude par ce
dernier procédé que s'il est astreint à relever l'angle
compris entre deux distances consécutives ; car non-seule-

ment il est dispensé de ramener à chaque station le 0°
de la règle horizontale sur celui du limbe ; mais encore
il se soustrait à l'obligation d'effectuer les calculs nécessaires à la détermination de l'angle compris entre le méridien
et la direction. Il faut, pour cela, que la première distance soit orientée relativement à une ligne fixe quelconque,
dont il connaît le rapport de position avec le méridien
vrai ou magnétique, condition d'ailleurs indispensable pour
dresser le plan.

1000. *Vérification de l'instrument.*

L'exactitude des observations exige, outre les conditions
requises pour tout instrument de cette espèce, telles que
l'uniformité de la division du limbe, etc., que le théodolite satisfasse aux conditions suivantes :

L'axe optique de l'alidade, quelle que soit la position
de cette dernière, doit correspondre verticalement au centre
du cercle azimutal.

Quand le niveau à bulle d'air indique la position horizontale de l'alidade, le rayon optique doit être également horizontal.

Pour vérifier le premier point, il suffit de faire tomber
un fil à plomb fort délié sur le centre du limbe, ainsi
que l'indique la figure 5. Si la condition est remplie,
ce fil est recouvert par les fils verticaux de chacune des
pinules, en visant successivement par chaque extrémité et
dans toutes les positions de l'alidade. L'opérateur peut
aussi suspendre un fil à plomb à une certaine distance
de l'instrument ; puis, après avoir placé le 0° du vernier
de la règle sur celui du limbe horizontal, faire tourner
toute la partie supérieure de l'instrument pour amener l'axe

de l'alidade dans le plan vertical du fil ; alors, fixant le limbe, il fait parcourir à l'alidade un demi-cercle, en plaçant en coïncidence le 0° du nonius diamétralement opposé et celui du limbe. Le rayon visuel doit rencontrer de nouveau le fil à plomb.

Quant à la deuxième condition, il fait enfoncer dans le sol deux piquets à une distance de 80 à 100 mètres l'un de l'autre ; leurs surfaces supérieures étant exactement de niveau, chacun d'eux est surmonté d'un jalon enveloppé d'un cylindre en papier mi-partie noir et blanc. L'instrument se place dans le plan des deux piquets et à égale distance de l'un et de l'autre. Après l'avoir établi horizontalement au moyen du niveau attaché à l'alidade, le géomètre dirige celle-ci sur les deux mires, dont il fait varier la position jusqu'à ce que l'axe optique coïncide avec la ligne horizontale de séparation des couleurs ; l'instrument est exact si le rayon visuel tombe sur les mêmes points après que l'alidate a décrit une demi-circonférence. Si, après le retournement, elle indique un point situé au-dessus ou au-dessous du premier, il divise cette différence en deux parties, porte au point intermédiaire la ligne de séparation des couleurs ; puis, agissant sur les vis de pression l, l (fig. 4), il amène l'alidade dans une position telle que l'axe optique tombe sur le nouveau point. Alors, serrant et desserrant les vis qui attachent à l'alidade le niveau à bulle d'air, il ramène celle-ci au milieu de la longueur ; pointant alors sur l'autre jalon sans retourner l'instrument, il amène sa mire en coïncidence avec le rayon visuel. Si la hauteur des deux mires au-dessus des piquets est égale, l'instrument est rectifié. Les différences, s'il en existe encore, ne peuvent être attribuées qu'à un défaut de verticalité du support relativement au limbe horizontal, dont la correction est du ressort du constructeur.

1001. *Inscription dans le carnet des relevés faits à la boussole.*

L'opérateur, à mesure qu'il acquiert les données nécessaires, les inscrit dans un carnet préparé à l'avance, conformément au modèle suivant (1) :

1er. TABLEAU.

STATIONS.	DIRECTIONS.	INCLINAI-SONS.	LON-GUEURS.	OBSERVATIONS.
			Mètres.	
No. 1	108°.30'	M 1°.45'	24.40	Point de départ : galerie à travers bancs.
» 2 A	102 .15	» 1 .50	19.10	—
» 3 A	100 .15	» 1 .15	13.90	—
» 2 B	68 .15	» 9 .30	31.00	Montée diagonale.
» 2 C	189 .45	D 16 .15	27.10	Galerie descendante.
» 3 B	67 .—	M 9 .45	13.10	Montée diagonale.
» 1	295 .15	» 1 .15	11.50	—
» 4	295 .30	» 1 .30	20.20	—
» 5 A	298 .30	» 1 .15	16.50	—
» 5 B	340 .45	» 8 .45	17.00	Montée diagonale.
» 5 C	209 .—	D 16 .—	29.60	Galerie descendante.

(À l'est du méridien. / À l'ouest du mérⁿ.)

Levé fait le   184 , à 4 heures de l'après-midi.
La déclinaison magnétique étant de 21°. 30' à l'ouest, et
la notation de la boussole, inverse.

Les lettres *A*, *B*, *C*, précédées chacune du même
chiffre, indiquent les croisements de galeries ou les car-

(1) Ce tableau se rapporte à la figure 1re., planche LXXVII.

refours où l'opérateur a stationné avec la boussole pour
relever du même coup deux ou trois angles de direction.

Quelquefois le carnet renferme deux colonnes d'inclinaison : l'une pour les degrés des galeries montantes,
l'autre pour ceux des galeries descendantes ; mais il est
possible de se soustraire à ce double emploi si, comme
l'indique le tableau ci-dessus, chaque chiffre est précédé
ou suivi des lettres *M* et *D*, indication du sens de la pente,
ou du signe ╋ pour les galeries ascendantes, et de —
pour les galeries descendantes.

Dans la colonne d'observation sont inscrites l'origine de
la première station et toutes les circonstances nécessaires
à la confection du plan, ou dont il importe de conserver
le souvenir. En outre, si cela est nécessaire, le levé est
accompagné d'un croquis figuratif des lieux.

IIe. SECTION.

CALCULS PRÉLIMINAIRES CONCERNANT LES TROIS DONNÉES ACQUISES DANS LA MINE.

1002. *Modifications que doivent subir les arcs de direction.*

La nature des modifications à apporter aux angles de direction dépend des procédés adoptés pour le tracé ultérieur du plan sur le papier. Certains d'entre eux exigent l'emploi direct de l'angle indiqué par l'aiguille de la boussole sans aucune altération ; quelques-uns n'admettent aucun angle plus grand que deux droits ; pour d'autres, enfin, la notation ne peut jamais dépasser 90°.

Lorsque tous les angles doivent être au-dessous de 180°. (en supposant une graduation inverse), ceux qui ne sont pas dans cette condition y sont ramenés par la soustraction de leur valeur de 360 degrés. La direction des lignes, déterminée par des angles plus petits d'origine que deux droits, sera comprise dans l'espace situé à l'est du méridien magnétique et leur valeur précédée de la lettre *E*. Celle des lignes indiquées par le résultat de la soustraction se trouvera naturellement dans la partie occidentale ; leur inscription sera accompagnée de la lettre *O*. Enfin, le méridien magnétique est l'origine de la numération des arcs comptés à droite ou à gauche ; ainsi l'aiguille indiquant directement un angle de 75°, celui-ci sera inscrit sous la forme 75° *E*.

Un angle de 265° deviendra 265° — 180 = 85 *O* —.

Lorsque les différentes données doivent être soumises

aux calculs géométriques avant de servir à la confection
des plans, les angles de direction ne peuvent dépasser 90⁰,
parce que les tables de sinus et de cosinus , soit naturels ,
soit logarithmiques, contiennent exclusivement des angles
d'une valeur inférieure à un droit.

Les transformations, dont ils sont l'objet, reposent sur
le principe suivant. Quand une droite fait, avec le méridien, des angles réciproquement plus grands que 90°, 180°
et 270°, les trois positions qu'elle peut occuper sont toujours déterminées par la différence de la valeur de ces angles
à celle de deux, trois ou quatre droits, pourvu que l'on
sache dans quel quart de la circonférence l'angle doit être
inscrit. D'après cela, les angles plus petits que 90⁰ ne souffrent
aucune réduction, mais sont suivis du signe NE, c'est-à-
dire que la ligne se dirige au *nord-est* ou est contenue dans
le premier quart de la circonférence. a étant la valeur de
l'angle observé, ceux dont la graduation est comprise entre

90 et 180 deviennent 180 — a $SE.$ (sud-est).

180° et 270° » a — 180 $SO.$ (sud-ouest).

270 et 360 » 360 — a $NO.$ (nord-ouest)(1).

---

(1) Ces modifications n'altèrent en rien la valeur numérique des
angles , et n'ont aucune influence sur les calculs ultérieurs, puisque :

1°. Sin $a = -$ sin $(180° - a)$

Cos $a = +$ cos $(180 - a)$

c'est-à-dire qu'un angle et son supplément ont des lignes trigonométriques de même grandeur.

2°. Sin $a = -$ sin $(a - 180)$

Cos $a = -$ cos $(a - 180)$

Tout angle compris entre 180 et 270 a des lignes trigonométriques
de même grandeur que le résultat de la différence entre l'angle et 180°.

3°. Sin $a = +$ sin $(360 - a)$

Cos $a = -$ cos $(360° - a)$

Les angles situés dans le 4ᵉ cadran ont leurs lignes trigonométriques
de même grandeur que les lignes résultant de l'excès de ces angles
sur 360°.

Exemple : Angle lu directement . . . . 34° *N.-E.*

114° devient 180° — 114° . . . . . 66° *S.-E.*

210 » 210 — 180 . . . . . 30 *S.-O.*

295 » 360 — 295 . . . . . 65 *N.-O.*

Le point initial peut être pris sur le méridien magnétique. Cependant un plan de mine étant la réunion de relevés à différentes époques, souvent fort éloignées les unes des autres, et dans l'intervalle desquelles la déclinaison a varié, il faut alors, chaque année au moins, prendre pour base du tracé une nouvelle ligne méridienne magnétique, ce qui entraine de la confusion et de l'inexactitude. Pour éviter cet inconvénient, il suffit de rapporter toutes les directions à un plan fixé, invariable et facile à retrouver à toute époque, c'est-à-dire au méridien vrai, et de soustraire l'angle de déclinaison de l'angle observé avant de faire subir au nombre les modifications indiquées ci-dessus (1).

Si la valeur de l'angle observé est plus petite que celle de la déclinaison, c'est un signe que la ligne se trouve placée à l'ouest du méridien vrai. Dans ce cas, il faut retrancher cet angle de la déclinaison ; la différence entre 360° et le reste sera l'angle rapporté au méridien vrai :

Exemple : Soit un angle de. . . 8°   15'

Déclinaison. . . . 21°   30'

Différence . . . — 13°   15'

360° — 13°.15 = . . 346°   45'

Ces calculs donnent lieu à quatre colonnes, dont une seulement, celle qui se rapporte au procédé adopté pour le dessin du plan, doit être annexée au tableau des éléments

---

(1) Une boussole annotée directement aurait donné pour résultat la somme de la déclinaison et de l'angle observé.

nécessaires au tracé. Le levé inscrit dans le modèle du
carnet du paragraphe 1001 fournirait les chiffres suivants :

2e. TABLEAU.

ANGLES OBSERVÉS.	ANGLES RAPPORTÉS AU MÉRIDIEN MAGNÉTIQUE.		ANGLES RAPPORTÉS AU MÉRIDIEN RÉEL.	
	A < 180°.	A < 90°.	A < 180°.	A < 90°.
108°.30'	108.30 E.	71.30 S.-E.	87.00 E.	87.00 N.-E.
102 .15	102.15 »	77.45 »	80.45 »	80.45 »
100 .15	100.15 »	79.45 »	78.45 »	78.45 »
68 .15	68.15 »	68.15 N.-E.	46.45 »	46.45 »
189 .45	170.15 O.	9.45 S.-O.	168.15 »	11.45 S.-E.
67 .00	67.00 E.	67.00 N.-E.	45.30 »	45.30 N.-E.
293 .15	66.45 O.	66.45 N.-O.	88.15 O.	88.15 N.-O.
295 .30	64.30 »	64.30 »	86.00 »	86.00 »
298 .30	61.30 »	61.30 »	83.00 »	83.00 »
240 .45	19.15 »	19.15 »	40.45 »	40.45 »
209 .00	151.00 »	29.00 S.-O.	7.30 »	7.30 S.-O.

Déclinaison magnétique, 21° 30'.

La première colonne contient la direction de la ligne
inscrite sur le carnet. Dans la seconde, les angles, rapportés au méridien magnétique, sont réduits à une valeur plus petite que deux droits. Dans la troisième, leur
valeur est plus petite que 90°. Dans les deux dernières,
les angles, rapportés au méridien vrai, sont successivement plus petits que 180° et que 90°.

1003. *Rapporter au méridien les angles azimutaux relevés avec un graphomètre ou une boussole dont l'aiguille a été considérée comme lunette de repère.*

Le graphomètre donne immédiatement l'angle compris entre deux distances consécutives ; mais la double lecture faite sur la boussole ne peut servir qu'après avoir subi préalablement une petite opération arithmétique consistant à retrancher le plus petit arc observé du plus grand. Ainsi (fig. 19, pl. LXVI) la partie nord de l'aiguille étant supposée coïncider avec la ligne *NS*, si l'opérateur fait tourner la boussole de droite à gauche jusqu'à ce que l'alidade vienne successivement se confondre avec les deux lignes *ca* et *cb*, il lira la valeur des arcs *dg* et *dgef*, dont la différence donnera l'angle *acb* compris par les deux directions.

Cette quantité angulaire se rapportant, suivant les circonstances, à l'angle aigu ou à l'angle obtus, il est nécessaire de reconnaître celui des deux qui doit être choisi. Pour cela, on aura eu le soin d'indiquer dans le calepin, par un signe de convention, si, pendant la mesure des angles, le point 360° de la boussole a passé ou non sous le pôle nord de l'aiguille. Dans ce dernier cas, celle-ci, pendant l'opération, s'étant trouvée constamment en dehors de l'angle cherché, il suffit de prendre la différence. Mais si la partie bleue de l'aiguille a été comprise dans l'angle observé, c'est-à-dire si le point 360° a passé sous le pôle nord pendant la recherche, le résultat de la soustraction ne donnerait pas l'angle cherché, mais son angle extérieur ou son complément à 4 droits ; alors il faut, pour revenir à la réalité, retrancher cette différence de 360 degrés,

Ainsi a ($= dgef$) et b ($= dg$) étant respectivement les deux arcs lus sur le limbe, le résultat, dans le premier cas, sera $a — b$, et, dans le second, $360° — (a — b)$.

Connaissant alors par le calcul l'angle que forment deux lignes consécutives relevées à la boussole ou directement par le graphomètre, il est facile, à l'aide d'une simple addition, de les rapporter au méridien, c'est-à-dire de déterminer l'angle qu'elles font avec ce dernier.

Soit $N S$ (fig. 16) la trace horizontale du méridien ; $m\,a\,c = r$ l'angle compris entre ce dernier et la première distance orientée, et $a\,c\,b = s$ l'angle de direction à rapporter au méridien. Il est évident que $180 + r$ est l'expression de la direction de $c\,a$, relativement au méridien, pour l'observateur installé en c ; mais s est l'angle formé par cette dernière distance et par $c\,b$, angle compté dans le même sens que $180 + r$. Si donc, à cette somme, est ajoutée la valeur de $a\,c\,b$ ou s, le résultat $180 + r + s$ sera l'arc compris entre $c\,b$ et le méridien, arc mesuré dans le sens indiqué par les flèches. L'angle observé à la station b deviendrait également $180 + a\,f + h\,i\,k$. Ainsi, pour rapporter une ligne quelconque au méridien, il suffit d'ajouter à $180°$ l'angle compris entre les deux directions, plus l'angle du méridien et de la direction précédente. Exemple :

$$N\,a\,c = 96°.30$$
$$a\,c\,b = 89\,.15$$
$$180\,.$$
$$\overline{365\,.45 — 360° = 5°.45}$$

Le résultat, excédant 4 angles droits, est diminué de 360 degrés. Le reste est l'angle demandé, qui subit les modifications indiquées dans le paragraphe précédent, si sa valeur doit être moindre que $90°$.

L'application des calculs ci-dessus donnerait lieu à la formation d'un tableau analogue au suivant :

ANGLES COMPRIS ENTRE DEUX DISTANCES.	ANGLES RAPPORTÉS AU MÉRIDIEN.	ANGLES < 90°.
89.15	5.45	5.45 N.-E.
100.—	285.45	74.15 N.-O.
166.30	272.15	87.45 N.-O.
106.30	198.45	18.45 S.-O.
87.15	106.—	74.— S.-E.

1004. *Déterminer les projections horizontale et verticale d'une ligne formant un angle quelconque avec l'horizon.*

Le lecteur sait déjà que deux des trois éléments recueillis dans la mine servent à construire une série de triangles rectangles, dont l'inclinaison forme l'un des angles aigus et dont l'hypothénuse est égale à la distance comprise entre deux stations. La confection des plans exigeant que toutes les lignes soient rapportées au plan horizontal, il s'agit de déterminer la valeur de leur projection eu égard à leur inclinaison.

Ces réductions peuvent, à la rigueur, s'effectuer à l'aide d'un rapporteur en laiton ou en corne. Après avoir tracé une ligne indéterminée *a m* (fig, 10, pl. LXXVII) et un angle *m a n* égal à l'angle d'inclinaison, il suffit de porter la ligne mesurée de *a* en *b* et d'abaisser la perpendiculaire *b c* pour obtenir *a c*, projection horizontale cherchée, dont *b c* est l'altitude ou la différence de niveau entre les deux extrémités de la ligne. Mais ce procédé graphique, n'étant guère plus expéditif que la plupart de ceux dans

lesquels on emploie le calcul, est abandonné aux chefs
d'ateliers pour des déterminations qui ne réclament que
peu d'exactitude.

Les éléments de la trigonométrie donnent des moyens
faciles de procéder à ces réductions ; ainsi $a\,c$ et $c\,b$ (fig. 10),
cosinus et *sinus* respectifs de l'angle a, fournissent les
relations suivantes :

$$R : cos.\ a = a\,b : a\,c$$
$$R : sin.\ a = a\,b : b\,c$$

d'où

$$a\,c = \frac{cos.\ a}{R} \times a\,b\ (A)$$

$$b\,c = \frac{sin.\ a}{R} \times a\,b\ (B)$$

Ces équations peuvent être résolues au moyen des lignes
trigonométriques naturelles ou logarithmiques.

Le lecteur trouvera, à la fin de ce volume, une petite
table des sinus et des cosinus naturels, calculée de 15
en 15 minutes pour un rayon égal à l'unité de mesure (1).
Elle contient, dans la première colonne de gauche, tous
les degrés d'une valeur inférieure à 45° ; dans les deux
suivantes sont les cosinus et les sinus correspondants,
ainsi que cela est désigné en tête des colonnes. Les angles
compris entre 45° et 90° doivent être cherchés dans la
dernière colonne de droite, en prenant les désignations
inverses inscrites au bas de la page, parce que les cosinus
et sinus d'un arc quelconque sont respectivement les sinus
et les cosinus de son complément.

---

(1) Le calcul de cette table, ou d'une autre plus complète, est
facile, les sinus, cosinus ou toute autre ligne trigonométrique
résultant de la recherche de leurs logarithmes et du retour au
nombre naturel par une recherche inverse.

Choisissant pour exemple l'observation relative à la première station d'une galerie ascendante
dont la longueur , de 31 mètres $= ab$
et l'inclinaison de . . 9° 30' $=$ angle a.
R étant égal à l'unité, les équations (A) et (B) donnent par l'emploi d'une table des lignes naturelles :
$ac = \cos. 9°\ 30' \times 31 = 0.9863 \times 31 = 30.5753$
$bc = \sin. 9°\ 30 \times 31 = 0.1651 \times 31 = 5.1181$
D'où il résulte que les produits de la longueur comprise entre deux stations, par le cosinus et le sinus de l'angle d'inclinaison , sont respectivement la projection horizontale de la ligne et l'altitude de la station.

Il existe aussi des tables qui, par une simple addition, opèrent la réduction de toutes les lignes inclinées ; mais elles ne sont guère plus expéditives que les précédentes et peuvent donner lieu à des erreurs.

L'emploi des tables logarithmiques exige que les équations (A) et (B) reçoivent la forme suivante :

Log. $ac =$ log. cos. $a +$ log. $ab - 10$.
Log. $bc =$ log. sin. $a +$ log. $ab - 10$.

Le calcul des données ci-dessus serait :

1°. Log. cos. 9° 30' . . 9.99400
Log. 31 M. . . . 1.49136
Logarithme de la projection horiz. 1.48536
Projection horizontale. 30.57 mètres.

2°. Log. sin. 9° 30' . . 9.21761
Log. 31 M. . . . 1.49136
Logarithme de la projection verticale. 0.70897
Projection verticale. 5.12 mètres.

5ᵉ. TABLEAU.

Calouls des opérations faites dans la mine de "***", le   Mai 1844, à 4 heures de l'après-midi.

La déclinaison de l'aiguille était 21o.30'.

DÉSIGNATION DES STATIONS.	DIRECTION MAGNÉTIQUE.	INCLINAISON.	LONGUEURS MESURÉES.	DIRECTION VRAIE. ANGLES $<$ 180°.	PROJECTIONS HORIZONTALES DES LONGUEURS.	ALTITUDES.	SOMMES DES ALTITUDES.	A l'est du méridien. A l'ouest du mérid.
No. 1	108°.50'	1°.45 M.	Mètres. 24.40	87°.00 E.	Mètres. 24.39	+ 0.7442	+ 0.7442	Galerie d'allongem^t.
» 2 A	102 .15	1 .30 »	19.10	80 .45 »	19.02	+ 0.5004	+ 1.2446	Id. id.
» 3 A	100 .45	1 .15 »	15.90	78 .45 »	13.89	+ 0.3465	+ 1.3912	Id. id.
» 2 B	68 .45	9 .30 »	31. »	46 .45 »	30.57	+ 3.1181	+ 3.8625	Id. ascendante.
» 2 C	189 .45	16 .15 D.	27.10	168 .15 »	26.02	— 7.3826	— 6.8584	Id. descendante.
» 3 B	67 .00	9 .45 M.	13.10	45 .30 »	12.91	+ 2.2191	+ 3.4657	Id. ascendante.
» 1	293 .15	1 .15 »	11.50	88 .15 O.	11.50	+ 0.2507	+ 0.2507	d'allongem^t.
» 4	295 .30	1 .30 »	20.20	86 .00 »	20.19	+ 0.5292	+ 0.7799	Id. id.
» 5 A	298 .30	1 .15 »	16.50	83 .00 »	16.50	+ 0.3597	+ 1.1396	Id. id.
» 5 B	240 .45	8 .45 »	17. »	40 .45 »	16.80	+ 2.5857	+ 5.5656	Id. ascendante.
» 5 C	209 .00	16 .00 D.	29.60	7 .30 »	28.45	— 8.1577	— 7.5778	Id. descendante.

D'après ce qui précède, le géomètre doit introduire dans son tableau deux nouvelles colonnes : la première destinée à contenir la projection horizontale des longueurs ; la seconde, les altitudes, ou projections verticales, avec le signe $+$ pour les galeries ascendantes, et le signe $-$ pour les galeries descendantes. Il convient, en outre, d'en créer une troisième, contenant la somme algébrique (en ayant égard aux signes) de toutes les altitudes des stations qui précèdent, afin de trouver le niveau de chaque station relativement au point initial, ce qui est fort important en beaucoup de circonstances, principalement pour la confection des coupes.

Tous les calculs sont inscrits dans des tableaux dont les têtes de colonne sont imprimées d'avance. Plusieurs tableaux forment un *registre*, dit *d'avancement*, qui est de la plus grande importance, soit pour refaire les plans détruits, soit pour déterminer la direction des percements. La forme prescrite par arrêté royal ne diffère pas sensiblement de la forme employée dans le tableau ci-joint, où se trouvent calculés tous les nombres du carnet.

Observation. Les nombres correspondants aux stations désignées (fig. 1) indiquent les altitudes des extrémités des lignes sur lesquelles a été pointé l'instrument.

1005. *Méthode des coordonnées* (fig. 4, pl. LXXVII).

Trois plans, H, H', OT, et MS, rectangulaires entre eux étant donnés, la position d'un point quelconque A, pris dans l'espace, sera déterminée par ses distances aux trois plans Aa, Aa', Aa'', ou par ses *coordonnées*, et par

la désignation de celui des huit angles solides dans lequel il est situé (1).

Dans les mines, ainsi qu'on l'a déjà vu, le point de
départ des opérations se prend ordinairement sur l'axe de
l'un des puits principaux à son intersection avec le toit ou
le mur de la couche, ou de l'une des stratifications avoisinantes. C'est également en ce lieu qu'est imaginée la rencontre C des trois plans, situés de telle façon que l'un
NS coïncide avec le méridien astronomique, et l'autre OE,
qui peut être appelé *équateur*, passe par les deux points
cardinaux est et ouest; le troisième HH', horizontal, est
un plan de niveau. Les trois projections a, a' a'' du point
A déterminent un parallélipipède rectangle dont les six
faces sont parallèles deux à deux aux trois plans de position; la diagonale CA exprime la distance comprise entre
deux stations consécutives; les projections horizontale et
verticale de cette diagonale sont exprimées par Ca, Ca'', diagonales de deux des faces du parallélipipède; enfin, les trois
arêtes contiguës Aa, Aa' et Aa'' expriment les coordonnées
du point A. Si, en outre, le lecteur observe que les arêtes
opposées d'un parallélipipède sont égales entre elles, il verra
qu'il peut prendre Cf au lieu de aA; Cd et Ce à la
place de Aa' et Aa''; en sorte que la position du point A
est déterminée par des longueurs prises sur les droites d'intersection des plans ou sur les axes des coordonnées.

Si un deuxième point B doit être considéré, AB, distance
entre les deux stations, sera la diagonale d'un nouveau

_____

(1) Pour éviter la confusion, la figure ne comprend que les quatre
angles solides situés au-dessus du plan horizontal; mais comme
les deux plans OT et SM, sont censés se prolonger au-dessous de
HH', il en résulte quatre angles placés symétriquement aux premiers et qui complètent les huit angles solides.

parallélipipède, dont trois côtés seront parallèles aux plans de position. Les projections de la ligne AB sont Ab et Ab'', ou $a\varphi$ et $a''\varphi''$; les lignes Bb, Bb', Bb'' sont les coordonnées de B relativement à A; et $B\varphi$, $B\varphi'$ et $B\varphi''$ les coordonnées du même point relativement à l'origine C, qui, rapportées aux axes, deviennent Ci, Cg et Ch. Comme il en sera de même pour un nombre quelconque de points, la position de l'un d'eux relativement à un autre non contigu est déterminée par les trois sommes algébriques des abcisses, des ordonnées et des hauteurs.

Aux coordonnées ont été substituées avantageusement les désignations usitées en géographie, parce qu'elles ne laissent aucune incertitude dans l'esprit. Ainsi on appellera désormais *longitude* les lignes qui, telles que Cf, Ci, expriment les distances au méridien; *latitudes* les distances Cd, et Cg mesurées au nord ou au sud de la ligne EO : ce sont les coordonnées horizontales; et enfin *altitudes* ou *hauteurs* ou *coordonnées verticales*, la différence de niveau entre deux points ou les lignes Ce et Ch. Ces lignes peuvent, pour plus grande simplicité, être désignées comme suit :

> Longitude, L.
>
> Latitude, l.
>
> Altitude, h.

Le calcul employé pour déduire cette dernière ayant déjà été exposé, il ne reste plus qu'à indiquer le mode appliqué à la détermination des latitudes et des longitudes, et à désigner celui des huit angles solides dans lequel peuvent tomber les diverses stations.

La première partie du problème, considéré d'une manière générale, consiste à calculer les trois arêtes contiguës d'un parallélipipède dont on connaît la diagonale et les deux angles que celle-ci forme avec deux des faces en contact, c'est-à-dire l'inclinaison et la direction. Mais

le lecteur sait déjà comment se calcul l'altitude , en considérant l'espace compris entre deux stations comme l'hypothénuse d'un triangle rectangle situé dans un plan vertical.
L'une des arêtes est donc trouvée , et il possède, en outre ,
la valeur de la projection horizontale de la ligne inclinée ;
Or, cette dernière , ou Ca'', par exemple, combinée avec
l'arc de direction dCa'' , forme un triangle rectangle, dans
lequel sont connus l'hypothénuse et l'un des angles aigus ,
d'où il peut déduire la longitude $da'' = Cf$ et la latitude
Cd, par les procédés de trigonométrie employés ci-dessus
(paragraphe 1004), c'est-à-dire , par le calcul des triangles
rectangles relativement aux sinus et aux cosinus des angles
de direction ; mais ceux-ci doivent être réduits préalablement à une valeur inférieure à 90°.

Exemple : Calculer la longitude et la latitude de la
première ligne inscrite dans le carnet :

Projection , 24.39 mètres.

Angle de direction réduit au méridien , 87° NE.

Longitude $= 24.39 \times$ sinus   87° $= + 24.3558$.

Latitude $= 24.39 \times$ cosinus 87° $= + 1.2780$.

Pour reconnaitre de quel côté des trois plans rectangulaires les coordonnées doivent être prises, il a été convenu d'affecter ces dernières des signes $+$ ou $-$, d'après
la loi suivante :

Toute longitude située à l'est du méridien est positive
et , par conséquent , négative de l'autre côté.

Toute latitude prise au nord de la ligne EO est positive , et négative au sud de la même ligne.

Enfin , les altitudes qui s'élèvent au-dessus du plan
horizontal sont positives; celles qui se mesurent au-dessous
sont négatives.

Si le lecteur consulte la colonne des angles de direction , il verra de suite , par la nature des désignations

qui les accompagnent, quelle partie de l'espace doit être
assignée aux diverses coordonnées ; c'est ainsi que

les longitudes   exigent la
et les latitudes   position

$$+\ L \ \Big\} \quad N\,E \ \text{(Nord-Est)}.$$
$$+\ l$$

$$+\ L \ \Big\} \quad S\,E \ \text{(Sud-Est)}.$$
$$-\ l$$

$$-\ L \ \Big\} \quad S\,O \ \text{(Sud-Ouest)}.$$
$$-\ l$$

$$-\ L \ \Big\} \quad N\,O \ \text{(Nord-Ouest)}.$$
$$+\ l$$

Les résultats de ces calculs sont inscrits dans deux
nouvelles colonnes, et les sommes algébriques successives
des coordonnées précédentes en fournissent au tableau
deux autres contenant les longitudes et les latitudes de
chaque station rapportée au point initial. Mais chacune
de ces sommes ne peut avoir pour objet qu'un certain
nombre de lignes, comme, par exemple, les trois premières stations du tableau formant l'ensemble de la galerie
d'allongement. La première et la quatrième indiquant les
différences existant entre le point initial et l'extrémité la
plus élevée de la première galerie ascendante, etc., etc.,
il serait inutile et absurde de sommer tous les chiffres
indistinctement.

Quoiqu'en rapportant les données du calcul sur le papier,
il ne soit guère possible de tenir compte des fractions inférieures à un décimètre, cependant, pour plus grande exactitude, le calcul peut s'étendre aux millièmes, parce que ces
fractions, accumulées, ont une influence sensible dérivant des
résultats de l'addition, surtout dans les grandes distances.

Les tableaux du registre d'avancement, dans l'emploi de
la méthode des coordonnées, auront la forme suivante :

4e. TABLEAU.

Calcul des opérations faites dans la mine de ''', le 15 mai 1844, à 4 heures de l'après-midi.

La déclinaison était de 21°.30'.

NUMÉROS D'ORDRE.	DIRECTION MAGNÉTIQUE.	INCLINAISONS.	LONGUEURS MESURÉES.	DIRECTION VRAIE. ANGLES < 90°.	PROJECTIONS HORIZONTALES DES LONGUEURS.	ALTITUDES (HAUTEURS).	LONGITUDES (SINUS).	LATITUDES (COSINUS).	SOMMES ALGÉBRIQUES DES		
									ALTITUDES.	LONGITUDES.	LATITUDES.
N°. 1	108°.30'	1°.45' M	24.40 M	87°.00 N-E	24.5902	+0.7442	+24.5558	+ 1.2780	+0.7442	+24.5558	+ 1.2780
» 2 A	102.15	1.50 »	19.10 »	80.45 »	19.0242	+0.5004	+19.7767	+ 3.0390	+1.2446	+44.1528	+ 4.3370
» 5 A	100.15	1.15 »	15.90 »	78.45 »	15.8968	+0.5466	+15.5916	+ 5.1014	+1.5912	+59.7241	+ 7.4584
» 2 B	68.15	9.50 »	51.—	46.45 N-E	50.5755	+5.1181	+22.2710	+20.9519	+5.8623	+46.6268	+22.2299
» 2 C	189.45 D	16.15 D	27.10 D	11.45 S-E	26.0160	−7.5826	+ 8.2968	−25.4697	−6.8584	+29.6526	−24.1917
» 5 B	67.—	9.45 M	15.10 M	45.30 N-E	12.9100	+2.2191	+ 9.2087	+ 9.0486	+5.4657	+55.5412	+15.5856
» 1	295.15	1.15 »	11.50 »	88.15 N-O	11.4977	+0.2507	−11.4931	+ 0.3507	+0.2507	−11.4931	+ 0.3507
» 4	295.30	1.30 »	20.20 »	86.00 »	20.1939	+0.5292	−20.1354	+ 1.4075	+0.7799	−31.6285	+ 1.7582
» 5 A	298.30	1.15 »	16.30 »	83.00 »	16.4967	+0.5697	−16.5746	+ 2.0109	+1.1396	−48.0031	+ 5.7691
» 5 B	540.45	8.45 »	17.—	40.45 N-O	16.8028	+2.5857	−10.9672	+12.7281	+5.5656	−42.5957	+14.4865
» 5 C	209.—	16.— D	29.60 D	7.50 S-O	28.4545	−8.1577	− 3.7153	−28.2126	−7.5778	−55.5418	−26.4344

Observation. Les nombres correspondants aux stations désignées indiquent non l'altitude, la longitude, .etc., de la station elle-même, mais de la station suivante, sur laquelle l'instrument a été pointé; en sorte que les chiffres qui suivent 2 *A*, par exemple, se rapportent réellement aux coordonnées de 3 *A*.

1006. *Formules donnant les longitudes et les latitudes par un seul calcul.*

Dans la méthode précédente, les coordonnées horizon-tales d'un point quelconque résultent de deux opérations successives; mais ces deux lignes peuvent être obtenues directement à l'aide de formules dérivant de la combi-naison des deux équations (A) et (B).

Soit $a\,b$ (fig. 2, pl. LXXVII) la distance mesurée; $b\,a\,c$, l'angle d'inclinaison $= \mu$ et $c\,a\,d = \pi$ l'angle de direction.

Le triangle rectangle $b\,a\,c$ donne :

$$R : cos.\ \mu = a\,b : a\,c; \qquad a\,c = \frac{cos.\ \mu \times a\,b}{R}.$$

Le triangle horizontal $a\,d\,c$

$$R : sin.\ \pi = a\,c : c\,d; \qquad c\,d = \frac{sin.\ \pi \times a\,c}{R}$$

Substituant, dans la seconde relation, la valeur de $a\,c$ trouvée dans la première, il vient

$$\text{Longitude } c\,d = \frac{sin.\ \pi \times cos.\ \mu \times a\,b}{R^2}$$

Et d'une manière analogue

$$\text{Latitude } a\,d = \frac{cos.\ \pi \times cos\ \mu \times a\,b}{R^2}$$

L'opération effectuée par logarithmes exige la somme : 1°. du logarithme de la distance; 2°. du sinus de l'angle de direction ; 5°. du cosinus de l'angle d'inclinaison ; de laquelle somme sont soustraites 20 unités.

Pour la latitude, après avoir ajouté les 3 valeurs suivantes : logarithme de la distance, logarithme des cosinus des angles de direction et d'inclinaison , 20 unités sont retranchées de la caractéristique.

1007. *Erreurs provenant de l'excentricité des instruments.*

L'alidade ou la lunette d'un instrument appliqué à la mesure de l'angle compris entre deux distances consécutives , étant placée latéralement au limbe azimutal , cette position excentrique est la cause d'une erreur dont il est quelquefois nécessaire de tenir compte. Soit ACB (fig. 3) le cercle décrit par l'axe de rotation de la lunette ; D et E les stations qui suivent et précèdent le point C ; ECD, l'angle cherché. En pointant en arrière sur E, par exemple, la lunette se place en A en dehors du sommet de l'angle à mesurer , son rayon optique prend la direction AE, au lieu de CE ou de AE' parallèle à CE, et l'angle mesuré est trop petit ou trop grand suivant les circonstances de la valeur $EAE' = AEC$. Il en est de même pour le coup d'avant donné sur D, où se trouve une différence exprimée par $DBD' = CDB$, mais dont le signe est toujours contraire à celui de l'angle EAE' ou AEC.

S'il s'agit de relever l'angle intérieur ECD, l'excentricité aura pour résultat d'augmenter sa valeur de CDB et de la diminuer de AEC ; l'erreur sera donc mesurée par la différence de ces deux angles ; elle sera positive ou négative suivant les circonstances ; d'autant plus petite que les distances entre les stations seront plus considérables, et totalement nulle quand la ligne d'avant et celle d'arrière seront égales , parce que les angles d'excentricité, étant égaux et de signes contraires , se détruisent mutuellement.

Une application numérique, choisie dans les circonstances qui se présentent le plus fréquemment , mettra le lecteur à même d'apprécier l'importance de cette erreur. Soit BC le rayon d'excentricité égal à 0.10 mètre.

$$CD = 20 \text{ mètres; et } CE = 8 \text{ mètres.}$$

Les deux angles cherchés , a et b, auront pour tangentes :

$$R \times \frac{0.10}{20} = 0.005\ R; \qquad R \times \frac{0.10}{8} = 0.0125\ R$$

Logarith. $R = 10$ \qquad Logarith. $R = 10$

log. 0.005 $= \overline{3}.69897$ \qquad log. 0.0125 $= \overline{2}.09691$
log. tang. de $a = 7.69897$ \qquad log. tang. de $b = 8.09691$
\qquad\qquad $a = 17'$ à $18'$ \qquad\qquad $b = 42'$ à $43'$

Différence résultant de l'excentricité , 25'.

La boussole est constamment sujette aux erreurs de ce genre. Dans son application au relevé de l'angle formé par la distance et le méridien magnétique, ces erreurs se compensent à peu près, surtout si les déviations dans la direction des galeries ne sont pas brusques ou trop fréquentes. Toutefois elles disparaissent en plaçant la boussole de telle façon que l'axe de rotation de la lunette tombe à plomb du point central de la station, et qu'en toute circonstance elle conserve cette position.

Dans l'emploi de la boussole dont l'aiguille est considérée comme ligne de repère, ou de tout autre instrument gradué dont la lunette est placée excentriquement, il ne peut être permis , pour relever l'angle azimutal, de négliger l'excentricité ; l'exemple numérique qui précède fait voir combien cette erreur influerait sur l'exactitude des opérations. La valeur de l'angle peut être rectifiée au moyen du calcul; mais il est plus simple d'employer le moyen précédent, c'est-à-dire de faire coïncider l'axe de rotation de l'alidade et le centre de la station, et de maintenir constamment la première du même côté de l'instrument. Ainsi, quand, pour les coups dirigés en avant, l'alidade ou la lunette est à droite de l'opérateur, celle-ci se place à gauche pour les coups d'arrière. Le pôle nord de l'aiguille fournira la première indication et la seconde sera lue sur le pôle sud. Cette correction peut aussi résulter d'une double opération, consistant à mesurer les angles à deux reprises : la première, en tenant la lunette à droite, et la seconde, en la plaçant à gauche. Ainsi la lunette étant dans la première position, l'opérateur mesure l'arc ovp, trop petit de oo' et trop grand de pp'; lorsqu'il la fait passer à gauche, l'arc observé mtn est trop petit de nn' et trop grand de mm'. Mais comme $mm' = oo'$ et $nn' = pp'$, s'il prend la demi-somme des deux angles, l'erreur est détruite (1).

Comme, dans les levés destinés à la confection des plans, les géomètres ne se préoccupent pas de la correction d'excentricité, il leur importe de prendre des distances assez grandes et surtout aussi égales que possible.

_____

(1) Les instruments à alidade se prêtent toujours à cette double opération. S'ils sont pourvus de lunettes, celles-ci, au nombre de deux, doivent être superposées, ainsi que l'indique la fig. 1 de la pl. LXXVI.

IIIᵉ. SECTION.

TRACÉ DES PLANS DES OUVRAGES SOUTERRAINS.

1008. *Plans et coupes.*

Le but des opérations qui précèdent est de préparer les moyens nécessaires pour représenter sur le papier l'image réduite des travaux intérieurs, ou de déterminer la direction et la longueur d'une communication à établir entre deux points d'une mine. Le tracé des plans et des percements souterrains peut s'effectuer à l'aide de procédés graphiques, du calcul, ou quelquefois de la combinaison de ces deux méthodes.

Chaque couche d'une mine de houille est ordinairement l'objet de trois projections correspondantes aux trois plans de position indiqués ci-dessus. La projection horizontale est plus spécialement désignée sous le nom de *plan* ; les deux autres, appelées *coupes*, sont des projections sur deux plans verticaux réciproquement perpendiculaires. Quelquefois il convient d'ajouter des plans accessoires destinés à représenter certaines parties des travaux offrant quelque confusion dans le tracé sur les trois plans rectangulaires ; la direction du plan de projection est alors arbitraire et souvent l'échelle plus grande.

1009. *Emploi de la boussole pour le tracé des plans.*

L'opérateur se place sur une table disposée horizontalement et d'une manière invariable, soit afin d'éviter les
oscillations trop prolongées de l'aiguille, soit pour se soustraire aux erreurs provenant du plus léger déplacement
du papier hors de la situation primitive. Il dépose en
outre à distance ses clefs, son couteau ou son canif ; il
proscrit l'emploi des compas à pointe d'acier ; enfin, il
écarte non-seulement le fer et l'acier, mais encore les substances douées d'une action magnétique, telles que le nikel,
le cobalt, la serpentine, quelques espèces de granits, etc.

La boussole suspendue des Allemands se prêtant seule
d'une manière convenable à cette opération, le lecteur doit
supposer qu'il s'agit ici d'un instrument de cette espèce.

La boîte, étant détachée de son cercle de suspension, est
enchâssée dans un rapporteur RP (fig. 6, pl. LXXVII),
ou plaque rectangulaire en cuivre, dont les bords sont
taillés en biseau. Sa position dans la dépression circulaire
GH doit être telle que la ligne NS soit toujours parallèle à l'un des grands côtés ; ce résultat est facile à obtenir
en faisant coïncider deux à deux les lignes de repère $a\,a'$
tracées sur le bord de la boîte et sur le rapporteur. Une
vis de pression J s'oppose à tout déplacement ultérieur.
Les boutons, destinés à soulever le rapporteur, se distinguent
par leur forme : l'un K, étant circulaire, et l'autre L trian-
gulaire ; il convient de choisir constamment le même bouton pour y diriger le nord magnétique, afin d'éviter toute
incertitude pendant le tracé, et surtout de placer l'instrument
dans des situations analogues à celles qu'il occupait dans la
mine. Enfin, le long côté, situé à droite de la ligne NS

(lorsque le nord est en avant), devant servir au tracé, est divisé en millimètres ; le point 0 (zéro) se trouve sur le prolongement de la ligne *OE*, et les nombres s'accroissent en s'avançant vers les extrémités. Cette disposition permet la suppression de la règle divisée et du compas.

Après avoir choisi sur le papier un point de départ, tel que l'ensemble des travaux puisse être contenu dans la feuille, l'opérateur oriente cette dernière en plaçant le rapporteur de telle façon que le pole nord de l'aiguille coïncide avec la division 360°. Alors, procédant au tracé des galeries, il fait coïncider le point *o* de la règle et le point initial ; il fait tourner le rapporteur autour de ce point, jusqu'à ce que le pole *N* se fixe sur le degré de direction observé dans la mine à la station dont il s'agit ; il imprime un léger mouvement à l'aiguille, afin de s'assurer qu'elle reprend la même position, pendant qu'il s'occupe à lire dans le tableau la longueur de la projection horizontale de la distance ; puis il tire, suivant le bord divisé du rapporteur, une ligne dont la longueur concorde avec le nombre inscrit dans la colonne. L'extrémité de la première ligne, ainsi dé-terminée, est le point de départ de la suivante ; celle-ci est l'objet d'un tracé semblable, et ainsi de suite. En un mot, il place successivement, et bout à bout, les projec-tions des distances, dont la direction résulte de la valeur des angles mesurés dans les travaux. Il a le soin d'inscrire l'année, le jour et l'heure du levé, afin de pouvoir tenir compte ultérieurement de l'angle de déclinaison lorsqu'il voudra comparer le plan avec un levé fait à une époque différente. Il indique aussi la trace du méridien vrai par une ligne formant, avec le méridien magnétique, un angle égal à la déclinaison au moment de l'opération.

Ce procédé ne réclame aucun calcul préliminaire ; il permet d'utiliser les instruments défectueux par leur gra-

duation ou par l'excentricité du point de suspension de
leur aiguille ; car les angles reportés sur le papier sont
identiquement les angles relevés dans la mine. Mais ces
avantages sont d'une minime importance relativement aux
nombreuses erreurs inhérentes à tous les procédés purement
graphiques, et surtout à celui-ci, qui réclame de l'opérateur tant de délicatesse, de minutieuses précautions et
une si grande habitude.

1010. *Emploi du rapporteur ordinaire.*

Le rapporteur (fig. 8, pl. LXXVII) est un cercle de
corne ou de laiton en usage pour construire les angles
sur le papier. Le diamètre varie entre 0.12 et 0.22 mètre ;
la circonférence en est divisée en degrés et quelquefois en
demis et en quarts de degré. Quelques-uns de ces instruments sont formés d'un cercle complet ; d'autres simplement
d'un demi-cercle ; enfin, ils portent un rayon mobile ou en
sont dépourvus. La notation des degrés d'un rapporteur
est toujours double : l'une marche de droite à gauche et
la seconde de gauche à droite, afin de pouvoir compter
dans les deux sens ; le centre est indiqué par un trou ou
une coche pratiquée sur le diamètre.

Le géomètre appelé à construire un angle avec cet instrument, en installe le centre au point que doit occuper le
sommet de l'angle ; il fait coïncider le diamètre avec l'un
des côtés préalablement tracé sur le papier ; puis, comptant sur la circonférence, le nombre de degrés voulu, il
arrive à un point qui, joint au sommet, donne l'angle
cherché.

Pour rapporter un levé à la boussole, il choisit la position du point initial o (fig. 8) et y fait passer une ligne arbitraire ; celle-ci est destinée à représenter le méridien vrai, si

la valeur des angles de direction a été modifiée dans ce sens, ou le méridien magnétique, s'il s'agit de l'arc observé sur le terrain. Dans tous les cas, il fait coïncider la ligne NS et le diamètre passant par les points 180°; il cherche sur le rapporteur le degré annoté dans la mine, et la position correspondante indique sur le papier le point où le crayon doit laisser une légère trace; le centre de l'instrument et cette trace, étant unis par un trait on, celui-ci détermine la première direction; c'est suivant cette ligne qu'il porte, avec un compas, la projection horizontale de la distance à l'échelle du plan. Le centre de la 2e. station étant indiqué par un point p, il y fait passer une ligne $N'S'$ parallèle au méridien, et dont il se sert de la même manière pour déterminer la 3e. station. Un demi-cercle exige l'emploi des angles modifiés de la 5e. colonne du 3e. tableau, c'est-à-dire réduits à une valeur moindre que 180°, et divisés en arcs orientaux et occidentaux. Les premiers sont portés à droite du méridien et les seconds à gauche, en retournant le rapporteur.

Le géomètre peut opérer avec une plus grande promptitude et autant d'exactitude, s'il porte d'un seul coup, autour du point initial a (fig. 9) et à l'aide du rapporteur, un certain nombre de points tels que b', e', d'. f', etc., indices d'autant de directions; puis, à l'aide de deux équerres disposées comme l'indique la figure 9, il reporte en avant ces diverses directions. Ainsi, par exemple, supposant déjà tracées les lignes ab, bc, cd, et af' étant la direction de la suivante, un des côtés de l'équerre M est placé suivant af'; l'autre équerre N, constamment maintenue en contact avec la première, est amenée sur le point d et prend la direction df parallèle à af'.

L'opérateur, qui emploie une règle M et une équerre N (fig. 7), place le grand côté de cette dernière sur la

ligne *af'* et applique la règle contre le petit côté; puis,
maintenant celle-ci en place, il fait glisser l'équerre parallèlement à elle-même jusqu'au moment où, tombant
sur le point *e*, il trace la ligne *ef*. Dans le but d'éviter
toute confusion, chacun des points *b'*, *c'*, *d'*, *f'* est désigné par le numéro de la station à laquelle il appartient
et inscrit légèrement au crayon. Lorsque l'équerre n'est
plus assez longue pour porter les lignes en avant, il y
supplée par le tracé d'une seconde méridienne.

La construction des angles relevés avec le graphomètre
serait évidemment la même que ci-dessus; mais, pour
donner à cette opération un plus grand degré d'exactitude
et ne pas annuler en partie les avantages résultant de l'emploi de cet instrument plus parfait, il convient d'employer
le rapporteur représenté par la figure 5 (pl. **LXXVII**).
Il se compose d'un demi-cercle *A B* en laiton, de 0.16
mètre de diamètre et d'un rayon *CD* mobile sur une
charnière *D*; celle-ci est percée d'une fenêtre *m* dans laquelle deux cheveux, croisés à angle droit, indiquent le
centre du cercle. Le rayon mobile, dont un côté coïncide constamment avec l'un des rayons, porte un arc *vs*
argenté mat et formant nonius ou vernier. Ordinairement
20 divisions du nonius correspondent à 21° du cercle;
chacune d'elles est de

$$\frac{21° \times 60_t}{20} = 63 \text{ minutes.}$$

Ainsi le degré d'appréciation s'étend à tous les arcs jusqu'au minimum de 3 minutes. Le nonius du graphomètre est nécessairement divisé de la même manière.

1011. *Tracé par la méthode des coordonnées.*

Le dessinateur, ayant égard à la disposition des travaux, choisit une position convenable pour y faire passer

deux lignes droites réciproquement perpendiculaires. Ce sont les traces de l'intersection du méridien et de l'équateur avec le plan horizontal qui, exprimant l'origine des coordonnées, sont désignées par des zéros. Il porte à droite du méridien, sur les deux côtés opposés du cadre et à partir du point 0, les longitudes positives accompagnées des numéros de la station, et à gauche les longitudes négatives ; puis il réunit ces divers points par des parallèles à la trace méridienne. Les latitudes positives et négatives, portées de la même manière au-dessus et au-dessous de l'équateur, sont l'objet d'une opération semblable. Alors les intersections des lignes qui, portant le même numéro, appartiennent à la même station, étant jointes deux à deux par des droites, expriment les projections horizontales des distances, dont l'ensemble forme le plan qu'il s'agit de dresser. La fig. 11 (pl. LXXVII), dont toutes les lignes de construction sont ponctuées et réunies deux à deux par des chiffres identiques, suffit pour faire connaître en détail la marche de l'opération graphique. Mais comme le nombre des lignes à tirer est ordinairement trop considérable pour ne pas engendrer quelque confusion, il est plus convenable de procéder de la manière suivante, d'ailleurs aussi exacte et plus expéditive.

Le dessinateur prend un papier maillé (fig. 14, pl. LXXVII), c'est-à-dire divisé en carrés de un décimètre de côté par une série de lignes parallèles, les unes au méridien, les autres à l'équateur. Il désigne également les axes des coordonnées par des zéros et accompagne les autres lignes des nombres 100, 200, 300, etc., expressions de leurs distances aux traces méridiennes ou équatoriales. Les sommes des latitudes et des longitudes inscrites dans le tableau, lui indiquant, par leur signe et par le nombre de centaines qu'elles contiennent, dans quels

carrés doivent se trouver les stations données, il prend au
compas l'excès des coordonnées sur les nombres 100,
200, 300, etc., et les porte dans le carré désigné,
sans s'occuper en aucune manière des points précédents.
Ainsi, après avoir reconnu, par exemple, qu'une latitude
et une longitude, dont les valeurs respectives sont $+25$
et $+113$, appartiennent au carré H, il mène deux lignes
à des distances de 25 et de 13 des côtés de ce carré ;
celles-ci, par leur intersection, déterminent la position
demandée.

Un autre procédé, plus simple encore, consiste à se servir d'une équerre et d'une règle plate divisée en décimètres
seulement, et dont le trait C, indicatif du milieu de la longueur, est coté zéro et les suivants, 1. 2. 3, etc. L'é-
querre, dont les deux côtés de l'angle droit sont taillés
en biseau, porte des divisions en centimètres et en millimètres. Si la longitude est inférieure à 100 mètres, la règle
s'applique immédiatement sur le méridien, en ayant soin
de faire coïncider la division C avec la ligne EO. Si elle
est plus grande que 100, 200, 300, etc., positive ou
négative, la règle est transportée sur la 2ᵉ., 3ᵉ. ou 4ᵉ. ligne
à droite ou à gauche, c'est-à-dire sur la ligne désignée
par les centaines comprises dans le chiffre de la longitude,
mais toujours dans une situation telle que la trace C
coïncide avec la ligne EO.

Qu'il s'agisse de déterminer la position d'un point dont
la latitude et la longitude soient respectivement $+256$
mètres et -150 mètres, le dessinateur, après avoir installé la règle sur le second méridien à gauche de NS,
porte l'équerre dans le troisième carré au-dessus de l'équateur, la fait glisser jusqu'à ce que la trace 2 de la règle
corresponde avec la division 56 de l'équerre ; puis, comptant
50 de a en b, il marque ce dernier point, indice de la

station cherchée, avec un crayon à pointe très-fine. Deux coordonnées positives sont l'objet d'une opération symétrique, mais la règle doit être retournée et placée à droite du méridien.

Si les latitudes sont négatives, l'équerre descend au-dessous de l'équateur EO. Par exemple, une latitude de — 85 et une longitude de + 160 exigent l'installation de la règle sur le deuxième méridien à droite de NS, et la coïncidence de la division 85 de l'équerre avec la trace C de la règle. Le point m, situé à 60 unités du point n, est le lieu de la station demandée. Enfin, tous les points convenablement indiqués sont réunis par des lignes comme ci-devant.

1012. Comparaison entre les diverses méthodes de rapporter sur le papier.

Le tracé à la boussole permet l'emploi d'un instrument défectueux pour dresser un plan de mine, pourvu que ce soit le même qui ait servi dans le relevé souterrain. C'est là le seul avantage de cette méthode, d'ailleurs fort délicate en raison des oscillations continuelles de l'aiguille. Elle réclame aussi beaucoup de temps et d'habileté ; le moindre morceau de fer négligé peut causer les plus graves inexactitudes ; enfin, elle ne peut s'appliquer convenablement qu'aux boussoles suspendues, les autres instruments salissant le papier sur lequel s'effectue le tracé ; en outre, les lignes tirées sont toujours irrégulières ; car l'alidade en bois ou le côté de la boîte pris comme règle ne peuvent conserver leurs angles vifs pendant le travail dans la mine.

Le tracé au rapporteur ordinaire est moins difficile ; il suffit dans le plus grand nombre de cas ; aussi est-il presque généralement adopté, quoique, sous tous les rapports, la méthode des coordonnées soit bien préférable.

Dans l'emploi de l'une des deux méthodes purement graphiques, une légère inexactitude dans la longueur des distances et dans le tracé des angles, ou la fausse position d'un seul point, sont des erreurs qui se propagent et s'accumulent sur la dernière station de chaque galerie, de manière à rendre vicieux tout le dessin ; car il ne faut pas compter sur une compensation problématique résultant d'erreurs commises tantôt dans un sens et tantôt dans l'autre. La méthode des coordonnées, au contraire, substituant en grande partie le calcul aux opérations graphiques, garantit une grande exactitude. Les points placés en-dehors de leur vraie position n'ont d'influence sur aucun des suivants, puisque, dérivant tous du point initial, l'erreur unique affecte exclusivement la station mal placée. Il est possible de tenir compte de fractions de longueurs qui, dans les méthodes purement graphiques, échappent à l'appréciation du compas, parce que ces fractions, quel que soit leur ordre, s'accumulent et peuvent être portées sur le plan dès que de leur addition résultent une ou plusieurs unités.

Le tableau des opérations exécutées dans la mine étant remis à un dessinateur quelconque pour en dresser le plan, l'ingénieur peut toujours en opérer la vérification partielle ou totale. La transmission des avancements d'une mine est des plus faciles, puisqu'il suffit d'envoyer le tableau des éléments du levé en indiquant le point initial des opérations ; alors le tracé peut s'exécuter dans le lieu où sont déposés les plans. Enfin, si les calculs absorbent quelque peu de temps, celui-ci est grandement compensé par la promptitude avec laquelle les lignes sont rapportées sur le papier.

1013. *Tracé des coupes ou projections verticales.*

Les projections verticales se font ordinairement sur des plans parallèles au méridien ou à l'équateur. Dans certaines circonstances, elles se construisent sur des plans verticaux passant par la ligne de direction de la couche ou par celle de plus grande pente.

Les coupes sont partielles ou générales : partielles, elles n'ont pour objet que les ouvrages exécutés dans une couche ; générales, elles embrassent tous les travaux compris entre la margelle du puits et les excavations les plus profondes.

La construction des premières, quel que soit le procédé employé pour le tracé du plan horizontal, exige d'abord le tracé d'une ligne droite $X'Y'$ (fig. 12, pl. LXXVII), destinée à figurer *la ligne de terre*, c'est-à-dire l'intersection du plan vertical et du plan horizontal. Un point a' convenablement choisi sur cette dernière est le lieu d'où s'élève une perpendiculaire $a'Z$, tracé de l'autre plan vertical.

Si le plan horizontal proprement dit (fig. 13) a été construit par l'une des méthodes purement graphiques, le dessinateur choisit sur ce dernier une ligne XY parallèle à l'intersection du plan vertical sur lequel la projection doit s'effectuer et qu'il suppose être l'équateur. Du sommet de chaque angle, c'est-à-dire de chaque station, il abaisse des perpendiculaires sur la ligne de terre, où elles déterminent la longueur des projections des diverses distances sur le plan vertical ; ces distances sont reportées sur la coupe, à droite et à gauche du point initial a' ; puis, prenant les altitudes de chaque station, il les porte au compas perpendiculairement au-dessus de chacun de leurs points de projection. Ainsi b, c, e, d, etc., se projetant en b', c', e', d', il élève des perpendiculaires indéterminées sur lesquelles sont portées les altitudes $b'b''$, $c'c''$, $e'e''$, $d'd''$, etc.

Quant à la méthode des coordonnées, le tableau des éléments fournissant les longitudes et les latitudes, il suffit de porter les unes ou les autres à droite ou à gauche du point a', suivant leur signe, pour déterminer la projection des stations. Des perpendiculaires égales aux sommes des altitudes, déterminent des points qui, réunis par des lignes droites, sont l'expression des galeries suivant le plan vertical choisi.

Si la clarté exige une projection sur un plan vertical passant par la direction de la couche ou par sa ligne de plus grande pente, le tracé s'en effectuera comme suit : Soit NS et OE (fig. 1, pl. LXXVIII) les traces du méridien et de l'équateur sur le plan horizontal ; XY la trace du plan sur lequel les travaux doivent être projetés, et NaX l'angle compris entre cette dernière et le méridien. Le géomètre mène, en-dehors du tracé ou sur une feuille séparée, une ligne $X'Y'$ parallèle à XY ; il projette toutes les stations K, J, I, etc., sur la ligne OE et les prolonge jusque sur XY. Puis, en les relevant perpendiculairement à $X'Y'$ considérée comme ligne de terre, il obtient une série de points, tels que k', j', i', sur lesquels il suffit de porter les altitudes comme ci-devant et de les réunir par les droites constitutives du tracé.

S'il a employé la méthode des coordonnées, il devra augmenter les latitudes ou les longitudes : les premières, dans le rapport du rayon ou sinus total au cosinus de l'angle compris entre le méridien et le plan XY, et les secondes, dans le rapport du rayon au sinus du même angle. Ainsi, il substituera le rayon ak à la ligne kv ou am, sinus de NaX, s'il applique les longitudes à la construction du plan accessoire, et mk ou av, cosinus du même angle, s'il em-

ploie les latitudes. Une appréciation graphique étant suffisante pour la construction de la coupe, il opère ces
transformations non par calcul trigonométrique, mais
simplement à l'aide d'un compas de proportion ou en
construisant l'un des deux triangles *kav* ou *kam*, dont
un des angles aigus est égal à l'angle formé par le plan
de projection et le méridien. Les lignes à augmenter
sont portées sur un des côtés de l'angle droit et, par les
points de division, sont menées des lignes parallèles à
l'autre côté; les hypothénuses sont les longueurs cherchées.

Les coupes générales ne sont pas la représentation, sur
des plans verticaux, de tous les travaux d'une mine, mais
seulement des excavations principales, et surtout des percements pratiqués dans les roches encaissantes, tels que
les puits, les galeries à travers bancs, les réservoirs, etc.
Ces coupes, dont l'une est figurée suivant un plan vertical
parallèle à la direction des couches, et l'autre, suivant la
ligne de plus grande pente, indiquent le nombre des
couches, leur puissance, leur position, leur allure et tous
les éléments relatifs à l'épaisseur des roches interposées
entre elles et à leur profondeur au-dessous de la margelle
des puits. La position des galeries d'écoulement, le niveau
des eaux aux deux époques extrêmes y trouvent nécessairement place. Les stratifications du mort-terrain, s'il
s'en trouve dans la localité, doivent y figurer, de même
que les alternatives de schiste et de grès et toutes les
petites couches percées par les puits ou les galeries d'allongement, quelque minime que soit leur importance.

1014. Détails relatifs au tracé des plans de mine.

De quelque nature que soit le plan à construire, le
dessinateur emploie du papier maillé ou quadrillé. Si le

champ d'exploitation est trop étendu pour qu'il puisse être
contenu dans une feuille, il en emploie un nombre suffisant et les juxtapose avec l'attention de faire correspondre
entre elles les parallèles au méridien et à l'équateur. Ces
feuilles sont assemblées avec promptitude, s'il a eu le soin
d'inscrire préalablement les lettres de l'alphabet (fig. 2),
suivant les longitudes, et des numéros d'ordre de haut en
bas, suivant les latitudes.

Les plans de surface doivent exprimer, outre les objets
du ressort de la topographie, les points d'affleurement
connus, leur liaison probable en lignes ponctuées, l'intersection des couches par un plan horizontal, déduite
de leurs points connus et de leur inclinaison. Ils doivent
indiquer la position des travaux abandonnés, les anciens
orifices des galeries et des puits, etc.; en un mot, toutes les
circonstances utiles à conserver dans le souvenir du mineur.

Quant aux travaux intérieurs, lorsqu'au moyen de l'un
des procédés indiqués dans les paragraphes qui précèdent, le géomètre a déterminé l'axe des galeries, il
porte à droite et à gauche une distance égale à leur demi-
largeur et y fait passer deux droites parallèles, qui en
figurent les deux parois. Dans les coupes, il porte au-
dessus des lignes déjà tracées la hauteur des galeries, et
une parallèle en désigne le faîte. Les excavations contenues dans le plan de la couche sont exprimées par des
lignes pleines et continues; mais il doit tracer en poin-
tillé les percements dans les roches encaissantes ou
qui appartiennent à une couche étrangère à celle dont
il s'occupe.

Les notes du géomètre doivent le mettre à même de
faire figurer les circonstances remarquables, telles que la
hauteur des tailles, le nombre et les dimensions des gradins,
la position des failles, des étranglements et des brouillages

traversés par une ou plusieurs galeries. Il marquera en dehors de ces dernières le point où le dérangement commence et celui où il finit. Il en remplit l'intervalle par des traits contournés et irréguliers, dans le but d'imiter la dislocation du terrain, qui en est la conséquence ; puis il y ajoute quelquefois une légère teinte discontinue d'ocre jaune. Les crains, n'étant que des fissures sans interposition de matière, sont désignés par une seule ligne, dont les sinuosités font apprécier la déchirure du terrain. La hauteur de rejettement des couches sera exprimée par des chiffres. La place des remblais sera l'objet d'une teinte grise à l'encre de Chine. Il n'oubliera pas de marquer les degrés d'inclinaison, chaque fois que leur valeur variera, sur un point correspondant du lieu de l'observation. Il indiquera au ponctué les chambres d'accrochage, les écuries, les réservoirs et les autres excavations analogues. Si le besoin s'en fait sentir et si l'échelle du plan le permet, il indiquera la nature des revêtements et appliquera le carmin aux maçonneries, le bistre aux bois, etc. Les lignes de niveau des eaux sont tracées en bleu et une teinte de même couleur est portée dans les galeries d'écoulement. Enfin, les portes d'aérage, les serrements et les plate-cuves sont exprimés par deux lignes parallèles dont l'intervalle est teinté en jaune.

Une échelle assez grande permet de numéroter les diverses stations. Les galeries parallèles peuvent aussi recevoir un numéro ou une lettre d'ordre ; mais le dessinateur évite d'indiquer la marche du courant par des flèches, car, outre la confusion inévitable qui en résulte, la direction du courant devant être modifiée au fur et à mesure de l'avancement des travaux, il faudrait à chaque instant substituer une indication à la précédente et, par conséquent, effacer les anciennes flèches pour en tracer de nouvelles. Mais ces indications, de la plus grande importance, peuvent s'exprimer sur la minute par des traits au crayon ou dans une feuille spécialement consacrée à cet objet.

Il ne fera pas de ses plans un habit d'arlequin, en affectant, ainsi que cela était ordonné il y a peu d'années en Belgique, une couleur spéciale à chaque surface d'exploitation annuelle; mais l'inscription du millésime à l'extrémité de chaque taille, au point où elle est arrivée le 31 décembre, fera connaître la date de l'excavation. Dans la légende qui accompagne le plan, il désignera la couche par son nom; il en indiquera la puissance moyenne et la profondeur, au-dessous de la margelle, du point où son mur a été recoupé.

Autrefois, les relevés souterrains n'étaient pas portés sur le papier; on se contentait de répéter à la surface les opérations faites à l'intérieur. Quelques praticiens, peu familiarisés avec les plans, regrettent cette méthode, qui leur faisait reconnaître directement sous quelle propriété les travaux étaient portés, s'ils ne sortaient pas des limites de la concession, s'ils ne se rapprochaient pas trop de divers objets de la surface susceptibles d'entraîner des perturbations intérieures, telles que des cours d'eau circulant sur des couches perméables. Mais le mineur atteint plus simplement et plus exactement le même but, soit par la comparaison du plan de surface avec ceux des ouvrages souterrains, soit aussi en indiquant, par les teintes et les signes usités en topographie, les chemins, les cours d'eau et les différentes constructions de la surface, et en traçant par des lignes coloriées les limites et les espontes des concessions voisines, dans leur rapport avec les points intérieurs.

1015. *Echelles des plans.*

En France et en Belgique, les échelles des plans de mine sont uniformes et réglées par la loi. Les travaux intérieurs sont dressés à 0.001 mètre par mètre, soit $\frac{1}{1000}$. Les plans de surface à 0.0001 mètre par mètre, ou $\frac{1}{10000}$. Quelquefois ces derniers sont dressés à un millième, afin d'établir d'un coup d'œil les relations des travaux intérieurs et de la surface. Dans quelques localités, les plans destinés aux contre-maîtres sont construits sur une échelle double, afin de pouvoir faire figurer quelques détails d'exécution.

En Allemagne, l'unité de mesure est le lachter (80 pouces du Rhin), équivalant à 2.092 mètres. Les règlements administratifs déterminent l'échelle des plans d'intérieur comme suit : Pour les bassins de la Wurm et d'Eschweiler, 12.5 lachter sont représentés par un pouce, d'où résulte une échelle de un millième. A Saarbrücken et en Westphalie, les échelles sont de 20 lachter par pouce, ou $\frac{1}{1600}$. Les coupes générales sont de 120 lachter par pouce, $\frac{1}{9600}$. Les coupes partielles destinées à exprimer les dérangements des couches et tous les plans de détail sont établis à un pouce pour 6 ou 10 lachter, soit $\frac{1}{480}$ et $\frac{1}{800}$.

En Angleterre, le gouvernement n'exerce aucune action sur les mines de houille ; chacun étant libre de choisir l'échelle qui lui convient, les plans n'ont pas cette uniformité si désirable. Toutefois les échelles sont ordinairement comprises dans les limites suivantes :

L'unité de longueur est le *yard* (0.914 mètre) et plus souvent une mesure, appelée *chain*, composée de 22 yards ou 66 pieds (20.116 mètres).

Plans de détail : 1 pouce = 1 chain			$\dfrac{1}{792}$
—	idem	2 »	$\dfrac{1}{1584}$
—	idem	3 »	$\dfrac{1}{2376}$
—	idem	4 »	$\dfrac{1}{3168}$
Plans généraux : 1 pouce = 6 chain			$\dfrac{1}{4752}$
—	idem	8 »	$\dfrac{1}{6336}$
—	idem	10 »	$\dfrac{1}{7920}$
—	idem	12 »	$\dfrac{1}{9504}$
On trouve aussi 1 pouce = 200 yards			$\dfrac{1}{7200}$

Ainsi certains plans de travaux intérieurs du sud du pays de Galles sont tracés à l'échelle de un pouce par chain, de même que ceux de la couche dite *Ten yard*, de Staffordshire, à cause des nombreux détails qu'ils renferment, et surtout pour exprimer facilement les voies étroites d'aérage. Dans les comtés de Gloucester, de Shrops, et dans les districts du nord, on emploie presque exclusivement, pour les travaux d'intérieur, l'échelle de $\frac{1}{1584}$, ou $1° = 2$ chains.

Les échelles généralement affectées à la construction des plans sont tracées sur des règles en cuivre, en ivoire ou en bois dur quelconque. En Belgique et en France, ce sont des fractions du mètre; par exemple, un double décimètre subdivisé en millimètres. Un procédé fort connu, exprimé

par la fig. 15 (pl. LXXVII), permet de tenir compte des
décimètres mesurés sur le terrain. Il consiste à tracer sur
la règle 11 lignes horizontales comprenant 10 espaces
égaux et arbitraires ; à élever par chacune des divisions
1. 2. 3. 4., etc., exprimant les millimètres des lignes
perpendiculaires, et à tracer les diagonales de chacun de
ces parallélogrammes, qui ont 10 millimètres de longueur
sur 1 de largeur. L'espace compris entre une diagonale
et un grand côté, s'accroissant successivement de bas en
haut de $\frac{1}{10}$ de millimètre, fournit les fractions 0,1. 0,2.
0,3, etc., 0.9 de millimètres, ou les décimètres mesurés sur
le terrain. Pour prendre une distance de 16.80 mètres
à l'échelle de $\frac{1}{1000}$, le compas est porté de a en b,
l'une des pointes en arrière sur les dizaines, l'autre sur
l'intersection de la 6e diagonale avec la 8e droite horizontale.

1016. *Réunir en un seul plan les levés à la
boussole effectués à diverses époques.*

Le géomètre appelé à rassembler sur une même feuille
divers plans de mine dressés à des époques assez éloignées les unes des autres, ou à tracer un plan au moyen
de levés de même nature contenus dans un registre
d'avancement, doit préalablement mettre tous les documents en rapport les uns avec les autres par la réduction des angles au méridien vrai, eu égard à la déclinaison
magnétique des époques d'observation. Sans cette précaution
le plan d'ensemble serait entaché de fautes graves et ne
présenterait pas aux yeux une image conforme à la réalité.
C'est ainsi qu'une galerie d'écoulement, percée suivant une
direction rigoureusement rectiligne, qui, commencée il y
a 50 ans, s'achèverait actuellement, serait représentée par

une ligne courbe, si les avancements de chaque année avaient été successivement rapportés sans égard aux variations annuelles de l'aiguille aimantée.

Ces corrections indispensables seront très-faciles à faire si les plans ou le registre d'avancement indiquent l'époque précise des divers levés; car il suffira de rechercher, dans l'*Annuaire* de l'Observatoire le plus rapproché de la mine, objet de l'opération (1), la déclinaison moyenne des années où se sont faites les observations, et de réduire tous les angles au méridien vrai. Ainsi les valeurs des déclinaisons relatives aux plans d'une couche exploitée pendant les années 1829, 1834 et 1840 seraient respectivement de $22^0,22'$; $22^0,8'$ et $21^0,43'$. Pour les périodes qui n'embrassent pas un nombre d'années trop considérable, les calculs de ce genre s'effectuent par le procédé de M. Quetelet (paragraphe 994).

A l'aide de ces données, le géomètre trace sur chaque plan une droite formant, à l'ouest du méridien magnétique, un angle égal à la déclinaison, expression du méridien vrai; puis les trois plans, ainsi orientés d'une manière uniforme, sont assemblés ou copiés en conservant entre eux un rapport exact et conforme à la réalité.

L'emploi d'un registre d'avancement des levés à la boussole entraînerait nécessairement la modification des angles observés; celle-ci, qui aurait lieu par addition ou par soustraction, suivant le sens de la division du limbe, serait suivie de la confection du plan général. Il convient d'observer en passant combien il importe, dans le levé

(1) L'*Annuaire de l'Observatoire de Bruxelles*, par M. QUETELET, peut être employé dans toutes les mines belges sans crainte d'erreur sensible.

des plans à la boussole , d'indiquer non-seulement le jour,
le mois et l'année des observations, mais encore l'heure
du jour de l'opération, si les éléments de correction dus
à la déclinaison ne peuvent être immédiatement mis
en usage.

IV°. SECTION.

PERCEMENTS SOUTERRAINS ; PROBLÈMES RELATIFS AUX
MINES ; TRACÉ D'UNE MÉRIDIENNE.

1017. *Mesurer la profondeur d'un puits et de ses diverses chambres d'accrochage.*

Quoiqu'au premier abord cette opération semble fort simple, cependant des résultats suffisamment exacts ne peuvent être obtenus qu'avec des soins et des précautions. La mesure des puits peu profonds s'effectue à l'aide d'un cordeau ou une simple ficelle munie d'un plomb ; mais si la hauteur est un peu considérable, ce procédé doit être écarté à cause des différences de tension auxquelles est soumis le cordeau, d'abord placé verticalement dans le puits et ensuite étendu sur le terrain pour en mesurer la longueur.

Dans ces circonstances, il est plus convenable de se servir du câble d'extraction lui-même, lorsqu'il a fonctionné pendant quelque temps. Ayant, par exemple, à déterminer la profondeur au-dessous du sol d'un puisard, de deux chambres d'accrochage et d'une galerie d'écoulement, le géomètre, après avoir entortillé la chaine de suspension des vases autour de l'extrémité inférieure du câble, fait descendre ce dernier dans le puits jusqu'à ce que l'anneau vienne en contact avec le fond du puisard. Il se transporte successivement dans chaque chambre d'ac-

crochage, afin de marquer les points d'intersection de la
corde et du sol des accrochages ; il emploie pour cela une
règle bien dressée et munie d'un crochet avec lequel il
saisit le câble et l'attire vers la chambre ; il y fait alors
sans danger une marque avec de la craie, ou l'enveloppe
d'un fil fortement serré, s'il craint les effets de l'humidité. Pour prévenir le glissement du crochet sur la corde,
celui-ci est muni, à son intérieur, d'aspérités semblables
aux dents d'une grosse lime.

L'opérateur, de retour à la surface, indique de même
le point correspondant à la margelle et procède au mesurage des diverses profondeurs. Dans ce but, le puits
étant couvert d'un plancher, il se place au-dessus, tandis
qu'un aide monte sur un escabeau. La machine marche
avec lenteur ; la première marque apparaît à 0.30 ou
0.40 mètre au-dessus de l'orifice ; il applique contre la
corde un double mètre, dont l'extrémité supérieure coïncide avec la marque ; l'aide saisit la mesure des deux
mains pendant le mouvement ascensionnel, et, lorsque son
extrémité inférieure se trouve au-dessus du plancher, le
géomètre en place immédiatement une deuxième en contact
avec la première ; l'aide enlève celle-ci, en comptant à
haute voix *un ;* puis il la remet au géomètre, qui la porte
bout à bout au-dessous de la seconde, et ainsi de suite,
jusqu'à ce qu'une nouvelle marque vienne à surgir au-
dessus du plancher. En ce moment, la machine est arrêtée,
afin d'avoir le temps de mesurer les fractions excédantes
et de tenir note de ce premier mesurage ; puis l'opération
continue, soit en recommençant à la deuxième marque,
soit en continuant à compter sans interruption. Cette mesure peut s'effectuer également dans l'espace compris entre
les molettes et la bobine, où le câble est à peu près
horizontal ; dans ce cas, les fils doivent être liés avec plus

de solidité, afin qu'ils ne se dérangent pas dans leur passage sur la molette.

Le procédé suivant, employé fréquemment par celui
qui écrit ces lignes, a toujours donné des résultats fort
exacts. Une espèce de chaine, dont les mailles sont fort
allongées (environ 1.80 à 2 mètres), est fabriquée en fil
de fer, et son extrémité est chargée d'un poids de 2 à
3 kilogrammes. Lorsqu'elle est développée sur toute la
hauteur du puits et appliquée contre l'une de ses parois, un contre-maitre, placé sur un vase d'extraction,
indique par un signal quelconque le moment où son
extrémité inférieure touche le fond du puisard; l'observateur installé au jour en marque le point en contact avec la margelle du puits et la fait remonter,
tandis que la machine enlève le contre-maitre jusqu'à
l'accrochage inférieur. La coïncidence de l'extrémité inférieure de la chaine avec le sol d'une nouvelle excavation est annoncée au jour, où est marqué le nouveau
point de contact avec la margelle. L'opération poursuivie
ainsi jusqu'à ce que tous les points aient été marqués,
la chaine est établie sur le terrain dans toute sa longueur,
et il est procédé à la mesure des distances comprises entre
les diverses marques. Mais la position des hauteurs est
renversée et la première marque placée au jour correspond au fond du puits, tandis que l'extrémité de la chaine,
point d'attache du poids, représente la margelle. Les mesures, inscrites sur un carnet, donnent lieu au tableau
suivant :

DÉSIGNATION DES EXCAVATIONS.	HAUTEUR DES EXCAVATIONS.	DISTANCE D'UNE STA-TION A LA SUIVANTE.
Galerie d'écoulement. . .	Mètres 35	Mètres 35
1re. chambre	» 87	» 52
2e. chambre	» 123	» 36
3e. chambre	» 136	» 13
Fond du puisard. . . .	» 260	» 124
		Mètres 260

1018. *Percements dans les mines.*

Les questions de percements, quelque variées qu'elles soient en pratique, se réduisent toujours à assigner la longueur, la direction et l'inclinaison d'une excavation (galerie ou puits) destinée à établir une communication directe entre deux points souterrains, ou entre un point pris dans la mine et un autre situé à la surface. L'opérateur peut mettre en usage les procédés graphiques indiqués ci-dessus, c'est-à-dire rapporter les deux stations sur le papier au moyen de la boussole ou du rapporteur ; puis les joindre par une ligne dont il prend la direction et la longueur, l'inclinaison étant la différence des altitudes des deux points. Mais, si quelques personnes douées d'une grande dextérité, parviennent, en prenant les précautions les plus minutieuses, à indiquer les percements avec assez de précision, ce sont des exceptions ; il est rare que ces procédés conduisent précisément au point voulu.

La méthode des coordonnées, qui, sous le rapport de l'exactitude, ne laisse rien à désirer, exige quelquefois l'exécution d'un tracé graphique, ou d'un simple croquis permettant d'embrasser d'un coup d'œil la con-

figuration des lieux , après l'exécution duquel on opère
comme suit :

Soit B (fig. 16, pl. LXXVII) l'origine des coordonnées
du point A, dont la longitude, la latitude et l'altitude sont
respectivement L, l et h, zéro étant celles de B point de
départ du percement ; B', a', c', d', e' est la trace du plan
horizontal.

La longueur de la galerie à percer, ou BA, n'est autre
chose que la diagonale d'un parallélipipède dont trois arêtes
contiguës Bm (égal à na'), ma' et $a'A$ sont respectivement
la longitude, la latitude et l'altitude du point A par rapport à B ; or, Bm et ma' sont les deux côtés de l'angle
droit d'un triangle rectangle dont la projection horizontale
Ba' est l'hypothénuse ; donc

$$Ba' = \sqrt{\overline{Bm}^2 + \overline{a'm}^2} = \sqrt{L^2 + l^2};$$

mais cette projection et l'altitude de A sont les côtés d'un
second triangle rectangle dont AB est l'hypothénuse ;
d'où $AB = \sqrt{\overline{Ba'}^2 + \overline{a'A}^2} = \sqrt{\overline{Ba'}^2 + h^2}$;
équation qui, par la substitution de la valeur de Ba' trouvée
ci-dessus, devient définitivement :

$$AB = \sqrt{L^2 + l^2 + h^2} \quad (A)$$

Ainsi, *la longueur de la galerie est égale à la racine de
la somme des carrés des trois coordonnées.*

La direction de l'axe de percement ou l'angle $a'Bn$
qu'il forme avec le méridien vrai ou magnétique, suivant
le choix de l'opérateur, est déterminé par sa tangente.
En effet, dans le triangle rectangle, $a'Bn$, dont les trois
côtés sont connus, on a, en prenant la longitude Bn
comme rayon :

$$\text{Tang. } a'Bn : R = an : Bn = L : l.$$

$$\text{tang. } a'Bn = R\frac{L}{l} \cdot (B)$$

expression qui revient à dire : *la tangente de l'angle de direction est égale au quotient de la longitude par la latitude.*

L'inclinaison de l'axe de la galerie, ou l'angle $A B a'$, se déduit des éléments connus du triangle $A B a'$ par la relation suivante :

$$\text{Sin. } A B a' : R = A a' : A B ;$$

d'où résulte, par la substitution de la valeur de $A B$,

$$\text{Sin. } A B a' = R \frac{h}{\sqrt{L^2 + l^2 + h^2}} ; (C)$$

c'est-à-dire *le sinus de l'inclinaison est égal à l'altitude du point divisée par la longueur de la galerie.*

L'angle d'inclinaison est toujours plus petit que $90°$; positif si la galerie est ascendante, et négatif dans le cas contraire.

Si la disposition des lieux ne permettait pas de prendre l'une des extrémités du percement comme origine des coordonnées, la valeur de celles-ci leur serait attribuée par rapport au point initial ; mais ensuite une addition ou une soustraction permettrait de considérer l'un de ces points comme origine des coordonnées. Ainsi, la longitude, la latitude et l'altitude du point B étant désignées par L', l', h', les coordonnées de A, rapportées à B, deviendraient $L' + L$; $l' + l$ et $h' + h$ ou $L' - L$; $l' - l$ et $h' - h$ suivant la position du point de départ relativement aux deux extrémités du percement. Ces valeurs devraient être substituées à L, l, h dans les formules qui précèdent.

1019. *Applications numériques. Travail rapporté sur le terrain.*

Dans le percement indiqué par la figure 16, les coordonnées de l'origine sont zéro. Les longitudes, latitudes et altitudes du point A étant respectivement 27.30 , 25.60 et 6.20 mètres.

$$L = 27.30 ; \quad L^2 = 745.29$$
$$l = 25,60 ; \quad l^2 = 655.36$$
$$h = 6.20 ; \quad h^2 = 38.44$$

$$L^2 + l^2 + h^2 = S^2 = 1439.09 \ (A)$$
$$\text{Logarith. } S^2 = 3.1580880$$
$$\text{Logarith. } S = 1.5790440$$

d'où la longueur de la galerie est de 37.93 mètres.
Soit d l'angle de direction.

$$\text{Logarith. tang. } d = \log. L + \text{complém. log. } l \ (B)$$
$$\text{Logarith. } \ldots \ L = 1.4361626$$
$$\text{Complém. logarith. } l = 8.5917600$$

$$\text{Logarith. tangente } d = 10.0279226$$
Angle de direction, 46° 50'.

Soit i l'angle d'inclinaison :

$$\text{Logarith. sin. } i = \log. h + \text{complém. log. } S \ (C)$$
$$\text{Logarith. } \ldots \ h = 0.7925917$$
$$\text{Complém. logarith. } S = 8.4209560$$

$$\text{Logarith. sin. } \ldots \ i = 9.2133477$$
Inclinaison ascendante, 9° 25'.

Pour reporter sur le terrain l'angle de direction trouvé, le géomètre peut se servir indifféremment d'une boussole ou de tout autre instrument gradué, tel que le graphomètre ou le théodolite. Dans le premier cas, comme l'angle renfermé dans les tables est toujours inférieur à 90°, il lui attribuera sa véritable valeur en considérant simultanément les signes de la latitude et de la longitude. Car A étant l'angle trouvé, il sait qu'il sera compris :

Entre 0° et 90° si L et l sont positifs;

entre 90° et 180° si L étant positif, l est négatif;
alors il le modifie en faisant 180° — A;

entre 180 et 270 si L et l sont négatifs, d'où vient
180 $+ A$.

enfin, entre 270 et 360 si L étant négatif, l est positif; il fait alors 360 — A.

Si les calculs ont été faits par rapport au méridien
magnétique, l'angle, modifié comme ci-dessus, peut immédiatement donner la direction du percement; mais, s'il s'agit
du méridien vrai, il faut tenir compte de la déclinaison
magnétique, l'ajouter à l'arc résultat du calcul ou l'en
retrancher, suivant les circonstances. L'angle trouvé est
celui que comprennent l'axe de la galerie et le méridien
magnétique.

Le géomètre qui se propose d'assigner la direction au
moyen du graphomètre ou du théodolite cherche la valeur de l'angle $A B e$ formé par la projection de l'axe
de la galerie à percer et la distance contiguë $B e$. A l'aide
de la longitude et de la latitude du point e et de la
relation (B), il cherchera l'angle $O B e$; la somme de
cet angle et de $N B a'$, soustraite de 180°, donnera $A B e$.
Dans certaines circonstances, ces angles devront être re-
tranchés l'un de l'autre; c'est ce qu'indique suffisamment
le tracé ordinairement annexé à la détermination des
éléments de percement (1). Plaçant alors l'instrument en B,
il pointe sur la station e, dont il a eu le soin de mar-

(1) Pour trouver l'angle compris entre deux distances consécutives, l'opérateur peut se servir de la formule générale $c = a$
$+ 180 + b$, d'où il déduit $b = c — (a + 180)$.

Si le résultat est négatif, il l'interprète en considérant que, soit
par le calcul, soit par le jeu de l'instrument, il a retranché du
nombre 360°; qu'il faut, par conséquent, prendre la différence entre
le nombre négatif et 360°.

quer la place, puis il fait tourner la lunette jusqu'à ce
que, formant, sur le limbe azimutal, un angle égal à *A Be*,
elle se trouve dans la direction de la galerie à percer.

L'angle d'inclinaison est indiqué au contre-maître lorsqu'il sait se servir du demi-cercle de pendage, ou bien
après avoir déterminé par le calcul le nombre de millimètres par mètre dont le sol doit s'élever ou s'abaisser,
on lui fait appliquer le niveau représenté dans les
figures 48 et 49 de la planche IX.

Le géomètre appelé à surveiller le percement doit remettre de temps en temps son instrument en place, afin
de rectifier les erreurs d'exécution.

1020. *Détermination des données relatives au per-cement d'une galerie de transport.*

Un puits *B* (fig. 1 ^{bis}, pl. LXXVIII) a son orifice sur
une colline au pied de laquelle coule une rivière navigable. Dans le but d'amener sur les rives de cette dernière les produits de la mine, on se propose d'établir une
communication directe entre le puits et la rivière en
faisant déboucher une galerie au point *A*. Ce dernier étant
pris pour l'origine des coordonnées, comme des obstacles
existant à la surface du sol ne permettent pas de marcher
directement de *A* vers *B*, et, comme de l'un de ces points,
il est impossible d'apercevoir l'autre, ils seront réunis par
un certain nombre de stations 1, 2, 3, etc., dont les distances forment une ligne brisée dépendante de la confi-
guration du sol ; cette ligne, relevée à la boussole, par
exemple, servira à déterminer les coordonnées du point *A*,
centre du puits, relativement à l'orifice de la galerie où
elles sont zéro.

Soient *L, l, h* les trois coordonnées de l'orifice du puits pris à son axe ; $a = \sqrt{L^2 + l^2}$ sera la longueur de la projection horizontale de la galerie, dont la direction sera :

$$\text{Tang. } d = \frac{L}{l} \cdot R \ (1).$$

La galerie, pour la facilité du transport et l'écoulement des eaux, aura une pente dirigée du côté de l'orifice. Si φ représente le nombre fractionnaire dont elle s'élèvera par mètre courant, l'altitude de la galerie à l'axe du puits sera, relativement à son origine, $\varphi \sqrt{L^2 + l^2}$, et l'angle d'inclinaison,

$$\text{Tang. } i = \frac{\varphi \sqrt{L^2 + l}}{\sqrt{L^2 + l^2}} \cdot R.$$

La longueur se modifiera alors et deviendra :

$$\sqrt{\left(\varphi \sqrt{L^2 + l^2}\right)^2 + \left(\sqrt{L^2 + l^2}\right)^2}.$$

La profondeur du point du puits où aboutira la galerie sera $h - \varphi \sqrt{L^2 + l^2}$, ou la différence entre l'altitude du point B et celle de la galerie.

Le percement peut être attaqué, non-seulement à l'orifice A, mais aussi dans le puits ; alors le dernier point de départ est indiqué par la différence des altitudes, et la direction est également tangente i plus ou moins 180°, suivant que le degré de direction donné pour l'orifice de la galerie est plus petit ou plus grand que 180°.

Enfin, si la galerie était d'une longueur telle qu'il fallût activer le percement par la création de deux autres chantiers, le mineur aurait recours au fonçage d'un puits C, situé au milieu de la distance AB. Dans le but de déter-

---

(1) Le lecteur se rappelle que d exprime l'angle compris entre la direction et le méridien réel ou magnétique.

miner la place du creusement de ce dernier, il convient
d'observer d'abord que le puits devant être vertical, son
orifice a la même latitude et la même longitude que le
point de la galerie sur lequel il viendra déboucher ; en
outre, il résulte de la considération des triangles semblables $A\,C\,C'$, $A\,B\,B'$, que la valeur des coordonnées horizontales de cette nouvelle excavation sont la moitié de
celles du puits B, si C occupe le milieu de $A\,B$, et que,
par conséquent, elles sont égales à $\dfrac{L}{2}$ et $\dfrac{l}{2}$. Choisissant alors la station 8 la plus rapprochée de C, dont la
longitude et la latitude sont respectivement L', l', la longueur de $8\,C$ sera :

$$\sqrt{\left(\frac{L}{2}-L'\right)^2+\left(\frac{l}{2}-l'\right)^2}\;;\text{ sa direction donnée}$$

par la tangente $d = \dfrac{\left(\dfrac{L}{2}-L\right)}{\left(\dfrac{l}{2}-l\right)}$ est un angle qu'il

suffit de porter sur le terrain, en mesurant la distance
ci-dessus dans le sens du rayon visuel de l'alidade, pour
fixer la position du point C. La profondeur du puits, ou
la connaissance des points d'attaque, sera déterminée par le
calcul de l'altitude de C relativement à 8, et par la somme
algébrique de cette altitude et de toutes celles qui précèdent.

Si, de la station 8, le point C était invisible et inaccessible
en ligne droite, le géomètre y marcherait en suivant une
ligne 8, 15, 16, m, brisée d'après les exigences du terrain,
et s'arrêterait en un lieu m qu'il jugerait être dans le voisinage du point cherché. La mesure des distances comprises
entre 8 et ce point m dit *perdu* lui donneront les coor-

données horizontales de ce dernier, et la différence entre les longitudes de *m* et de *C* lui indiquera, par sa valeur et son signe, la quantité dont il doit s'avancer ou se reculer parallèlement à l'équateur; il corrigera de même la latitude en cheminant au nord ou au sud, suivant le signe dont la différence des latitudes est affectée. Ainsi, dans l'exemple choisi, *m* ayant dépassé la ligne méridienne *O E* et la différence des longitudes étant positive, *m* devra être ramené à l'est d'une quantité *m o*, égale à cette différence; celle des latitudes étant négative, il reviendra vers le sud en mesurant la distance *o C*.

Les altitudes de *m* et de *C* peuvent n'être pas les mêmes; alors il pointe l'instrument de *m* en *C* pour connaître la différence de niveau des deux points, et détermine ainsi l'altitude de *C*.

Le puits arrivé à la profondeur indiquée, le mineur peut établir deux points d'attaque opposés ayant respective-men les mêmes directions que les deux tailles établies, l'une, au fond du puits *B*, l'autre à l'orifice de la galerie. Des opérations semblables seraient exécutées pour un plus grand nombre des puits intermédiaires si la galerie comportait un plus grand développement. Toutefois il est à observer que ces puits ne sont pas ordinairement foncés au faîte de la galerie, mais dévient de quelques mètres latérale-ment. Cette circonstance ne change pas la marche des calculs, mais facilite, au contraire, l'exécution du travail.

1021. *Approfondissement des puits sous stot.*

Lorsque, pendant le fonçage d'un puits, l'ingénieur veut laisser un *stot* au-dessus de la tête des ouvriers, il doit, pour que les deux fractions du puits se correspon-dent, employer les plus minutieuses précautions.

S'il n'est lié par aucune condition accessoire, il fera creuser le puits de service à une faible distance du puits à approfondir. La longueur de la galerie à travers bancs, qui doit le ramener au-dessous du fond du puisard, se calculera par les coordonnées horizontales; et la direction, étant inverse de ce qu'elle était lorsqu'il marchait en avant, devra être augmentée ou diminuée de 180°, suivant les circonstances.

Un coup de sonde donné à travers le stot, faisant connaître la disposition relative des deux excavations, peut apporter plus de certitude dans l'opération. Soit H (fig. 7, pl. LXXVIII) le fond du puits dont le prolongement a été résolu; G, la galerie à travers bancs portée au-dessous du stot et dont l'extrémité est le point de départ du fonçage. La direction du coup de sonde étant désignée par $kbcf$, l'opérateur s'assure d'abord si la tige ne s'est pas écartée de la ligne verticale; pour cela il lui substitue une broche, rigoureusement rectiligne, qu'il compare avec un fil à aplomb, et dont il mesure la plus légère déviation avec un demi-cercle k placé suivant la ligne de plus grande pente. Relevant ensuite la broche jusqu'à ce que son extrémité f vienne se placer en c au faîte de la galerie, il marque le point b et la retire pour mesurer la longueur cb. Le triangle cba, dans lequel sont connus l'hypothénuse et l'angle cba, lui donnant

$$ca : cb = \sin. \ cba : R,$$

il en conclut $\quad ca = \dfrac{cb \times \sin. \ cba}{R}.$

Cette valeur de ca lui étant connue, il remet la broche en place; suspend en c un fil à plomb cd; porte dans le plan déterminé par fcd, qui est celui de la plus grande inclinaison de la broche, la valeur ca; le point a est dans le prolongement de l'axe du puits H.

1022. *Problèmes relatifs à l'inclinaison et à la direction des galeries diagonales.*

La direction d'une couche étant donnée, ainsi que son inclinaison et celle d'une galerie projetée, on demande l'angle que fera l'axe de cette dernière avec la partie contiguë de la galerie d'allongement supposée de niveau. Il est bien entendu que la pente de la galerie sera moindre que celle de la couche; autrement les données seraient absurdes.

EO (fig. 4) est la ligne d'intersection de deux plans, l'un vertical ENO, l'autre horizontal ESO. Cette ligne doit être considérée comme une charnière autour de laquelle le premier plan est supposé tourner, jusqu'à ce qu'il se soit placé à angle droit sur le dernier. $CAO = i$ est l'angle d'inclinaison de la couche ; $DAO = a$ est celui de la galerie à percer ; AB est l'expression de la direction de la galerie d'allongement. Du point A comme centre, avec un rayon arbitraire, l'opérateur décrit l'arc BmF ; il élève FG perpendiculairement à EO ; du point H déterminé par une parallèle GH, il abaisse la perpendiculaire Hk. Le point d'intersection k donne l'angle $BAk = d$ compris entre l'axe de la galerie diagonale et celui de la galerie d'allongement. En effet, AG est le rabattement sur le plan vertical de la galerie inclinée dont Ak est la projection horizontale ; la parallèle GH détermine, sur la couche dont AC est la trace, le point H, projection verticale du point k, ramené à sa place en tirant la perpendiculaire Hk; donc BAk est l'angle cherché.

L'emploi du calcul résulte de la considération des deux triangles AJH et AFG, qui, ayant même hauteur, sont

entre eux comme leurs bases, $A J = l k$ et $A F = A k$.
Mais les bases sont entre elles comme les cosinus ou, inversement, comme les sinus des angles a et i :

Donc $l k : A k = $ Sin. $a : $ Sin i.

Le triangle rectangle $A l k$ donne

$$l k : A k = \text{Sin. } d : R.$$

La combinaison des deux proportions donnant

Sin. $a : $ Sin. $i = $ Sin. $d : R$. (a)

la valeur cherchée est :

$$\text{Sin. } d = \frac{\text{Sin. } a}{\text{Sin. } i} \cdot R.$$

2°. *L'inclinaison d'une couche étant donnée, de même que sa direction et celle de la galerie diagonale, rechercher l'inclinaison de cette dernière.*

Après avoir tiré la ligne d'intersection $E O$ (fig. 4), puis les lignes $A C$, $A k$ et $A B$, le géomètre choisit arbitrairement un point k. Du point A comme centre, il décrit l'arc $k M F$. Des points k et F, il élève deux perpendiculaires à $E O$ et, par le point de rencontre H, il mine $H G$ parallèle à $E O$; la ligne $A D$, passant par l'intersection G, donne $D A O = a$, angle que forment l'axe de la galerie et la trace du plan horizontal.

La solution trigonométrique est l'inverse de la précédente et se déduit de la relation (a).

Sin. $a : $ Sin. $i = $ Sin. $d : R$

d'où $\text{Sin. } a = \dfrac{\text{Sin. } d. \sin. i}{R}.$

Dans ce problème, comme dans beaucoup de ceux qui concernent les mines, l'angle d'inclinaison peut être exprimé soit en degrés, soit en une fraction de l'unité de mesure égale à la quantité dont la galerie s'élève ou s'abaisse pour chacune de ces unités. Rien n'est plus facile que de passer du premier de ces modes au second, et

vice-versá. En effet, i (fig. 10, pl. LXXVII) étant l'angle
d'inclinaison ; ab la longueur de la distance mesurée suivant la pente, et ac la longueur de sa projection ; si
l'inclinaison est donnée par le rapport de la perpendiculaire bc à l'horizontale ac, la valeur de l'angle cherché
dérivera de la relation :

$$\text{Tang. } i = \frac{cb}{ac} \cdot R.$$

Sachant, par exemple, qu'une galerie s'élève de 0.15 mètre
par mètre, le calcul s'effectuera comme suit :

Logarith. 0.15 $=$ 1.17609

R $=$ 10.00000

Logarith. tang. $i =$ 9.17609

Angle $i =$ 8°. 30'.

Si l'inclinaison est exprimée en degrés et si, connaissant
ab, il s'agit de trouver la valeur de la ligne verticale cb,
celle-ci résultera de l'équation

$$cb = \frac{\text{Sin. } i \times ab}{R}$$

1025. *Trois points, non en ligne droite, donnés
sur une couche, suffisent pour déterminer sa
direction et son inclinaison* (1).

Soient A, B, C (fig. 3, pl. LXXVIII), trois points
tracés sur le plan horizontal ; XY la ligne d'intersection
de ce dernier avec le plan vertical XNY, au-dessus de
laquelle sont projetées les hauteurs a,b,c des points A,B,C,
si les altitudes sont positives. $X'Y'$ est la ligne d'intersection d'un autre plan vertical, sur lequel se projettent

---

(1) Il est entendu que les points ne doivent pas se trouver tous
suivant une même ligne de direction ou de pente.

également les trois points, lorsqu'au contraire les altitudes sont négatives. Tous les raisonnements relatifs au plan vertical XNY s'appliquent également au plan $X'SY'$.

Des points A, B, C, le dessinateur abaisse des perpendiculaires sur la ligne de terre; il les prolonge et porte sur chacune d'elles les longueurs ao, bq et cp, qui expriment les hauteurs des trois points au-dessus de XY. Faisant passer un plan par l'un des points extrêmes, par exemple par a, le moins élevé des trois, sa trace sera ad; cette ligne, dont tous les points sont à même hauteur que a, sera donc la trace de la direction de la couche sur le plan vertical. Mais cm est l'excès de la hauteur du point C sur A; dm est la projection verticale de dc; or, puisque le deuxième point de la direction doit se trouver simultanément sur da et sur dc, il se trouvera au point d'intersection d, qui, projeté sur le plan horizontal, donnera D. Ce dernier, réuni avec A, détermine AD, direction de la couche.

L'inclinaison se dirigeant suivant CE, perpendiculaire à DA, un triangle rectangle, construit avec CE et cm comme côtés adjacents d'un angle droit, donnera immédiatement l'angle d'inclinaison, dont le sommet se trouve en C.

Il existe un autre procédé plus particulièrement applicable sur le terrain, car il n'exige qu'une simple règle de trois. Considérant que, dans les deux triangles semblables cbn et cdm, cn et cm sont les excès des hauteurs de C et de B sur A; puis remplaçant les projections verticales des bases par leurs projections horizontales, on a :

$$DC \ : \ BC = cm \ : \ cn$$

$$\text{d'où } DC = \frac{BC \times cm}{cn}$$

Prolongeant sur le terrain la ligne CB d'une quantité $BD = DC - BC$, DA sera la ligne de direction.

Les tracés graphiques sont peu en usage parce que les différences des hauteurs sont petites relativement aux distances; que les angles sont fort aigus et que, par conséquent, il est difficile de ne pas commettre des erreurs sensibles, à moins d'opérer avec une échelle fort grande, ce qui est incommode. Ces tracés n'ont pour but que d'éclairer les solutions trigonométriques.

Pour procéder par calcul (fig. 5), l'opérateur a dû prendre la valeur de l'angle BCA, avec la boussole ou le graphomètre, et mesurer les distances AC et BC; alors, connaissant $C'm$ et $B'n$, excès des altitudes de C et de B sur A, il déduit, comme ci-dessus, la valeur de DC par l'équation :

$$DC = \frac{BC \times C'm}{B'n}.$$

Le triangle obliquangle DCA, dans lequel il connait l'angle C, mesuré sur le terrain et les deux côtés adjacents $CD = a$ et $CA = d$, lui donne la relation :

$$a + d : a - d = \text{tang.} \tfrac{1}{2}(A + D) : \text{tang.} \tfrac{1}{2}(A - D).$$

Les deux premiers termes sont connus; le troisième est la différence entre deux angles droits et C, et le dernier se trouve en posant :

$$\text{Tang.} \tfrac{1}{2}(A - D) = \frac{a - d}{a + d} \times \text{tang.} \tfrac{1}{2}(A + D);$$

d'où résulte la connaissance des deux angles A et D. Le premier donne la direction de AD par l'angle compris entre cette dernière ligne et AC, c'est-à-dire de l'est à l'ouest; le second par l'angle ADC, ou de l'ouest à l'est.

Si les directions avaient été observées à la boussole, la différence des deux arcs, mesurés en C, aurait donné la valeur de l'angle $DCn = sDC$; d'où résulterait $n'DA$ $= 180° - (sDC + CDA)$, graduation de la direction vers l'est. Le complément à 360° serait l'angle formé par la boussole placée en A, lorsqu'elle indique la direction de l'est à l'ouest. Enfin, si la graduation des lignes BC et AC a été prise en visant sur C des points A et B, il suffit de retrancher D de la graduation de BC et d'ajouter A à celle de AC.

La méthode des coordonnées peut être appliquée à ces calculs. A étant le point d'origine, les coordonnées horizontales de C et de B sont déterminées relativement à ce point. D, situé sur le prolongement de CB, a une direction connue; il est donc facile de trouver la longitude et la latitude de D, en se reportant en C et faisant abstraction de B.

Les coordonnées sont en C et par rapport à A.

Longitude — . . . . — 31

Latitude — . . . . — 22

en outre, $CD = CB + BD. =$ . . . $+ 40$

L'angle formé par CB et le méridien. . 39°

Elles sont pour D relativement à C

Longitude $40 \times$ sin. 39° $=$ . . . . — 25 17

Latitude $40 \times$ cos. 39° $=$ . . . . $+ 31.08$

Et relativement à A.

Longitude $(-31) + (-25.17) =$. — 56.17

Latitude $(-22) + (+31.08) =$. $+ 9.08$

Les coordonnées de A étant zéro, la direction de la couche sera exprimée par un angle dont la tangente est :

$$\frac{-56.17}{+9.08} = \text{tang. } 81°$$

c'est-à-dire qu'elle formera au point A avec le méridien magnétique ou réel, suivant le choix de l'opérateur, un angle à l'ouest de 81°.

Quant à l'inclinaison, le triangle rectangle AkC étant connu par son hypothénuse AC et par son angle aigu kAC, il calculera la projection horizontale kC. Le triangle okC, dans lequel $Co = C'm$ est l'excès de la hauteur de C sur A, lui donnera :

$$\text{Tang. } Cko : R = Co : Ck$$

D'où $\text{Tang. } Cko = \dfrac{Co}{Ck}R.$

La direction de la ligne de plus grande pente, formant un angle droit avec la direction de la couche, est facile à obtenir.

1024. Déterminer par sondage l'inclinaison, la direction et la puissance des couches.

Trois coups de sonde non en ligne droite donnent la position de trois points pris sur une couche ; si, pour deux d'entre eux, la rencontre a lieu au même niveau, la ligne qui les réunit sera la direction cherchée ; mais il est rare qu'il en soit ainsi. Lors donc que les trois points atteignent la couche à des profondeurs inégales, la direction et l'inclinaison de celle-ci résultent d'un tracé analogue à celui qui est exprimé sur le plan vertical $X'SX'$ (fig. 5), dans lequel les altitudes, étant négatives, sont portées au-dessous de la ligne de terre, ou par des calculs identiques à ceux qui viennent d'être exposés.

Si le géomètre a eu le soin de niveler préalablement les trois orifices des trous de sonde, afin de les ramener au même niveau, il peut opérer immédiatement sur le terrain, lorsque, par la considération des triangles semblables, il a déterminé la longueur de la ligne CD, ainsi que cela a été indiqué ci-dessus.

Il cherche ensuite graphiquement la puissance de la couche, dont il a reconnu l'inclinaison par l'opération suivante. En un point b (fig. 6) choisi arbitrairement sur un plan horizontal HO, il prend bd égal au diamètre du trou de sonde ; il forme un angle NbH égal à l'inclinaison de la couche ; puis, prenant les hauteurs où se trouvait l'outil de sondage, soit au moment où celui-ci commençait à entamer la stratification, soit après l'avoir abandonnée, il en porte la différence de d en a ; et la ligne ac, abaissée normalement au mur, est l'expression de la puissance de la couche.

Pour opérer par calcul, il désigne par

A, la distance verticale ad,
D, le diamètre du trou de sonde,
B, la puissance de la couche,
i, son angle d'inclinaison,
v, l'angle que forme la verticale avec ab.

Les deux triangles rectangles bac et abd, ayant l'angle cad égal à cbH, égal à i, lui donnent :

Le premier, cos. $(i+v)$: $R = B$: ab.
Le second, R : cosin. v $= ab$: A.

Composant les deux équations, il en déduit :

$$B = A \times \frac{\text{cosin. } (i+v)}{\text{cosin. } v}.$$

Mais, $\cos. (i+v) = \cos. i \times \cos. v - \sin. i \times \sin. v$;

$$\frac{\cos. (i+v)}{\cos. v} = \cos. i - \sin. i \times \frac{\sin. v}{\cos. v}$$

$$= \cos. i - \sin. i \times \text{tang. } v.$$

En outre, tang. $v = \dfrac{bd}{ad} = \dfrac{D}{A}$

Donc $B = A \cos. i - D \sin. i.$

1025. *Connaissant la position de deux points d'une couche et son inclinaison, déterminer sa direction.*

Soient A et B (fig. 10 M et N) les deux points donnés et i l'angle d'inclinaison, l'opération graphique consiste à tracer sur une ligne horizontale $m\,t$ (fig. N) un angle $m\,t\,n$ égal à l'angle d'inclinaison; à prendre sur une perpendiculaire quelconque $m\,n$, une hauteur $m\,o = b\,a = (h' - h)$ égale à l'excès de l'altitude de B sur celle de A, d'où résulte $b\,t$, projection horizontale de la ligne de plus grande pente. Puis du point B (fig. M), avec un rayon égal à $b\,t$, à décrire un cercle auquel est menée une tangente partant du point A. $T\,A$ sera la ligne de direction de la couche.

Ce tracé conduit à deux solutions $T\,A$ et $T'\,A$; mais les données elles-mêmes ne laissent aucun doute sur la ligne à choisir, car il est facile de voir d'un premier coup d'œil que $T'\,A$ s'applique au cas où le point B serait situé au-dessous du point A.

La solution trigonométrique consiste à déterminer la valeur de $b\,t$, en fonction de $h' - h$ et de l'angle i, au moyen de la relation :

$$b\,t = \frac{h' - h}{\text{tang. } i}\, R.$$

Puis $B\,A\,T$ étant l'angle de direction égal à d,

$$\text{Sin. } d : R = b\,t \text{ ou } (B\,T) : A\,B.$$

Substituant la valeur $b\,t$ trouvée ci-dessus, il vient :

$$\text{Sin. } d = \frac{h' - h}{\text{tang. } i} + \frac{R^2}{A\,B}.$$

C'est ainsi que deux points de l'affleurement d'une couche et son inclinaison permettraient de déterminer sa direction.

1026. *Fausses lignes de direction et d'inclinaison.*

De même que la ligne qui réunit les deux points extrêmes d'une galerie dont le sol est de niveau dans toute son étendue, indique la vraie direction de la couche entre les points donnés, et que la normale à cette ligne est l'expression de la plus grande pente; de même aussi une galerie diagonale exprime une fausse direction ou une fausse inclinaison. Il est toujours possible, dans les mines de houille, de se procurer ces fausses indications à défaut des vraies, et de déduire celles-ci des premières.

Voici les opérations à effectuer sur le terrain pour se procurer les données nécessaires à cet objet. Après avoir choisi la partie de l'excavation où les roches encaissantes se montrent à découvert sur la plus grande surface, l'opérateur fixe au toit deux fils à plomb, dont l'un correspond à l'axe de la lunette de la boussole placée immédiatement au-dessous; et l'autre, servant de point de mire, est éclairé par un ouvrier; celui-ci a le soin de placer la flamme de la lampe à une hauteur au-dessus du sol égale à la distance verticale qui sépare ce dernier de l'axe de la lunette. La graduation indiquée sur le limbe azimutal et celle du demi-cercle de pendage sont réciproquement les valeurs de la fausse direction et de la fausse inclinaison qu'il s'agit de mettre en relation géométrique avec d'autres points de la mine. Si le toit était plus régulier que le mur, le rayon visuel serait porté parallèlement à ce dernier.

En Allemagne, où la boussole suspendue est en usage, un fil tendu parallèlement à la plus régulière des salbandes est le point de suspension de la boussole et du demi-cercle.

1027. *Connaissant les fausses directions et les fausses inclinaisons, trouver les vraies.*

Ces lignes ayant été reconnues par le procédé précédent, ou par le levé de galeries ascendantes ou descendantes quelconques, donnent lieu à l'opération suivante : Soit $A\dot{B}$ (fig. 8) la partie connue d'une galerie d'allongement ; XY la direction de la fausse inclinaison dont la valeur est connue. La somme des altitudes donne l'excès de hauteur du point B au-dessus de A, excès qui, porté en Bc perpendiculairement à XY, détermine le point d, après avoir fait Bcd égal au complément de l'angle de fausse inclinaison. La ligne Ad exprime la vraie direction et Bf, perpendiculaire à Ad, la direction de l'inclinaison dont l'angle Bfe indique la valeur. Le lecteur reconnaîtra immédiatement les motifs de ce tracé, s'il se figure mentalement que les deux triangles rectangles cBd et eBf tournant autour de leurs bases Bd et Bf, prises comme charnières, viennent prendre une position verticale sur le papier, en sorte que les points e et c se confondent.

Pour une altitude de B négative relativement à A, il faudrait rechercher la direction vers la tête de la couche en construisant sur XY le triangle hBg, dont hg est la différence des altitudes et hBg l'angle de fausse inclinaison ; Ah serait la direction et iBk la valeur de l'inclinaison vraie.

Le cas dans lequel la fausse inclinaison est connue par le levé d'une galerie fortement inclinée rentre dans le problème général (paragraphe 1023), puisqu'alors les coordonnées de trois points, non en ligne droite, pris sur la couche sont connues ; mais il est plus expéditif de procéder, dans cette circonstance, d'une manière analogue à l'opération ci-dessus.

Soient *A*, *d* (fig. 9), les deux points extrêmes de la
galerie d'allongement; *BC* une galerie ascendante dont la
projection horizontale et la hauteur du point *C* relativement à *A* ont été préalablement déterminées. Traçant **XY**
parallèle à *BC* et prenant *de* et *ef* respectivement égaux
à la projection horizontale et à la hauteur, on forme le
triangle rectangle *fed*; *eg* est l'excès de l'altitude de *d*
sur *A* ; *gl* parallèle à **XY** vient rencontrer en *l* le prolongement de *fd*; alors, menant *li* perpendiculaire à **XY**,
A i est la ligne de direction cherchée. Pour trouver la
direction et la valeur de la véritable inclinaison, *lk* et *gk*
sont menées l'une parallèle, l'autre perpendiculaire à *Ai* ;
prenant alors *gh* = *gf*, le triangle rectangle *ghk* fournit
les déterminations cherchées. De petites modifications introduites dans le tracé suffiraient, s'il s'agissait d'une galerie
descendante, au lieu d'une galerie ascendante.

Calculs trigonométriques: 1er. cas (fig. 8).

Le triangle *Bcd* dans lequel est connu *Bc* excès de
la hauteur du point *B* sur *A*, et l'angle *Bdc*, donne *Bd*
projection horizontale de la fausse inclinaison considérée
comme une distance, puisqu'on en connaît la direction et
la longueur. Cette ligne et les distances mesurées entre
A et *B* permettent de déterminer les coordonnées horizontales du point *d*, comme s'il eût été accessible. Il ne
reste plus qu'à établir la valeur de l'angle compris entre
la ligne *Ad* et le méridien, par la formule (B) du paragraphe 1018.

Le calculateur peut encore, s'il veut rapporter *Ad* à *AB*,
calculer la longueur de la première et chercher l'angle
BAd par la proportion.

$$Ad : Bd = \sin. ABd : \sin. BAd,$$

l'angle *ABd* étant connu, puisqu'il résulte des directions

connues de AB et de Bd. Quant à l'inclinaison, il considère d'abord le triangle dBf, dans lequel il connaît dB et l'angle dBf, dont la valeur se déduit des directions connues de dB et Bf. La valeur de bf résulte des proportions :

$$\text{Tang. } efB : R = Be : Bf$$

ou bien $\quad$ Tang. efB : tang. $cdB = Bf : Bd$.

Dans le second cas (fig. 9), après avoir déterminé la direction moyenne de la projection horizontale de la montée BC, les deux triangles fed et dil lui donnent :

$$ef : ed = li : di,$$

d'où vient la valeur de di au moyen de laquelle il établit les coordonnées horizontales du point i et la direction de Ai. Enfin, la valeur de l'inclinaison résulte de la comparaison des triangles fgl et hgk et de la considération que $gl = ed + di$.

1028. Tracé d'une méridienne par la méthode des hauteurs correspondantes du soleil, sans calcul et sans instruments.

Le soleil, depuis son lever jusqu'à son passage au méridien et du méridien à son coucher, est doué d'une vitesse angulaire sensiblement uniforme ; ensorte que la hauteur de l'astre, considéré en deux points choisis, l'un avant, l'autre après-midi, sera la même s'il se trouve à égale distance du méridien. Tous les instants du parcours, pris ainsi deux à deux, constituent *les hauteurs correspondantes du soleil*.

Un *style*, ou verge en fer bien droite installée verticalement sur un plan horizontal, projette une ombre, dont la

longueur diminue du matin à midi, pour s'accroître ensuite
de quantités exactement égales aux raccourcissements qui
ont précédé; en sorte que deux ombres égales observées
l'une avant, l'autre après-midi, correspondent à des hauteurs égales du soleil et par conséquent à des distances
égales du méridien; la position de celui-ci est dès lors déterminée. Après avoir établi un plan horizontal $A B$ (fig. 11)
métallique ou de toute autre matière assez dure pour qu'il
soit possible d'y tracer des lignes circulaires $a m b$, $a' m' b'$,
$a'' m'' b''$ fort déliées, le géomètre implante un style dont l'axe
coïncide avec le centre des cercles, ou mieux encore un cône
C dont le sommet correspond verticalement au même point.
Il observe, avant et après-midi, les instants où l'extrémité
de l'ombre vient en contact avec la circonférence des cercles, et marque les points a, a', a'', b'', b', b; les arcs
compris entre deux hauteurs correspondantes sont divisés
en deux parties égales et les points de division m, m', m''
sont les éléments d'une ligne droite exprimant la trace du
plan méridien.

Un seul cercle suffirait évidemment; mais il importe
d'en tracer plusieurs, afin de s'assurer de l'exactitude de
l'opération, en vérifiant si une ligne, ayant son origine
au pied de l'axe du cône, passe par chaque point de la
division des arcs. Si cette coïncidence n'existait pas, l'opération devrait être considérée comme nulle.

L'extrémité de l'ombre est d'autant plus confuse et plus
difficile à reconnaître que le sommet du cône est plus élevé
au-dessus du plan horizontal et que les rayons du soleil
se dirigent plus obliquement vers ce dernier; aussi con-
vient-il de limiter cette hauteur et d'opérer pendant les
plus longs jours de l'année, époque où la direction des
rayons se rapproche le plus de la verticale. Mais alors
surgit un autre inconvénient : les ombres n'embrassent

que des arcs d'une petite amplitude et déterminent une
trop faible partie de la ligne méridienne. Pour y porter
remède, il convient quelquefois de substituer au cône une
plaque métallique inclinée et percée d'un trou circulaire
destiné à laisser passer l'image du soleil ; alors la séparation de l'ombre et de la lumière est beaucoup plus distincte, quoique la hauteur de cet objet puisse s'élever de
1.50 à 1.70 mètre. Dans ce cas, un fil à plomb, passant
par le centre de l'ouverture, indique sur le plan horizontal
le centre des cercles concentriques. La position plus ou
moins verticale ou oblique du support devient complètement indifférente.

Les géomètres allemands attachés aux mines métalliques
font usage d'un procédé analogue. Ils construisent une niche
(fig. 13) sur la façade ou à l'angle d'un bâtiment, et la disposent de telle manière que les rayons du soleil puissent
pénétrer, avant et après-midi, dans l'intérieur de la pièce,
sur le sol de laquelle doit être tracée la méridienne. Le
fond de la niche est fermé par une plaque en cuivre $m\,n$
installée verticalement et percée d'une ouverture circulaire
d'environ 0.04 mètre de diamètre. A peu de distance des
bords de celle-ci (représentée en détail dans la fig. 13 bis)
est soudé un anneau destiné à maintenir en place un
disque mince muni d'une ouverture de 0.002 mètre de
diamètre. Le point du sol correspondant verticalement au
centre du trou est le centre des cercles concentriques,
dont le plus grand a pour rayon 1.25 mètre.

Comme les rayons obliques du soleil se projettent en
ellipses sur le plan horizontal, à cause de la position verticale du trou qu'ils ont à traverser, la recherche du
centre de figure exige l'emploi d'un compas à trois
pointes, dont deux embrassent le petit axe, tandis que la
troisième tombe à l'une des extrémités du grand. Dès

que l'ellipse vient en contact avec la circonférence de l'un
des cercles horizontaux, l'opérateur la suit avec le compas,
et cela jusqu'au moment où le petit axe coïncide avec la
circonférence du cercle ; en cet instant, il en marque
immédiatement les deux extrémités. Le milieu de cette
distance est le point correspondant au centre de l'ouverture percée sur la paroi verticale.

Les volets de la chambre doivent être fermés, afin que
les contours de l'ellipse soient franchement terminés, et,
dans le même but, il convient de choisir le mois de juin
pour l'opération, puisque, à cette époque, la projection
des rayons lumineux s'écarte le moins du pied de la perpendiculaire. Les flèches dessinées sur le plan expriment
les rayons du soleil au moment où ils coïncident avec
les cercles précédemment tracés ; les arcs compris entre
deux rayons, divisés en parties égales, indiquent, par la
ligne *NS*, la direction de la méridienne.

Ce procédé suppose que le soleil se tient, pendant le
cours d'une journée, dans le même parallèle céleste, ce
qui n'est pas exact ; car, se rapprochant et s'éloignant
sans cesse de l'équateur, il passe successivement sur divers
parallèles ; mais les effets de cette marche oblique sont
trop peu sensibles, dans l'intervalle de quelques heures,
pour ne pouvoir être négligés. S'il existe une inexactitude
dans ce procédé, c'est l'erreur inhérente à toutes les opérations graphiques.

1029. *Tracé, par la même méthode, à l'aide d'un instrument gradué.*

L'instrument en usage est un graphomètre ou un théodolite muni d'une lunette propre à mesurer les hauteurs,

et dont le verre oculaire est colorié, afin que les yeux ne souffrent pas de la trop grande intensité de lumière. Après avoir placé sur (0) zéro l'alidade du limbe horizontal, l'instrument est disposé de manière à pointer sur le soleil, lorsqu'il est environ 10 heures du matin, en cherchant à faire coïncider le centre du soleil et l'intersection des fils de la lunette par un mouvement lent imprimé à cette dernière à l'aide de la vis de rappel. Ce point trouvé, l'instrument doit rester immobile jusqu'au moment de la seconde observation, qui aura lieu vers deux heures de l'après-midi. Un peu avant cette époque, l'observateur imprime à la lunette un mouvement vers l'ouest, où se trouve le soleil ; il attend que celui-ci entre dans le champ de la lunette et le suit jusqu'à ce que la croisée des fils tombe sur le centre de l'astre ; alors l'arc du limbe horizontal indique la quantité angulaire comprise entre les deux hauteurs correspondantes prises à égale distance du méridien, dont la place est désignée par le milieu de l'arc. Faisant donc tourner la lunette en arrière d'une quantité égale à la moitié de l'arc parcouru, il la rabat sur un objet remarquable de la surface ; une ligne menée de ce dernier au lieu de l'observateur est la trace du plan méridien.

Une lunette de repère lui permet de constater l'invariabilité de l'instrument, pendant la durée de l'observation, en pointant sur un objet fixe et immobile choisi à la surface ou au-dessus du sol, mais placé à une distance considérable. Il peut aussi, pour plus d'exactitude, faire plusieurs observations correspondantes avant et après-midi, dans l'espoir que les erreurs, ne se faisant pas dans le même sens, se corrigeront mutuellement. Dans ce cas, ayant choisi un point fixe O (fig. 12), il observe les angles horizontaux, tels que ONb, ONa, etc., que forment l'objet,

le lieu de l'observateur et le soleil pris à différentes
hauteurs avant-midi, et note l'arc indiqué par les limbes
horizontaux et verticaux. Lorsque le soleil a passé le méridien, il cherche à saisir les hauteurs, telles que $O'N a_{\text{\tiny I}}$,
$O N b_{\text{\tiny I}}$, etc., correspondantes à celles qui ont été observées avant le passage; l'azimuth de l'objet O, c'est-à-
dire l'angle horizontal qu'il forme avec le méridien, est
la moyenne arithmétique de la demi-somme des observations correspondantes. Ainsi, dans l'exemple, il aurait

pour la valeur de l'angle cherché $\dfrac{\dfrac{c\,a + c\,a'}{2} + \dfrac{d\,b + d\,b'}{2}}{2}$

1030. *Déterminer une méridienne par l'observation
d'une seule hauteur du soleil mesurée avant ou
après-midi.*

Soit a (fig. 15) le lieu de l'observateur; NS,
l'axe terrestre; $h z o n$, le plan du méridien du lieu a;
$E Q$, l'équateur; z, le zénith; n, le nadir. On se
propose de fixer la valeur de l'angle horizontal $x a h$
ou l'azimuth de l'astre au moment de l'observation de
sa hauteur.

Trois éléments sont nécessaires pour ce calcul :

1°. La hauteur du soleil quelques heures avant ou après-
midi, avec la désignation de l'heure à laquelle se fait
l'observation. Il est facile de tenir compte de cette dernière
circonstance avec un chronomètre ou une montre à secondes
bien réglée; mais, comme les mineurs possèdent rarement
des instruments de cette nature, ils y suppléent en mettant

en mouvement un pendule à secondes (1) à l'instant précis où l'aiguille d'une montre ordinaire indique le passage d'une minute à la suivante. La personne qui tient le pendule en compte les oscillations à haute voix, et l'observateur retient le nombre indiqué au moment où il parvient à saisir le centre de l'astre avec l'intersection des deux fils de la lunette. L'angle lu sur le limbe vertical doit subir les corrections relatives à la réfraction, dont les éléments sont contenus dans toutes les tables astronomiques.

2°. La latitude du lieu que l'observateur trouve dans les annuaires astronomiques; s'il s'agit d'un bassin houiller, tel que celui du Centre, par exemple, compris entre les villes de Charleroi et de Mons, qui toutes deux, d'après l'*Annuaire de l'Observatoire de Bruxelles*, ont pour latitude 50° 26', il en conclura que ce bassin, peu écarté au nord ou au sud de ces deux points, est situé sur le même parallèle. Dans un pays où la latitude des principaux points ne serait pas fixée, il la chercherait directement par l'observation, soit de la plus grande hauteur du soleil, soit de celle du pôle au-dessus de l'horizon, moyenne de la plus grande et la plus petite hauteur de l'étoile polaire;

3°. La déclinaison du soleil, c'est-à-dire la distance angulaire de l'astre à l'équateur, à l'instant de l'observation. Les calendriers des annuaires astronomiques contiennent ordinairement une colonne dans laquelle se trouve la déclinaison de l'astre à midi pour chaque jour de l'année; or, celui-ci s'élevant et s'abaissant avec une vitesse uniforme,

---

(1) Le pendule à secondes est d'autant plus court que le lieu se rapproche davantage de l'équateur. Pour les bassins houillers belges, cette longueur est de 0.9997 mètre ou sensiblement 1 mètre.

la déclinaison pour chaque heure de la journée se trouve par la proportion suivante. Le nombre d'heures écoulées entre deux passages successifs du soleil au même méridien , (ou 24 heures), est au nombre d'heures qui se sont écoulées entre le dernier midi et l'heure de l'observation comme la différence entre les déclinaisons du soleil, lors de ses deux passages consécutifs au méridien , est à la différence de déclinaison cherchée. Si, par exemple , l'observation de la hauteur du soleil a été faite à 8 heures 15ʹ précises du matin le 1ᵉʳ. juin 1850 , on aura :

$$\text{Déclinaison au 1}^{er}\text{. juin à midi, } 22^{\circ}.\ 1'$$
$$\text{Id.}\quad \text{au 31 mai}\quad \text{id.}\quad \underline{21\ .\ 52}$$
$$\text{Différence,}\quad 0\ .\ 8'$$

puis de la proportion :

$$24^{h}\ :\ 20^{h}\ 15'\ =\ 0^{\circ}.\ 8'\ :\ x$$

il vient : $\dfrac{20.\ 15' \times 0.\ 8'}{24} = 0^{\circ}.\ 6'75.$ Cette valeur ,

ajoutée à la déclinaison du 31 mai, donne 22° pour la déclinaison du soleil au 1ᵉʳ. juin à 8 heures 15ʹ du matin. A l'époque où le soleil s'avance vers le pôle boréal, la différence est retranchée au lieu d'être ajoutée.

Ces trois données correspondent aux arcs indiqués par la figure , savoir :

$$1^{\circ}.\ \text{Hauteur du soleil ,}\quad x\ s$$
$$2^{\circ}.\ \text{Latitude du lieu ,}\quad N.\ h$$
$$3^{\circ}.\ \text{Déclinaison ,}\quad s\ y$$

Les compléments de ces arcs :

$$90^{\circ}\ -\ x\,s\ =\ s\,z\ =\ a$$
$$90\ -\ Nh\ =\ Nz\ =\ b$$
$$90\ -\ s\,y\ =\ sN\ =\ c$$

sont les éléments d'un triangle sphérique $N\,s\,z$, dont la

connaissance des trois côtés permet de déterminer l'azimuth de l'astre ou l'angle $x\,a\,h = B$, par la relation :

$$\mathrm{Sin.}\frac{1}{2}\,B = \sqrt{\frac{\mathrm{Sin.}\frac{1}{2}\,(b + a - c)\,\mathrm{Sin.}\frac{1}{2}\,(b + c - a)}{\mathrm{Sin}\,a.\,\mathrm{Sin}\,c.}}$$

et par les logarithmes :

$$\mathrm{Log.\ sin.}\ \frac{1}{2}\ B = \frac{1}{2}\left[\ \mathrm{log.\ sin.}\ \frac{1}{2}\ (b\ +\ a\ -\ c)\right.$$

$$\left. +\mathrm{log.\ sin.}\ \frac{1}{2}\ (b + c - a) - \mathrm{log.\ sin.}\ a - \mathrm{log.\ sin.}\ c.\ \right]$$

Application numérique.

Hauteur du soleil ,	34° 14
Latitude du lieu ,	50° 26
Déclinaison ,	22° —

d'où résulte

$$a = 90° - 34° 16' = 55° 46$$
$$b = 90\ \ - 50\ \ 26 = 39° 34$$
$$c = 90\ \ - 22\ \ \ \ \ \ \ = 68° —$$

$$\frac{1}{2}\ (b + a - c) = \ \ \ 13° 40'$$

$$\frac{1}{2}\ (b + c - a) = \ \ \ 25\ \ 54$$

Log. sin. $\frac{1}{2}\ (b + a - c) =$ 9.37341

Log. sin. $\frac{1}{2}\ (b + c - a) =$ 9.64028

Complément log. sin. a . . $=$ 0.08263
Complément log. sin. c . . $=$ 0.03284
_____
19.12916

Demi-somme. . 9.56458

$$= \log. \sin. \ 21° 31' \ 30" = \frac{1}{2} B$$

Angle azimutal $43° \ 3' = B$

L'angle étant trouvé, l'opérateur s'assure, à l'aide de la lunette de repère, que l'instrument est resté immobile depuis le moment où il a mesuré la hauteur de l'astre ; alors il tourne l'alidade horizontale de toute la valeur de l'angle azimutal trouvé ; rabat la lunette sur un objet terrestre dont la position est fixe et invariable, et remarque le point correspondant au fil vertical de la lunette. La droite qui unit ce point et le lieu de l'observateur est la trace de la méridienne.

1031. *Détermination de la méridienne à l'aide d'une étoile fixe.*

Le géomètre emploie ordinairement l'étoile polaire, qui, généralement connue, se trouve dans des conditions favorables pour cette observation.

S'il possède une montre à secondes bien réglée, il recherche dans un annuaire l'heure du passage de l'étoile au méridien pour un jour donné, et la saisit en cet instant à l'intersection des fils de la lunette. Il s'assure ensuite si les intervalles entre deux passages consécutifs sont égaux. Dans ce cas, la lunette est dans le plan du méridien ; mais, dans le cas contraire, il doit calculer la différence observée et voir dans quel sens il faut ramener la lunette pour l'anéantir, ce qu'il fait à l'aide de la vis de rappel. Une nouvelle observation faite lors

du passage suivant, c'est-à-dire six heures environ après
le précédent, lui indique l'inégalité qui, pouvant encore
subsister, devient l'objet d'une correction semblable. Le
point précis étant trouvé, le zéro de l'alidade correspondant au zéro du limbe horizontal, il vise sur un fanal
ou un réverbère assez éloigné, dont l'azimuth est indiqué
par la graduation de l'instrument ; puis un point fixe pris
dans le plan du méridien détermine la trace de ce dernier
par sa jonction avec le lieu de l'observateur.

Celui-ci peut aussi employer la méthode des hauteurs
correspondantes de l'étoile, en agissant pour elle de la
manière indiquée pour le soleil dans le paragraphe qui
précède. Mais le procédé suivant est plus simple et
beaucoup plus exact.

L'élongation orientale ou occidentale de la polaire est
la position à l'est ou à l'ouest de cette étoile lors de
son écartement angulaire maximum du méridien. L'observateur qui suit l'étoile dans cette position lui voit
décrire avec lenteur un arc vertical de sa révolution,
lorsqu'elle monte ou descend le long du fil de la lunette.
Il détermine le plan vertical ZE (fig. 14) passant par
le zénith de l'observateur et par l'étoile polaire lors de
son élongation occidentale, par exemple, relativement à
un autre plan vertical passant par un réverbère E', fort
éloigné du lieu de l'observation ; c'est-à-dire qu'il recherche
la valeur de l'angle horizontal faE', compris entre les
deux plans.

Alors, considérant le triangle NZE, il voit qu'il est
rectangle en N, puisque le plan vertical dans lequel se
trouve l'étoile lors de son élongation, étant dirigé de
l'est à l'ouest, est nécessairement perpendiculaire au plan
méridien ; il connaît, en outre, l'arc NZ égal au complément de la latitude ou $90° — Nh = 90° — L$, et l'arc NE

égal au complément de la déclinaison de l'étoile (1), ou
90° — ED = 90° — D. Sachant que les sinus des angles
plans d'un triangle sphérique sont entre eux comme les
sinus des côtés opposés, il fait l'angle $h\,a\,E'$ = Z et pose
la proportion :

Sin. Z : sin. 90° = sin. NE ou cos. D : sin.NZ ou cos, L.

d'où $\sin. Z = \dfrac{\cos. D}{\cos. L}.$

Cet angle est ajouté au premier $E'a f$, si l'observation a
eu lieu lors de l'élongation occidentale de l'astre, et
retranché, si l'opération s'est faite lorsqu'il se trouvait à
l'est du méridien. La somme ou la différence de ces
arcs est l'azimuth du fanal.

Application numérique.

Soit la latitude . .	= L =	50° 26'
La déclinaison de l'étoile .	D =	88. 29' 37"
Log. cosinus 88° 29' 37" . .	=	8.41976
Complément log. cos. 50 26.	=	0.19588
Logarith. cos. 2° 21' 55"	=	8.61564

Supposant que l'arc compris entre le fanal et l'élongation occidentale de l'étoile mesurée horizontalement a été
trouvé de . . . . . 16° 10'
l'arc ci-dessus étant ajouté   2 21   55
l'azimuth du fanal est de   18° 31' 55"

Une éphéméride fait connaître approximativement l'instant où l'observation doit avoir lieu. La figure 16 (2) indique

(1) La nouvelle *Connaissance des Temps*, publiée par le Bureau
des longitudes de Paris, et autres éphémérides, font connaître la
déclinaison de l'étoile polaire, de trois en trois jours, et celle de
soixante autres étoiles de dix en dix jours.

(2) Cette figure, empruntée à un opuscule de M. le commandant
du génie Leblanc, représente les relations de l'étoile polaire avec
les constellations de la Grande-Ourse et de Cassiopée.

également l'heure du passage de l'étoile au méridien dans les différentes saisons. D'ailleurs , les élongations ont lieu environ 3 heures avant ou après le passage.

1032. *Emploi de la trace d'un plan méridien pour l'observation de la déclinaison et pour l'orientation des plans de mines.*

Lorsque le géomètre , par l'une des méthodes ci-dessus indiquées , a tracé sur le sol d'un appartement ou en plein air une ligne méridienne d'une exactitude suffisante , il s'en sert pour observer , chaque fois que les circonstances le réclament , la valeur de la déclinaison magnétique , celle de l'excentricité du point de suspension de l'aiguille, et pour orienter les plans relevés à l'aide d'un instrument gradué autre que la boussole. Les traces du plan méridien , déterminées sur le sol intérieur d'un bâtiment , ne peuvent être utilisées d'une manière efficace que pour les boussoles suspendues. Dans ce cas , l'opérateur place à chaque extrémité de la ligne une plaque métallique percée d'un trou correspondant verticalement à la trace ; en sorte qu'un cordon de soie fortement tendu, dont les extrémités passent dans ces trous , est , dans le plan du méridien , de même que la boussole qui s'y trouve suspendue. Mais , s'il s'agit d'une boussole à trépied , incompatible avec ce mode d'observation , il devra déterminer le plan méridien sur une beaucoup plus grande longueur que ne le comporte la chambre d'un géomètre. Il peut alors procéder ainsi : En un point du sol correspondant au centre du graphomètre lorsqu'il était en place pour déterminer la méridienne, il enfonce un clou en cuivre, soit sur le parquet de l'appartement, si l'o- pération a lieu au-dedans, soit sur la face supérieure d'un piquet planté en terre, s'il procède en plein air. Ce clou est un des points de la méridienne, dont il indique encore l'une des traces en peignant une ligne verticale noire sur la muraille fraîchement blanchie de l'un des bâtiments de l'exploitation ; car il a dû s'installer de telle façon qu'il s'en trouve un dans la direction du méridien. C'est une condition à laquelle il est facile de satisfaire et à défaut de laquelle il dresse un poteau qui remplit le même but. A droite ou à gauche de cette ligne, suivant le côté vers lequel l'opérateur a l'habitude de placer la lu- nette de la boussole, il trace une seconde ligne paral- lèle à la première et écartée de celle-ci de la distance qui sépare le centre de la boussole de son axe optique, afin de tenir compte du défaut d'excentricité. Lorsque le centre de la boussole coïncide verticalement avec le clou et que la lunette est pointée sur la ligne verticale de droite, l'ins- trument se trouve rigoureusement dans le plan du méridien.

Si la station se trouvait en plein air, la pluie rendrait l'observation fort difficile, et un vent même d'une médiocre intensité la rendrait impossible, à cause des oscillations qu'il communiquerait à l'aiguille aimantée. Il importe donc de la porter à l'intérieur d'un bâtiment, ou tout au moins de la garantir par un abri, fort modeste d'ailleurs, contre les intempéries de l'air, puisque le géomètre doit poursuivre ses levés en toute saison et quel que soit l'état atmosphérique.

Il convient d'observer en passant que, si le temps ou les instruments font défaut à un géomètre pour tracer une méri- dienne, il peut s'en dispenser pendant un laps de temps plus ou moins long sans compromettre l'exactitude des opérations. Il suffit qu'il choisisse une ligne invariable, facile à retrouver en tout temps et à laquelle il rapporte toutes ses opérations en ayant égard à la déclinaison magnétique. Ainsi, ayant choisi à l'extérieur ou à l'intérieur, dans une galerie accessible pendant tout le cours des travaux, une ligne établie comme cela vient d'être indiqué pour la méridienne, il en prendra la direction dès le premier levé des travaux et en tiendra soigneusement note; il en fera autant à chaque descente dans les travaux pour en relever les avancements. Possédant ainsi la valeur des variations de la boussole pour chaque époque relativement à la première, il lui sera toujours possible de modifier les arcs observés de manière à faire disparaître les effets de la déclinaison et à pouvoir, plus tard, les rapporter au plan du méridien vrai. Si, par exemple, la gradua-tion de la ligne fixe (1) était de 172° 15', lors de la première opération, et de 171° 30' à la seconde, tous les angles du second levé devraient être diminués de 45' pour les rapporter aux angles relevés à la première époque.

La détermination de la trace méridienne est indispen-sable pour orienter les plans, quelque soit l'instrument. Si, à l'aide de la boussole, le géomètre connaît la graduation d'une distance, ou mieux, de la droite qui réunit deux points de la mine éloignés l'un de l'autre; si, au moyen d'une méridienne, il a reconnu la valeur de la déclinaison à l'époque du levé, il lui est toujours possible d'en conclure la position de cette droite relativement au plan du méridien as-tronomique. Mais, s'il a eu recours à un autre instrument, la question peut être accompagnée de circonstances qui en rendent la solution plus ou moins facile.

(1) La graduation d'une ligne est le degré marqué par l'aiguille de la boussole pendant que la ligne NS de celle-ci coïncide avec la première.

Il oriente le plan d'une mine, débouchant au jour par une galerie d'exploitation, en jalonnant la ligne méridienne à l'orifice de cette dernière, ou sur le prolongement extérieur de la première distance et en mesurant l'angle formé par les deux lignes.

Si l'étage en exploitation communique avec le jour par deux puits verticaux, il peut, après avoir déterminé la relation de ces deux excavations par le levé du plan des galeries comprises entre les axes des deux orifices, chercher au jour l'angle formé par la trace méridienne et par la droite qui réunit les deux puits. Chaque distance prise à l'intérieur sera orientée, c'est-à-dire rapportée à une ligne fixe et invariable.

Mais si la mine ne débouche au jour que par un seul puits, il peut, il est vrai, y faire descendre deux fils à plomb sur deux parois opposées. Alors la direction connue de la ligne horizontale qui les réunit établira la relation de la première distance intérieure avec le plan du méridien; mais cette ligne, comprise entre les deux plombs, est fort courte et la plus légère déviation de ces derniers ou la moindre inexactitude entraine des erreurs considérables. Dans ces circonstances, le seul moyen praticable consiste dans l'application de la boussole au levé de la direction de l'une quelconque des distances, après avoir supprimé les voies de fer, en prenant toutes les précautions nécessaires et en se tenant en garde contre tous les accidents capables de troubler les résultats.

Le lecteur voit combien il est difficile, pour ne pas dire impossible, de se soustraire à l'emploi de la boussole, qui d'ailleurs, dans l'état de perfection où elle se trouve actuellement et maniée avec adresse, offre certainement l'instrument le plus avantageux dont il soit possible de se servir dans les mines.

1033. *Table des cosinus et sinus naturels calculés de 15 en 15 minutes , le rayon étant pris pour unité.*

Degrés.	Minutes.	Cosinus.	Sinus.	Degrés.	Minutes.
0	15	1.0000	0.0044	89	45
	30	0.9999	0.0087		30
	45	0.9999	0.0131		15
1	—	0.9998	0.0175	89	—
	15	0.9997	0.0218		45
	30	0.9996	0.0262		30
	45	0.9995	0.0305		15
2	—	0.9994	0.0349	88	—
	15	0.9992	0.0392		45
	30	0.9990	0.0436		30
	45	0.9988	0.0483		15
3	—	0.9986	0.0523	87	—
	15	0.9984	0.0567		45
	30	0.9981	0.0618		30
	45	0.9978	0.0657		15
4	—	0.9976	0.0697	86	—
	15	0.9973	0.0741		45
	30	0.9969	0.0785		30
	45	0.9966	0.0828		15
5	—	0.9962	0.0872	85	—
	15	0.9958	0.0915		45
	30	0.9954	0.0958		30
	45	0.9950	0.1002		15
6	—	0.9945	0.1045	84	—
	15	0.9940	0.1089		45
	30	0.9936	0.1132		30
	45	0.9931	0.1175		15
Degrés.	Minutes.	Sinus.	Cosinus.	Degrés.	Minutes.

Degrés.	Minutes.	Cosinus.	Sinus.	Degrés.	Minutes.
7	—	0.9925	0.1219	83	—
	15	0.9920	0.1262		45
	30	0.9914	0.1305		30
	45	0.9908	0.1348		15
8	—	0.9903	0.1392	82	—
	15	0.9896	0.1435		45
	30	0.9890	0.1478		30
	45	0.9884	0.1521		15
9	—	0.9877	0.1564	81	—
	15	0.9870	0.1607		45
	30	0.9863	0.1650		30
	45	0.9856	0.1693		15
10	—	0.9848	0.1737	80	—
	15	0.9840	0.1779		45
	30	0.9832	0.1822		30
	45	0.9824	0.1865		15
11	—	0.9816	0.1908	79	—
	15	0.9808	0.1951		15
	30	0.9799	0.1993		30
	45	0.9790	0.2036		45
12	—	0.9781	0.2079	78	—
	15	0.9772	0.2122		45
	30	0.9763	0.2164		30
	45	0.9755	0.2207		15
13	—	0.9744	0.2249	77	—
	15	0.9734	0.2292		45
	30	0.9724	0.2334		30
	45	0.9713	0.2377		15
14	—	0.9703	0.2419	76	—
	15	0.9692	0.2462		45
	30	0.9681	0.2504		30
	45	0.9670	0.2546		15
15	—	0.9659	0.2588	75	—
	15	0.9648	0.2630		45
	30	0.9636	0.2672		30
	45	0.9625	0.2714		15
Degrés.	Minutes.	Sinus.	Cosinus.	Degrés.	Minutes.

Degrés.	Minutes.	Cosinus.	Sinus.	Degrés.	Minutes.
16	—	0.9613	0.2756	74	—
	15	0.9600	0.2798		45
	30	0.9588	0.2840		30
	45	0.9576	0.2882		45
17	—	0.9563	0.2924	73	—
	15	0.9550	0.2965		15
	30	0.9537	0.3007		30
	45	0.9524	0.3049		45
18	—	0.9511	0.3090	72	—
	15	0.9497	0.3132		15
	30	0.9483	0.3173		30
	45	0.9469	0.3214		45
19	—	0.9455	0.3256	71	—
	15	0.9441	0.3297		15
	30	0.9426	0.3338		30
	45	0.9412	0.3379		45
20	—	0.9397	0.3420	70	—
	15	0.9382	0.3461		15
	30	0.9367	0.3502		30
	45	0.9351	0.3543		45
21	—	0.9336	0.3584	69	—
	15	0.9320	0.3624		15
	30	0.9304	0.3665		30
	45	0.9288	0.3706		45
22	—	0.9272	0.3746	68	—
	15	0.9255	0.3786		45
	30	0.9239	0.3827		30
	45	0.9222	0.3867		15
23	—	0.9205	0.3907	67	—
	15	0.9188	0.3947		45
	30	0.9171	0.3987		30
	45	0.9153	0.4027		15
24	—	0.9135	0.4067	66	—
	15	0.9118	0.4107		45
	30	0.9100	0.4147		30
	45	0.9081	0.4187		15
Degrés.	Minutes.	Sinus.	Cosinus.	Degrés.	Minutes.

Degrés.	Minutes.	Cosinus.	Sinus.	Degrés.	Minutes.
25	—	0.9063	0.4226	65	—
	15	0.9045	0.4266		45
	30	0.9026	0.4305		30
	45	0.9007	0.4344		15
26	—	0.8988	0.4384	64	—
	15	0.8969	0.4423		45
	30	0.8949	0.4462		30
	45	0.8930	0.4501		15
27	—	0.8910	0.4540	63	—
	15	0.8890	0.4579		45
	30	0.8870	0.4617		30
	45	0.8850	0.4656		15
28	—	0.8829	0.4695	62	—
	15	0.8809	0.4733		45
	30	0.8788	0.4771		30
	45	0.8767	0.4810		15
29	—	0.8746	0.4848	61	—
	15	0.8725	0.4886		45
	30	0.8704	0.4924		30
	45	0.8682	0.4962		15
30	—	0.8660	0.5000	60	—
	15	0.8638	0.5038		45
	30	0.8616	0.5075		30
	45	0.8594	0.5113		15
31	—	0.8572	0.5150	59	—
	15	0.8549	0.5188		45
	30	0.8526	0.5225		30
	45	0.8504	0.5262		15
32	—	0.8480	0.5299	58	—
	15	0.8457	0.5336		45
	30	0.8434	0.5373		30
	45	0.8410	0.5409		15
33	—	0.8387	0.5446	57	—
	15	0.8363	0.5483		45
	30	0.8339	0.5519		30
	45	0.8315	0.5556		15
Degrés.	Minutes.	Sinus.	Cosinus.	Degrés.	Minutes.

Degrés.	Minutes.	Cosinus.	Sinus.	Degrés.	Minutes.
34	—	0.8290	0.5592	56	—
	15	0.8266	0.5628		45
	30	0.8241	0.5664		30
	45	0.8216	0.5700		15
35	—	0.8192	0.5736	55	—
	15	0.8166	0.5771		45
	30	0.8141	0.5807		30
	45	0.8116	0.5842		15
36	—	0.8090	0.5878	54	—
	15	0.8064	0.5915		45
	30	0.8039	0.5948		30
	45	0.8013	0.5983		15
37	—	0.7986	0.6018	53	—
	15	0.7960	0.6053		45
	30	0.7934	0.6088		30
	45	0.7907	0.6122		15
38	—	0.7880	0.6157	52	—
	15	0.7855	0.6191		45
	30	0.7826	0.6225		30
	45	0.7799	0.6259		15
39	—	0.7771	0.6293	51	—
	15	0.7744	0.6327		45
	30	0.7716	0.6361		30
	45	0.7688	0.6394		15
40	—	0.7660	0.6428	50	—
	15	0.7632	0.6460		45
	30	0.7604	0.6494		30
	45	0.7575	0.6527		15
41	—	0.7547	0.6561	49	—
	15	0.7518	0.6593		45
	30	0.7490	0.6626		30
	45	0.7461	0.6659		15
42	—	0.7431	0.6691	48	—
	15	0.7402	0.6724		45
	30	0.7373	0.6756		30
	45	0.7343	0.6788		15
Degrés.	Minutes.	Sinus.	Cosinus.	Degrés.	Minutes.

Degrés.	Minutes.	Cosinus.	Sinus.	Degrés.	Minutes.
43	—	0.7314	0.6820	47	—
	15	0.7284	0.6852		45
	30	0.7254	0.6884		30
	45	0.7224	0.6915		15
44	—	0.7193	0.6947	46	—
	15	0.7163	0.6978		45
	30	0.7132	0.7009		30
	45	0.7102	0.7040		15
45	—	0.7071	0.7071	45	—
Degrés.	Minutes.	Sinus.	Cosinus.	Degrés.	Minutes.

1034. *Rectifications et additions.*

Coefficient de dilatation des gaz, t. II, p. 51.

Le coefficient 0.00375, dû à M. Gay-Lussac, a été admis pendant longtemps par tous les physiciens. Celui qui écrit ces lignes, entraîné par l'habitude, s'en est servi dans la théorie de l'aérage; mais cette valeur est trop grande; car les travaux de MM. Regnault, à Paris, Rudberg, à Upsal, et Magnus, à Berlin, prouvent qu'elle ne s'élève réellement qu'à 0.003665. Cette indication, tendant à prémunir le lecteur contre les erreurs de ce genre, lui permettra de rectifier les calculs compris dans quelques paragraphes de cet ouvrage.

Anémomètre à boule, p. 57.

C'est à tort que l'invention de ce petit appareil a été attribuée à M. Dehennault, fabricant d'instruments de précision à Fontaine-l'Évêque; elle appartient à M. Devillez, professeur à l'École des mines de Mons.

Consommation en houille du ventilateur de Sauwartan.

Il a été dit, dans une note de la page 89, que M. Glépin, en admettant pour l'un des ventilateurs objet de ses expériences sept kilog. de combustible par force de cheval et par heure, prenait un chiffre trop élevé ; mais il devait le faire ainsi, puisque la houille sèche de Sauwartan nécessite cette consommation anormale. Lorsqu'il s'agit de houilles grasses ou des bonnes qualités du Flénu, il ne compte plus que 5 kilog.

Expériences relatives au ventilateur à ailes courbes, p. 150.

D'après M. Trasenster, M. Glépin se serait trompé dans l'évaluation du travail moteur appliqué au ventilateur Combes. Cette opinion du savant professeur, émise dès 1844, n'ayant jamais été contestée, l'auteur de cet ouvrage avait cru devoir regarder ce point litigieux comme irrévocablement jugé. Cependant il n'en était pas ainsi, car M. Glépin vient de porter à sa connaissance diverses circonstances de détail tendant à changer complètement l'état de la question.

Il lui fait observer que le ventilateur a été l'objet de deux séries d'essais. Dans les premiers (1842), la machine à vapeur d'un système non encore expérimenté avait subi quelques modifications paraissant n'avoir produit sur son travail que peu d'influence, quoique, en réalité, celle-ci fût assez grande. Aussi, voyant l'effet utile de l'appareil varier dans des limites fort écartées (de 0.25 à 0.38), cet ingénieur, dans le cours des années 1843 et 1844, renouvela ses expériences en appliquant à la suite de chacune d'elles le frein de Prony à la machine motrice. C'est alors qu'il put constater l'effet utile réel de l'appareil ventilateur du Grand-Hornu, dont les variations, comprises entre 0.27

et 0.29 , sont considérées par lui comme étant d'une exactitude mathématique. Or , l'application du calcul ne donnant qu'environ 0.20 indépendamment des résistances dues aux organes mécaniques évaluées au quart de la force transmise par le moteur , on est naturellement conduit à se demander à qui doit être imputée l'erreur : au frein dynamométrique ou à la formule de **M. Tra-senster** (1) ?

Appareil Fabry, p. 200.

Pour déterminer la position du centre de gravité du volume théorique de l'air renfermé dans l'appareil, l'auteur a pris $\dfrac{R + R_1}{2}$ ou la demi-somme des rayons de la roue pneumatique et de ceux des engrenages. Cette substitution, dont il a oublié de prévenir le lecteur, a pour but la simplification de la formule. Elle altère peu sensiblement la valeur des résultats , puisqu'elle n'augmente la résistance que d'une quantité égale à 1/390ᵉ de la totalité de l'effet utile , c'est-à-dire moindre que les erreurs probables de l'observation.

Câbles à section décroissante, t. III , p. 166.

Cette disposition , d'autant plus avantageuse que les câbles doivent fonctionner à des profondeurs plus considérables , est due à M. de Mot , fabricant de cordes , au Grand-Hornu , près de Mons.

---

(1) L'auteur de ces lignes regrette de ne pouvoir rechercher ici les causes de la différence donnée par la théorie et la pratique. Mais les réclamations de M. Glépin ne lui sont parvenues que tout récemment , lorsque l'impression de ce quatrième volume était déjà fort avancée.

Additions.

M. Arnould, aspirant-ingénieur des mines à Mons, a proposé dernièrement un petit appareil propre à déterminer l'extinction de la flamme dès la première tentative faite pour ouvrir les lampes de sûreté.

Il ajuste, entre le porte-mèche et l'enveloppe en cristal, un clapet en argent-neuf, dont la queue peut être comprimée par un ressort horizontal fixé sur la partie supérieure du réservoir. Lorsque l'armature est mise en place, la came, dont elle est munie, vient presser le ressort; celui-ci réagit sur le clapet et le maintient ouvert. L'armature est-elle dévissée, le ressort, recouvrant sa liberté, abandonne la queue du clapet, qui, en retombant, éteint la mèche.

Cet appareil, appliqué à la lampe Mueseler, a donné de bons résultats; mais il est assez délicat pour faire craindre de fréquentes détériorations. Aussi M. Arnould, changeant de système et considérant qu'il ne s'agit pas tant de provoquer l'extinction de la mèche que de connaître les ouvriers capables d'ouvrir les lampes, s'est-il proposé exclusivement ce dernier but, en reprenant, pour la perfectionner, une idée émise autrefois en France.

Ce procédé consiste à ajuster, immédiatement après la fermeture de la lampe, un bouton de plomb qui doit disparaître lorsqu'on sépare l'armature du réservoir et dès le premier tour de dévissage. Ce bouton, fixé par le lampiste au moment où il est sur le point de remettre l'appareil à l'ouvrier, est l'objet d'une opération prompte, facile et peu coûteuse.

FIN DU QUATRIÈME ET DERNIER VOLUME.

AVERTISSEMENT.

Les hommes d'intelligence occupés de l'art des mines dirigent ces dernières dans une voie de progrès des plus remarquables. Chaque jour, pour ainsi dire, voit éclore un perfectionnement ou une nouvelle invention destinés à changer les conditions de la production. Déjà la situation des mines de houille a été profondément modifiée par un aménagement rationnel de la richesse souterraine, par la recherche des moyens relatifs à son épuisement presque complet et par les perfectionnements apportés au transport intérieur, aux moteurs de l'extraction et à ceux de l'exhaure. Une révolution complète s'est aussi opérée, quant à la sûreté et à la salubrité des travaux, par la création de courants ventilateurs d'un grand volume et par leur distribution basée sur les principes de la physique.

Mais l'esprit humain ne reste pas en repos. De nouveaux ventilateurs se préparent ; les ingénieurs recherchent en silence les moyens de concilier un accroissement considérable des produits avec l'approfondissement futur des puits d'extraction, etc. Les résultats de ce mouvement intellectuel auront probablement une grande influence sur ce *Traité des Mines de Houille*; car, aujourd'hui jeune et au niveau de la science, il est menacé pour demain d'une vieillesse anticipée, si des mesures ne sont prises pour rétablir de temps à autre son caractère d'actualité.

Comme la perspective d'un sort pareil semble à peu près inévitable, l'auteur se décide à annoncer la résolution qu'il prend de faire suivre cet ouvrage de suppléments publiés à des époques indéterminées, quoique réglées d'ailleurs par les progrès de la science, par le nombre et l'importance des inventions ou des perfectionnements. Dans ce but, il poursuivra ses études sur les mines au moyen de ses nombreuses correspondances, de la lecture des livres spéciaux publiés en Belgique, en France, en Allemagne et en Angleterre, et surtout en reprenant le cours de ses investigations à l'intérieur et à l'extérieur du royaume. Toutefois, ces publications futures dépendront naturellement de l'accueil réservé par les mineurs à la première partie de son travail.

Puisse cet accueil l'encourager dans sa résolution !

Liége, le 1er décembre 1853.

TABLE DES MATIÈRES

CONTENUES DANS LE QUATRIÈME VOLUME.

——

CHAPITRE VII.

ÉCONOMIE DES MINES DE HOUILLE.

2e. SECTION.

MATÉRIEL, COMPRENANT LES OUTILS, LES VASES DE TRANSPORT ET D'EXTRACTION, LES MACHINES, ETC.

3e. SECTION.

MAIN-D'OEUVRE. PERCEMENT ET REVÊTEMENT DES ROCHES ENCAISSANTES.

4ᵉ. SECTION.

REVÊTEMENTS ÉTANCHES. PASSAGE DES SABLES MOUVANTS. SERREMENTS.

5ᵉ. SECTION.

ARRACHEMENT DE LA HOUILLE ET TRAVAUX ACCESSOIRES.

6ª SECTION.

TRANSPORT INTÉRIEUR.

VIIᵉ. SECTION.

EXTRACTION. ÉPUISEMENT.

VIIIᵉ. SECTION.

FRAIS GÉNÉRAUX. PRIX DE REVIENT. VENTE.

CHAPITRE VIII.

APPLICATIONS DU CALCUL A L'ART DES MINES.

Iᵉ. SECTION.

INSTRUMENTS ET RELEVÉS DANS LA MINE.

IIe. SECTION.

CALCULS PRÉLIMINAIRES CONCERNANT LES TROIS DONNÉES ACQUISES DANS LA MINE.

IIIe. SECTION.

TRACÉ DES PLANS DES OUVRAGES SOUTERRAINS.

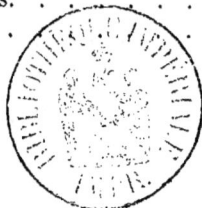

FIN DE LA TABLE.

ERRATA.